Theodor Lehmann · Elemente der Mechanik III

Elemente der Mechanik

von Theodor Lehmann

Bd. I: Einführung

Bd. II: Elastostatik

Bd. III: Kinetik

Bd. IV: Schwingungen, Variationsprinzipe

Theodor Lehmann

Elemente der Mechanik III: Kinetik

2., durchgesehene Auflage

Mit 133 Abb.

Friedr. Vieweg & Sohn Braunschweig/Wiesbaden

Prof. Dr.-Ing. *Theodor Lehmann* ist Inhaber des Lehrstuhls für Mechanik I
an der Ruhr-Universität Bochum

CIP-Kurztitelaufnahme der Deutschen Bibliothek

Lehmann, Theodor:
Elemente der Mechanik/Theodor Lehmann. –
Braunschweig; Wiesbaden: Vieweg
Teilw. mit d. Erscheinungsort: Braunschweig. –
Bd. 1 im Bertelsmann-Universitätsverl.,
Düsseldorf

3. → Lehmann, Theodor: Kinetik

Lehmann, Theodor:
Kinetik/Theodor Lehmann. – 2., durchges. Aufl. –
Braunschweig; Wiesbaden: Vieweg, 1983.
(Elemente der Mechanik/Theodor Lehmann; Bd. 3)
ISBN-13: 978-3-528-29197-6 e-ISBN-13: 978-3-322-85793-4
DOI: 10.1007/978-3-322-85793-4

Verlagsredaktion: *Alfred Schubert*

1. Auflage 1977
2. Auflage 1983

Satz: Vieweg, Braunschweig
Druck: C. W. Niemeyer, Hameln
Buchbinder: W. Langelüddecke, Braunschweig
Umschlaggestaltung: Peter Steinthal, Detmold

Vorwort

Der III. Band der *Elemente der Mechanik* enthält im wesentlichen eine Grundlegung der Kinetik des Massen-Mittelpunktes (Punkt-Kinetik) und der Kinetik starrer Körper. Die Darstellung schließt an die in den Bänden I und II erarbeiteten Grundlagen an. Alles Wesentliche wird aber noch einmal kurz zusammengestellt, so daß der vorliegende Band auch selbständig zu gebrauchen ist.

Die im Vorwort zum 1. Band angesprochene didaktische Linie wird weiterverfolgt: Von einfachen Sachverhalten ausgehend wird sorgfältig eine allgemeine Methodik der Beschreibung dieser Sachverhalte entwickelt, die dann auch systematisch auf komplexere Probleme auszudehnen ist. Dieser Linie folgend schreiten die Betrachtungen – nach einer kurzen Erörterung der allgemeinen Grundlagen der klassischen Mechanik – von der Kinetik des Massen-Mittelpunktes über die Kinetik der ebenen Bewegung und danach der räumlichen Bewegung starrer Körper bis zur analytischen Mechanik der Systeme starrer Körper fort.

Eine gesonderte, ausführliche Betrachtung ist dem Übergang zu einem andern Bezugssystem gewidmet. Die über den üblichen Rahmen hinausgehenden Überlegungen sollen zu einem tieferen Verständnis der hier vorliegenden Problematik führen. Auch die Behandlung des Stoßproblems geht über den üblichen Rahmen hinaus. Auf Schwingungsprobleme wird hingegen erst in Band IV näher eingegangen.

Manche Helfer (Kollegen und Mitarbeiter), die schon an der Arbeit für die ersten beiden Bände beteiligt waren, haben auch an diesem Band wieder mitgewirkt. Ich kann hier nur die Hauptbeteiligten nennen:

Zunächst die Herren Kollegen Dr. Bruhns und Dr. Thermann, die bei der Konkretisierung mancher Überlegungen geholfen sowie die Korrekturen kritisch mit gelesen haben; sodann aus dem Kreis der Mitarbeiter die Herren Preuss und Ullenboom, die die Abbildungen und einige Beispiele durchgearbeitet bzw. überprüft haben; Frau Schmidt-Balve und Herr Grundmann, die die Zeichnungen ausgeführt und als Druckvorlagen vorbereitet haben, sowie Frau Wagener, die wiederum – in manchmal abenteuerlicher Sucharbeit – die sorgfältige Reinschrift des Manuskriptes besorgte. Ihnen allen danke ich herzlich für ihre stets einsatzbereite Mitarbeit.

Theodor Lehmann

Inhalt

1. Allgemeines zur Kinetik

1.1. Vorbemerkungen

In Band I der *Elemente der Mechanik* haben wir nach einigen einführenden Überlegungen zur Lehre von den Kräften (*Dynamik*) und zur Lehre von den Bewegungen (*Kinematik*) das *Grundgesetz der Mechanik* erörtert (Band I, Kapitel 6). Dabei haben wir uns auf den Rahmen der *klassischen Mechanik* beschränkt. Wir haben also vorausgesetzt,

1. daß Raum und Zeit unabhängig von dem physikalischen Geschehen in ihnen und unabhängig von dem Beobachter des Geschehens sind (*Indifferenz-Prinzip für Raum und Zeit*),
2. daß die Körper als materielle Kontinua betrachtet werden können, deren Bewegungen und Deformationen durch die Angabe der Ortsveränderungen der Körperpunkte gegenüber einem geeignet definierten Bezugsraum vollständig zu beschreiben sind (*Punkt-Kontinua*).

Die sich aus diesen Einschränkungen ergebenden Folgerungen haben wir in Band I in den Kapiteln 1 und 6 weiter erörtert. Darauf sei hier verwiesen.
Bei den Anwendungen des Grundgesetzes der Mechanik haben wir uns in den Bänden I und II auf solche Fälle beschränkt, bei denen alle an einem Körper angreifenden Kräfte jeweils ein Gleichgewichtssystem bilden. Das gilt auch für jene Fälle, in denen wir nicht nur einen bestimmten Zustand eines Körpers betrachtet, sondern auch Zustandsänderungen – etwa Änderungen des Spannungs- bzw. des Verzerrungszustandes – ins Auge gefaßt haben. Wir haben dabei stets vorausgesetzt, daß diese Zustandsänderungen quasistatisch erfolgen sollen, so daß wir sie als eine Folge mechanischer Gleichgewichtszustände betrachten können.

Anmerkung:

Mechanische Gleichgewichtszustände eines Körpers, d. h. Zustände, in denen die an dem Körper angreifenden Kräfte ein Gleichgewichtssystem bilden, sind nicht notwendigerweise zugleich *thermodynamische* Gleichgewichtszustände. So kann z. B. ein Körper, der mechanisch im Gleichgewicht ist, Temperaturunterschiede aufweisen, also *thermisch* im Nicht-Gleichgewicht sein; dies macht sich dann in Wärme-Austauschprozessen bemerkbar, die sich im Innern des Körpers vollziehen. Aber selbst, wenn ein Körper mechanisch und thermisch im Gleichgewicht ist, bedeutet das noch nicht, daß auch ein *thermodynamischer* Gleichgewichtszustand vorliegt. So sind z. B. Kriech- bzw. Relaxations-Vorgänge, wie sie bei Körpern mit zeitabhängigem Materialverhalten zu beobachten sind (vgl. Band II, Abschnitt 12.3), ursächlich auf *thermodynamische Nicht-Gleichgewichtszustände* zurückzuführen. Als Folge dieser Nicht-Gleichgewichtszustände finden im Innern des Körpers Energie-Austauschvorgänge statt, bei denen mechanische Energie dissipiert, d.h. irreversibel in Wärme umgewandelt wird. Solche Dissipations-Prozesse können sich auch dann abspielen, wenn ein derartiger Körper mechanisch und thermisch im Gleichgewicht (genauer: quasi im Gleichgewicht) ist. Deshalb kann aus dem Vorliegen eines mechanischen und thermischen Gleichgewichtszustandes im allgemeinen nicht zugleich auf thermodynamisches Gleichgewicht geschlossen werden. Ausnahmen bilden lediglich starre, elastische und – unter gewissen Voraussetzungen – plastische Körper. Bei diesen bedeutet mechanisches und thermisches Gleichgewicht zugleich auch thermodynamisches Gleichgewicht. Andrerseits sind auch mechanische (nicht thermische!) Nicht-Gleichgewichtszustände angebbar, die – im Rahmen der klassischen Mechanik – das thermodynamische Gleichgewicht nicht stören. Ein Beispiel dafür sind konstant beschleunigte – etwa frei fallende – Körper.

In diesem dritten Band der *Elemente der Mechanik* wollen wir nun die Voraussetzung, daß die an einem Körper angreifenden Kräfte ein Gleichgewichtssystem bilden sollen, fallen lassen. Wir gehen damit zur *Kinetik* über, wollen uns aber in diesem Band im wesentlichen auf zwei Problemkreise beschränken, nämlich

a) die Kinetik des Massen-Mittelpunktes (*Punkt-Kinetik*) und
b) die Kinetik solcher Körper, die wir idealisierend als starr betrachten können (*Stereo-Kinetik*).

In beiden Fällen bleiben die Formänderungen der Körper außer Betracht: im ersten, weil wir uns auf Aussagen über die Bewegung des Massen-Mittelpunktes beschränken, im zweiten, weil wir die Formänderungen als vernachlässigbar klein ansehen. Unter welchen Voraussetzungen wir so verfahren können, wird im einzelnen noch zu erörtern sein.

Beiden Fällen ist ferner gemeinsam, daß wir das mechanische Verhalten isoliert von der Thermodynamik betrachten können, allerdings wiederum mit unterschiedlicher Begründung. Im Rahmen der *Punkt-Kinetik* beschränken sich die Aussagen *a priori* auf die Bewegung des Massen-Mittelpunktes und gehen deshalb auf thermodynamische Zustandsänderungen gar nicht ein. Im Rahmen der *Stereo-Kinetik* zerfallen hingegen die allgemeinen Energie-Betrachtungen in einen mechanischen und in einen thermischen bzw. thermodynamischen Teil (vgl. Band II, Abschnitt 1.6), so daß die Mechanik getrennt von der Thermodynamik behandelt werden kann.

Auf die *Kinetik deformierbarer Körper*, die grundsätzlich mit der Thermodynamik gekoppelt ist und nur unter besonderen Voraussetzungen isoliert betrachtet werden kann, gehen wir erst in Band IV näher ein. Wir werden uns freilich auch dort auf einige Sonderfälle beschränken müssen.

Die für die *Punkt-Kinetik* und für die *Stereo-Kinetik* erforderlichen allgemeinen Grundlagen stellen wir in den folgenden Abschnitten noch einmal zusammen. Dabei greifen wir auf die Ausführungen in Band I, Kapitel 6 und in Band II, Kapitel 1 (insbesondere die Abschnitte 1.4 und 1.5) zurück.

1.2 Das Grundgesetz der Mechanik

Wir wollen in diesem Abschnitt noch einmal die allgemeinen Voraussetzungen für die Formulierung des Grundgesetzes der klassischen Mechanik sowie die für die Formulierung dieses Grundgesetzes erforderlichen Definitionen zusammenstellen und sodann dieses Grundgesetz selbst in seinen verschiedenen Fassungen – soweit sie für das Folgende von Bedeutung sind – erörtern. Unter Hinweis auf Band I, Kapitel 6 können wir uns dabei kurzfassen.

Wir setzen voraus, daß wir bei der Beschreibung der zu betrachtenden mechanischen Vorgänge im Rahmen der klassischen Mechanik bleiben können, gehen also davon aus, daß

1. das *Indifferenz-Prinzip für Raum und Zeit* als geltend angenommen werden kann und
2. die Körper als *Punkt-Kontinua* betrachtet werden können.

An die zweite Voraussetzung schließt sich als *Corollarium* an, daß wir

3.a) *flächenhaft verteilt wirkende Momente* (unter *Nahwirkung*) und
 b) *volumenhaft verteilt wirkende Momente* (unter *Fernwirkung*)

aus dem Kreis unserer Betrachtungen ausschließen (*Boltzmann*-Axiom).

Anmerkung:

Es ist nicht zwingend notwendig, bei einem Punkt-Kontinuum zugleich die *Existenz* von flächenhaft und volumenhaft verteilt angreifenden Momenten auszuschließen. Wir können jedoch über ihre Verteilung, soweit sie als innere oder äußere Reaktionen auftreten, keine eindeutigen Aussagen machen, weil ein Punkt-Kontinuum keinen diesen Größen entsprechenden Freiheitsgrad der Deformationen besitzt. Eine adäquate Einbeziehung dieser Größen erfordert die Einführung eines verallgemeinerten Kontinuums, eines sogenannten *Cosserat*-Kontinuums (nach den Brüdern *Cosserat* benannt), bei dem zusätzliche – von den Verschiebungen der Körperpunkte unabhängige – Drehungen und Verformungen der Körperelemente möglich sind.

Eine ähnliche Situation besteht beim Vergleich zwischen einem starren Körper und einem deformierbaren Punkt-Kontinuum. In einem starren Körper bleibt die Verteilung der flächenhaft verteilt wirkenden inneren und äußeren Reaktionen, also der als Spannungen auftretenden Reaktionen, grundsätzlich unbestimmt, weil ein starrer Körper keinen Freiheitsgrad der Deformation besitzt. So können wir zwar für einen starren Körper die Existenz von flächenhaft verteilt wirkenden Kräften annehmen, können aber ihre Verteilung nicht eindeutig ermitteln, soweit sie als Reaktionen auftreten. Letztlich genügt es bei einem starren Körper bezüglich der eingeprägten Kräfte auch, wenn wir deren Resultierende kennen.

Hinter diesem Sachverhalt steckt, daß eine Kraftgröße bei irgendeinem Vorgang nur dann Arbeit leisten kann, wenn ihr eine adjungierte kinematische Größe gegenübergestellt werden kann. Andernfalls fallen solche Kraftgrößen aus Energiebetrachtungen *a priori* heraus. Unter diesem Gesichtspunkt ist es konsequent, das *Boltzmann*-Axiom, das flächenhaft und volumenhaft verteilt angreifende Moment aus dem Kreis der Betrachtungen ausschließt, als *Corollarium* zur Beschränkung auf Punkt-Kontinua einzuführen.

Die Frage, welches *Bezugssystem* wir der Formulierung des Grundgesetzes der Mechanik zugrunde legen, lassen wir hier offen. Wir können uns dabei fürs erste auf die Feststellung zurückziehen, daß bei Gültigkeit des Indifferenz-Prinzipes für Raum und Zeit der Kern der Aussage des Grundgesetzes der Mechanik nicht von der zufälligen Wahl des Bezugssystems abhängen kann. Wir werden aber diese Frage später noch einmal (in Kapitel 4) aufgreifen und vertiefen müssen.

Nach dieser Erörterung der Voraussetzungen, unter denen wir das Grundgesetz der Mechanik formulieren wollen, stellen wir als nächstes noch einmal einige Definitionen zusammen (vgl. Band I, Abschnitt 6.3), die wir im folgenden benötigen. Die Grundbegriffe der Kinematik (Definition der Verschiebung **u**, der Geschwindigkeit **v** usw.; vgl. Band I, Kapitel 5) setzen wir dabei als bekannt voraus.

Definition 1.1: Die *Bewegungsgröße eines Körperelementes* mit der Masse $dm = \rho\,dV$ ist

$$d\mathbf{B} = dm\,\mathbf{v} \qquad \text{(Größenart: } [MLZ^{-1}]).$$

Definition 1.2: Der *Drall eines Körperlementes* mit der Masse $dm = \rho\,dV$ in bezug auf einen raumfesten Punkt 0 ist

$$d\mathbf{H}_{(0)} = \mathbf{r} \times dm\,\mathbf{v} = \mathbf{r} \times d\mathbf{B} \qquad \text{(Größenart: } [\mathbf{L} \times LMZ^{-1}]),$$

wobei **r** der Ortsvektor vom Punkt 0 zum Körperelement ist.

Definition 1.3: Es ist

$$\mathbf{I} = \int_{t_1}^{t_2} \mathbf{F}\,dt \qquad \text{(Größenart: } [MLZ^{-1}] = [KZ])$$

der von einer Kraft **F** in dem Zeitintervall t_1 bis t_2 auf einen Körper ausgeübte (bzw. einem Körper zugeführte) *Impuls.*

Definition 1.4: Es ist

$$\mathbf{D}_{(0)} = \int_{t_1}^{t_2} \mathbf{M}_{(0)}\, dt \qquad (\text{Größenart: } [\mathbf{L} \times \mathbf{LMZ}^{-1}] = [\mathbf{L} \times \mathbf{KZ}])$$

der von einer Kraft mit dem Moment $\mathbf{M}_{(0)}$ in dem Zeitintervall t_1 bis t_2 auf einen Körper ausgeübte (bzw. einem Körper zugeführte) *Drehimpuls* (auch *Impulsmoment* genannt) bezogen auf den raumfesten Punkt 0.

Definition 1.5: Wirken mehrere Kräfte (Momente) auf einen Körper ein, so ist der *resultierende* Impuls (Drehimpuls) gleich der vektoriellen Summe der einzelnen Impulse (Drehimpulse).

Unter den vorstehenden Voraussetzungen und mit den soeben gegebenen Definitionen können wir nun formulieren (vgl. Band I, Kapitel 6):

Satz 1.1: *Grundgesetz der Mechanik, Teil A; Impulssatz für Körperelemente*

Differentialform:
Der substantielle zeitliche Differentialquotient der Bewegungsgröße eines Körperelementes ist gleich der vektoriellen Summe der an dem Element angreifenden Kräfte:

$$d\mathbf{F} = \frac{D}{dt}(d\mathbf{B}) = \frac{D}{dt}(dm\,\mathbf{v}) = dm\,\dot{\mathbf{v}}.$$

Integralform:
Der in einem Zeitintervall t_1 bis t_2 einem Körperelement zugeführte resultierende Impuls ist gleich der Differenz der Bewegungsgrößen des Körperelementes zu den Zeitpunkten t_2 und t_1:

$$\int_{t_1}^{t_2} d\mathbf{F}\, dt = dm\,\mathbf{v}(t_2) - dm\,\mathbf{v}(t_1).$$

Satz 1.2: *Grundgesetz der Mechanik, Teil B; Drallsatz für Körperelemente*

Differentialform:

Der substantielle zeitliche Differentialquotient des Dralles eines Körperelementes in bezug auf einen raumfesten Punkt 0 ist gleich dem resultierenden Moment der an dem Körperpunkt angreifenden Kräfte in bezug auf den gleichen Punkt 0:

$$d\mathbf{M}_{(0)} = \frac{D}{dt}(d\mathbf{H}_{(0)}) = \frac{D}{dt}(\mathbf{r} \times dm\,\mathbf{v})$$
$$= \mathbf{r} \times dm\,\dot{\mathbf{v}}.$$

Integralform:

Der in einem Zeitintervall t_1 bis t_2 einem Körperelement zugeführte resultierende Drehimpuls in bezug auf einen raumfesten Punkt 0 ist gleich der Differenz der Dralle des Körperelementes zu den Zeitpunkten t_2 und t_1 in bezug auf den gleichen Punkt 0:

$$\int_{t_1}^{t_2} d\mathbf{M}_{(0)}\,dt = \mathbf{r}(t_2) \times dm\,\mathbf{v}(t_2) - \mathbf{r}(t_1) \times dm\,\mathbf{v}(t_1).$$

Impulssatz und Drallsatz stellen zwei voneinander unabhängige Aussagen dar. Zwar erhalten wir aus dem Impulssatz durch vektorielle Multiplikation von links mit $\mathbf{r}$

$$\mathbf{r} \times d\mathbf{F} = \mathbf{r} \times dm\,\dot{\mathbf{v}}.$$

Es ist jedoch nur dann

$$\mathbf{r} \times d\mathbf{F} = d\mathbf{M}_{(0)},$$

wenn das *Boltzmann*-Axiom gilt, weil nur dann im Grenzübergang $\Delta V \to 0$ die an dem Körperelement angreifenden Kräfte in jedem Fall ein zentrales Kräftesystem (mit Angriffspunkt am Körperelement) bilden. Tatsächlich erhält auch der Drallsatz für ein verallgemeinertes Kontinuum (*Cosserat*-Kontinuum) eine andere Form, während der Impulssatz für ein solches Kontinuum unverändert weiter gilt.

Anmerkung:

Im Rahmen der relativistischen Mechanik sind sowohl Impuls- wie Drallsatz zu modifizieren. Es zeigt sich dabei, daß im Rahmen der Relativitätstheorie Mechanik und Thermodynamik grundsätzlich nicht mehr zu trennen sind und Körper auch nicht mehr idealisierend als starr angenommen werden können.

1.3. Ausdehnung des Grundgesetzes auf Körper

Integrieren wir die beiden Teile des Grundgesetzes der Mechanik über den gesamten Körper, so erhalten wir globale Aussagen über die Bewegung des Körpers. Um diese Aussagen zu formulieren, definieren wir (vgl. Band I, Abschnitt 6.4):

Definition 1.6: Die Lage des *Massen-Mittelpunktes* M (Ortsverktor $\mathbf{r}_M$) eines Körpers ist definiert durch

$$\mathbf{r}_M = \frac{1}{m} \int_V \mathbf{r} \, dm.$$

Definition 1.7: Es ist

$$\int_V \mathbf{v} \, dm = \frac{D}{dt} \int_V \mathbf{r} \, dm = m \, \dot{\mathbf{r}}_M = m \, \mathbf{v}_M$$

$$= \int_V d\mathbf{B} = \mathbf{B}$$

die *Bewegungsgröße des Körpers.*

Definition 1.8: Es ist

$$\int_V \mathbf{r} \times \mathbf{v} \, dm = \int_V d\mathbf{H}_{(0)} = \mathbf{H}_{(0)}$$

der *Drall des Körpers* in bezug auf den *raumfesten Punkt* 0.

Bei der Integration der Kräfte über den gesamten Körper fallen die inneren Kräfte heraus, weil für die inneren flächenhaft verteilt wirkenden Kräfte das Wechselwirkungsprinzip gilt und weil wir für die inneren volumenhaft verteilt wirkenden Kräfte dies als Prinzip annehmen. Wir erhalten also:

$$\int_V d\mathbf{F} = \mathbf{F}^{(a)}$$ Vektorsumme aller *äußeren* Kräfte,

$$\int_V d\mathbf{M}_{(0)} = \mathbf{M}_{(0)}^{(a)}$$ resultierendes Moment aller *äußeren* Kräfte.

Die Integration des Grundgesetzes der Mechanik über den ganzen Körper führt deshalb auf

---

Satz 1.3: *Impulssatz für Körper; Massen-Mittelpunktsatz*

Differentialform:

$$\mathbf{F}^{(a)} = \frac{D}{dt} \underbrace{(m\,\mathbf{v}_M)}_{\mathbf{B}} = m\,\dot{\mathbf{v}}_M = m\,\ddot{\mathbf{r}}_M\,,$$

Integralform:

$$\int_{t_1}^{t_2} \mathbf{F}^{(a)}\,dt = m\,\mathbf{v}_M(t_2) - m\,\mathbf{v}_M(t_1) = \mathbf{B}(t_2) - \mathbf{B}(t_1)\,.$$

Satz 1.4: *Drallsatz für Körper in bezug auf einen raumfesten Punkt* 0

Differentialform:

$$\mathbf{M}^{(a)}_{(0)} = \frac{D}{dt}\mathbf{H}_{(0)}\,,$$

Integralform:

$$\int_{t_1}^{t_2} \mathbf{M}_{(0)}\,dt = \mathbf{H}_{(0)}(t_2) - \mathbf{H}_{(0)}(t_1).$$

Der Massen-Mittelpunktsatz 1.3 bildet die Grundlage für die Bewegung des Massen-Mittelpunktes. Er gilt für starre und für deformierbare Körper. Zu beachten ist jedoch, daß nur bei starren Körpern der Massen-Mittelpunkt im Körper fest ist. Der Drallsatz 1.4 gilt in dieser Form ebenfalls für starre und für deformierbare Körper. Jedoch reichen nur für *starre Körper* Impulssatz 1.3 und Drallsatz 1.4 zusammengenommen aus, um den Bewegungsablauf vollständig zu bestimmen. Diese beiden Sätze bilden also die allgemeine Grundlage der *Stereo-Kinetik.*

Für die praktischen Anwendungen ist es oft vorteilhafter, den Drallsatz für Körper nicht in bezug auf einen festen Raumpunkt 0, sondern in bezug auf den (bewegten) *Massen-Mittelpunkt* M anzuschreiben. Dazu formen wir den Drallsatz 1.4 um. Wir setzen (vgl. Abb. 1.1)

$$\mathbf{r} = \mathbf{r}_M + (\mathbf{r} - \mathbf{r}_M).$$

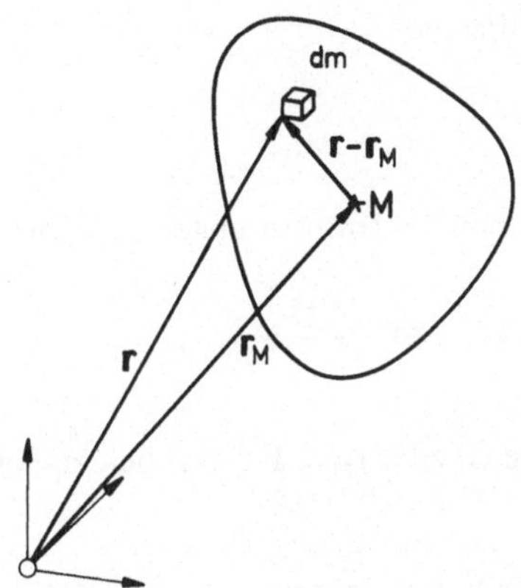

Abb. 1.1

Gehen wir damit in den Drallsatz, so erhalten wir zunächst einerseits

$$\mathbf{M}_{(0)}^{(a)} = \int_V \mathbf{r} \times d\mathbf{F} = \int_V \mathbf{r}_M \times d\mathbf{F} + \int_V (\mathbf{r} - \mathbf{r}_M) \times d\mathbf{F}$$
$$= \mathbf{r}_M \times \mathbf{F}^{(a)} + \mathbf{M}_{(M)}^{(a)},$$

andererseits

$$\frac{D}{dt}\mathbf{H}_{(0)} = \frac{D}{dt}\int_V \mathbf{r} \times dm\,\mathbf{v} = \frac{D}{dt}\int_V \mathbf{r}_M \times dm\,\mathbf{v} + \frac{D}{dt}\int_V (\mathbf{r} - \mathbf{r}_M) \times dm\,\mathbf{v}.$$

Nun ist

$$\frac{D}{dt}\int_V \mathbf{r}_M \times dm\,\mathbf{v} = \dot{\mathbf{r}}_M \times \int_V dm\,\mathbf{v} + \mathbf{r}_M \times \int_V \underbrace{dm\,\dot{\mathbf{v}}}_{d\mathbf{F}}$$
$$= \underbrace{\mathbf{v}_M \times m\,\mathbf{v}_M}_{0} + \mathbf{r}_M \times \mathbf{F}^{(a)}.$$

Ferner können wir analog zur Definition des Dralles in bezug auf einen raumfesten Punkt 0 festlegen:

Definition 1.9: Es ist

$$\int_V (\mathbf{r} - \mathbf{r}_M) \times dm\,\mathbf{v} = \mathbf{H}_{(M)}$$

der *Drall des Körpers* in bezug auf den *Massen-Mittelpunkt* M.

Damit erhalten wir schließlich aus

$$\mathbf{M}_{(0)}^{(a)} = \frac{D}{dt}\mathbf{H}_{(0)}$$

durch Einsetzen der vorstehenden Umformungen zunächst

$$\mathbf{M}_{(M)}^{(a)} + \mathbf{r}_M \times \mathbf{F}^{(a)} = \mathbf{r}_M \times \mathbf{F}^{(a)} + \frac{D}{dt}\mathbf{H}_{(M)}$$

und schließlich, da sich die Glieder $\mathbf{r}_M \times \mathbf{F}^{(a)}$ auf beiden Seiten aufheben, den

---

Satz 1.5: *Drallsatz für Körper in bezug auf den Massen-Mittelpunkt* M

Differentialform:

$$\mathbf{M}_{(M)}^{(a)} = \frac{D}{dt}\mathbf{H}_{(M)} = \frac{D}{dt}\int_V (\mathbf{r} - \mathbf{r}_M) \times dm\,\mathbf{v},$$

Integralform:

$$\int_{t_1}^{t_2} \mathbf{M}_{(M)}\,dt = \mathbf{H}_{(M)}(t_2) - \mathbf{H}_{(M)}(t_1).$$

Die Drallsätze in bezug auf einen festen Raumpunkt 0 und in bezug auf den Massen-Mittelpunkt M lauten formal gleich, obwohl der Massen-Mittelpunkt sich im allgemeinen gegenüber dem Bezugsraum bewegt. Diese formale Gleichheit ist eine Folge davon, daß es sich bei dem Massen-Mittelpunkt M um einen besonders ausgezeichneten Punkt handelt. Würde man den Drallsatz in bezug auf einen beliebigen bewegten Punkt anschreiben, so ginge die formale Gleichheit verloren, wie man an Hand der vorstehenden Ableitung leicht nachprüfen kann.

1.4. Allgemeines über Kräfte; Energiebetrachtungen

Die von außen auf einen Körper einwirkenden, flächenhaft oder volumenhaft verteilt angreifenden Kräfte unterteilen wir in *eingeprägte Kräfte* und in *Reaktionskräfte* (kürzer: *Reaktionen*). Zu den eingeprägten Kräften zählen alle die Kräfte, die auf allgemeinen physikalischen Beziehungen beruhen, wie z. B. Gewichtskräfte, elektro-magnetische Kräfte oder Federkräfte. Reaktionen sind die Folge von *kinematischen Bindungen*, die den Freiheitsgrad der Bewegungsmöglichkeit eines Körpers einschränken.

Anmerkung:

Von *Reaktionen* können wir exakt nur sprechen, wenn ihr Auftreten sich allein aus dem Vorhandensein von starren (unnachgiebigen) kinematischen Bindungen ergibt und keine anderen physikalischen Beziehungen (wie z. B. die elastische Nachgiebigkeit einer Führung) sie mitbestimmen. Derartige kinematische Bindungen können sowohl zwischen einem Körper und seiner (als ruhend betrachteten) Umgebung als auch zwischen den Teilen eines Systems von Körpern bestehen.

Wir können den Begriff von Reaktionen im übrigen unter Anwendung des *Schnittprinzips* auf die Schnittgrößen bei *starren Körpern* ausdehnen (*innere Reaktionen*), und zwar sowohl in der *Stereo-Statik* wie in der *Stereo-Kinetik*. Schließlich dürfen wir auch noch im Bereich der *Statik der deformierbaren Körper* die aus den flächenhaft verteilt angreifenden inneren Kräften resultierenden Schnittgrößen als (innere) *Reaktionen* ansehen, sofern sie – unter Heranziehung des *Erstarrungsprinzips* – aus stereo-statischen Gleichgewichtsbetrachtungen zu ermitteln sind (vgl. hierzu Band I, Absätze 4.1 und 9.1). Bei darüber hinausgehenden Betrachtungen in der *Statik* und (allgemein) in der *Kinetik deformierbarer Körper* können wir jedoch die flächenhaft verteilten angreifenden inneren Kräfte nicht mehr als Reaktionen ansprechen, da sie wesentlich durch das Materialverhalten mitbestimmt sind. In diesem Falle ist im übrigen auch die Zusammenfassung dieser Kräfte zu resultierenden Schnittgrößen ohne praktische Bedeutung.

Die *eingeprägten Kräfte* können, wie wir gesehen haben, sehr verschiedene physikalische Ursachen haben und deshalb in verschiedener Weise gegeben sein. So können diese Kräfte etwa *zeitabhängig* sein, wie z. B. bei Antrieben, die nach einem Zeitplan gesteuert werden, oder sie können eine *Funktion des Ortes* sein, wie beispielsweise die Gewichtskräfte oder die elektro-statischen Kräfte. Die eingeprägten Kräfte können aber auch von der Geschwindigkeit der Körperelemente abhängen, wie z. B. die elektro-magnetischen Kräfte. Schließlich können auch alle Formen der Abhängigkeit zugleich auftreten, wie es etwa bei dem Bewegungswiderstand für einen Körper in einem umgebenden Medium mit orts- und zeitabhängiger Dichte der Fall ist.

Die Leistung bzw. die Arbeit einer Kraft $\mathbf{F}_i$ ist wie folgt definiert (vgl. Band I, Abschnitt 6.5.1):

Definition 1.10: Die einem Körper durch eine Kraft $\mathbf{F}_i$ zugeführte *Leistung* ist, wenn $\mathbf{v}_i$ die Geschwindigkeit des Angriffspunktes dieser Kraft bezeichnet,

$$P_i = \mathbf{F}_i \cdot \mathbf{v}_i \qquad \text{(Größenart: } [ML^2Z^{-3}] = [KLZ^{-1}]\text{)}.$$

Maßeinheit: *Watt* $\quad 1\,\mathrm{W} = 1\,\mathrm{Nms^{-1}}$.

Definition 1.11: Die einem Körper durch eine Kraft $\mathbf{F}_i$ in dem Zeitintervall von t_1 bis t_2 zugeführte *Arbeit* ist

$$A_i = \int_{t_1}^{t_2} P_i \, dt = \int_{t_1}^{t_2} \mathbf{F}_i \cdot \mathbf{v}_i \, dt. \quad (\text{Größenart: } [ML^2 Z^{-2}] = [KL]).$$

Maßeinheit: *Joule* 1 J = 1 Ws = 1 Nm.

1. Anmerkung:

Wir können diese Definitionen auch auf die Differentiale dF der flächenhaft und volumenhaft verteilt angreifenden Kräfte übertragen; wir haben dann nur entsprechend P_i durch dP_i und A_i durch dA_i zu ersetzen.

2. Anmerkung:

Bei der Betrachtung der Arbeit, die von der Gesamtheit aller Kräfte geleistet wird, haben wir zu unterscheiden (vgl. Band II, Abschnitt 1.5) zwischen

a) der *Formänderungsarbeit*, die von den *inneren* flächenhaft verteilt angreifenden Kräften herrührt, und

b) der *Arbeit aller übrigen Kräfte*.

Die *Formänderungsarbeit* bezeichnen wir mit W, die *Arbeit der übrigen Kräfte* mit A (gegebenenfalls mit entsprechenden Zusätzen: $A_A^{(a)}$, $A_V^{(a)}$, $A_V^{(i)}$). Diese Bezeichnungsweise dient der besseren Unterscheidung, insbesondere im Hinblick auf die Belange der *Mechanik der deformierbaren Körper*. Sofern man nur die *Stereo-Mechanik* im Auge hat, geht man vielfach dazu über, die Arbeiten einheitlich mit dem Buchstaben W (= work) zu bezeichnen. Wir wollen hier aber bei der getroffenen Unterscheidung bleiben.

Die Integration aller an den Körperelementen geleisteten Arbeiten führt (vgl. Band II, Absatz 1.5) zu

Satz 1.6: *Energiesatz der Mechanik (Differentialform):*

Es ist

$$DA_A^{(a)} + DA_V = DW + DE,$$

wobei

- $A_A^{(a)}$ die Arbeit der flächenhaft verteilt angreifenden *äußeren* Kräfte,
- A_V die Arbeit *aller* volumenhaft verteilt angreifenden Kräfte,
- W die Formänderungsarbeit,
- E die kinetische Energie

bezeichnet.

Die *kinetische Energie* ist hierbei definiert (vgl. Band I, Abschnitt 6.5.2) durch

Definition 1.12: Die *kinetische Energie* eines Körpers ist

$$E = \frac{1}{2} \int_V \mathbf{v} \cdot \mathbf{v} \, dm = \frac{1}{2} \int_V v^2 \, dm \quad (\text{Größenart: } [ML^2 Z^{-2}] = [KL]).$$

Für starre Körper ist

$$DW = 0, \qquad DA_V^{(i)} = 0\,.$$

Deshalb gilt für starre Körper

Satz 1.7: *Energiesatz der Mechanik für starre Körper (Differentialform):*

$$\underbrace{DA_A^{(a)} + DA_V^{(a)}}_{DA^{(a)}} = DE.$$

Anzumerken ist noch, daß die Arbeit der Reaktionen bei zeitlich unveränderlichen Bindungen in Energiebetrachtungen stets herausfällt, weil solche Reaktionen entsprechend ihrer Definition grundsätzlich keine Arbeit leisten. Deshalb können wir die Aussage des Energiesatzes der Mechanik auch dahingehend ergänzen, daß in Satz 1.7 $DA_A^{(a)}$ nur die Arbeit der *eingeprägten*, flächenhaft verteilt angreifenden äußeren Kräfte umfaßt, sofern die kinematischen Bindungen zeitunabhängig sind.

Wir können dem Energiesatz der Mechanik einen anderen Satz an die Seite stellen, der sich formal aus dem Impulssatz für Körper (Massen-Mittelpunktsatz; Satz 1.3) ableiten läßt. Multiplizieren wir diesen Impulssatz für Körper skalar mit dem Differential $D\mathbf{r}_M$ der Verschiebung des Massen-Mittelpunktes, so erhalten wir

$$\mathbf{F}^{(a)} \cdot D\mathbf{r}_M = m\, \dot{\mathbf{v}}_M \cdot \mathbf{v}_M \, dt = \frac{D}{dt}\left(\frac{1}{2} m\, v_M^2\right) dt\,.$$

Formal definieren wir nun:

Definition 1.13: Es ist

$$DA_M^{(a)} = \mathbf{F}^{(a)} \cdot D\mathbf{r}_M$$

das (substantielle) Inkrement der *Arbeit aller äußeren Kräfte, die der Verschiebung des Massen-Mittelpunktes zugeordnet ist,* und

$$E_M = \frac{1}{2} m\, v_M^2$$

die *der Geschwindigkeit des Massen-Mittelpunktes zugeordnete kinetische Energie.*

Dann erhalten wir folgenden

Satz 1.8: Es ist

$$DA_M^{(a)} = DE_M .$$

Dieser Satz gilt *allgemein*. Wir werden später sehen, daß er für *starre Körper* identisch ist mit dem *Energiesatz für die Translationsbewegung* starrer Körper. Für *deformierbare Körper* hat der Satz 1.8 hingegen nur *formale Bedeutung*. Er beschreibt bei solchen Körpern nicht den wirklichen Austausch mechanischer Energie und hat deshalb für solche Körper auch nicht die Bedeutung eines Energie-Erhaltungssatzes. Dennoch stellt dieser Satz eine wichtige Folgerung aus dem Grundgesetz der Mechanik dar, die sich in der Anwendung bei vielen Problemen als hilfreiches Werkzeug erweist.

Die Berechnung der von einer Kraft in einem Zeitintervall an einem Körper geleisteten Arbeit setzt in der Regel voraus, daß der Bewegungsablauf in diesem Zeitintervall hinreichend bekannt ist, gegebenenfalls aufgrund von Berechnungen. Einen Sonderfall bilden die *Potentialkräfte*. Dies sind eingeprägte Kräfte, die nur von der Lage des betreffenden Körperelementes im Bezugsraum abhängen, also sogenannten *Feldkräfte*, bei denen aber überdies die von ihnen geleistete Arbeit nur von der Anfangs- und der Endlage des Körperelementes in dem betrachteten Zeitintervall abhängt, also unabhängig von der durchlaufenen Bahn ist. Solche Kräfte lassen sich durch den *Gradienten einer skalaren Funktion* der Ortskoordinaten, des sogenannten Potentials $\Phi(\mathbf{r})$ entsprechend der allgemeinen Beziehung

$$\mathbf{F}(\mathbf{r}) = -\,\mathbf{grad}\,\Phi = -\,\nabla\Phi$$

ausdrücken. Daher rührt der Name *Potentialkräfte*.
Zum Nachweis dieses Zusammenhanges bilden wir

$$\int_{t_1}^{t_2} \mathbf{F}\cdot\mathbf{v}\,dt = -\int_{\mathbf{r}(t_1)}^{\mathbf{r}(t_2)} \nabla\Phi\cdot D\mathbf{r}.$$

In einem *kartesischen Bezugssystem*, das wir der Einfachheit halber den folgenden Betrachtungen zugrunde legen wollen, ist

$$\mathbf{grad}\,\Phi = \nabla\Phi = \frac{\partial\Phi}{\partial x}\mathbf{e}_x + \frac{\partial\Phi}{\partial y}\mathbf{e}_y + \frac{\partial\Phi}{\partial z}\mathbf{e}_z,$$

also

$$\nabla\Phi\cdot D\mathbf{r} = \frac{\partial\Phi}{\partial x}Dx + \frac{\partial\Phi}{\partial y}Dy + \frac{\partial\Phi}{\partial z}Dz = D\Phi.$$

Deshalb wird

$$\int_{t_1}^{t_1} \mathbf{F} \cdot \mathbf{v}\, dt = - \int_{\Phi(r_1)}^{\Phi(r_2)} D\Phi = \Phi(\mathbf{r}_1) - \Phi(\mathbf{r}_2).$$

Eine *notwendige und hinreichende Bedingung* dafür, daß sich ein Kraftfeld $\mathbf{F}(\mathbf{r})$ von einem Potential ableiten läßt, ist

$$\mathbf{rot\, F} = \nabla \times \mathbf{F} = \mathbf{0},$$

d.h.

$$\frac{\partial F_x}{\partial y} - \frac{\partial F_y}{\partial x} = 0$$

$$\frac{\partial F_y}{\partial z} - \frac{\partial F_z}{\partial y} = 0$$

$$\frac{\partial F_z}{\partial x} - \frac{\partial F_x}{\partial z} = 0.$$

Der Nachweis für diese Behauptung ist zu führen, indem man zunächst zeigt, daß alle Kraftfelder, für die $\mathbf{F} = -\,\mathbf{grad}\,\Phi$, also $F_x = -\frac{\partial \Phi}{\partial x}$ usw. gilt, die obige Bedingung identisch befriedigen. Der zweite Schritt besteht dann darin, daß man nachweist, daß alle Lösungen der obigen Gleichungen sich in der Form $\mathbf{F} = -\,\mathbf{grad}\,\Phi$ darstellen lassen.

Als Ergebnis unserer Betrachtungen halten wir fest:

Satz 1.9: Ist in einem Kraftfeld $\mathbf{F}(\mathbf{r})$

$$\mathbf{rot\, F} = \nabla \times \mathbf{F} = \mathbf{0}\,,$$

d.h.

$$\mathbf{F} = -\,\mathbf{grad}\,\Phi$$

mit dem *Potential* $\Phi = \Phi(\mathbf{r})$, so wird die Arbeit dieser Feldkräfte unabhängig vom Wege, d.h.

$$\int_{t_1}^{t_2} \mathbf{F} \cdot \mathbf{v}\, dt = \Phi(\mathbf{r}_1) - \Phi(\mathbf{r}_2).$$

Potentialkräfte können volumenhaft oder flächenhaft verteilt angreifen. Wir können auch unter bestimmten Voraussetzungen Potentiale für (resultierende) Einzelkräfte angeben. Die Größenart (Dimension) der Potentiale ist allerdings in den einzelnen Fällen verschieden:

Potentialkraft	Bezeichnung des Potentials	Größenart
volumenhaft verteilt (bezogen auf dm)	φ_V	$[L^2 Z^{-2}] = [K L M^{-1}]$
flächenhaft verteilt (bezogen auf dA)	φ_A	$[M Z^{-2}] = [K L^{-1}]$
Einzelkraft (bzw. resultierende Kraft)	Φ	$[M L^2 Z^{-2}] = [K L]$

Die Ermittlung des Potentials eines Kraftfeldes geht von der Beziehung

$$\Phi(\mathbf{r}) - \Phi(\mathbf{r}_0) = -\int_{\mathbf{r}_0}^{\mathbf{r}} \mathbf{F}(\mathbf{r})\, d\mathbf{r}$$

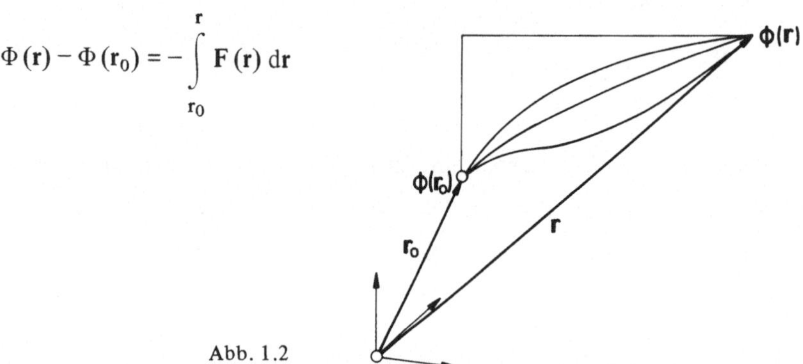

Abb. 1.2

aus. Bei der Auswertung dieses Integrals können wir den Integrationsweg beliebig wählen, da das Ergebnis ja wegunabhängig ist (Abb. 1.2). Aus dem gleichen Grunde können wir das substantielle Differential $D\mathbf{r}$ jetzt auch durch das räumliche Differential $d\mathbf{r}$ ersetzen. Ferner können wir $\Phi(\mathbf{r}_0)$ beliebig festsetzen, da es stets nur auf Potential-Differenzen ankommt.
Die folgenden Beispiele sollen die Ermittlung des Potentials näher erläutern.

1. Beispiel: Homogenes Schwerefeld (Abb. 1.3)

Für Bewegungen, die auf einen relativ kleinen Raum in der Nähe der Erdoberfläche beschränkt bleiben, können wir die Erdoberfläche als eben und das Schwerefeld als homogen, d.h. die auf die Masse bezogene Schwerkraft (spezifische Gewichtskraft)

$$\mathbf{f} = \mathbf{g} = -g\,\mathbf{e}_z = \mathbf{konst.}$$

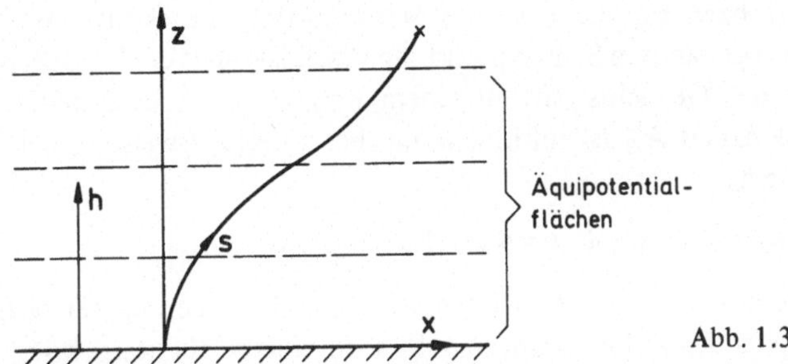

Abb. 1.3

ansehen. Dieses Schwerefeld genügt den Bedingungen für die Existenz eines Potentials, da alle Ableitungen nach den Ortskoordinaten identisch verschwinden. Zur Ermittlung des Potentials für die spezifische Gewichtskraft gehen wir aus von

$$\varphi_V(x, y, z) - \varphi_V(0, 0, 0) = -\int_0^{\mathbf{r}(s)} (-g\,\mathbf{e}_z) \cdot \underbrace{\left\{\frac{dx}{ds}\mathbf{e}_x + \frac{dy}{ds}\mathbf{e}_y + \frac{dz}{ds}\mathbf{e}_z\right\} ds}_{d\mathbf{r}}$$

$$= g \int_0^{z(s)} \frac{dz}{ds}\, ds,$$

wobei wir den Integrationsweg x (s), y (s), z (s) beliebig wählen können.

Die Auswertung dieses Integrals ergibt, wenn wir

$$\varphi_V(0,0,0) = 0$$

setzen,

$$\varphi_V(x, y, z) = g \int_0^z dz = gz = \varphi_V(z) \qquad [L^2 Z^{-2}].$$

Das Potential der spezifischen Schwerkraft hängt also nur von z bzw. von der Höhe h über der Erdoberfläche ab. Die Flächen gleichen Potentials, d. h. die sogenannten *Äquipotential-Flächen* sind die Flächen h = konst.

Wir können in diesem Falle die Überlegungen sogleich auf Körper ausdehnen. Für einen Körper von der Masse m gilt

$$\Phi(\mathbf{r}) = -\int_V \int_0^{\mathbf{r}} (-g\,\mathbf{e}_z) \cdot d\mathbf{r}\,\rho\, dV = g \int_V \int_0^z dz\, dm$$

$$= g \int_V z\, dm = mg\, z_M = mg\, h_M \qquad [ML^2 Z^{-2}],$$

wobei z_M bzw. h_M die Lage des Massenmittelpunktes (der im vorliegenden Falle mit dem sogenannten Schwerpunkt identisch ist) über der Erdoberfläche bezeichnet. Die von der Gewichtskraft in einem homogenen Schwerefeld an einem Körper geleistete Arbeit A_G ist mithin, wenn dieser beispielsweise von einer Höhe h_{M_1} auf eine Höhe h_{M_2} herabfällt,

$$A_G = -\{\Phi_2 - \Phi_1\} = \Phi_1 - \Phi_2 = mg\,(h_{M_1} - h_{M_2}).$$

Die Differenz $\Phi_2 - \Phi_1$ bezeichnen wir auch als Änderung der *potentiellen Energie* des Körpers. Diese Beziehungen gelten im übrigen für starre wie für deformierbare Körper. Wir dürfen sie jedoch nicht ohne weiteres auf inhomogene Schwerefelder übertragen (vgl. Band I, Abschnitt 7.3.1).

2. Beispiel: Elastisches Lager (Abb. 1.4)

Wir nehmen an, daß wir die flächenhaft verteilt angreifenden Lagerkräfte zu einer resultierenden Einzelkraft **F** zusammenfassen und die elastischen Eigenschaften des Lagers durch Angabe der Federkonstanten c beschreiben können. Dann gilt

$$\mathbf{F} = -c\,x\,\mathbf{e}_x,$$

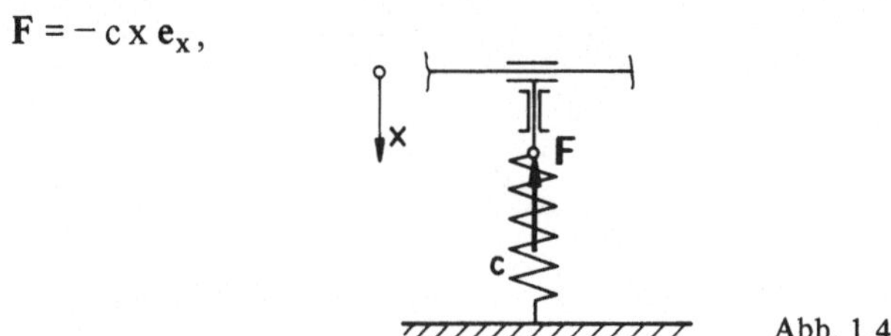

Abb. 1.4

wenn x die Auslenkung des Lagers bezeichnet und für x = 0 die (das Lager repräsentierende) Feder entspannt ist. In diesem Falle erhalten wir für das Potential der Lagerkraft

$$\Phi = -\int_0^x (-c\,x)\,dx = \frac{1}{2}c\,x^2 \qquad [ML^2Z^{-2}] = [KL].$$

Weitere Beispiele werden wir später kennenlernen.

Sind alle an einem Körper flächenhaft verteilt angreifenden äußeren sowie alle inneren und äußeren volumenhaft verteilt angreifenden Kräfte Potentialkräfte, so gilt

---

Satz 1.10: *Energiesatz der Mechanik für Potentialkräfte (Differentialform):*

$$DA_A^{(a)} + DA_V = -D\Phi = DW + DE$$

bzw.

$$D\Phi + DE + DW = 0.$$

Für starre Körper folgt daraus wegen DW = 0

Satz 1.11: *Energiesatz der Mechanik für konservative Systeme starrer Körper:*

$D(E + \Phi) = 0.$

d.h.

$E + \Phi = \text{konst.}$

Im Hinblick darauf, daß $E + \Phi$ für solche Systeme konstant bleibt, sprechen wir von einem *konservativen System*. Die Summe von potentieller und kinetischer Energie bleibt in einem solchen System bei allen Energie-Austauschvorgängen erhalten (konserviert).

1. Anmerkung:

Den Begriff *konservatives System* können wir auf den allgemeineren Fall, der dem Satz 1.10 zugrunde liegt, nicht ohne weiteres anwenden. Die Summe aller mechanischen Energie bleibt nämlich in diesem Fall nur erhalten, wenn auch die flächenhaft verteilt angreifenden inneren Kräfte (die Spannungen σ_{ik}) sich von einem Potential ableiten lassen, die Formänderungen also reversibel sind (vgl. Band II, Abschnitt 2.4). Andernfalls wird der irreversible Anteil der Formänderungsarbeit in Wärme umgesetzt.

2. Anmerkung:

In Sonderfällen können wir Satz 1.11 auch auf deformierbare Körper ausdehnen (vgl. hierzu das 1. Beispiel in Abschnitt 2.2.2).

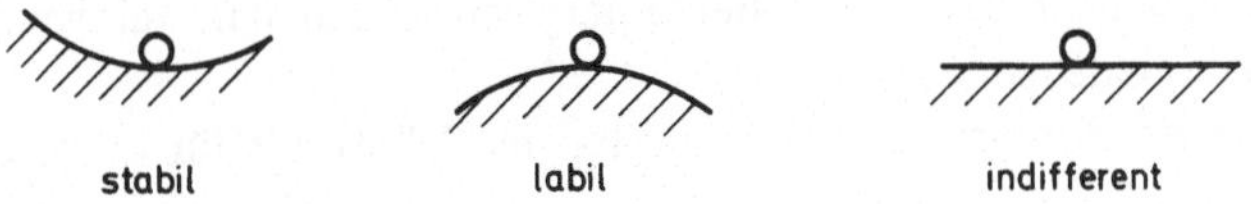

stabil labil indifferent

Abb. 1.5

Aus der Untersuchung der Bewegung eines Körpers bzw. eines Systems von Körpern in der Umgebung einer *Gleichgewichtslage* können wir für konservative Systeme folgern (Abb. 1.5):

Satz 1.12: Bei *konservativen Systemen* gilt für die potentielle Energie Φ beim Durchgang durch eine *Gleichgewichtslage*

$D\Phi = 0.$

Dementsprechend gilt auch für die kinetische Energie in diesem Falle

$DE = 0.$

Φ und E nehmen also beim Durchgang durch Gleichgewichtslagen Extremwerte bzw. stationäre Werte an. Je nach Art der Gleichgewichtslage gilt:

stabiles Gleichgewicht: Φ = Min., E = Max,
labiles Gleichgewicht: Φ = Max., E = Min,
indifferentes Gleichgewicht: Φ und E stationär.

Fragen:

1. Wie sind Bewegungsgröße und Drall eines Körperelementes definiert? Größenart?
2. Wie sind Impuls und Drehimpuls definiert? Größenart?
3. Was besagt der Impulssatz, was der Drallsatz für die Bewegung eines Körperelementes? Warum enthält der Drallsatz eine eigenständige Aussage neben dem Impulssatz?
4. Wie ist die Bewegungsgröße eines Körpers definiert und wie ist sie (unter Verwendung der Definition des Massen-Mittelpunktes) darstellbar?
5. Welche Aussagen enthält der Impulssatz für die Bewegung eines Körpers?
6. Welche Aussage enthält der Drallsatz – bezogen auf einen raumfesten Punkt – für die Bewegung eines Körpers? Was ändert sich, wenn wir ihn auf den mitbewegten Massen-Mittelpunkt beziehen?
7. Welche Aussage enthält der Energiesatz der Mechanik? Wie vereinfacht sich diese Aussage für starre Körper?
8. Welche energetische Aussage können wir allgemein mit der Bewegung des Massen-Mittelpunktes verbinden? Für welche Körper stellt diese Beziehung eine Aussage über den wirklichen Energieaustausch dar, für welche hat sie nur formale Bedeutung?
9. Wodurch sind Potentialkräfte charakterisiert? Was gilt für die von ihnen geleistete Arbeit?
10. Welche Form nimmt der Energiesatz der Mechanik an, wenn nur Potentialkräfte wirken?

2. Kinetik des Massen-Mittelpunktes: Punkt-Kinetik

2.1. Allgemeines

Wir beschränken uns in diesem Kapitel darauf, die Bewegung des *Massen-Mittelpunktes* eines Körpers zu beschreiben. Dabei können wir – gestützt auf den Massen-Mittelpunktsatz (Satz 1.3) – abstrahierend so verfahren, daß wir uns die gesamte Masse m des Körpers im Massen-Mittelpunkt vereinigt denken und alle an dem Körper von außen angreifenden Kräfte diesem Punkt zuordnen. Wir ersetzen also den realen Körper und die an ihm angreifenden Kräfte durch ein vereinfachtes *Modell* bestehend aus einem *diskreten Massenpunkt* mit der Masse m, dem alle Kräfte ohne Rücksicht auf ihren wirklichen Angriffspunkt zugeordnet werden (Abb. 2.1). Dabei können wir alle Kräfte $\mathbf{F}_{i(M)}$, die in diesem *Ersatz-Modell* ein zentrales Kräftesystem bilden, zu einer resultierenden Kraft $\mathbf{F}_{(M)}$ zusammenfassen. Die zugehörigen Energiebetrachtungen reduzieren sich für dieses Modell auf die Aussage von Satz 1.8.

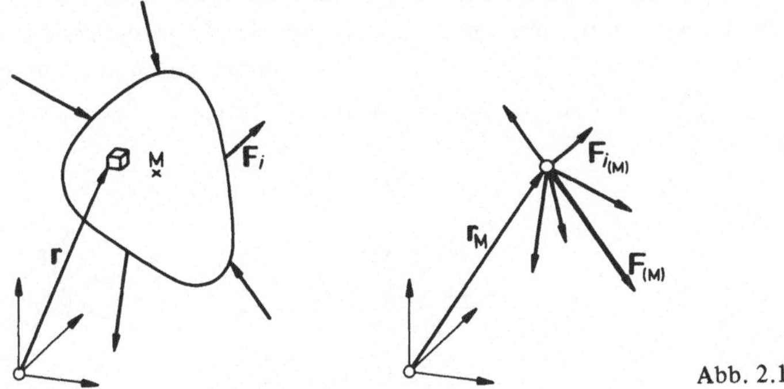

Abb. 2.1

Fragen nach der Dralländerung des Körpers, nach den mit der Bewegung verbundenen Formänderungen oder den damit verknüpften inneren Spannungen sind natürlich mit diesem Ersatz-Modell nicht zu beantworten. Aber immer dann, wenn diese Fragen aus irgendwelchen Gründen für das vorliegende Problem als unerheblich erscheinen, dürfen wir auf dieses Ersatz-Modell der *Punkt-Kinetik* zurückgreifen. Dies setzen wir im Rahmen dieses Kapitels stets voraus.

Unter diesen Umständen können wir auch die Schreibweise dahingehend vereinfachen, daß wir den Index M fortlassen, also einfach v statt v_M oder $\mathbf{F}_i$ statt $\mathbf{F}_{i(M)}$ schreiben. Das soll im folgenden stets geschehen.

Bei den zu betrachtenden Beispielen können wir zwei Grundaufgaben unterscheiden:

(A) Bei gegebenen eingeprägten Kräften ist der Bewegungsablauf zu ermitteln.

(B) Aus dem bekannten Bewegungsablauf sind die auf den Körper einwirkenden Kräfte abzuleiten.

Neben diesen Grundaufgaben kommen aber auch andere Probleme vor, bei denen nur ein Teil der Kräfte, teils aber auch gewisse Angaben über den Bewegungsablauf, bekannt sind. Es hängt also jeweils vom Einzelfall ab, wie wir vorzugehen haben. Die vorstehende Unterscheidung gilt im übrigen für die gesamte Kinetik.

2.2. Kinetik der eindimensionalen Bewegung eines Massenpunktes

Wir wollen zunächst nur solche Bewegungen eines Massenpunktes betrachten, bei denen die (geradlinige oder gekrümmte) *Bahn* des Massenpunktes im voraus bekannt oder durch kinematische Bindungen gegeben ist, so daß wir die Lage des Massenpunktes im Raume mit *einer* Orts-Koordinate eindeutig beschreiben können. Zu dieser Klasse von Bewegungen gehören zunächst die *geradlinigen Bewegungen*. Als *freie* Bewegungen sind diese nur möglich, wenn die Wirkungslinie der resultierenden Kraft **F** zu allen Zeiten mit der Richtung der Anfangsgeschwindigkeit $\mathbf{v}_0$ übereinstimmt (Abb. 2.2a). Ist die Bewegung in einer *geraden Bahn geführt*, so können wir auch eingeprägte Kräfte senkrecht zur Bahn zulassen. Diese bilden dann mit der *Reaktion* der kinematischen Bindung, d.h. mit der *Führungskraft* F_N, ein Gleichgewichtssystem (Abb. 2.2b) und können gesondert betrachtet werden. Für den Bewegungsablauf ist nur die tangentiale Komponente F_t der resultierenden Kraft maßgebend.

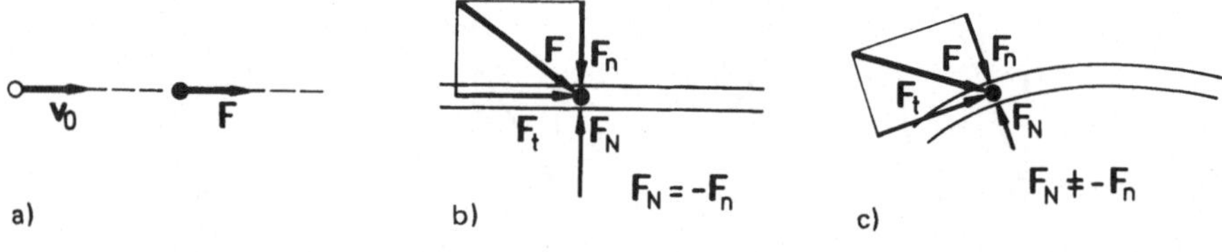

Abb. 2.2

Ist die Bewegung in einer *gekrümmten Bahn geführt*, so gelten für den Zusammenhang zwischen der tangentialen Komponente F_t der eingeprägten Kräfte mit dem Bewegungsablauf längs der Bahn dieselben Beziehungen wie für die geradlinige Bewegung. Die Führungskraft F_N bildet jedoch in diesem Falle nicht mehr ein Gleichgewichtssystem mit der Normal-Komponente F_n der eingeprägten Kräfte; F_N kann erst aus der vollständigen Analyse der (im allgemein räumlichen) Bewegung ermittelt werden (Abb. 2.2c). Darauf kommen wir im Abschnitt 2.3 zurück.

2.2.1. Kinematik der eindimensionalen Punkt-Bewegung

Zur Beschreibung der Lage des Massenpunktes führen wir die längs der Bahn verlaufende Koordinate s ein. Bei geradlinigen Bewegungen werden wir gelegentlich auch x oder bei vertikalen Bewegungen h als Koordinate einführen.
Für die (skalare) *Bahngeschwindigkeit*, d. h. für die Geschwindigkeit in der Bahn, gilt

$$v_t = \dot{s} \qquad (v_t \lesseqgtr 0),$$

und für die (skalare) *Bahnbeschleunigung*, d.h. für die Beschleunigung in Bahnrichtung (tangential zur Bahn), erhalten wir

$$a_t = \dot{v}_t = \ddot{s} \qquad (a_t \lesseqgtr 0).$$

Während die Bahngeschwindigkeit v_t bis auf das Vorzeichen stets mit dem Betrag der (vektoriellen) Geschwindigkeit **v** identisch ist, d.h.

$$v_t = \pm\, |\mathbf{v}|,$$

gilt hinsichtlich der Beschleunigung nur für *geradlinige Bewegung*

$$a_t = \pm\, |\mathbf{a}| = \pm\, |\dot{\mathbf{v}}|$$

und

$$\dot{v}_t = \pm\, |\dot{\mathbf{v}}|.$$

Bei *gekrümmter Bahn* ist hingegen

$$a_t \neq \pm\, |\mathbf{a}| = \pm\, |\dot{\mathbf{v}}|$$

und

$$\dot{v}_t \neq \pm\, |\dot{\mathbf{v}}|,$$

weil bei gekrümmter Bahn neben der Bahnbeschleunigung a_t auch noch eine Beschleunigungskomponente a_n senkrecht zur Bahn auftritt. Diese Zusammenhänge werden wir in Abschnitt 2.3.1 noch näher erörtern.

Wir wollen uns vorerst auf *geradlinige Bewegungen* beschränken und vereinbaren, daß wir bei solchen geradlinigen Bewegungen den Index t jeweils fortlassen. Zu beachten haben wir dabei lediglich, daß v bzw. a als skalare Größen und nicht als Beträge von **v** bzw. **a** zu betrachten sind. Im übrigen wollen wir jedoch im Auge behalten, daß wir alle Überlegungen auch auf Bewegungen mit gekrümmter Bahn übertragen können, sofern wir wiederum v durch v_t und a durch a_t ersetzen.

Für die *Darstellung des Bewegungsablaufes* bieten sich im wesentlichen zwei Möglichkeiten:

1. Möglichkeit:

Wir beschreiben den Bewegungsablauf in der Bahn als *Funktion der Zeit* (Abb. 2.3):

$$s = s(t).$$

Aus dieser Darstellung sind unmittelbar abzuleiten

$$\dot{s} = v(t)$$

und

$$\ddot{s} = \dot{v}(t) = a(t).$$

Aus einem Vergleich der Funktionsverläufe lesen wir u.a. die folgenden bekannten Beziehungen ab:

a) Wo $s(t)$ extremal wird, ist $v(t) = 0$;
b) wo $s(t)$ einen Wendepunkt hat, wird $v(t)$ zum Extremum und $a(t) = 0$;
c) wo $v(t)$ einen Wendepunkt hat, wird $a(t)$ zum Extremum.

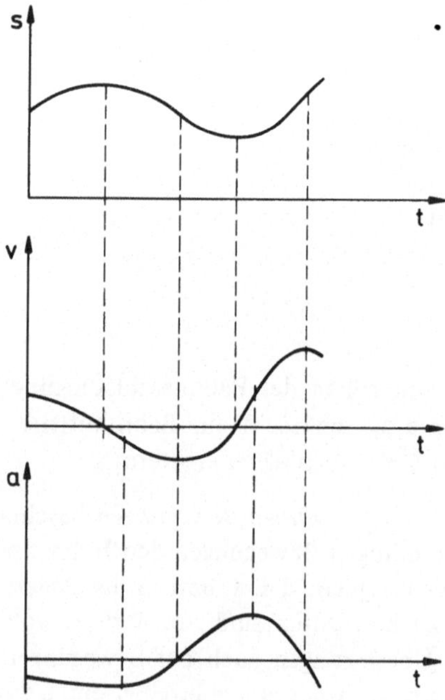

Abb. 2.3

2. Möglichkeit:

Wir beschreiben den Bewegungsablauf in der Bahn duch die Angabe (Abb. 2.4)

$$\dot{s} = v(s).$$

Wir nennen dies die Darstellung der Bewegung in der *Phasenebene*, weil $\dot{s}$ und s die jeweilige Phase der Bewegung kennzeichnen.

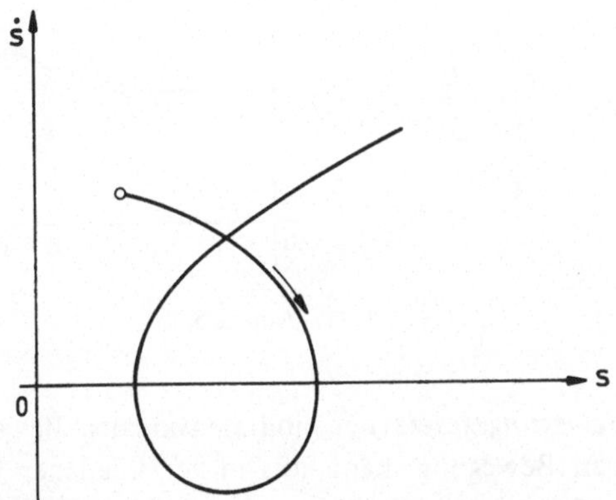

Abb. 2.4

Die Darstellung in der Phasenebene ist der Darstellung s(t) äquivalent. Aus der Beziehung $\dot{s} = v(s)$ folgt nämlich durch Trennung der Variablen

$$\int_{t_0}^{t} dt = \int_{s_0}^{s} \frac{Ds}{v(s)} = f(s; s_0),$$

d.h.

$$t = t_0 + f(s, s_0) = t(s; s_0; t_0),$$

und daraus durch Umkehr

$$s = s(t; s_0; t_0)$$

bzw.

$$s = s(t),$$

wenn wir s_0 und t_0 als fest gegeben betrachten.

Aus der Darstellung in der Phasenebene leiten wir ferner leicht

$$\ddot{s} = a(s)$$

ab. Es ist nämlich

$$\ddot{s} = \frac{D\dot{s}}{Ds}\frac{Ds}{dt} = \frac{D\dot{s}}{Ds}\,\dot{s} = a(s).$$

In der graphischen Darstellung $\dot{s}(s)$ (mit den Maßstäben β_s, $\beta_{\dot{s}}$) wird $\ddot{s}$ durch die Strecke BC repräsentiert (Abb. 2.5). Es ist nämlich

$$\overline{AB} = \dot{s}\,\beta_{\dot{s}}$$

$$\tan\alpha = \frac{D\dot{s}}{Ds}\,\frac{\beta_{\dot{s}}}{\beta_s},$$

also

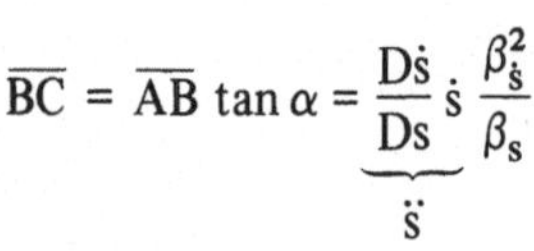

$$\overline{BC} = \overline{AB}\tan\alpha = \underbrace{\frac{D\dot{s}}{Ds}\,\dot{s}}_{\ddot{s}}\,\frac{\beta_{\dot{s}}^2}{\beta_s}$$

bzw.

$$\ddot{s} = \overline{BC}\,\frac{\beta_s}{\beta_{\dot{s}}^2}.$$

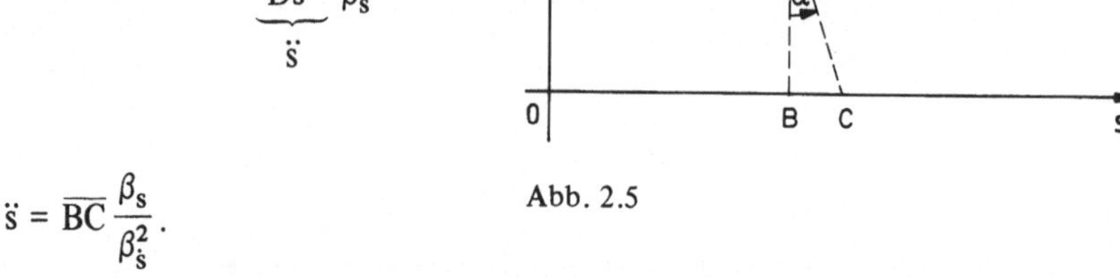

Abb. 2.5

Das *kinematische Bewegungsgesetz* der eindimensionalen Bewegung, insbesondere das einer geradlinigen Bewegung, kann uns in verschiedener Weise gegeben sein. Wir können dabei zunächst *vier Grundfälle* unterscheiden.

1. Grundfall:

Gegeben sei $s = s(t)$ (bzw. $\dot{s}(t)$ oder $\ddot{s}(t)$). Dies entspricht der oben erörterten 1. Darstellungsmöglichkeit des Bewegungsablaufes.
Aus $s(t)$ erhalten wir durch substantielle Differentiation nach der Zeit

$$\dot{s}(t) = v(t)$$

und weiter

$$\ddot{s}(t) = \dot{v}(t) = a(t).$$

Ist $\dot{s}(t) = v(t)$ gegeben, so gewinnen wir $s(t)$ durch Integration über die Zeit:

$$s(t) = s_0 + \int_{t_0}^{t} v(t)\,dt.$$

$\ddot{s}(t)$ ermitteln wir hingegen wiederum durch Differentiation nach der Zeit wie oben.

Eine dritte Variante dieses 1. Grundfalles entsteht, wenn zunächst $\ddot{s}(t) = a(t)$ vorgegeben ist. Dann erhalten wir $v(t)$ bzw. $s(t)$ durch einmalige bzw. zweimalige Integration von $a(t)$ über die Zeit.
Die Umkehr von $s(t)$ liefert

$$t = t(s).$$

Setzen wir das in v(t) bzw. a(t) ein, so können wir

$$v = v(s)$$

$$a = a(s)$$

angeben. In manchen Fällen mag es schließlich auch noch interessant sein,

$$a = a(v) \qquad \text{bzw.} \qquad v = v(a)$$

zu kennen. Wir erreichen dies, indem wir aus v(t) und a(t) bzw. aus v(s) und a(s) die Zeit t bzw. den Weg s eliminieren.

2. Grundfall:

Gegeben sei $\dot{s} = v(s)$.
Dies entspricht der oben erörterten 2. Darstellungsmöglichkeit des Bewegungsablaufes, der Darstellung in der Phasenebene. Wie dort gezeigt, können wir aus v(s) zunächst durch Differentiation

$$a(s) = \frac{D\,v(s)}{Ds}\,v(s)$$

und durch Integration

$$t(s) = t_0 + \int_{s_0}^{s} \frac{Ds}{v(s)}$$

gewinnen. Die Umkehr von t(s) liefert dann s(t). Durch Einsetzen von s(t) in v(s) und a(s) bzw. durch Differentiation von s(t) nach der Zeit erhalten wir dann v(t) und a(t) und durch Elimination von s oder t schließlich auch a(v) bzw. v(a).

3. Grundfall:

Gegeben sei $\ddot{s} = a(s)$.
Da

$$a(s) = v(s)\,\frac{D\,v(s)}{Ds}$$

ist, können wir daraus durch Integration über s, d. h. durch

$$\int_{v_0}^{v} \underbrace{v(s)\,\frac{D\,v(s)}{Ds}\,Ds}_{Dv} = \int_{s_0}^{s} a(s)\,Ds\,,$$

$$\frac{1}{2}\,v^2(s) = \frac{1}{2}\,v_0^2 + \int_{s_0}^{s} a(s)\,Ds$$

oder

$$v(s) = \sqrt{v_0^2 + 2 \int_{s_0}^{s} a(s)\, Ds}$$

ermitteln. Von da an können wir dann wie im 2. Grundfall fortfahren.

4. Grundfall:

Gegeben sei $\ddot{s} = a(v)$.
Setzen wir

$$\ddot{s} = \frac{Dv}{Ds} v,$$

so können wir umformen zu

$$Ds = \frac{v\, Dv}{a(v)}$$

und erhalten daraus durch Integration

$$s(v) = s_0 + \int_{v_0}^{v} \frac{v\, Dv}{a(v)} .$$

Die Umkehr liefert $\dot{s} = v(s)$. Damit haben wir das Problem dann auf den 2. Grundfall zurückgeführt.
Setzen wir hingegen

$$\ddot{s} = \frac{Dv}{dt},$$

so ergibt die Umformung dieses Ausdruckes zunächst

$$dt = \frac{Dv}{a(v)} .$$

Die Integration beider Seiten führt dann auf

$$t(v) = t_0 + \int_{v_0}^{v} \frac{Dv}{a(v)} .$$

Die Umkehr dieser Funktion liefert

$$\dot{s} = v(t)$$

und führt uns damit auf den 1. Grundfall.

Mit diesen vier Grundfällen sind die Möglichkeiten, wie uns das kinematische Bewegungsgesetz gegeben sein kann, keineswegs erschöpft. So kann z. B. das Bewegungsgesetz auch in der Form

$$\ddot{s} = a(s, v)$$

vorliegen. Wir müssen dann von Fall zu Fall überlegen, wie wir ein solches Bewegungsgesetz integrieren und auf einen der Grundfälle zurückführen können.

2.2.2. Beispiele für geradlinige, freie Bewegungen eines Massenpunktes

1. Beispiel: Senkrechter Wurf ohne Luftwiderstand (Abb. 2.6).

Beim senkrechten Wurf von der Erdoberfläche aus (oder von einem Punkt nahe der Erdoberfläche) können wir, sofern die Steighöhe des geworfenen Körpers klein gegenüber dem Erdradius bleibt, das Schwerefeld als homogen ansehen. Für kompakte Körper, deren mittlere Dichte sehr groß im Verhältnis zur Luftdichte ist, können wir den sogenannten hydrostatischen Auftrieb gegenüber dem Gewicht des Körpers vernachlässigen. Ferner können wir für derartige Körper, sofern die Flugdauer die Zeit von wenigen Sekunden nicht übersteigt, den Luftwiderstand außer Acht lassen.

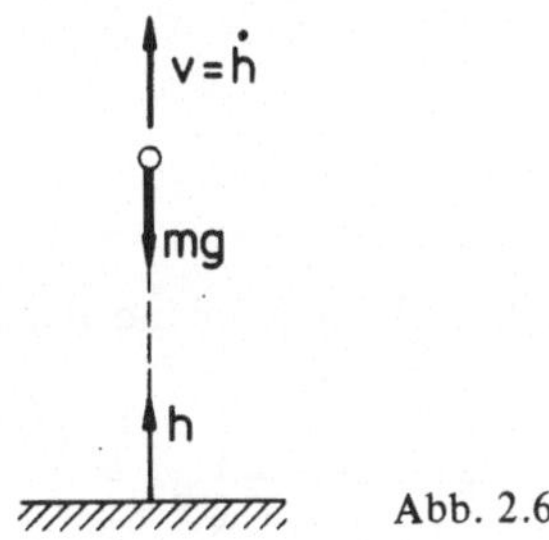

Abb. 2.6

Anmerkung:

Für Wurfbewegungen z. B. auf dem Mond würde die Einschränkung auf kompakte Körper und auf einige Sekunden Flugdauer nicht erforderlich sein, da der Mond keine Atmosphäre hat.

Gegeben seien die Anfangsbedingungen

$$t = 0: \quad h = 0, \quad v = v_0 .$$

Die an dem Körper angreifende resultierende Schwerkraft ist im homogenen Schwerefeld mg. Der Impulssatz (Massen-Mittelpunktsatz) liefert deshalb

$$m \frac{Dv}{dt} = -mg \qquad (g = \text{konst.}) .$$

Mit

$$v = \dot{h}$$

erhalten wir somit als *Bewegungsgesetz*

$$\boxed{\ddot{h} = -g \qquad \text{nebst Anfangsbedingungen.}}$$

Dieses Bewegungsgesetz können wir – wegen $g = \text{konst.}$ – sowohl dem Grundfall 1 ($\ddot{h} = a(t)$) wie dem Grundfall 3 ($\ddot{h} = a(h)$) oder dem Grundfall 4 ($\ddot{h} = a(v)$) zuordnen und entsprechend integrieren. Wir entscheiden uns hier zunächst für Grundfall 1 und erhalten durch ein- bzw. zweimalige Integration über die Zeit

$$\dot{h}(t) = v_0 - \int_0^t g\,dt = v_0 - gt$$

$$h(t) = \underbrace{h_0}_{0} + \int_0^t (v_0 - gt)\,dt = v_0 t - \frac{1}{2} g t^2 .$$

Die *Steigzeit* T ermitteln wir aus der Bedingung, daß am Gipfelpunkt der Wurfbewegung $v = 0$ wird, also

$$v_0 - gT = 0.$$

Das ergibt

$$T = \frac{v_0}{g}.$$

Setzen wir die Steigzeit T in die allgemeine Beziehung für $h(t)$ ein, so erhalten wir die *Steighöhe* H:

$$h(T) = H = v_0 T - \frac{1}{2} g T^2 = \frac{v_0^2}{g} - \frac{1}{2} g \left(\frac{v_0}{g}\right)^2,$$

d.h.

$$H = \frac{1}{2}\frac{v_0^2}{g}.$$

Wir können die Steigzeit T und die Steighöhe H auch unmittelbar berechnen, wenn wir das Bewegungsgesetz dem Grundfall 4 zuordnen. Die entsprechenden Integrationen bis $v = 0$ ergeben dann (vgl. Abschnitt 2.2.1)

$$H = \int_{v_0}^{0} \frac{v\,Dv}{-g} = \frac{1}{2}\frac{v_0^2}{g}$$

$$T = \int_{v_0}^{0} \frac{Dv}{-g} = \frac{v_0}{g}.$$

Zur Untersuchung der Wurfbewegung können wir auch den *Energiesatz* heranziehen, der hier besonders vorteilhaft ist, weil das homogene Schwerefeld ein *Potential* besitzt, aus dem sich leicht die resultierende Schwerkraft für den ganzen Körper ableiten läßt (vgl. Abschnitt 1.4). Es ist, wenn wir $\Phi(0) = 0$ setzen,

$$\Phi(h) = mgh.$$

Aus der allgemeinen für die *Punkt-Kinetik* geltenden Beziehung (vgl. Abschnitt 1.4, insbesondere Satz 1.8)

$$DA_M = DE_M$$

folgt hier mit

$$\left.\begin{aligned} DA &= -D\Phi \\ DE &= D\,\frac{m}{2}v^2 \end{aligned}\right\}$$ (der Index M ist jetzt vereinbarungsgemäß wieder fortgelassen)

die Beziehung

$$D(E + \Phi) = D\left(\frac{m}{2}v^2 + mgh\right) = 0,$$

d.h.

$$E + \Phi = \frac{m}{2}v^2 + mgh = \text{konst.}$$

Durch Vergleich mit dem Anfangszustand (t = 0)

$$\Phi_0 = 0$$

$$E_0 = \frac{m}{2}v_0^2$$

erhalten wir somit

$$\frac{m}{2}v_0^2 = \frac{m}{2}v^2 + mgh$$

oder

$$v = \pm\sqrt{v_0^2 - 2gh}.$$

Das +-Zeichen gilt dabei für das Steigen, das −-Zeichen für das Fallen. Wir lesen aus der obigen Beziehung auch noch unmittelbar ab, daß es für $h > H = v_0^2/2g$ keine reellen Lösungen mehr für v gibt, H deshalb die Steighöhe markiert.

Das Beispiel lehrt uns ferner, daß der Energiesatz stets die Geschwindigkeit in Abhängigkeit von der Lage (Ortskoordinate) liefert, sofern er überhaupt anwendbar ist, und sich deshalb besonders dann als brauchbares Werkzeug erweist, wenn nach der Abhängigkeit der Geschwindigkeit von der Lage gefragt wird.

Wir wollen an das vorstehende Beispiel noch eine allgemeine Betrachtung anschließen. Die Aussage $E + \Phi = \text{konst.}$ gilt nach Satz 1.11 zunächst nur für *konservative Systeme starrer Körper*. Sie läßt sich jedoch – wie die vorstehenden Überlegungen zeigen – auch auf die Bewegung des *Massen-Mittelpunktes deformierbarer Körper* übertragen, sofern die potentielle Energie des Körpers *nur* von der Lage des Massen-Mittelpunktes abhängt (wie z. B. im homogenen Schwerefeld). E ist in diesem Falle als die der Geschwindigkeit des Massen-Mittelpunktes zugeordnete kinetische Energie E_M zu interpretieren. Wir fassen dieses Ergebnis zusammen zu

---

Satz 2.1: Hängt in einem *konservativen System* die potentielle Energie Φ eines Körpers nur von der Lage des Massen-Mittelpunktes ab, so gilt

$$D(\Phi + E_M) = 0\,,$$

d.h.

$$\Phi + E_M = \text{konst.}$$

---

2. Beispiel: Freier Fall mit Luftwiderstand (Abb. 2.7)

Bei Körpern, die längere Zeit frei fallen oder bei Körpern, die nicht kompakt sind, können wir den Luftwiderstand nicht mehr vernachlässigen. Dennoch können wir auch bei solchen Fallbewegungen innerhalb der Atmosphäre immer noch mit einem homogenen Schwerefeld rechnen, soweit es die Bewegung des Massen-Mittelpunktes betrifft. Ferner wollen wir weiterhin annehmen, daß der hydrostatische Auftrieb vernachlässigbar bleibt.

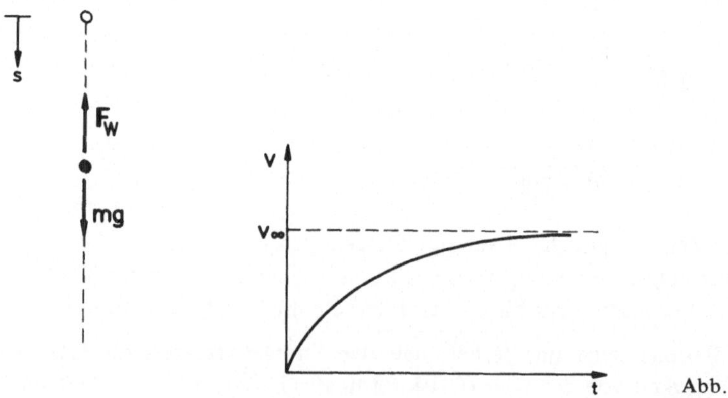

Abb. 2.7

Für den der Bewegungsrichtung entgegen wirkenden Luftwiderstand können wir näherungsweise annehmen, daß er proportional dem Quadrat der Geschwindigkeit ist

$$|\mathbf{F}_W| = cv^2 .$$

Anmerkung:

Eine etwas eingehendere Erörterung der Bewegungswiderstände werden wir in Kapitel 3 vornehmen. Im übrigen sei hinsichtlich der Einzelheiten der Berechnung des Luftwiderstandes auf die Fluid-Mechanik verwiesen.

Der Impulssatz liefert uns

$$m\dot{v} = mg - cv^2 .$$

Daraus ergibt sich als *Bewegungsgesetz*

$$\ddot{s} = \frac{Dv}{dt} = g - \frac{c}{m} v^2 = a(v)$$

mit den Anfangsbedingungen $t = 0$: $s = 0$, $\dot{s} = 0$.

Aus dieser Beziehung lesen wir sofort ab, daß

$$\ddot{s} = \dot{v} = 0 \qquad \text{für} \qquad v = v_\infty = \sqrt{\frac{mg}{c}}$$

wird. v_∞ ist die *Endgeschwindigkeit*, der ein frei fallender Körper (asymptotisch) zustrebt.

Der Energiesatz ist zunächst zur Lösung des vorliegenden Problems nicht einsetzbar, weil der Luftwiderstand keine Potentialkraft ist. Natürlich können wir nachträglich, wenn $v(s)$ bekannt ist, auch Betrachtungen anstellen, wieviel mechanische Energie etwa durch den Luftwiderstand dem Körper entzogen wurde.

Bei dieser Sachlage bleibt uns also nur der Weg, das Bewegungsgesetz, das dem 4. Grundfall ($\ddot{s} = a(v)$) entspricht, gemäß den in Abschnitt 2.2.1 erörterten Möglichkeiten zu integrieren. Das führt uns einmal auf

$$\int_0^t dt = \int_0^v \frac{Dv}{a(v)} = \int_0^v \frac{Dv}{g - \frac{c}{m} v^2} = \frac{1}{g} \int_0^v \frac{Dv}{1 - \left(\frac{v}{v_\infty}\right)^2} .$$

Die Ausführung der Integration ergibt

$$gt = v_\infty \operatorname{artanh} \frac{v}{v_\infty} .$$

Durch Umkehr folgt daraus

$$v(t) = v_\infty \tanh \frac{gt}{v_\infty} = \sqrt{\frac{mg}{c}} \tanh \frac{gt}{\sqrt{\frac{mg}{c}}}.$$

Die weitere Integration ergibt

$$s(t) = \frac{v_\infty^2}{g} \ln \left(\cosh \frac{gt}{v_\infty}\right).$$

Für

$$t \ll \sqrt{\frac{m}{gc}} = \frac{v_\infty}{g}$$

wird

$$v \approx gt \qquad \text{und} \qquad s \approx \frac{1}{2} gt^2.$$

Wir lesen daraus nachträglich die Bestätigung ab, daß wir für kurze Fallzeiten den Luftwiderstand vernachlässigen dürfen.

Gehen wir zum andern von

$$\int_0^s Ds = \int_0^v \frac{v\,Dv}{a(v)} = \frac{v_\infty^2}{2g} \int_0^{\left(\frac{v}{v_\infty}\right)^2} \frac{D\left(\frac{v}{v_\infty}\right)^2}{1 - \left(\frac{v}{v_\infty}\right)^2}$$

aus, so liefert die Integration zunächst

$$\frac{2gs}{v_\infty^2} = -\ln\left[1 - \left(\frac{v}{v_\infty}\right)^2\right]$$

und nach Umkehr

$$v(s) = v_\infty \sqrt{1 - e^{-\frac{2gs}{v_\infty^2}}}.$$

3. Beispiel: Sink-Geschwindigkeit in zäher Flüssigkeit (Abb. 2.8)

Beobachten wir das Sinken eines kleinen Metall-Kügelchens in einer zähen Flüssigkeit (z. B. Öl), so finden wir, wie in der Fluid-Mechanik gezeigt wird, daß wir im allgemeinen den hydrostatischen Auftrieb

$$F_A = \rho_F gV \qquad (\rho_F = \text{Dichte der Flüssigkeit})$$

neben dem Gewicht des Körpers nicht mehr vernachlässigen können und daß in diesem Falle der Bewegungswiderstand der Geschwindigkeit proportional ist, d.h.

$$F_W = kv.$$

Der Impulssatz ergibt

$$m\dot{v} = mg - \rho_F gV - kv.$$

Daraus folgt als *Bewegungsgesetz*

$$\ddot{s} = \dot{v} = g\left(1 - \frac{\rho_F V}{m}\right) - \frac{k}{m} v = a(v)$$

mit den Anfangsbedingungen $t = 0$: $s = 0$, $\dot{s} = 0$.

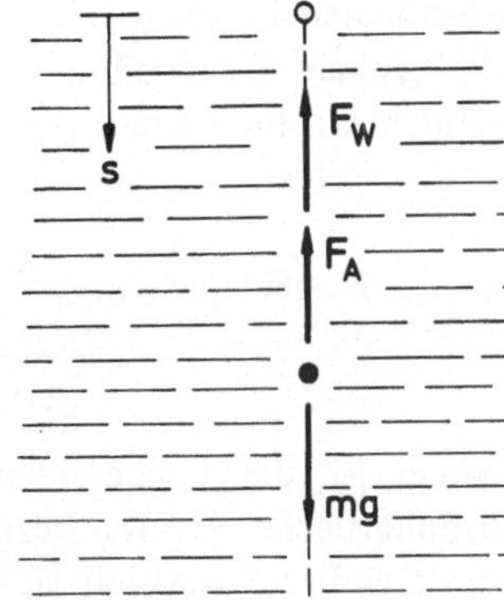

Abb. 2.8

Anmerkung:

Für *homogene Körper* ist $m = \rho V$. Dann wird

$$\frac{\rho_F V}{m} = \frac{\rho_F}{\rho}.$$

Wir können das Bewegungsgesetz analog zum vorhergehenden Beispiel integrieren und erhalten

$$v_\infty = \frac{mg}{k}\left(1 - \frac{\rho_F V}{m}\right)$$

$$v(t) = v_\infty \left\{1 - e^{-\frac{gt}{v_\infty}\left(1 - \frac{\rho_F V}{m}\right)}\right\}$$

$$s(t) = v_\infty \left\{t + \frac{v_\infty}{g\left(1 - \frac{\rho_F V}{m}\right)}\left[e^{-\frac{gt}{v_\infty}\left(1 - \frac{\rho_F V}{m}\right)} - 1\right]\right\}$$

$$s(v) = -\frac{v_\infty^2}{g\left(1 - \frac{\rho_F V}{m}\right)}\left\{\frac{v}{v_\infty} + \ln\left(1 - \frac{v}{v_\infty}\right)\right\}.$$

Die Umkehrfunktion $v(s)$ ist in diesem Falle nicht mehr in geschlossener Form angebbar.

4. Beispiel: Fluchtgeschwindigkeit von der Erde (Abb. 2.9)

Wir fragen danach, welche Anfangsgeschwindigkeit ein Körper erhalten muß, der von der Erdoberfläche aus in den Weltraum geschossen werden soll. Den Luftwiderstand der Atmosphäre und die Rotation der Erde wollen wir dabei vernachlässigen. Das Schwerefeld der Erde dürfen wir jetzt nicht mehr als homogen an-

sehen, auch wenn wir den Einfluß anderer Himmelskörper außer Betracht lassen, was wir zur Vereinfachung tun wollen.
Sofern der zu betrachtende Körper sehr klein ist gegenüber der Erde, was wir bei künstlichen Flugkörpern wohl stets voraussetzen dürfen, und solange wir uns auf die globale Beschreibung der Bewegung des Massen-Mittelpunktes beschränken, können wir für die resultierende, jeweils zum Erdmittelpunkt hin gerichtete Schwerkraft ansetzen

$$\mathbf{F} = \mathbf{G}(r) = -m \underbrace{g_0 \frac{R^2}{r^2}}_{g(r)} \mathbf{e}_r .$$

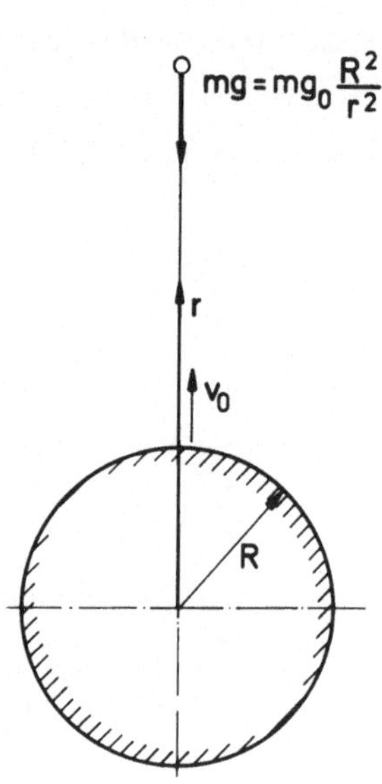

Abb. 2.9

wobei g_0 die Fallbeschleunigung auf der Erdoberfläche $(r = R)$ bezeichnet. Die resultierende Schwerkraft läßt sich von einem *Potential* $\Phi(\mathbf{r})$ ableiten, für das

$$\Phi(r) - \Phi(R) = -\int_R^r \mathbf{F} \cdot d\mathbf{r}$$

$$= m g_0 R^2 \int_R^r \frac{dr}{r^2} = m g_0 R \left\{1 - \frac{R}{r}\right\}$$

gilt. Der *Energiesatz*, angewendet auf den

Anfangszustand: $r = R, \quad v = v_0$

und

Endzustand: $r \to \infty, \quad v \to 0,$

ergibt

$$\Phi(R) + \frac{m}{2} v_0^2 = \Phi_\infty ,$$

d.h.

$$\frac{m}{2} v_0^2 = \Phi_\infty - \Phi_R = m g_0 R.$$

Für die *Fluchtgeschwindigkeit* erhalten wir mithin

$$\boxed{v_0 = \sqrt{2 g_0 R}.}$$

Mit

$$g_0 \approx 9{,}81 \text{ ms}^{-2}$$
$$R \approx 6{,}37 \cdot 10^6 \text{ m}$$

ergibt das

$$v_0 \approx 11{,}2 \cdot 10^3 \text{ ms}^{-1}.$$

Anmerkung:

Im inhomogenen Schwerefeld gilt nicht mehr exakt $|G| = mg$, wobei g die Fallbeschleunigung am Ort des Massen-Mittelpunktes bezeichnen möge. Es kann auch die resultierende Schwerkraft im allgemeinen nicht mehr dem Massen-Mittelpunkt zugeordnet werden. Dies ist zu berücksichtigen, wenn man Einzelheiten der Bewegung von Flugkörpern (Satelliten) im Schwerefeld der Erde studieren will.
Ferner hat man bei realen Bewegungen der hier betrachteten Art die Eigenrotation der Erde zu berücksichtigen. Sie hat z. B. zur Folge, daß ein senkrecht zur Erdoberfläche abgeschossener Flugkörper sich keineswegs längs einer Geraden relativ zu der sich drehenden Erde bewegt. Die Ausnutzung der Eigenrotation der Erde ergibt, daß sich bei einem tangentialen Abschuß in östlicher Richtung die Fluchtgeschwindigkeit geringfügig erniedrigt (weniger als 1 %).
Bei realen Bewegungen hätte man natürlich zusätzlich noch den Einfluß des Bewegungswiderstandes einzubeziehen. Außerdem wird in praxi ein Körper ja nicht mit einer bestimmten Anfangsgeschwindigkeit v_0 abgeschossen, sondern vielmehr durch Träger-Raketen erst in endlicher Zeit auf die – dann entsprechend zu korrigierende – Fluchtgeschwindigkeit beschleunigt. Die Optimierung des Abschusses von Weltraum-Körpern ist deshalb ein sehr komplexes Problem.

2.2.3. Beispiele für geführte Bewegungen eines Massenpunktes

1. Beispiel: Schiefe Ebene (Abb. 2.10)

In einer unter dem Winkel α gegenüber der Horizontalen geneigten Ebene sei ein Körper in einer geraden Bahn in Richtung des Gradienten dieser Ebene geführt. Die Bewegungswiderstände seien vernachlässigbar. Wir wählen die Lage des Koordinatensystems so, daß für die

Bahn: $y = z = 0$

gilt. Ferner sollen die

Anfangsbedingungen: $t = 0$: $x = 0$, $\dot{x} = v_0$

gegeben sein.
Der Impulssatz liefert

$$m\ddot{x} = mg \sin\alpha$$
$$m\ddot{y} = F_{N_y} = 0$$
$$m\ddot{z} = F_{N_z} - mg\cos\alpha = 0.$$

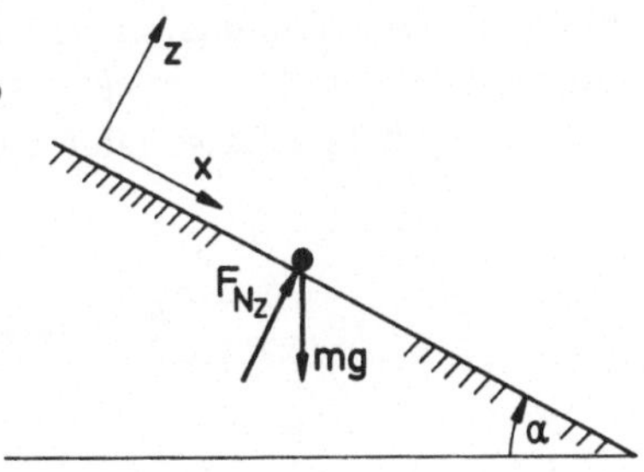

Abb. 2.10

Aus der ersten Gleichung leiten wir als *Bewegungsgesetz*

$\ddot{x} = g \sin\alpha$ nebst Anfangsbedingungen

ab. Die Integration dieses Bewegungsgesetzes ergibt unter Beachtung der Anfangsbedingungen (nach 1. Grundfall)

$$\dot{x}(t) = v_0 + gt \sin\alpha$$

$$x(t) = v_0 t + \frac{1}{2} g t^2 \sin\alpha$$

Aus der zweiten und der dritten Gleichung erhalten wir die Führungskräfte

$$F_{N_y} = 0$$

$$F_{N_z} = mg \cos\alpha.$$

Suchen wir die Geschwindigkeit als Funktion des Ortes, so wenden wir zweckmäßig den Energiesatz an und erhalten

$$\frac{m}{2} v_0^2 = \frac{m}{2} v^2 - mgx \sin\alpha\,,$$

d.h.

$$v(x) = \sqrt{v_0^2 + 2gx \sin\alpha}.$$

Dasselbe Ergebnis erhalten wir auch, wenn wir das Bewegungsgesetz entsprechend dem 3. Grundfall integrieren.

Anmerkung:

Wir können die Überlegungen auch leicht auf gerade Bahnen ausdehnen, die nicht der Neigung der Ebene folgen, sondern schräg dazu verlaufen. Es ändert sich dann freilich die in Richtung der Bahn fallende Komponente der Schwerkraft. Ferner tritt dann auch eine Führungskraft auf, die in der Ebene (senkrecht zur Bahn) wirkt.

2. Beispiel: Einfacher, linearer Schwinger (Abb. 2.11)

Ein horizontal reibungsfrei geführter Massenpunkt ist federnd gelagert. Er wird zunächst in der Anfangslage $x = x_0$ festgehalten und dann losgelassen. Das Koordinatensystem sei so gewählt, daß für $x = 0$ die Feder entspannt ist.

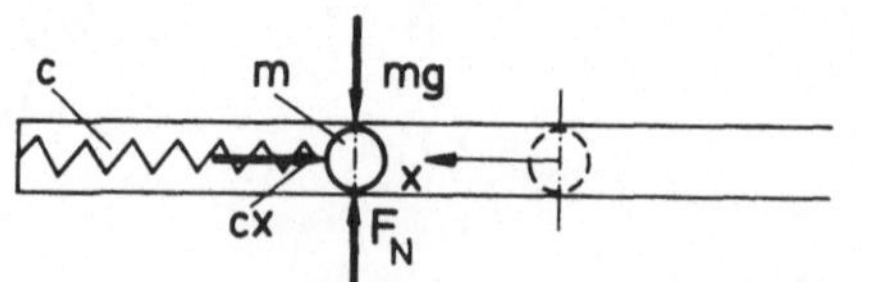

Abb. 2.11

Der Impulssatz liefert

$$m\ddot{x} = -cx$$
$$0 = F_N - mg.$$

Aus der ersten Gleichung ergibt sich das *Bewegungsgesetz*

$$\ddot{x} + \omega^2 x = 0 \qquad \left(\omega^2 = \frac{c}{m}\right)$$

mit den Anfangsbedingungen $t = 0$: $x = x_0$, $\dot{x} = 0$.

Die allgemeine Lösung dieser homogenen Differentialgleichung lautet (mit den freien Konstanten c_1 und c_2)

$$x(t) = c_1 \cos \omega t + c_2 \sin \omega t.$$

Aus den Anfangsbedingungen ermitteln wir

$$c_1 = x_0$$
$$c_2 = 0.$$

Für den Bewegungsablauf erhalten wir also

$$x(t) = x_0 \cos \omega t.$$

Der Massenpunkt führt Schwingungen mit der Frequenz

$$f = \frac{\omega}{2\pi}$$

um die Gleichgewichtslage $x = 0$ aus. Wollen wir die Geschwindigkeit des Massenpunktes in Abhängigkeit des Ortes, also $v(x)$ ermitteln, so können wir dazu den Energiesatz heranziehen. Er ergibt

$$\underbrace{\frac{1}{2} c x_0^2}_{\Phi_0} = \underbrace{\frac{1}{2} c x^2}_{\Phi(x)} + \frac{m}{2} v^2,$$

also

$$v(x) = \pm \sqrt{\frac{c}{m}} \sqrt{x_0^2 - x^2} = \pm \omega \sqrt{x_0^2 - x^2}.$$

3. Beispiel: Schieber (Abb. 2.12)

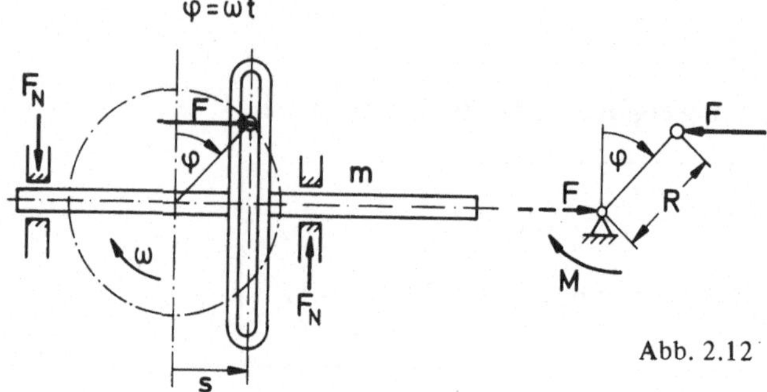

Abb. 2.12

Ein mit gleichförmiger Winkelgeschwindigkeit ω umlaufender Kurbel-Zapfen steuere einen horizontal verschieblichen Schieber mit der Masse m, dessen Lage wir durch die Koordinate s beschreiben können. Wir suchen das zur Erzeugung dieser Bewegung erforderliche Kurbel-Moment M. Bewegungswiderstände wollen wir dabei vernachlässigen. Deshalb können wir auch auf die Ermittlung der auftretenden Führungskräfte in den Lagern des Schiebers und der Kurbel verzichten.

Das *Bewegungsgesetz* für den Schieber lautet mit den der Abb. 2.12 zu entnehmenden geometrischen Beziehungen:

$$\boxed{s(t) = R \sin \omega t.}$$

Entsprechend dem 1. Grundfall leiten wir daraus ab

$$\dot{s}(t) = \omega R \cos \omega t$$
$$\ddot{s}(t) = -\omega^2 R \sin \omega t.$$

Die von dem Zapfen auf den Schieber auszuübende Kraft F ist nach dem Impulssatz

$$F = m\ddot{s} = -m\omega^2 R \sin \omega t.$$

Für das Kurbel-Moment ergibt sich somit

$$M = FR \cos \varphi = -m R^2 \omega^2 \sin \omega t \cos \omega t$$
$$= -\frac{1}{2} m R^2 \omega^2 \sin 2\omega t.$$

Das Kurbel-Moment oszilliert also mit der doppelten Frequenz.

4. Beispiel: Fahrzeug-Bremsweg (Abb. 2.13)

Ein Fahrzeug, das sich auf einer beliebig vorgegebenen Bahn in einer horizontalen Ebene bewegt, also z. B. ein Schienen-Fahrzeug, soll von einer Anfangsgeschwindigkeit v_0 bis zum Stand abgebremst werden. Die tangentiale Bremskraft F ist begrenzt. Wir gehen davon aus, daß wir dafür (vgl. Abschnitt 3.3.1)

$$F \leqslant \mu_0 mg$$

ansetzen können. Den kürzesten Bremsweg L_0 erhalten wir, wenn wir beim Bremsvorgang mit der maximal möglichen Bremskraft

$$F_0 = \mu_0 mg = \text{konst.}$$

rechnen.
Wir wollen die vorliegende Aufgabe mit Hilfe einer Energie-Betrachtung lösen. Die von der Bremskraft F_0 an dem Fahrzeug während des Bremsvorganges geleistete Arbeit ist

$$A = -\int_{s_0}^{s_0+L_0} F_0 Ds = -F_0 L_0 .$$

Nach Satz 1.8, der ganz allgemein, also auch für nicht-konservative Systeme, gilt, folgt nun

$$A = E(s_0 + L_0) - E(s_0),$$

d.h.

$$-F_0 L_0 = -\frac{m}{2} v_0^2,$$

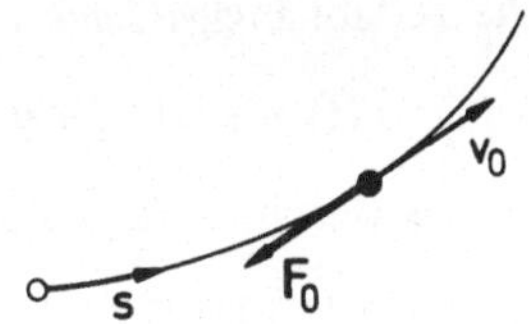

Abb. 2.13

also

$$L_0 = \frac{1}{F_0} \frac{m}{2} v_0^2 = \frac{1}{\mu_0} \frac{v_0^2}{2g} .$$

Wir können dieses Resultat natürlich auch aus der Integration des *Bewegungsgesetzes*

$\ddot{s} = -\mu_0 g$	
mit den Anfangsbedingungen t = 0:	$s = s_0$ $\dot{s} = v_0$

erhalten.

2.3. Kinetik der allgemeinen Bewegung eines Massenpunktes

Wir lassen jetzt die Beschränkung auf eindimensionale Bewegungen, zu deren Beschreibung wir nur eine Lage-Koordinate benötigen, fallen und betrachten *allge-*

meine, freie oder geführte Bewegungen des Massen-Mittelpunktes eines Körpers bzw. eines Massenpunktes. Bewegungen mit vorgegebener Bahn sind dabei mit eingeschlossen. Wir haben ja auch bei der Betrachtung eindimensionaler Bewegungen in gekrümmter Bahn noch manche Fragen offengelassen, z. B. die Frage nach den auftretenden Führungskräften. Die Erörterung dieser Fragen holen wir nun bei der Untersuchung der allgemeinen Punkt-Bewegungen mit nach.

2.3.1. Kinematik der allgemeinen Bewegung eines Massenpunktes

Zur Beschreibung allgemeiner Bewegungen eines Massenpunktes werden wir verschiedene Koordinatensysteme verwenden. Welches Koordinatensystem wir im konkreten Einzelfall wählen und wie wir es festlegen, richtet sich nach den jeweiligen Gegebenheiten und Fragestellungen. Für einige häufiger benutzte Koordinatensysteme stellen wir im folgenden die entsprechenden kinematischen Beziehungen zusammen (vgl. hierzu auch Band I, Abschnitt 5.1). Die Koordinatensysteme betrachten wir dabei als *raumfest*, d. h. als ruhend gegenüber dem Beobachtungsraum.

2.3.1.1. Kartesische Koordinaten (Abb. 2.14)

Die zeitabhängige *Lage* des Massenpunktes beschreiben wir durch die Angabe von

$$\mathbf{r}(t) = x(t)\,\mathbf{e}_x + y(t)\,\mathbf{e}_y + z(t)\,\mathbf{e}_z .$$

Für die *Geschwindigkeit* des Massenpunktes leiten wir daraus ab

$$\mathbf{v}(t) = \frac{D\mathbf{r}}{dt} = \dot{\mathbf{r}}(t) = \dot{x}(t)\,\mathbf{e}_x + \dot{y}(t)\,\mathbf{e}_y + z(t)\,\mathbf{e}_z ,$$

d. h.

$$\boxed{\begin{aligned} v_x(t) &= \dot{x}(t)\\ v_y(t) &= \dot{y}(t)\\ v_z(t) &= \dot{z}(t). \end{aligned}}$$

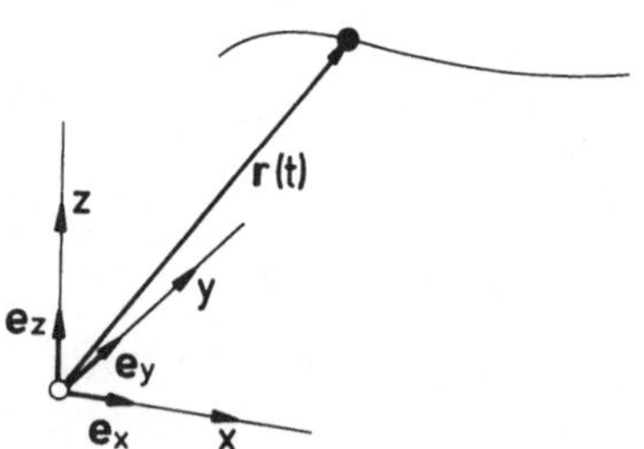

Abb. 2.14

Analog erhalten wir für die *Beschleunigung* des Massenpunktes

$$\begin{aligned} \mathbf{a}(t) &= \dot{\mathbf{v}}(t) = \ddot{\mathbf{r}}(t)\\ &= \dot{v}_x(t)\,\mathbf{e}_x + \dot{v}_y(t)\,\mathbf{e}_y + \dot{v}_z(t)\,\mathbf{e}_z\\ &= \ddot{x}(t)\,\mathbf{e}_x + \ddot{y}(t)\,\mathbf{e}_y + \ddot{z}(t)\,\mathbf{e}_z, \end{aligned}$$

d.h.
$$\boxed{\begin{aligned} a_x(t) &= \dot{v}_x(t) = \ddot{x}(t) \\ a_y(t) &= \dot{v}_y(t) = \ddot{y}(t) \\ a_z(t) &= \dot{v}_z(t) = \ddot{z}(t). \end{aligned}}$$

Kinematische Bindungen (Führungen) der Bewegung eines Massenpunktes können *holonom* (= ganzgesetzlich) oder *nichtholonom* gegeben sein.
Holonome kinematische Bindungen lassen sich durch die Angabe einer *Funktion*

$$f(x, y, z; t) = 0$$

beschreiben, der die Lage-Koordinaten des Massenpunktes im ganzen Bewegungsbereich zu genügen haben. Kommt in dieser Funktion die Zeit explizit nicht vor, so nennen wir die Bindung *skleronom* (= fest); andernfalls bezeichnen wir die Bindung (z. B. die Bindung an eine bewegte Fläche) als *rheonom* (= fließend).
Nichtholonome kinematische Bindungen sind nur in (nicht allgemein integrierbarer) *Differentialform* angebbar. Ein (theoretisches) Beispiel für eine solche Bindung ist

$$Dx + g(x, y, z; t)\, Dy = 0\,.$$

Eine Bindung dieser Art schränkt zwar „im kleinen" ein, da die Differentiale Dx und Dy in bestimmter, durch $g(x, y, z; t)$ festgelegter Weise aneinander gebunden werden. Dennoch bleibt die Bewegung „im großen (global)" frei, da grundsätzlich jeder Raumpunkt bei entsprechendem Bewegungsablauf erreichbar ist.
Im Rahmen der Punkt-Kinetik spielen nichtholonome kinematische Bindungen praktisch kaum eine Rolle. Wir verzichten deshalb hier auf ihre systematische Erörterung und beschränken uns im folgenden auf *holonome, kinematische Bindungen.*
Ist die Bewegung des Massenpunktes kinematisch an eine *Fläche* gebunden, so existiert genau *eine*, diese Bindung definierende Funktion

$$f(x, y, z; t) = 0,$$

wobei die Zeit t nur explizit in Erscheinung tritt, wenn die Fläche sich bewegt bzw. deformiert. Wir können diese Funktion auch nach einer der Ortskoordinaten auflösen und die kinematische Bindung z. B. in der Form

$$z = z(x, y; t)$$

beschreiben. Eine weitere Möglichkeit besteht darin, zwei Parameter, z. B. ξ, η, einzuführen, die wir als (im allgemeinen krummlinige) Koordinaten auf der Fläche deuten können, und dann die Bindung an diese Fläche in der Form

$$\begin{aligned} x &= x(\xi, \eta; t) \\ y &= y(\xi, \eta; t) \\ z &= z(\xi, \eta; t) \end{aligned} \qquad \text{darzustellen.}$$

Ist die Bewegung des Massenpunktes kinematisch an eine *Bahn* gebunden, so ist diese Bindung durch die Angabe *zweier* Funktionen

$$f_1(x, y, z; t) = 0$$
$$f_2(x, y, z; t) = 0$$

beschreibbar. Andere äquivalente Darstellungsformen sind in diesem Falle z. B.

$$y = y(x, t)$$
$$z = z(x; t)$$

oder auch

$$x = x(s; t)$$
$$y = y(s; t)$$
$$z = z(s; t),$$

wobei der Parameter s als längs der Bahn verlaufende Koordinate zu deuten ist.
Bei *ebenen Bewegungen* eines Massenpunktes liegt es nahe, das Koordinatensystem so einzuführen, daß die Bewegungsebene mit der Ebene $z = 0$ zusammenfällt. Dann wird

$$z \equiv 0$$

und deshalb auch

$$\dot{z} = 0 \qquad \text{und} \qquad \ddot{z} = 0.$$

Als *freie Bewegungen* sind ebene Bewegungen nur möglich, wenn die resultierende (eingeprägte) Kraft **F** zu allen Zeiten in der betreffenden Ebene wirkt und auch die Anfangsgeschwindigkeit $\mathbf{v}_0$ in dieser Ebene liegt. Bei Bewegungen, die an eine Ebene kinematisch gebunden sind, können auch eingeprägte Kräfte senkrecht zu dieser Ebene zugelassen werden. Diese bilden dann mit der Führungskraft F_N senkrecht zu dieser Ebene ein Gleichgewichtssystem.
Das *kinematische Bewegungsgesetz* der allgemeinen Bewegung eines Massenpunktes kann in verschiedener Form gegeben sein. Bei der *freien Bewegung* eines Massenpunktes erhalten wir *drei skalare Gleichungen*, die im allgemeinen miteinander gekoppelt sind und deshalb – sofern es sich um Differentialgleichungen handelt – nicht einzeln integriert werden können. Nur in Sonderfällen lassen sich die drei Bewegungsgleichungen einer freien Bewegung unabhängig voneinander integrieren. Zur Integration des Gleichungssystems bedarf es in den übrigen Fällen besonderer mathematischer Überlegungen, wie z. B. der Einführung neuer unabhängiger oder abhängiger Variabler.
Bei der Bindung der Bewegung an eine *Fläche* umfaßt das Bewegungsgesetz *zwei skalare Gleichungen*, die im allgemeinen miteinander gekoppelt sind. Bei der Bindung an eine *Bahn* reduziert sich das Bewegungsgesetz auf *eine skalare Gleichung* (vgl. Abschnitt 2.2).

In manchen Fällen können wir, wie schon angedeutet, durch die Einführung eines anderen Koordinatensystems, d.h. neuer unabhängiger Variabler, eine günstigere Form des kinematischen Bewegungsgesetzes erhalten. Darum wollen wir im folgenden die wichtigsten kinematischen Beziehungen auch noch für einige andere, häufig benutzte Koordinatensysteme angeben.

2.3.1.2. Zylinder-Koordinaten (Abb. 2.15)

Aus der Abb. 2.15 lesen wir für die Beschreibung der *Lage* eines Massenpunktes ab

$$\boxed{\begin{aligned} \mathbf{r}(t) &= r(t)\,\mathbf{e}_r(t) + z(t)\,\mathbf{e}_z \\ \mathbf{e}_r(t) &= \mathbf{e}_r(\varphi(t)) \\ \mathbf{e}_\varphi(t) &= \mathbf{e}_\varphi(\varphi(t)). \end{aligned}}$$

Zu der Beschreibung in kartesischen Koordinaten bestehen die folgenden Beziehungen:

$$\begin{aligned} r(t) &= \sqrt{x^2(t) + y^2(t)} \\ \varphi(t) &= \arctan\frac{y(t)}{x(t)} \\ \mathbf{e}_r(t) &= \cos\varphi(t)\,\mathbf{e}_x + \sin\varphi(t)\,\mathbf{e}_y \\ \mathbf{e}_\varphi(t) &= -\sin\varphi(t)\,\mathbf{e}_x + \cos\varphi(t)\,\mathbf{e}_y. \end{aligned}$$

Die Orientierung der Basis $\mathbf{e}_r$, $\mathbf{e}_\varphi$, $\mathbf{e}_z$ ist von der jeweiligen Lage des Massenpunktes abhängig. Die Basis ändert sich deshalb im allgemeinen, wenn sich die Lage des Massenpunktes ändert. Für diese Änderungen gilt

$$\begin{aligned} \dot{\mathbf{e}}_r &= -\sin\varphi\,\dot\varphi\,\mathbf{e}_x + \cos\varphi\,\dot\varphi\,\mathbf{e}_y \\ &= \underbrace{\{-\sin\varphi\,\mathbf{e}_x + \cos\varphi\,\mathbf{e}_y\}}_{\mathbf{e}_\varphi}\dot\varphi \\ \dot{\mathbf{e}}_\varphi &= -\cos\varphi\,\dot\varphi\,\mathbf{e}_x - \sin\varphi\,\dot\varphi\,\mathbf{e}_y \\ &= -\underbrace{\{\cos\varphi\,\mathbf{e}_x + \sin\varphi\,\mathbf{e}_y\}}_{\mathbf{e}_r}\dot\varphi, \end{aligned}$$

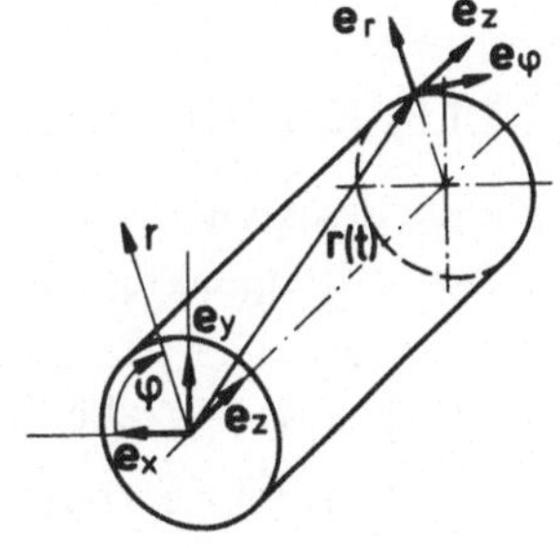

Abb. 2.15

d.h.

$$\boxed{\begin{aligned} \dot{\mathbf{e}}_r &= \dot\varphi\,\mathbf{e}_\varphi \\ \dot{\mathbf{e}}_\varphi &= -\dot\varphi\,\mathbf{e}_r. \end{aligned}}$$

Mit diesen Beziehungen ergibt sich für die *Geschwindigkeit* des Massenpunktes

$$\begin{aligned} \mathbf{v}(t) = \dot{\mathbf{r}}(t) &= \dot r\,\mathbf{e}_r + r\,\dot{\mathbf{e}}_r + \dot z\,\mathbf{e}_z \\ &= \dot r\,\mathbf{e}_r + r\,\dot\varphi\,\mathbf{e}_\varphi + \dot z\,\mathbf{e}_z, \end{aligned}$$

d.h.

$$\begin{aligned} v_r(t) &= \dot{r}(t) \\ v_\varphi(t) &= r(t)\,\dot{\varphi}(t) \\ v_z(t) &= \dot{z}(t). \end{aligned}$$

Durch nochmalige Differentiation nach der Zeit leiten wir daraus für die *Beschleunigung* des Massenpunktes ab

$$\begin{aligned} \mathbf{a}(t) &= \dot{\mathbf{v}}(t) = \ddot{\mathbf{r}}(t) \\ &= \ddot{r}\,\mathbf{e}_r + \dot{r}\,\dot{\mathbf{e}}_r + [\dot{r}\,\dot{\varphi} + r\,\ddot{\varphi}]\,\mathbf{e}_\varphi + r\,\dot{\varphi}\,\dot{\mathbf{e}}_\varphi + \ddot{z}\,\mathbf{e}_z \\ &= \ddot{r}\,\mathbf{e}_r + \dot{r}\,\dot{\varphi}\,\mathbf{e}_\varphi + [\dot{r}\,\dot{\varphi} + r\,\ddot{\varphi}]\,\mathbf{e}_\varphi - r\,(\dot{\varphi})^2\,\mathbf{e}_r + \ddot{z}\,\mathbf{e}_z. \end{aligned}$$

Es wird also

$$\begin{aligned} \mathbf{a}(t) &= \dot{\mathbf{v}}(t) = \ddot{\mathbf{r}}(t) \\ &= \{\ddot{r} - r(\dot{\varphi})^2\}\,\mathbf{e}_r + \{2\,\dot{r}\,\dot{\varphi} + r\,\ddot{\varphi}\}\,\mathbf{e}_\varphi + \ddot{z}\,\mathbf{e}_z, \end{aligned}$$

d.h.

$$\begin{aligned} a_r(t) &= \ddot{r} - r(\dot{\varphi})^2 \\ a_\varphi(t) &= 2\,\dot{r}\,\dot{\varphi} + r\,\ddot{\varphi} = \frac{1}{r}\,\dot{(r^2\,\dot{\varphi})} \\ a_z(t) &= \ddot{z}. \end{aligned}$$

Die Überlegungen zur Beschreibung von kinematischen Bindungen können wir im übrigen von den kartesischen Koordinaten unter Beachtung der notwendigen formalen Änderungen unmittelbar auf Zylinder-Koordinaten übertragen.

2.3.1.3. Kugel-Koordinaten (Abb. 2.16)

Für die Beschreibung der *Lage* eines Massen-Mittelpunktes gilt

$$\begin{aligned} \mathbf{r}(t) &= r(t)\,\mathbf{e}_r(t) \\ \mathbf{e}_r(t) &= \mathbf{e}_r(\vartheta(t), \varphi(t)) \end{aligned}$$

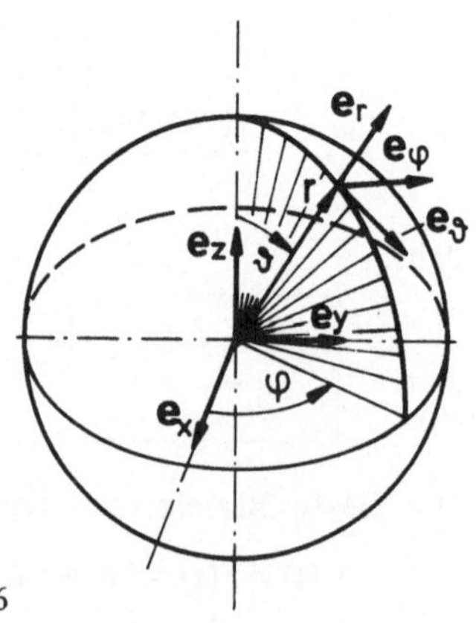

Abb. 2.16

mit

$$
\begin{aligned}
r(t) &= \sqrt{x^2(t) + y^2(t) + z^2(t)} \\
\vartheta(t) &= \arc\tan \frac{\sqrt{x^2(t) + y^2(t)}}{z(t)} \\
\varphi(t) &= \arc\tan \frac{y(t)}{x(t)} \\
\mathbf{e}_r(t) &= \sin\vartheta(t)\cos\varphi(t)\,\mathbf{e}_x + \sin\vartheta(t)\sin\varphi(t)\,\mathbf{e}_y + \cos\vartheta(t)\,\mathbf{e}_z \\
\mathbf{e}_\varphi(t) &= -\sin\varphi(t)\,\mathbf{e}_x + \cos\varphi(t)\,\mathbf{e}_y .
\end{aligned}
$$

Analog zu dem Vorgehen bei Zylinder-Koordinaten leiten wir daraus ab

$$
\begin{aligned}
\mathbf{v}(t) &= \dot{\mathbf{r}}(t) \\
&= \underbrace{\dot{r}}_{v_r}\,\mathbf{e}_r + \underbrace{r\,\dot{\vartheta}}_{v_\vartheta}\,\mathbf{e}_\vartheta + \underbrace{r\,\dot{\varphi}\sin\vartheta}_{v_\varphi}\,\mathbf{e}_\varphi
\end{aligned}
$$

$$
\begin{aligned}
\mathbf{a}(t) &= \dot{\mathbf{v}}(t) = \ddot{\mathbf{r}}(t) \\
&= \underbrace{\{\ddot{r} - r(\dot{\vartheta})^2 - r(\dot{\varphi})^2\sin^2\vartheta\}}_{a_r}\,\mathbf{e}_r \\
&\quad + \underbrace{\{r\,\ddot{\vartheta} - r(\dot{\varphi})^2\sin\vartheta\cos\vartheta + 2\,\dot{r}\,\dot{\vartheta}\}}_{a_\vartheta}\,\mathbf{e}_\vartheta \\
&\quad + \underbrace{\{r\,\ddot{\varphi}\sin\vartheta + 2\,r\,\dot{\varphi}\,\dot{\vartheta}\cos\vartheta + 2\,\dot{r}\,\dot{\varphi}\sin\vartheta\}}_{a_\varphi}\,\mathbf{e}_\varphi .
\end{aligned}
$$

2.3.1.4. Natürliche Basis (Abb. 2.17)

Ist die *Bahn* eines Massenpunktes gegeben oder bereits ermittelt, so erweist es sich in vielen Fällen als vorteilhaft, Geschwindigkeit und Beschleunigung auf die sogenannte *natürliche Basis (begleitendes Dreibein)* zu beziehen, die durch

$\mathbf{e}_t = \dfrac{d\mathbf{r}}{ds}$	*Tangentenvektor*
$\mathbf{e}_n = R\,\dfrac{d\mathbf{e}_t}{ds}$	*Normalenvektor* der Bahn
$\mathbf{e}_b = \mathbf{e}_t \times \mathbf{e}_n$	*Bi-Normalenvektor*

definiert ist, wobei R den *Krümmungsradius* der Bahn bezeichnet.

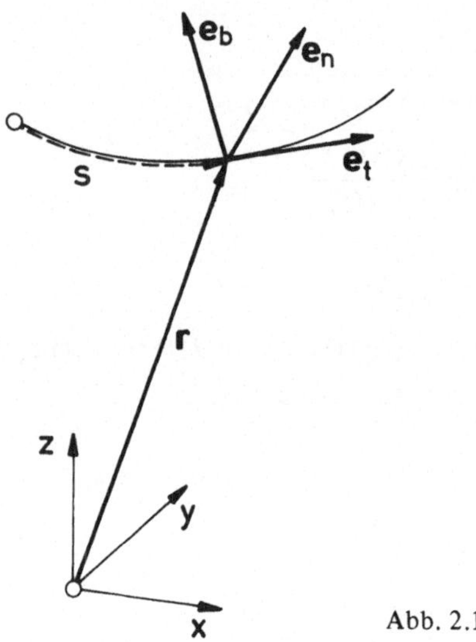

Abb. 2.17

1. Anmerkung:

Auf geradlinigen Bahnabschnitten sind $\mathbf{e}_b$ und $\mathbf{e}_n$ nicht definiert. Das ist jedoch ohne Belang.

2. Anmerkung:

Bei Vorgängen mit Umkehr der Bewegungsrichtung ist es zweckmäßig, die Laufrichtung der Koordinate s für die einzelnen Zeitabschnitte jeweils so zu definieren, daß stets

$$\frac{d\mathbf{r}}{ds} = \mathbf{e}_t = \frac{D\mathbf{r}}{Ds}$$

ist. Dann weist $\mathbf{e}_t$ stets in Fortschrittsrichtung der Bewegung. Im Augenblick der Bewegungsumkehr selbst und für Ruhezeiten der Bewegung benötigen wir allerdings geeignete Zusatzdefinitionen, um die Richtung von $\mathbf{e}_t$ eindeutig festzulegen.

Die *Lage* des Massenpunktes beschreiben wir durch die Angabe von

$$\mathbf{r}(t) = \mathbf{r}(s(t)).$$

Für die *Geschwindigkeit* erhalten wir

$$\boxed{\begin{aligned}\mathbf{v}(t) = \dot{\mathbf{r}}(t) &= \frac{D\mathbf{r}}{Ds}\frac{Ds}{dt}\\ &= v_t\,\mathbf{e}_t.\end{aligned}}$$

Hierin bezeichnet

$$\boxed{v_t = \frac{Ds}{dt} = \dot{s}}$$

die *Bahngeschwindigkeit*. Für sie gilt bei der von uns getroffenen Festlegung der Richtung von $\mathbf{e}_t$:

$$\boxed{v_t = |\mathbf{v}| = v \geqslant 0.}$$

Anmerkung:

Diese von der Festlegung in 2.2.1 abweichende Festlegung eignet sich für die allgemeineren Fälle, die wir hier im Auge haben, besser. Im Abschnitt 2.2.1 waren unsere Betrachtungen ganz auf fest gegebene Bahnen ausgerichtet.

Für die *Beschleunigung* leiten wir ab

$$\begin{aligned} \mathbf{a}(t) &= \dot{\mathbf{v}}(t) = \ddot{\mathbf{r}}(t) \\ &= \dot{v}\,\mathbf{e}_t + v\,\dot{\mathbf{e}}_t \\ &= \dot{v}\,\mathbf{e}_t + v\,\frac{D\mathbf{e}_t}{Ds}\,\frac{Ds}{dt}. \end{aligned}$$

Es wird also

$$\boxed{\begin{aligned} \mathbf{a}(t) &= \dot{\mathbf{v}}(t) = \ddot{\mathbf{r}}(t) \\ &= \dot{v}\,\mathbf{e}_t + \frac{v^2}{R}\,\mathbf{e}_n, \\ &\text{d.h.} \\ a_t &= \dot{v} \\ a_n &= \frac{v^2}{R}. \end{aligned}}$$

Aus diesem Ergebnis lesen wir ab, daß die Beschleunigung eines Massenpunktes stets in die sogenannte *Schmiegungsebene* seiner Bahn fällt und keine Komponente in Richtung der Bi-Normalen hat.

Zu einer etwas anderen Darstellung der Normal-Beschleunigung kommen wir, wenn wir

$$\dot{\mathbf{e}}_t = \dot{\alpha}\,\mathbf{e}_b \times \mathbf{e}_t = \dot{\alpha}\,\mathbf{e}_n$$

setzen, wobei

$$\dot{\alpha} = \frac{v}{R}$$

die Winkelgeschwindigkeit bezeichnet, mit der sich $\mathbf{e}_t$ um $\mathbf{e}_b$ dreht. Dann können wir auch schreiben

$$\boxed{a_n = v\,\dot{\alpha}.}$$

2.3.1.5. Hodograph und Tachograph

Zur Veranschaulichung des Bewegungsablaufes kann es nützlich sein, analog zur Darstellung der Bahn eines Punktes (Abb. 2.18a), auch den Verlauf der Geschwindigkeit $\mathbf{v}(t)$ (*Hodograph* s. Abb. 2.18b) bzw. der Beschleunigung $\mathbf{a}(t)$ (*Tachograph* s. Abb. 2.18c) graphisch darzustellen.

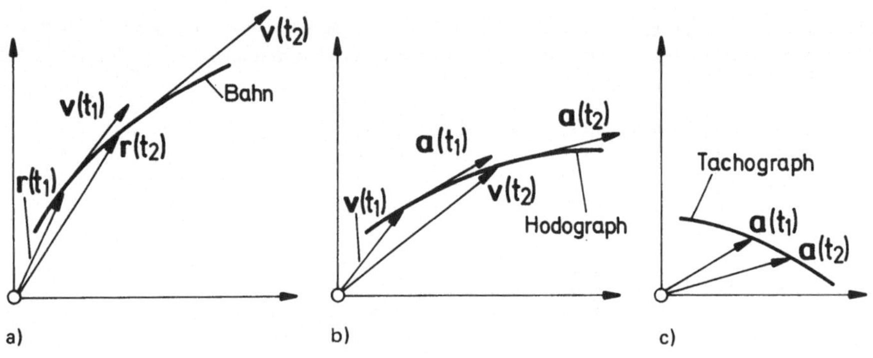

Abb. 2.18

2.3.2. Der Flächensatz

Der *Impulssatz für Körper* (Satz 1.3), auch *Massen-Mittelpunktsatz* genannt, sagt aus, daß

$$\mathbf{F}^{(a)} = \frac{D}{dt}(m\,\mathbf{v}_M)$$

ist, wobei $\mathbf{F}^{(a)}$ die Vektorsumme aller äußeren Kräfte und $\mathbf{v}_M$ die Geschwindigkeit des Massen-Mittelpunktes bezeichnet. Multiplizieren wir diese Gleichung von links mit $\mathbf{r}_M$, so erhalten wir

$$\mathbf{r}_M \times \mathbf{F}^{(a)} = \mathbf{r}_M \times \frac{D}{dt}(m\,\mathbf{v}_M).$$

Die rechte Seite können wir umformen. Es ist

$$\mathbf{r}_M \times \frac{D}{dt}(m\,\mathbf{v}_M) = \frac{D}{dt}(\mathbf{r}_M \times m\,\mathbf{v}_M) - \underbrace{\dot{\mathbf{r}}_M \times m\,\mathbf{v}_M}_{0}$$

$$= m\,\frac{D}{dt}(\mathbf{r}_M \times \mathbf{v}_M).$$

Den Ausdruck $\mathbf{r}_M \times \mathbf{v}_M$ können wir kinematisch anschaulich interpretieren. Dazu betrachten wir die in dem Zeit-Differential dt von dem Ortsvektor $\mathbf{r}_M$ überstrichene Fläche. Für sie gilt (Abb. 2.19)

$$\mathrm{DA} = \frac{1}{2} |\mathbf{r}_M \times \mathbf{v}_M \, \mathrm{d}t| .$$

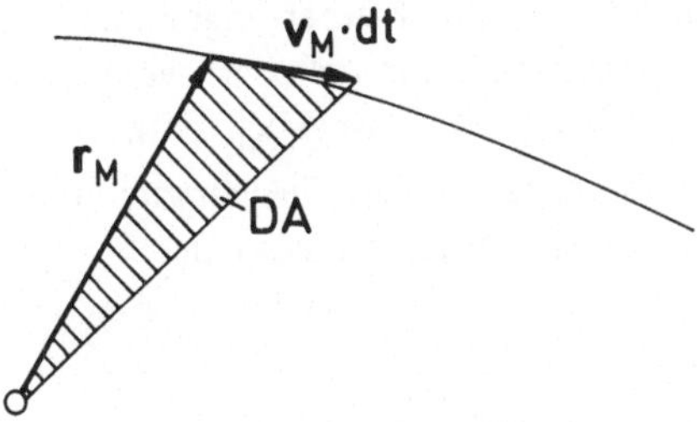

Abb. 2.19

Die überstrichene Fläche pro Zeiteinheit, d.h. die sogenannte *Flächengeschwindigkeit* ist mithin

$$\frac{\mathrm{DA}}{\mathrm{d}t} = \dot{A} = \frac{1}{2} |\mathbf{r}_M \times \mathbf{v}_M| .$$

Die Orientierung der Flächengeschwindigkeit im Raume können wir durch einen Richtungsverktor $\mathbf{e}_{\dot{A}}$ kennzeichnen, der senkrecht zu DA ist und mit $\mathbf{r}_M$ und $\mathbf{v}_M$ ein Rechtssystem bildet:

$$\mathbf{e}_{\dot{A}} = \frac{\mathbf{r}_M \times \mathbf{v}_M}{|\mathbf{r}_M \times \mathbf{v}_M|} .$$

Fassen wir $\mathbf{e}_{\dot{A}}$ und $\frac{\mathrm{DA}}{\mathrm{d}t}$ zu einer vektoriellen Größe zusammen, so können wir definieren:

Definition 2.1: Die *vektorielle Flächengeschwindigkeit* ist

$$\frac{\mathbf{DA}}{\mathrm{d}t} = \dot{\mathbf{A}} = \frac{1}{2} \mathbf{r}_M \times \mathbf{v}_M .$$

Unsere aus dem Impulssatz für Körper (Massen-Mittelpunktsatz) abgeleitete Aussage können wir deshalb auch in folgender Form zusammenfassen:

Satz 2.2: Es ist
Flächensatz

$$\mathbf{r}_M \times \mathbf{F}^{(a)} = 2m \frac{\mathrm{D}}{\mathrm{d}t} (\dot{\mathbf{A}}) = 2m \ddot{\mathbf{A}} .$$

Der Flächensatz ist formal aus dem Impulssatz für Körper (Massen-Mittelpunktsatz) abgeleitet und gilt – wie dieser – für starre und für deformierbare Körper.

Er hat die Form eines Drallsatzes. Mit dem Drallsatz für Körper, d. h. dem Satz 1.4, ist er jedoch nur inhaltsgleich, wenn

a) das *Boltzmann*-Axiom gilt und
b) die an dem Körper angreifenden (äußeren) Kräfte zu einer stereostatisch äquivalenten Kraft reduziert werden können, deren Wirkungslinie durch den Massen-Mittelpunkt geht ($\mathbf{M}^{(a)}_{(M)} = 0$).

Andernfalls stellen Flächensatz und Drallsatz zwei unterschiedliche, aber jeweils allgemein gültige Aussagen dar.

2.3.3. Beispiele für freie Bewegungen eines Massenpunktes

1. Beispiel: Wurf ohne Luftwiderstand (Abb. 2.20)

Wir betrachten den Bewegungsablauf für einen Wurf im homogenen Schwerefeld unter Vernachlässigung des Luftwiderstandes. Unter welchen Voraussetzungen eine solche Betrachtungsweise erlaubt ist, haben wir im Zusammenhang mit dem 1. Beispiel des Abschnittes 2.2.2 erörtert.
Als Anfangsbedingungen seien gegeben:

$$t = 0: \quad x = 0, \qquad y = 0,$$
$$\dot{x} = v_0 \cos \alpha_0 = v_{0_x},$$
$$\dot{y} = v_0 \sin \alpha_0 = v_{0_y}.$$

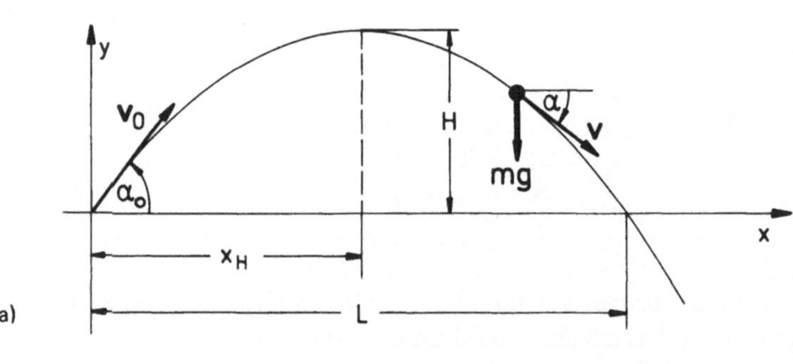

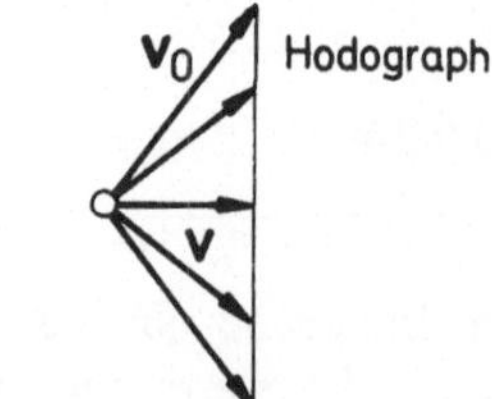

Abb. 2.20

Der Impulssatz liefert

$$m\ddot{x} = 0$$
$$m\ddot{y} = -mg.$$

Als *Bewegungsgesetz* erhalten wir also

$$\boxed{\begin{aligned}&\ddot{x} = 0\\&\ddot{y} = -g \quad \text{mit den obigen Anfangsbedingungen.}\end{aligned}}$$

Die beiden Gleichungen sind getrennt integrierbar. Die ein- bzw. zweimalige Integration ergibt unter Beachtung der Anfangsbedingungen

$$\dot{x} = v_x(t) = v_{0_x} = v_0 \cos\alpha_0 = \text{konst.}$$
$$\dot{y} = v_y(t) = v_{0_y} - gt = v_0 \sin\alpha_0 - gt$$
$$x(t) = v_0 t \cos\alpha_0$$
$$y(t) = v_0 t \sin\alpha_0 - \frac{1}{2} gt^2.$$

Aus dieser Beschreibung des Bewegungsablaufes können wir ferner unmittelbar ableiten

$$\begin{aligned}|v| = v(t) &= \sqrt{v_x^2 + v_y^2}\\&= \sqrt{v_0^2 \cos^2\alpha_0 + v_0^2 \sin^2\alpha_0 - 2 v_0 \sin\alpha_0\, gt + g^2 t^2}\\&= v_0 \sqrt{1 - 2\frac{gt}{v_0} \sin\alpha_0 + \left(\frac{gt}{v_0}\right)^2}\end{aligned}$$

$$\begin{aligned}\tan\alpha(t) &= \frac{v_y}{v_x}\\&= \frac{v_0 \sin\alpha_0 - gt}{v_0 \cos\alpha_0} = \tan\alpha_0 - \frac{gt}{v_0 \cos\alpha}.\end{aligned}$$

Um die *Bahn* in der Form $y = y(x)$ zu beschreiben, eliminieren wir t, indem wir $x(t)$ nach t auflösen und dann $t(x)$ in $y(t)$ einsetzen. Das ergibt

mit $\quad t(x) = \dfrac{x}{v_0 \cos\alpha_0}$

$$\begin{aligned}y(x) &= v_0 \sin\alpha_0 \frac{x}{v_0 \cos\alpha_0} - \frac{1}{2} g \left(\frac{x}{v_0 \cos\alpha_0}\right)^2\\&= x \tan\alpha_0 - (1 + \tan^2\alpha_0) \frac{g}{2v_0^2} x^2.\end{aligned}$$

Die Bahn ist also eine *Parabel*.
Die *Wurfweite* L in der Ebene $y = 0$ ermitteln wir, indem wir $y = 0$ und $x = L$ setzen. Das führt zunächst auf

$$y = 0 = L \tan\alpha_0 - (1 + \tan^2\alpha_0)\frac{g}{2v_0^2}L^2.$$

Die Auflösung nach L ergibt nach einfacher Umformung der Winkelfunktionen

$$L = \frac{v_0^2}{g}\sin 2\alpha_0.$$

Die *maximale Wurfweite* L_{max} erhalten wir bei gegebener Anfangsgeschwindigkeit v_0 für

$$\alpha_0 = \frac{\pi}{4}\,(= 45°),$$

nämlich

$$L_{max} = \frac{v_0^2}{g}.$$

Die *Steighöhe* H ergibt sich aus der Bedingung, daß im Scheitelpunkt der Bahn (d. h. für $x = x_H$) die Bahntangente horizontal wird, also

$$y' = 0 = \tan\alpha_0 - (1 + \tan^2\alpha_0)\frac{g}{v_0^2}x_H.$$

Setzen wir den daraus folgenden Wert

$$x_H = \frac{v_0^2}{g}\,\frac{\tan\alpha_0}{1 + \tan^2\alpha_0} = \frac{v_0^2}{2g}\sin 2\alpha_0$$

in die Bahn ein, so folgt nach kurzer Umrechnung

$$H = \frac{v_0^2}{2g}\sin^2\alpha_0 = \frac{v_0^2}{4g}(1 - \cos 2\alpha_0).$$

Die *maximale Steighöhe* H_{max} bei gegebener Anfangsgeschwindigkeit v_0 ergibt sich für $\alpha_0 = \frac{\pi}{2}$, d. h. beim Wurf senkrecht aufwärts, zu

$$H_{max} = \frac{v_0^2}{2g}.$$

Aus der Gleichung für die Bahn

$$y(x) = x\tan\alpha_0 - (1 + \tan^2\alpha_0)\frac{g}{2v_0^2}x^2$$

lesen wir ab, daß wir bei gegebener Anfangsgeschwindigkeit v_0 innerhalb des Wurfbereiches jeden Punkt x, y mit zwei verschiedenen Anfangssteigungen α_0 erreichen können. Wir erhalten die beiden Lösungen, indem wir die Bahngleichung für gegebene Wertepaare x, y nach $\tan\alpha_0$ auflösen. Das ergibt

$$\tan\alpha_0 = \frac{v_0^2}{gx}\left\{1 \pm \sqrt{1 - \frac{g^2x^2}{v_0^4} - \frac{2g}{v_0^2}\,y}\right\}.$$

Die *Begrenzung des Wurfbereiches* ergibt sich aus der Bedingung, daß der Radikand in der obigen Gleichung für $\tan\alpha_0$ nicht negativ werden darf, wenn $\tan\alpha_0$ reell bleiben soll. Das führt auf

$$y \leqslant \frac{v_0^2}{2g}\left\{1 - \frac{g^2x^2}{v_0^4}\right\}.$$

Die Einhüllende des Wurfbereiches ist also ebenfalls eine quadratische Parabel. Ihr Scheitel liegt auf der y-Achse bei

$$y = H_{max} = \frac{v_0^2}{2g};$$

ferner geht sie durch den Punkt $\left(x = \frac{v_0^2}{g}, y = 0\right)$, in dem sie die Wurfparabel für $\alpha_0 = \frac{\pi}{4}$ tangiert.

Übrigens gelten die vorstehenden Überlegungen auch für $\alpha_0 \leqslant 0$ und $y < 0$. Wir können außerdem den Anfangspunkt der Wurfbewegung an einem beliebigen Punkt $x = x_0$, $y = y_0$ verlegen. Wir haben dann nur x durch $x - x_0$ und y durch $y - y_0$ zu ersetzen.

Angemerkt sei noch, daß der Hodograph dieser Wurfbewegung eine senkrechte Gerade ist und der Tachograph zu einem Punkt wird (vgl. Abb. 2.20b und c).

2. Beispiel: Wurf mit Luftwiderstand (Abb. 2.21)

Zusätzlich zur (ortsunabhängig angenommenen) Schwerkraft wollen wir jetzt den Luftwiderstand $\mathbf{F}_W$ in Rechnung stellen. Er wirkt der Bewegungsrichtung entgegen und ist geschwindigkeitsabhängig:

$$\mathbf{F}_W = -F_W(v)\,\mathbf{e}_t.$$

Etwa auftretende Luftkräfte senkrecht zur Bahn (z.B. bei unsymmetrischen Körpern) setzen wir als vernachlässigbar klein voraus.

Beziehen wir den Impulssatz auf ein kartesisches Koordinatensystem, so erhalten wir zunächst

$$m\ddot{x} = m\dot{v}_x = -F_W(v)\cos\alpha$$
$$m\ddot{y} = m\dot{v}_y = -mg - F_W(v)\sin\alpha.$$

Mit

$$v = \sqrt{v_x^2 + v_y^2}$$

$$\cos\alpha = \frac{v_x}{v}$$

$$\sin\alpha = \frac{v_y}{v}$$

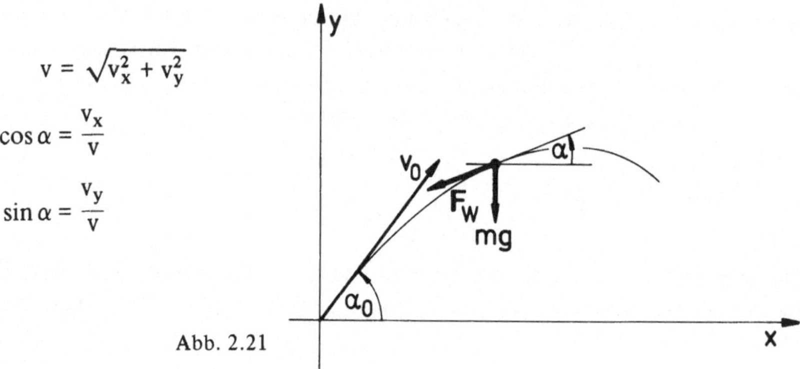

Abb. 2.21

folgt daraus das *Bewegungsgesetz*

$$\ddot{x} = \dot{v}_x = -\frac{F_W(v)}{mv}\,v_x$$

$$\ddot{y} = \dot{v}_y = -g - \frac{F_W(v)}{mv}\,v_y$$

nebst Anfangsbedingungen.

Diese beiden Gleichungen sind nur für den Sonderfall, daß der Luftwiderstand proportional v ist, also für

$$F_W(v) = kv\,,$$

getrennt integrierbar. Diesen Sonderfall, der etwa für die Bewegung sehr leichter Teilchen gelten mag (z. B. bei der Wurfsichtung, die der Trennung verschieden beschaffener Teilchen dient), wollen wir hier nicht weiter verfolgen. In allen anderen Fällen sind die beiden Differentialgleichungen wegen des Auftretens von $v = \sqrt{v_x^2 + v_y^2}$ miteinander gekoppelt.

Um mit dieser Schwierigkeit fertig zu werden, beziehen wir den Impulssatz auf die natürliche Basis. Wir erhalten dann zunächst (vgl. Abschnitt 2.3.1.4)

$$m\dot{v} = -mg\sin\alpha - F_W(v)$$

$$-mv\dot{\alpha} = mg\cos\alpha$$

Anmerkung:

Auf der linken Seite steht hier das Minuszeichen, weil bei unserer Festlegung von α die Drehung der Bahntangente e_t um die Bi-Normale e_b durch $-\dot{\alpha}$ beschrieben wird.

Betrachten wir nun v als $v(\alpha)$, so geht die erste Gleichung über in

$$m \frac{Dv}{D\alpha} \dot{\alpha} = - mg \sin\alpha - F_W(v).$$

Andrerseits ergibt sich aus der zweiten Gleichung

$$\dot{\alpha} = - \frac{g \cos\alpha}{v}.$$

Setzen wir das in die erste Gleichung ein, so erhalten wir das *Bewegungsgesetz* in der Form

$$\frac{Dv}{D\alpha} = \frac{v}{\cos\alpha} \left\{ \sin\alpha + \frac{F_W(v)}{mg} \right\} = f(\alpha, v)$$

mit der Anfangsbedingung $\alpha = \alpha_0$: $v = v_0$.

Dies ist eine gewöhnliche nichtlineare Differentialgleichung erster Ordnung für $v(\alpha)$ (*Bernoullische* Differentialgleichung). Sie läßt sich für beliebige Funktionen $F_W(v)$ beispielsweise graphisch nach dem Isoklinenverfahren oder numerisch lösen. Bei der graphischen Lösung zeichnet man das Richtungsfeld $\frac{Dv}{D\alpha}$ in der α, v-Ebene und konstruiert dann schrittweise den Linienzug, der sich – ausgehend von dem Anfangswert $v_0(\alpha_0)$ – in dieses Richtungsfeld einschmiegt. Für die numerische Lösung bietet sich beispielsweise das Verfahren von *Runge-Kutta* an. Für den – häufig vorkommenden – Fall, daß der Luftwiderstand proportional dem Quadrat der Geschwindigkeit angenommen, d.h.

$$F_W(v) = cv^2$$

gesetzt werden darf, ist auch eine analytische Lösung möglich. Als *Bewegungsgesetz* erhalten wir in diesem Falle

$$\frac{Dv}{D\alpha} = \frac{v}{\cos\alpha} \left\{ \sin\alpha + \frac{cv^2}{mg} \right\}$$

mit der Anfangsbedingung $\alpha = \alpha_0$: $v = v_0$.

Durch Einführung der neuen Variablen

$$w(\alpha) = \frac{1}{v^2(\alpha)}$$

geht die obige (nichtlineare) *Bernoullische* Differentialgleichung in die lineare Differentialgleichung

$$\boxed{\frac{Dw}{D\alpha} + 2w \tan\alpha = -\frac{2c}{mg\cos\alpha}}$$

über. Ihre Lösung ist

$$w(\alpha) = \left(\frac{\cos\alpha}{\cos\alpha_0}\right)^2 \left\{ w_0 - \frac{2c}{mg}\cos^2\alpha_0 \int_{\alpha_0}^{\alpha} \frac{D\alpha}{\cos^3\alpha} \right\}$$

$$= \left(\frac{\cos\alpha}{\cos\alpha_0}\right)^2 \left\{ w_0 - \frac{c}{mg}\cos^2\alpha_0 \left[\frac{\sin\alpha}{\cos^2\alpha} - \frac{\sin\alpha_0}{\cos^2\alpha_0} + \ln\frac{\tan\left(\frac{\alpha}{2}+\frac{\pi}{4}\right)}{\tan\left(\frac{\alpha_0}{2}+\frac{\pi}{4}\right)}\right]\right\}.$$

Die Rücktransformation von w in v ergibt schließlich

$$v(\alpha) = v_0\,\frac{\cos\alpha_0}{\cos\alpha}\,\frac{1}{\sqrt{1 - \frac{c}{mg}v_0^2\cos^2\alpha_0\left[\frac{\sin\alpha}{\cos^2\alpha} - \frac{\sin\alpha_0}{\cos^2\alpha_0} + \ln\frac{\tan\left(\frac{\alpha}{2}+\frac{\pi}{4}\right)}{\tan\left(\frac{\alpha_0}{2}+\frac{\pi}{4}\right)}\right]}}$$

Für $\alpha \to -\frac{\pi}{2}$ $(t \to \infty)$ geht $v(\alpha)$ gegen v_∞, d.h. gegen die Endgeschwindigkeit im freien Fall:

$$\lim_{\alpha \to -\frac{\pi}{2}} v(\alpha) = v_\infty = \sqrt{\frac{mg}{c}}.$$

Aus der vorstehenden Lösung $v(\alpha)$ können wir auch die *Bahn* des Massenpunktes ermitteln. Aus

$$\dot{x} = \frac{Dx}{D\alpha}\dot{\alpha} = v\cos\alpha$$

$$\dot{y} = \frac{Dy}{D\alpha}\dot{\alpha} = v\sin\alpha$$

und

$$\dot{\alpha} = -\frac{g\cos\alpha}{v}$$

erhalten wir zunächst

$$\frac{Dx}{D\alpha} = -\frac{v}{g\cos\alpha}\,v\cos\alpha = \frac{v^2(\alpha)}{g}$$

$$\frac{Dy}{D\alpha} = -\frac{v}{g\cos\alpha}\,v\sin\alpha = \frac{v^2(\alpha)}{g}\tan\alpha$$

und daraus schließlich

$$x = x_0 - \frac{1}{g}\int_{\alpha_0}^{\alpha} v^2(\alpha)\,D\alpha$$

$$y = y_0 - \frac{1}{g}\int_{\alpha_0}^{\alpha} v^2(\alpha)\tan\alpha\,D\alpha.$$

Ein Zahlenbeispiel, wie es etwa für einen *Fußball* gilt, ist in der Abb. 2.22 dargestellt. Zum Vergleich sind die Geschwindigkeit $v(\alpha)$ und die Bahn mit eingetragen, die man ohne Berücksichtigung des Luftwiderstandes erhalten würde. Als Eingangsgrößen wurden gewählt:

$m = 0{,}4$ kg; $\quad c = 6{,}6 \cdot 10^{-3}$ kg m^{-1};

$v_0 = 30$ m s^{-1}; $\quad \alpha_0 = \frac{\pi}{4}$ (= 45°).

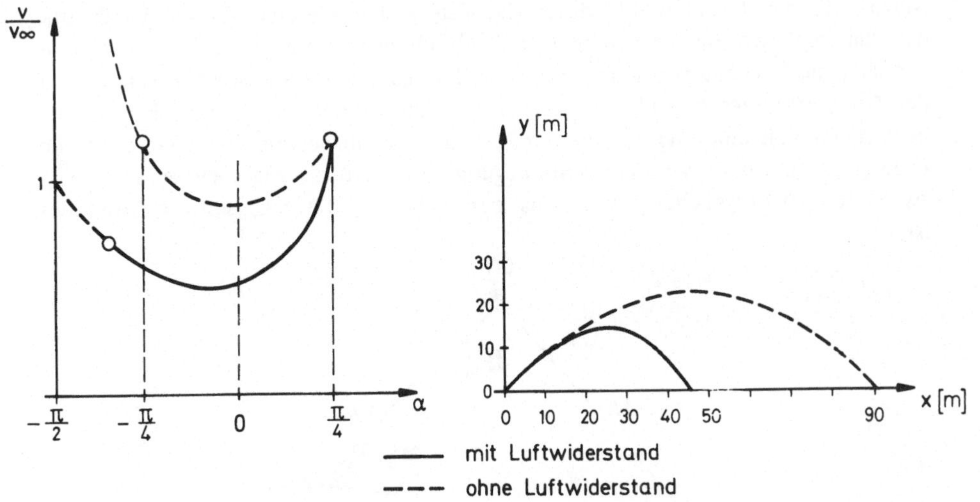

Abb. 2.22

Die *Endgeschwindigkeit* ist in diesem Beispiel

$$v_\infty = \sqrt{\frac{mg}{c}} = 24{,}38\ \mathrm{m\,s^{-1}}\,.$$

3. Beispiel: Planetenbewegung

Zu Beginn einige kurze geschichtliche Bemerkungen. *Kepler* (1571–1630) leitete seine drei Gesetze über die Kinematik der *Planetenbewegung* aus den astronomischen Beobachtungen *Tycho de Brahes* (1546–1661) und aus eigenen Beobachtungen ab. Er stellte fest:

Satz 2.3: *1. Keplersches Gesetz* (1609)
Die Bahnen der Planeten sind Ellipsen, in deren einem Brennpunkt die Sonne steht.

Satz 2.4: *2. Keplersches Gesetz* (1609)
Der von der Sonne zu einem Planeten gezogene Radius überstreicht in gleichen Zeiten gleiche Flächen.

Satz 2.5: *3. Keplersches Gesetz* (1619)
Die Kuben der großen Halbmesser der Bahnen verhalten sich wie die Quadrate der Umlaufzeiten.

Newton (1642–1727) wurde durch die *Kepler*schen Gesetze, die die Kinematik der Planetenbewegung beschreiben, in Verbindung mit seinen eigenen Überlegungen über die Wirkung von Kräften auf die Bewegung eines Körpers zur Entdeckung des *Gravitationsgesetzes* (1687) geführt. Er stellte durch den Vergleich zwischen dem freien Fall eines Apfels auf der Erde und der Bewegung des Mondes um die Erde (und allgemein der Planetenbewegung) fest, daß die gegenseitige Anziehung zweier Körper umgekehrt proportional zum Quadrat ihres gegenseitigen Abstandes ist.

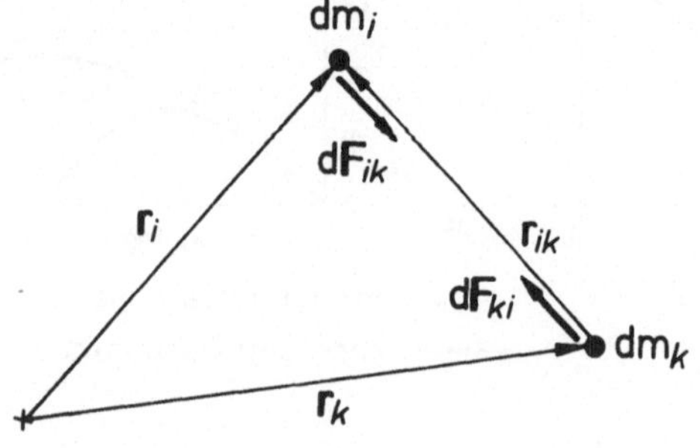

Abb. 2.23

Um das Gravitationsgesetz im Rahmen der klassischen Mechanik allgemeingültig zu formulieren, müssen wir es – wie schon beim Grundgesetz der Mechanik – auf Körperelemente beziehen. Wir erhalten dann (Abb. 2.23)

Satz 2.6: *Gravitationsgesetz der klassischen Mechanik*

Die zwischen zwei Körperelementen *i, k* (des gleichen Körpers oder verschiedener Körper) wirkende *Gravitationskraft* ist

$$d\mathbf{F}_{ik} = -\Gamma \frac{dm_i\, dm_k}{|\mathbf{r}_{ik}|^2} \frac{\mathbf{r}_{ik}}{|\mathbf{r}_{ik}|}.$$

Hierin bezeichnen

dm_i, dm_k die Masse der betreffenden Körperelemente,

$d\mathbf{F}_{ik}$ die am Körperelement *i* infolge des Körperelementes *k* angreifende Gravitationskraft,

$\mathbf{r}_{ik}$ den Ortsvektor vom Körperelement *k* zum Körperelement *i*

Γ die *Gravitationskonstante*, deren Zahlenwert

$$\Gamma = 6{,}67 \cdot 10^{-11}\ \mathrm{N\,m^2\,kg^{-2}}$$

(*Größenart:* $[M^{-1}\,L^3\,Z^{-2}]$)

ist.

Da

$$\mathbf{r}_{ik} = \mathbf{r}_i - \mathbf{r}_k = -(\mathbf{r}_k - \mathbf{r}_i) = -\mathbf{r}_{ki}$$

ist, wird auch

$$d\mathbf{F}_{ik} = -d\mathbf{F}_{ki},$$

d. h. es gilt das *Wechselwirkungsprinzip.*

Die resultierende Massenanziehungskraft zwischen zwei Körpern erhalten wir durch eine Integration über *beide* Körper. Haben die Körper eine *kugelsymmetrische Massenverteilung*, so ergibt die Integration

$$\boxed{\mathbf{F}_{ik} = -\Gamma \frac{m_i m_k}{|\mathbf{r}_{M_{ik}}|^2}\, \mathbf{r}_{M_{ik}} = -\mathbf{F}_{ki}.}$$

Für solche Körper können wir also das Gravitationszentrum mit dem Massen-Mittelpunkt identifizieren. *Näherungsweise* dürfen wir auch so verfahren, wenn *entweder* die Abmessungen der Körper sehr viel kleiner sind als ihr gegenseitiger Abstand *oder* wenigstens ein Körper eine kugelsymmetrische Massenverteilung besitzt und der andere sehr viel kleiner ist.

Der erste Fall gilt etwa für die Bewegung der Himmelskörper. Der zweite Fall betrifft beispielsweise die Bewegung von Flugkörpern und Satelliten in Erdnähe. Wir sollten jedoch im Gedächtnis behalten, daß für bestimmte Fragestellungen die genaue Ermittlung der Verteilung der Gravitationskräfte wichtig werden kann.

Anmerkung:

Da die Gravitationskräfte *Potentialkräfte* sind, lassen sie sich von einem Potential ableiten. Auf die allgemeine Berechnung dieses *Gravitations-Potentials* kann hier nicht eingegangen werden. Dazu sei auf die Literatur zur Potentialtheorie verwiesen. Im übrigen betrachten wir hier nur solche Beispiele, in denen sich die Überlegungen weitgehend vereinfachen lassen.

Wir wenden uns nun der *Bewegung der Planeten* in ihrer Bahn um die *Sonne* zu. Dabei betrachten wir die Sonne als ruhend, was wir im Hinblick auf ihre große Masse näherungsweise tun dürfen. Ferner vernachlässigen wir die gegenseitige Beeinflussung der Planeten, beschränken uns also auf das sogenannte *Zwei-Körper-Problem,* bei dem jeweils nur die Sonne und *ein* Planet ins Auge gefaßt werden. Im übrigen wollen wir hier so vorgehen, daß wir die *Kepler*schen Gesetze aus dem Gravitationsgesetz ableiten. Wir gehen also genau andersherum vor, als es *Newton* getan hat.

Den *Bezugspunkt* 0 unseres räumlichen Bezugssystems identifizieren wir mit dem Massen-Mittelpunkt der *Sonne* (Abb. 2.24). Für die von der Sonne (Masse m_s) auf den Planeten (Masse m) ausgeübte Kraft gilt

$$\mathbf{F} = -\Gamma \frac{m_s m}{r^2} \mathbf{e}_r = -\Gamma m_s \frac{m}{r^2} \mathbf{e}_r = -K \frac{m}{r^2} \mathbf{e}_r.$$

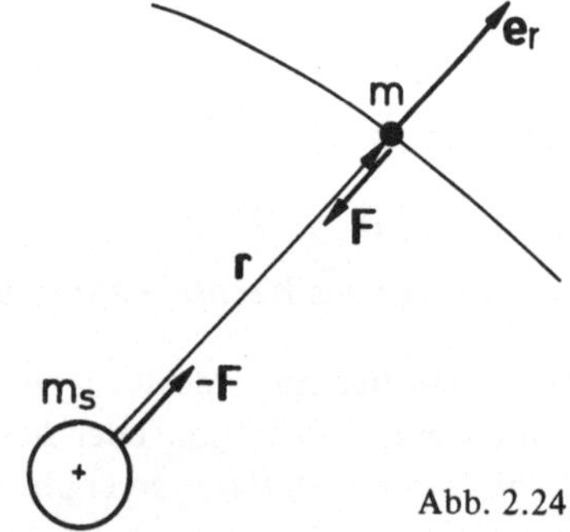

Abb. 2.24

Die Größe

$$K = -\Gamma m_s \qquad [L^3 Z^{-2}]$$

ist für alle Planetenbewegungen um die Sonne eine universelle Konstante. Da die Kraft **F** stets auf einen Punkt hin gerichtet ist, sprechen wir von einer *Zentralbewegung.*

Die Anwendung des *Flächensatzes* (Satz 2.2) auf die Planetenbewegung – wie auf *alle* Zentralbewegungen – ergibt

$$\mathbf{r} \times \mathbf{F} = \mathbf{0} = 2m \frac{D\dot{\mathbf{A}}}{dt},$$

d. h. Konstanz der *Flächengeschwindigkeit*:

$$\dot{\mathbf{A}} = \dot{A}\,\mathbf{e}_{\dot{A}} = \mathbf{konst.}$$

Diese Feststellung enthält zwei Teilaussagen

1. $\mathbf{e}_{\dot{A}}$ = **konst**., d. h. die Planetenbahnen sind eben.
2. $\dot{A}$ = konst., d. h. der von der Sonne zu einem Planeten gezogene Radius überstreicht in gleichen Zeiten gleiche Flächen.

Damit ist das 2. *Kepler*sche Gesetz (einschließlich der Feststellung, daß die Planetenbahnen eben sind) bereits bewiesen.
Es liegt nun nahe, für die analytische Beschreibung der Planetenbewegung *Polar-Koordinaten* r, φ einzuführen (Abb. 2.25). Für die *Flächengeschwindigkeit* gilt dann

$$\dot{A} = \frac{1}{2} r^2 \dot{\varphi} = \text{konst.} = \dot{A}_0 .$$

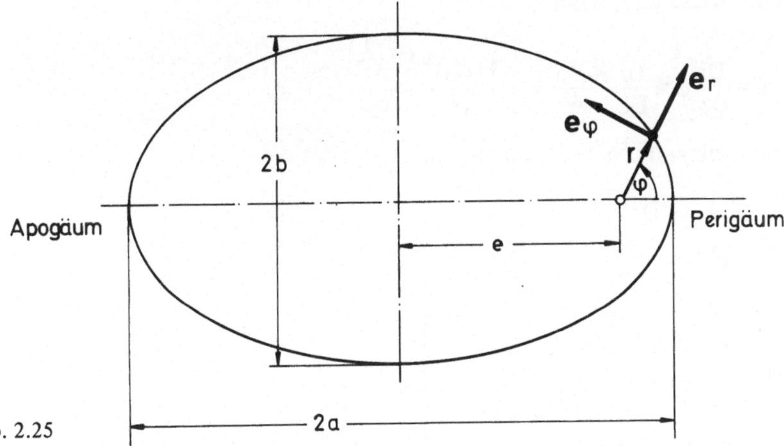

Abb. 2.25

Der Impulssatz liefert (vgl. Abschnitt 2.3.1.2) für die Bewegung in radialer Richtung

$$m a_r = m(\ddot{r} - r(\dot{\varphi})^2) = -K \frac{m}{r^2}.$$

Als *Bewegungsgesetz* erhalten wir mithin

$$\boxed{\begin{aligned} &\ddot{r} - r(\dot{\varphi})^2 = -\frac{K}{r^2} \\ &\text{mit } \frac{1}{2} r^2 \dot{\varphi} = \dot{A}_0 = \text{konst.} \end{aligned}}$$

Anmerkung:

Die Aussage $\dot{A}$ = konst. können wir auch aus der Anwendung des Impulssatzes auf die azimutale Komponente der Geschwindigkeit ableiten.

Wir wollen aus dem Bewegungsgesetz die *Bahn* $r(\varphi)$ des Planeten ableiten. Dazu drücken wir zunächst $\dot{\varphi}$ mit Hilfe der Flächengeschwindigkeit aus und erhalten

$$\dot{\varphi} = \frac{2\dot{A}_0}{r^2}.$$

Der nächste Schritt besteht darin, auch $\dot{r}$ durch die Flächengeschwindigkeit $\dot{A}$ auszudrücken, um damit die Zeit aus dem Bewegungsgesetz zu eliminieren. Dazu formen wir zunächst um:

$$\dot{r} = \frac{Dr}{D\varphi}\dot{\varphi} = \frac{Dr}{D\varphi}\frac{2\dot{A}_0}{r^2} = -2\dot{A}_0\frac{D\left(\frac{1}{r}\right)}{D\varphi}.$$

In gleicher Weise folgt dann

$$\ddot{r} = \frac{D\dot{r}}{D\varphi}\dot{\varphi} = \frac{D\dot{r}}{D\varphi}\frac{2\dot{A}_0}{r^2} = -\frac{4(\dot{A}_0)^2}{r^2}\frac{D^2\left(\frac{1}{r}\right)}{D\varphi^2}.$$

Das *Bewegungsgesetz* geht damit über in

$$-\frac{4(\dot{A}_0)^2}{r^2}\frac{D^2\left(\frac{1}{r}\right)}{D\varphi^2} - \frac{4(\dot{A}_0)^2}{r^3} = -\frac{K}{r^2} \qquad \text{bzw.}$$

$$\boxed{\frac{D^2\left(\frac{1}{r}\right)}{D\varphi^2} + \frac{1}{r} = \frac{K}{4(\dot{A}_0)^2} = \frac{1}{p}}$$

nebst Anfangsbedingungen.

Die allgemeine Lösung dieser Differentialgleichung ist

$$\frac{1}{r} = c_1 \cos\varphi + c_2 \sin\varphi + \frac{1}{p}.$$

Da wir den Anfangspunkt der Bahn willkürlich festsetzen können, dürfen wir über eine der freien Konstanten verfügen. Wir setzen $c_2 = 0$ und erhalten dann mit $\epsilon = c_1 p$ die *allgemeine Bahngleichung der Planetenbewegung* (*Kepler-Bahnen*)

$$\boxed{r = \frac{p}{1 + \epsilon\cos\varphi}.}$$

Die Bahnen sind für

$|\epsilon| > 1$ Hyperbeln

$|\epsilon| = 1$ Parabeln

$|\epsilon| < 1$ Ellipsen mit $\frac{b^2}{a} = p$

und $\frac{e}{a} = \epsilon$

$\epsilon = 0$ Kreise mit $r = p$.

Damit ist auch das 1. *Kepler*sche Gesetz in allgemeiner Form bewiesen.
Zum Beweis des 3. *Kepler*schen Gesetzes beachten wir, daß für einen vollem Umlauf (Umlaufzeit T) in einer *Ellipsen-Bahn*

$$\dot{A}_0 T = A = \pi a b$$

gilt. Wir können deshalb die konstante Flächengeschwindigkeit auch durch die Umlaufzeit ausdrücken:

$$\dot{A}_0 = \frac{\pi a b}{T}.$$

Setzen wir das in die Beziehung

$$\frac{b^2}{a} = p = \frac{4(\dot{A}_0)^2}{K}$$

ein, so folgt zunächst

$$\frac{b^2}{a} = \frac{4\pi^2 a^2 b^2}{K T^2}$$

und daraus schließlich

$$\boxed{\frac{a^3}{T^2} = \frac{K}{4\pi^2}.}$$

Das ist das 3. *Kepler*sche Gesetz.
Die Größe $K = \Gamma m_s$ ist eine universelle Konstante des Sonnensystems. Die Größen p und ϵ sind hingegen individuelle Parameter der einzelnen Planetenbahnen, die sich darüberhinaus auch noch durch die verschiedene Orientierung der *vektoriellen* Flächengeschwindigkeit $\dot{\mathbf{A}}_0 = \dot{A}_0 \mathbf{e}_{\dot{A}}$ im Raum unterscheiden können.

Wir können danach fragen, wie sich die Bahn eines Planeten oder Satelliten ändert, wenn eine kleine Störung seiner Bewegung auftritt, wobei die Art der Störung natürlich viele verschiedene Formen annehmen kann. Insbesondere interessiert dabei, ob bei solchen kleinen Störungen der Bewegungsablauf der ursprünglichen

Bewegung benachbart bleibt, also die Frage nach der *kinetischen Stabilität*. Diese Frage kann verschieden formuliert werden. Wir können nach Bahnabweichungen oder auch nach Änderungen des zeitlichen Ablaufs usw. fragen. Im Zusammenhang mit Satelliten-Bewegungen interessiert uns besonders die Frage nach der *Bahn-Stabilität*. Zur Untersuchung solcher Fragen eignet sich vielfach die Methode der *Störungsrechnung*.

Wir betrachten hier ein einfaches Beispiel. Die *ungestörte Bewegung* verlaufe auf einer *Kreisbahn* mit dem Radius r_0. Für sie folgt aus der allgemeinen Bewegungsgleichung der Planeten- bzw. Satelliten-Bewegung, d. h. aus

$$\ddot{r} - r(\dot{\varphi})^2 = -\frac{K}{r^2}$$

mit $r = r_0 = \text{konst.}$:

$$-r_0(\dot{\varphi}_0)^2 = -\frac{K}{r_0^2}.$$

Wir wollen nun solche Störungen dieser Kreisbewegung untersuchen, bei denen die Flächengeschwindigkeit konstant bleibt, also

$$r^2\dot{\varphi} = 2\dot{A}_0 = r_0^2\dot{\varphi}_0,$$

aber Bahnabweichungen auftreten. Diese können etwa durch einen radialen Impuls oder durch Abweichungen in den Anfangsbedingungen verursacht sein. Im Sinne der Störungsrechnung beschreiben wir solche Bahnabweichungen durch den Ansatz

$$r = r_0\{1 + \epsilon f(t)\} \qquad \text{mit} \qquad |\epsilon| \ll 1.$$

ϵ ist der sogenannte *Störparameter*.

Anmerkung:

Wir behalten die in der Störungsrechnung übliche Bezeichnung ϵ für den Störparameter bei, weisen aber zugleich darauf hin, daß dieser Störparameter ϵ nicht mit dem Bahnparameter ϵ identisch ist, der die Exzentrizität der allgemeinen *Kepler*-Bahnen kennzeichnet.

Gehen wir mit dem vorstehenden Ansatz für r in die allgemeine Bewegungsgleichung, so erhalten wir zunächst

$$\epsilon\ddot{f} - \frac{(2\dot{A}_0)^2}{r_0^4\{1 + \epsilon f(t)\}^3} + \frac{K}{r_0^3\{1 + \epsilon f(t)\}^2} = 0.$$

Entwickeln wir das zweite und dritte Glied dieser Gleichung in eine Reihe nach $\epsilon f(t)$, so folgt

$$\epsilon\ddot{f}(t) - \frac{(2\dot{A}_0)^2}{r_0^4}\{1 - 3\epsilon f(t) + 6\epsilon^2 f^2(t)\ldots\} + \frac{K}{r_0^3}\{1 - 2\epsilon f(t) + 3\epsilon^2 f^2(t)\ldots\} = 0.$$

Beachten wir nun, daß

$$-\frac{(2\dot{A}_0)^2}{r_0^3}+\frac{K}{r_0^2}=0$$

ist und vernachlässigen wir die Glieder höherer Ordnung in ϵ, so entsteht schließlich für $\epsilon\,f(t)$ die Differentialgleichung

$$\epsilon\left\{\ddot{f}+\left(\frac{2\,\dot{A}_0}{r_0^2}\right)^2 f\right\}=0.$$

Die allgemeine Lösung dieser Differentialgleichung ist

$$\epsilon\,f(t)=\epsilon_1\sin\omega t+\epsilon_2\cos\omega t$$

$$\text{mit } \omega=\frac{2\,\dot{A}_0}{r_0^2}=\frac{2\pi}{T_0},$$

wobei T_0 die Umlaufzeit der ungestörten Bewegung ist. Es entstehen also bei einer solchen Störung kleine Schwingungen von der Größenordnung ϵ um die ungestörte Bahn, d.h. die Bahn ist *stabil*, da die Bahnabweichungen begrenzt bleiben. Zur gleichen Feststellung kommen wir, wenn wir allgemeinere Störungen in Betracht ziehen.

Anmerkung:

Die nach einer einmaligen Störung der Kreisbahn sich einstellende Bewegung verläuft natürlich wiederum auf einer *Kepler*-Bahn, in unserem Falle also auf einer Ellipse, für die

$$r=\frac{r_0}{1+\epsilon\cos\varphi}\quad(|\epsilon|\ll 1)$$

gilt. Als Ergebnis der linearisierten Störungsrechnung erhalten wir dafür die *Näherungslösung*

$$r(\varphi)=r_0\,(1-\epsilon_0\cos\varphi)$$

mit

$$\epsilon_0=\sqrt{\epsilon_1^2+\epsilon_2^2}\ll 1.$$

Wir können in gleicher Weise auch die andern *Kepler*-Bahnen (Ellipsen, Parabeln, Hyperbeln) auf Stabilität untersuchen und finden dann, daß nur die Parabelbahn instabil ist. Sie schlägt bei jeder noch so kleinen Störung entweder in eine Ellipsen- oder in eine Hyperbelbahn um. Interessant ist auch die Frage, inwieweit die Bahn-Stabilität von der Form des Gravitationsgesetzes abhängt. Setzen wir allgemein für die Gravitation

$$F_r=-K\frac{m}{r^n}$$

an, so zeigt sich, daß Bahn-Stabilität – von Ausnahmefällen abgesehen – nur gewährleistet ist, wenn der Exponent $n < 3$ ist.

Ein anderes technisch bedeutsames Problem betrifft die Frage, wie wir den Übergang von einer Satelliten-Bahn in eine andere – etwa im Hinblick auf den Energiebedarf – optimal gestalten können. Darauf können wir hier nicht weiter eingehen. Angemerkt sei nur, daß derartige Fragen im Rahmen der *Himmelsmechanik* (oder auch *Satelliten-Mechanik*) näher untersucht werden.

2.3.4. Beispiele für geführte Bewegungen eines Massenpunktes

1. Beispiel: Sprungschanze (Abb. 2.26)

Gegeben sei die

Bahn des Massenpunktes

$$y = H\left(\frac{x}{a}\right)^2 .$$

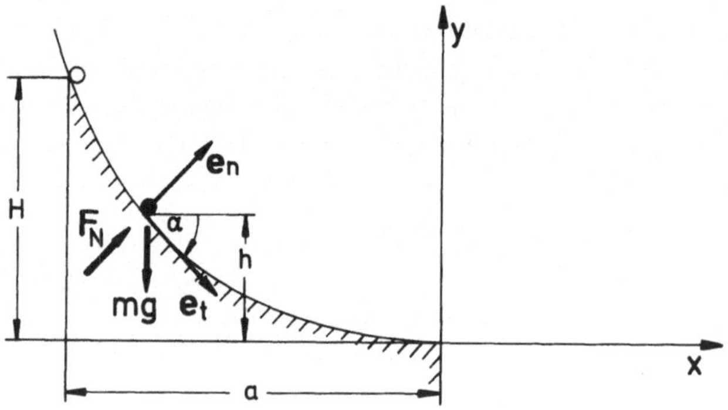

Abb. 2.26

Die *Anfangsbedingungen* seien

$$t = 0: \quad x = -a \rightarrow y = H$$
$$v_0 = 0.$$

Die Bewegungswiderstände werden als vernachlässigbar klein betrachtet. Gesucht wird die *Führungskraft* $F_N(x)$.

Wir führen neben dem kartesischen Koordinatensystem die natürliche Basis ein. Für die Bewegung senkrecht zur Führung liefert der *Impulssatz*

$$F_n = F_N - mg\cos\alpha = m a_n = m\frac{v^2}{R},$$

d.h.

$$F_N = mg\left\{\cos\alpha + \frac{v^2}{gR}\right\}.$$

Aus dem Bahnverlauf leiten wir ab

$$\cos\alpha = \frac{1}{\sqrt{1+\tan^2\alpha}} = \frac{1}{\sqrt{1+(y')^2}} = \frac{1}{\sqrt{1+\left(\frac{2Hx}{a^2}\right)^2}}$$

$$\frac{1}{R} = \frac{y''}{[1+(y')^2]^{3/2}} = \frac{\frac{2H}{a^2}}{\left[1+\left(\frac{2Hx}{a^2}\right)^2\right]^{3/2}}.$$

Der *Energiesatz* ergibt

$$\frac{1}{2}mv^2 = mg(H-y),$$

d.h.

$$v^2 = 2gH\left\{1-\left(\frac{x}{a}\right)^2\right\}.$$

Setzen wir das alles ein, so erhalten wir

$$F_N(x) = mg\left\{\frac{1}{\sqrt{1+\left(\frac{2Hx}{a^2}\right)^2}} + \left(\frac{2H}{a}\right)^2 \frac{1-\left(\frac{x}{a}\right)^2}{\left[1+\left(\frac{2Hx}{a^2}\right)^2\right]^{3/2}}\right\}.$$

Speziell wird für x = 0

$$F_N(0) = mg\left\{1+\left(\frac{2H}{a}\right)^2\right\}.$$

2. Beispiel: Wendel-Rutsche (Abb. 2.27)
Gegeben sei die
Bahn des Massenpunktes:

in Zylinder-Koordinaten: $r = r_0$

$$z = \frac{h}{2\pi}\varphi,$$

in kartesischen Koordinaten: $x = r_0\cos\varphi$

$$y = r_0\sin\varphi$$

$$z = \frac{h}{2\pi}\varphi.$$

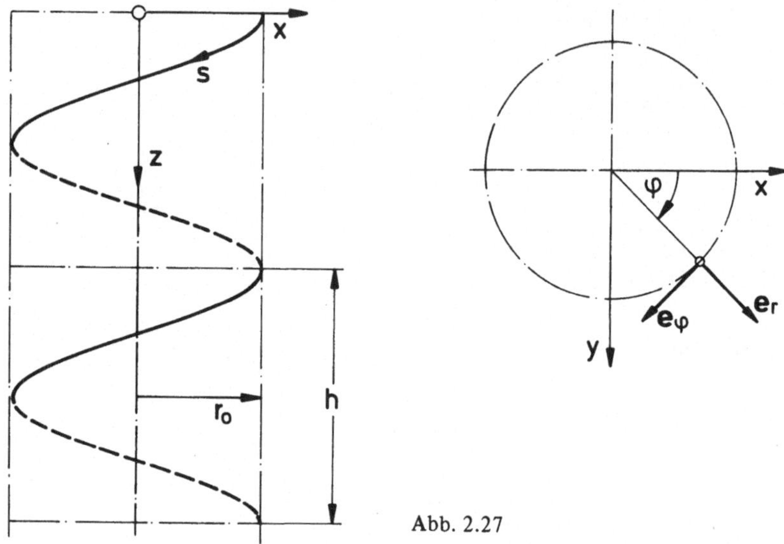

Abb. 2.27

Bei dieser Bahnbeschreibung dient der Azimut-Winkel φ als Parameter, der mit s durch die Beziehung

$$\varphi = s \, \frac{\cos \alpha}{r_0}$$

$$\left(\text{mit} \quad \alpha = \arctan \frac{h}{2 \pi r_0} \right)$$

verknüpft ist, wie wir unmittelbar aus Abb. 2.28 ablesen, die die Abwicklung der Wendel darstellt.

Die *Anfangsbedingungen* seien:

$$t = 0: \quad \varphi = 0 \quad (\text{bzw. } s = 0)$$
$$\qquad v_0 = 0.$$

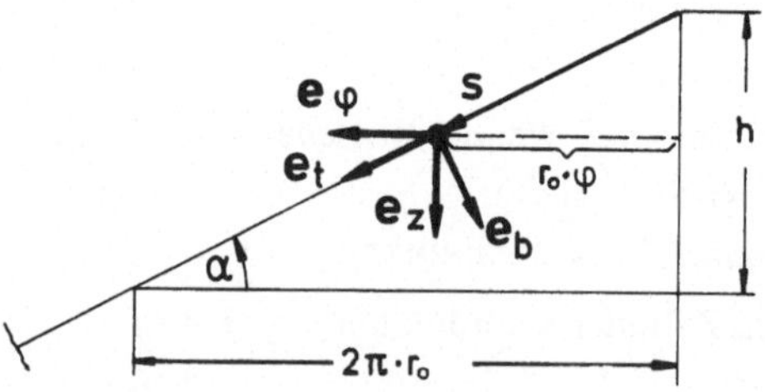

Abb. 2.28

Gesucht werden der Bewegungsablauf als Funktion des Ortes und der Zeit und die Führungskräfte.

Für die Ermittlung der Führungskräfte ist es zweckmäßig, auf die natürliche Basis überzugehen, die mit der (ortsabhängigen) Basis der Zylinder-Koordinaten bzw.

mit der (ortsunabhängigen) Basis der kartesischen Koordinaten durch folgende Beziehungen verknüpft ist

$$
\begin{aligned}
\mathbf{e}_t &= \cos\alpha\,\mathbf{e}_\varphi + \sin\alpha\,\mathbf{e}_z \\
&= \cos\alpha\,\{-\sin\varphi\,\mathbf{e}_x + \cos\varphi\,\mathbf{e}_y\} + \sin\alpha\,\mathbf{e}_z \\
\mathbf{e}_n &= -\mathbf{e}_r \\
&= -\{\cos\varphi\,\mathbf{e}_x + \sin\varphi\,\mathbf{e}_y\} \\
\mathbf{e}_b &= -\sin\alpha\,\mathbf{e}_\varphi + \cos\alpha\,\mathbf{e}_z \\
&= -\sin\alpha\,\{-\sin\varphi\,\mathbf{e}_x + \cos\varphi\,\mathbf{e}_y\} + \cos\alpha\,\mathbf{e}_z\,.
\end{aligned}
$$

Diese Beziehungen folgen unmittelbar aus einer geometrischen Betrachtung der Bahn.

Wir können die obigen Beziehungen für $\mathbf{e}_t$ auch ableiten, indem wir – ausgehend von der Definition des Tangentenvektors –

$$\mathbf{e}_t = \frac{d\mathbf{r}}{ds} = \frac{d\mathbf{r}}{d\varphi}\,\frac{d\varphi}{ds}$$

bilden. Für den Normalenvektor gilt definitionsgemäß

$$\mathbf{e}_n = R\,\frac{d\mathbf{e}_t}{ds} = R\,\frac{d\mathbf{e}_t}{d\varphi}\,\frac{d\varphi}{ds},$$

wobei R der Krümmungsradius der Bahn ist. Führen wir die Differentiationen aus, so erhalten wir

$$
\begin{aligned}
\mathbf{e}_n &= R\,\underbrace{\cos\alpha\,[-\cos\varphi\,\mathbf{e}_x - \sin\varphi\,\mathbf{e}_y]}_{\frac{d\mathbf{e}_t}{d\varphi}}\;\underbrace{\frac{\cos\alpha}{r_0}}_{\frac{d\varphi}{ds}} \\
&= -\frac{R}{r_0}\cos^2\alpha\,\mathbf{e}_r.
\end{aligned}
$$

Andrerseits hatten wir unmittelbar aus geometrischen Betrachtungen abgeleitet

$$\mathbf{e}_n = -\mathbf{e}_r.$$

Der Vergleich dieser beiden Ausdrücke liefert für die *Krümmung der Bahn* die Beziehung

$$\frac{1}{R} = \frac{\cos^2\alpha}{r_0} = \frac{1}{r_0}\,\frac{1}{1+\tan^2\alpha} = \frac{1}{r_0}\,\frac{1}{1+\left(\frac{h}{2\pi r_0}\right)^2}.$$

Nach diesen Vorarbeiten gehen wir nun daran, zunächst den Bewegungsablauf zu ermitteln.

Suchen wir die Geschwindigkeit als Funktion des Ortes, d.h. $v(\varphi)$ (bzw. $v(s)$), so ziehen wir zweckmäßig den *Energiesatz* dazu heran. Für die potentielle Energie der Schwerkraft gilt hier

$$\Phi(\varphi) = -mg\,z(\varphi)$$

$$= -mg\frac{h}{2\pi}\varphi \qquad (\text{mit } \Phi(0) = 0).$$

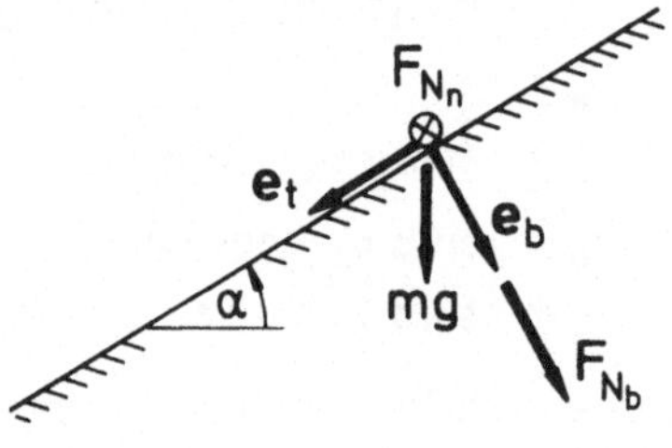

Wir erhalten deshalb

$$\frac{1}{2}mv^2 - mg\frac{h}{2\pi}\varphi = 0$$

d.h.

$$v(\varphi) = \sqrt{gh\frac{\varphi}{\pi}}.$$

Abb. 2.29

Suchen wir hingegen v als Funktion der Zeit, d.h. $v(t)$, so integrieren wir zweckmäßig die aus dem *Impulssatz* folgende *Bewegungsgleichung* (Abb. 2.29)

$$\frac{Dv}{dt} = \frac{1}{m}F_t = g\sin\alpha.$$

Die Integration ergibt unter Berücksichtigung der Anfangsbedingungen

$$v(t) = gt\sin\alpha.$$

Die weiteren Angaben über den Bewegungsablauf (z.B. $s(t)$ usw.) lassen sich in gewohnter Weise aus $v(\varphi)$ oder $v(t)$ errechnen.
Für die Führungskräfte F_{N_n} und F_{N_b} ergibt der *Impulssatz*

$$F_{N_n} = m a_n = m\frac{v^2}{R} = m\frac{\cos^2\alpha}{r_0}v^2$$

mit v als $v(\varphi)$ bzw. $v(t)$

$$F_{N_b} = -mg\cos\alpha \qquad (\text{wegen } a_b \equiv 0).$$

2.4. Punkt-Kinetik eines Körpers veränderlicher Masse

Wenn wir – beispielsweise – die Bewegung einer Rakete (Abb. 2.30) untersuchen wollen, so stehen uns dazu zwei Wege offen:

1. Wir betrachten die Rakete einschließlich des von ihr ausgestoßenen Antriebstrahles als *ein* System, dessen Masse – im Rahmen der klassischen Mechanik – unveränderlich ist (vgl. Abb. 2.30a).
2. Wir betrachten die Rakete mit dem noch unverbrauchten Brennstoff als gesondertes Teilsystem mit veränderlicher Masse, auf das die Rückwirkung des ausgestoßenen Strahles antreibend einwirkt (vgl. Abb. 2.30b).

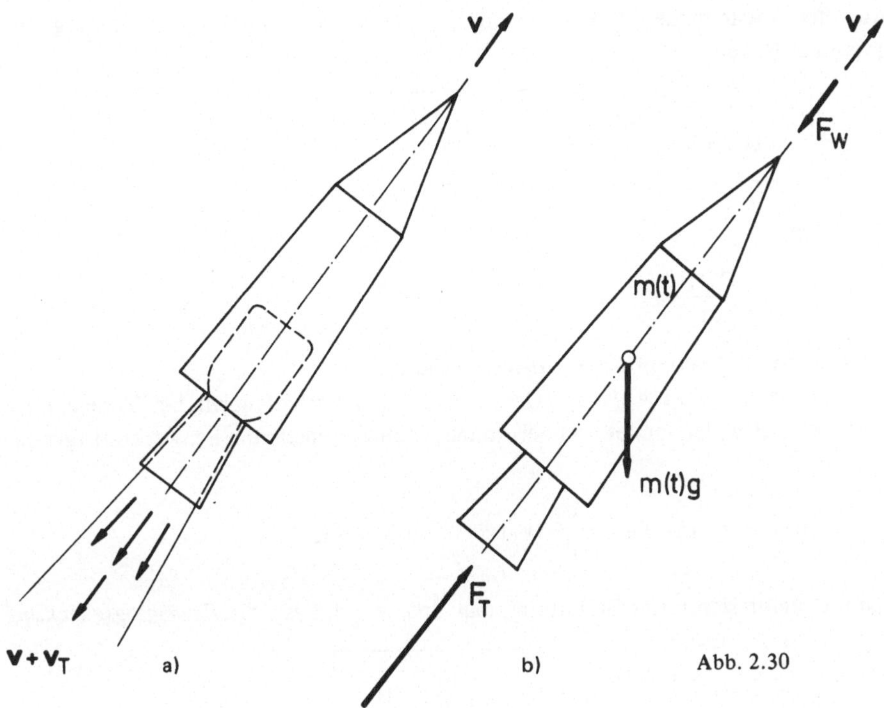

Abb. 2.30

Die zweite, unmittelbar auf die Bewegung der Rakete gerichtete Betrachtungsweise ist im allgemeinen vorzuziehen, da uns diese meist primär interessiert.

Bei der Betrachtung der Bewegung von solchen *Körpern veränderlicher Masse* wollen wir hier im Rahmen der Punkt-Kinetik bleiben und die Rakete als Beispiel beibehalten. Die Bewegungsgleichung, auf die diese Betrachtungsweise führt, leiten wir aus dem Impulssatz für Körper mit unveränderlicher Masse aufgrund folgender Überlegungen ab:

Für die Änderung der Bewegungsgröße der Rakete *und* des Antriebsstrahles in dem Zeitintervall dt gilt

$$[m(t) - dm_T](\mathbf{v} + D\mathbf{v}) + dm_T(\mathbf{v} + \mathbf{v}_T) - m(t)\,\mathbf{v} = \mathbf{F}\,dt.$$

Dabei bezeichnet

$m(t)$ die Masse der Rakete einschließlich des Rest-Brennstoffes,

dm_T die im Zeitintervall dt ausgestoßene Masse des Antriebsstrahles (es ist $dm_T = -dm$!),

$\mathbf{v}$ die Geschwindigkeit der Rakete,

$\mathbf{v}_T$ die Relativ-Geschwindigkeit des Antriebsstrahles gegenüber der Rakete,

$\mathbf{F}$ die Resultierende *aller* von außen auf die Rakete einwirkenden Kräfte.

Aus der vorstehenden Gleichung ergibt sich für die Änderung der Bewegungsgröße der Rakete

$$\boxed{m(t)\,\dot{\mathbf{v}} = \mathbf{F} - \frac{dm_T}{dt}\,\mathbf{v}_T = \mathbf{F} + \mathbf{F}_T .}$$

Der Term

$$\mathbf{F}_T = -\frac{dm_T}{dt}\,\mathbf{v}_T$$

stellt hierin die *Treibkraft des Antriebsstrahles* dar.
Für den *senkrechten Aufstieg* (Ortskoordinate: h) erhalten wir bei Vernachlässigung des Luftwiderstandes und bei Annahme einer konstanten Schwerkraft ($g = g_0$) zunächst

$$m(t)\,\dot{v} = -m(t)\,g + \frac{dm_T}{dt}\,|\mathbf{v}_T| \qquad \text{mit } v = \dot{h}.$$

Daraus ergibt sich unter Beachtung, daß $dm_T = -dm$ ist, die *Bewegungsgleichung*

$$\boxed{\dot{v} = -g + \frac{1}{m}\frac{dm_T}{dt}\,|\mathbf{v}_T| = -\left[g + \frac{\dot{m}}{m}\,|\mathbf{v}_T|\right].}$$

Die Integration dieser Gleichung vom Start ($t_0 = 0$) bis zu einer beliebigen Zeit t führt auf

$$v(t) = -gt + |\mathbf{v}_T| \ln \frac{m_0}{m} .$$

Speziell erhalten wir für den *Zeitpunkt des Brennschlusses* ($t = t_L$, $m = m_L$)

$$\boxed{v(t_L) = -g t_L + |\mathbf{v}_T| \ln \frac{m_0}{m_L} .}$$

Die Geschwindigkeit bei Brennschluß wird also umso größer

a) je größer das Verhältnis $\frac{m_0}{m_L}$ wird,

b) je größer die Strahlgeschwindigkeit $|\mathbf{v}_T|$ ist,

c) je kürzer die Brenndauer t_L wird.

Aus den vorstehenden Beziehungen läßt sich auch ableiten, daß weitere Verbesserungen durch die Verwendung von Mehrstufen-Raketen zu erzielen sind.

Fragen:

1. Welche Überlegungen erlauben es, einen diskreten Massenpunkt als Ersatz-Modell für einen Körper einzuführen?
2. Wie sind eindimensionale Bewegungen eines Massenpunktes zu charakterisieren?
3. Welche Darstellungsmöglichkeiten des eindimensionalen Bewegungsablaufes gibt es im wesentlichen?
4. Welche einfachen Grundfälle des eindimensionalen kinematischen Bewegungsgesetzes können wir unterscheiden? Gibt es noch andere Fälle?
5. Von welchem Satz geht man zweckmäßig aus, wenn der Bewegungsablauf als Funktion der Zeit gesucht wird?
6. Welchen Satz benutzt man, wenn die Kräfte ortsabhängig gegeben sind (z. B. Potentialkräfte) und der Bewegungsablauf als Funktion des Ortes beschrieben werden soll?
7. Wieviel skalare Bewegungsgleichungen benötigt man zur Beschreibung der allgemeinen freien Bewegung des Massen-Mittelpunktes?
8. Welche Arten von kinematischen Bindungen können wir in der Punkt-Kinetik unterscheiden und wie beschreiben wir sie?
9. Welche Unterschiede bestehen zwischen dem freien Fall (bzw. Wurf) mit und ohne Luftwiderstand insbesondere hinsichtlich des Endzustandes der Bewegung bei großer Fallhöhe?
10. Was besagt der Flächensatz?
11. Wie lautet das Gravitationsgesetz der klassischen Mechanik?
12. Was ergibt sich aus dem Gravitationsgesetz der klassischen Mechanik für die Planetenbewegungen?
13. Welcher Unterschied besteht hinsichtlich der Berechnung der Führungskräfte bei geführten geradlinigen und bei geführten krummlinigen Bewegungen? Gilt ein solcher oder ähnlicher Unterschied auch für den Zusammenhang zwischen den tangential wirkenden Kräften und dem Bewegungsablauf längs der Bahn?
14. In welche Form bringt man zweckmäßig den Impulssatz bei Körpern, deren Masse (durch Ausstoß oder Abspaltung) veränderlich ist?

3. Bewegungswiderstände

3.1. Allgemeines

Bewegt sich ein *fester Körper* durch ein ihn (ganz oder teilweise) umgebendes *fluides* (gasförmiges oder flüssiges) *Medium* hindurch, so übt das fluide Medium flächenhaft verteilt wirkende Kräfte auf den Körper aus, die wir in *Drücke* (Normalspannungen) und in sogenannte *Wand-Schubspannungen* zerlegen können. Die Verteilung der Drücke und der Wand-Schubspannungen hängt von der Relativbewegung des Körpers (genauer: der Körperoberfläche) gegenüber dem (ungestörten) Fluid und natürlich den Materialeigenschaften des Fluides ab. Die im Ruhezustand wirkenden (hydro- bzw. aero-statischen) Kräfte lassen wir dabei hier außer Betracht.
Flächenhaft verteilt wirkende Kräfte treten ebenfalls auf, wenn sich *feste Körper* gegenseitig berühren. Die in der Berührungsfläche sich einstellende Spannungsverteilung, die die Wechselwirkung zwischen den sich berührenden Körpern bestimmt, hängt vom Ablauf des Berührungsvorganges, also vom Bewegungszustand der Körper vor der Berührung, von den auf die Körper einwirkenden äußeren Kräften usw. ab. Insbesondere spielt dabei auch die in der Berührungsfläche sich ergebende Relativbewegung eine Rolle.
Uns interessieren im Rahmen der folgenden Betrachtungen im wesentlichen jene Auswirkungen der vorgenannten Kräfte, die wir als *Bewegungswiderstände* bezeichnen können. Sie sind dadurch charakterisiert, daß sie dem abgeschlossenen, d.h. alle Wechselwirkungen einbeziehenden, mechanischen System (mechanische) Energie entziehen. Im engeren Sinne rechnen wir zu den Bewegungswiderständen nur solche Kräfte, deren *Arbeit irreversibel* in Wärme umgewandelt, d.h. dissipiert wird. Dies können im übrigen auch volumenhaft verteilt wirkende Kräfte sein, wie z.B. die elektro-magnetischen Kräfte in einer Wirbelstrombremse. Im weiteren Sinne können wir dazu auch solche Kräfte zählen, deren Arbeit – wenigstens zunächst – reversibel in *andere* Energieformen umgesetzt wird und damit dem System als mechanische Energie entzogen wird.

Anmerkung:

In vielen Fällen erfolgt die irreversible Umsetzung mechanischer Energie in Wärme ohnehin z.T. erst im Verlaufe der Zeit. So wird z.B. die kinetische Energie der Wirbel, die von einem durch ein Fluid bewegten Körper erzeugt werden und den Bewegungswiderstand mit bedingen, erst nachträglich dissipiert.

Die physikalischen Vorgänge, die die Bewegungswiderstände bestimmen, können sehr komplex sein, wie z. B. schon die vorstehende Anmerkung erkennen läßt. Wir beschränken uns hier auf eine *elementare Theorie der Bewegungswiderstände*, die nur die resultierenden, globalen Auswirkungen auf die Bewegung eines Körpers – näherungsweise – zu erfassen versucht. Das hat in der Regel zur Voraussetzung, daß wir die Körper als *starr* (bzw. als im deformierten Zustand *erstarrt*) ansehen dürfen. In diesen Fällen dürfen wir dann auch die flächenhaft oder volumenhaft verteilt wirkenden Kräfte, die den Bewegungswiderstand bedingen, nach den Äquivalenzsätzen der Stereo-Statik zu resultierenden Kräften bzw. Kräftepaaren zusammenfassen. So wollen wir im folgenden verfahren. Dabei werden wir auf volumenhaft verteilt wirkende Bewegungswiderstände nicht weiter eingehen.

Unser Vorgehen versagt in solchen Fällen, in denen starke Wechselwirkungen zwischen den sich einstellenden Deformationen der Körper und den entstehenden Bewegungswiderständen bestehen. Wir müssen dann wieder auf die Erfassung der örtlichen (und zeitlichen) Verteilung dieser Kräfte zurückgehen. Das gehört aber in den Bereich der Kinetik deformierbarer Körper, die wir hier nicht weiter behandeln.

3.2. Bewegung eines festen Körpers durch ein fluides Medium

3.2.1. Allgemeine Grundlagen

Wir betrachten einen – als *starr* angenommenen – Körper, der sich gleichförmig mit der Geschwindigkeit $\mathbf{v}$ ohne Rotation durch ein ihn umgebendes fluides Medium hindurch bewegen möge. Das Fluid sehen wir im ungestörten Zustand als ruhend an.

Anmerkung:

Wir können das Problem auch kinematisch umkehren und einen *ruhenden* Körper betrachten, der von dem Fluid mit der Geschwindigkeit $\mathbf{v}_\infty = -\mathbf{v}$ angeströmt wird, wobei $\mathbf{v}_\infty$ die ungestörte Geschwindigkeit weit vor bzw. hinter dem Körper bezeichnet.

Die von dem Fluid auf den Körper ausgeübten, flächenhaft verteilt wirkenden Kräfte (ohne die im Ruhezustand bereits wirkenden) fassen wir zu einer resultierenden Kraft $\mathbf{F}$ und zu einem resultierenden Moment $\mathbf{M}$ zusammen (Abb. 3.1). Die resultierende Kraft $\mathbf{F}$ zerlegen wir

a) in eine Komponente $\mathbf{F}_A$ senkrecht zu $\mathbf{v}$, die wir *Auftriebskraft* (kurz: *Auftrieb*) nennen, und

b) in eine Komponente $\mathbf{F}_W$ parallel zu $\mathbf{v}$, die wir als *Widerstandskraft* (kurz: *Widerstand*) bezeichnen, da sie stets $\mathbf{v}$ entgegengesetzt gerichtet ist:

$$\mathbf{F}_W = -F_W \frac{\mathbf{v}}{v}.$$

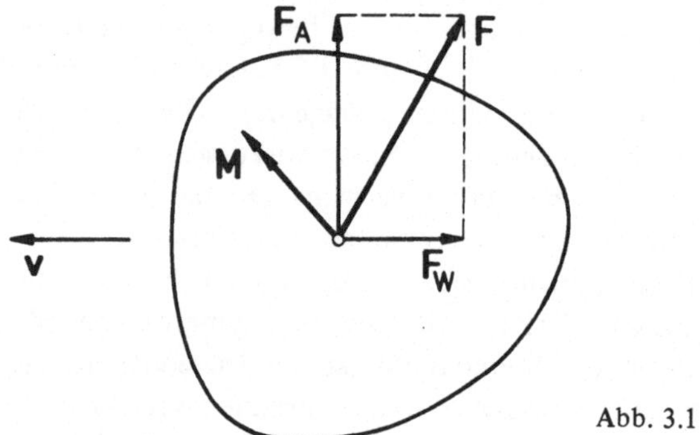

Abb. 3.1

Anmerkung:

Die Bezeichnung *Auftrieb* kommt aus der Flugmechanik. Dort hat die Komponente F_A im stationären Horizontalflug der abwärts gerichteten Gewichtskraft das Gleichgewicht zu halten. Wir können diese Komponente auch allgemeiner als *Ablenkungs-* oder auch als *Abtriebskraft* bezeichnen, da sie den Körper aus der geradlinigen Bewegung abzulenken bzw. abzutreiben sucht.

Auch das Moment **M** können wir bei Bedarf in Komponenten zerlegen, doch ist das hier nicht wesentlich.

In der *Fluidmechanik* wird gezeigt, daß es im allgemeinen zweckmäßig ist, Auftrieb und Widerstand in der Form

$$F_A = c_A A \frac{\rho}{2} v^2$$

$$F_W = c_W A \frac{\rho}{2} v^2$$

darzustellen, wobei

c_A, c_W als *Auftriebs-* bzw. *Widerstandsbeiwert* bezeichnet werden (Größenart: [1]),
A eine geeignet definierte Bezugsfläche ist und
ρ die Dichte des (ungestörten) Fluides bezeichnet.

Die Größe $\frac{1}{2} \rho v^2$ stellt die kinetische Energie pro Volumeneinheit des mit der Geschwindigkeit v strömenden Fluides dar (kinematische Umkehr des Problems). Man bezeichnet diesen Ausdruck auch als *Staudruck*, weil in einem Staupunkt der Strömung, wo $v = 0$ ist, der Druck um diese Größe gegenüber dem Druck in der ungestörten Strömung ansteigt.

Bei flächenhaften Körpern, die primär der Auftriebserzeugung dienen sollen, wie z. B. Flugzeug-Tragflügel oder Turbinen-Schaufeln, wählt man zweckmäßig die

Grundrißfläche als Bezugsfläche. Bei den anderen Körpern bezieht man im allgemeinen die Kräfte auf die Fläche, die sich bei einer Projektion des Körpers auf eine Ebene senkrecht zu **v** ergibt.

Auch das resultierende Moment läßt sich entsprechend darstellen, indem man

$$M = c_M A l \frac{\rho}{2} v^2$$

setzt, wobei l eine weitere geeignet definierte Bezugslänge bezeichnet. Im übrigen können wir auf die Angabe von M auch ganz verzichten, sofern wir uns nur für die Bewegung des Massen-Mittelpunktes interessieren und dabei – etwa von M verursachte – Drehungen des Körpers außer Betracht bleiben können.

Die Beiwerte c_A, c_W, c_M hängen von der Gestalt des Körpers, von seiner Orientierung in bezug auf die Bewegungsrichtung und ferner von gewissen dimensionslosen Kennzahlen ab, deren Definition auf Betrachtungen basiert, unter welchen Bedingungen zwei verschiedene Vorgänge physikalisch *ähnlich* werden. Die Beiwerte werden im allgemeinen experimentell in *Modellversuchen* ermittelt und dann mit Hilfe der *Modellgesetze*, die aus den zuvor erwähnten Ähnlichkeitsbetrachtungen folgen, auf das eigentliche Problem übertragen. Ein wesentliches Ergebnis, das aus den Modellversuchen und den zugehörigen Ähnlichkeitsbetrachtungen resultiert, ist die Feststellung, das bei Bewegungen in Luft oder in Wasser bzw. in anderen vergleichbaren Fluiden für einen weiten Geschwindigkeitsbereich unterhalb der Schallgeschwindigkeit die Kräfte etwa proportional dem Quadrat der Geschwindigkeit sind. Dies hat u.a. zu der oben angegebenen Darstellungsweise für die Kräfte und Momente geführt.

Die Beiwerte c_A, c_W, c_M gelten zunächst nur für gleichförmige Bewegungen ohne Rotation. Die Einbeziehung von Geschwindigkeitsänderungen und von Rotationen erfordert eine entsprechende Erweiterung des Beschreibungsrahmens für die resultierende Kraft und das resultierende Moment. Das aber geht über den Rahmen dieses Buches hinaus.

Einige Beispiele für Bewegungen von Körpern unter Berücksichtigung des Luftwiderstandes haben wir bereits im 2. Kapitel erörtert. Wir beschränken uns deshalb hier auf ein weiteres Beispiel aus einem anderen Bereich.

3.2.2. Ein Beispiel

Wir betrachten den *stationären Gleitflug eines Segelflugzeuges* (Abb. 3.2). Die resultierende Kraft **F** aus Auftrieb F_A und Widerstand F_W bildet mit dem Gewicht des Segelflugzeuges ein Gleichgewichtssystem. Etwa auftretende Momente werden durch die Trimmung bzw. Steuerung des Flugzeuges aufgefangen und werden deshalb hier nicht weiter betrachtet.

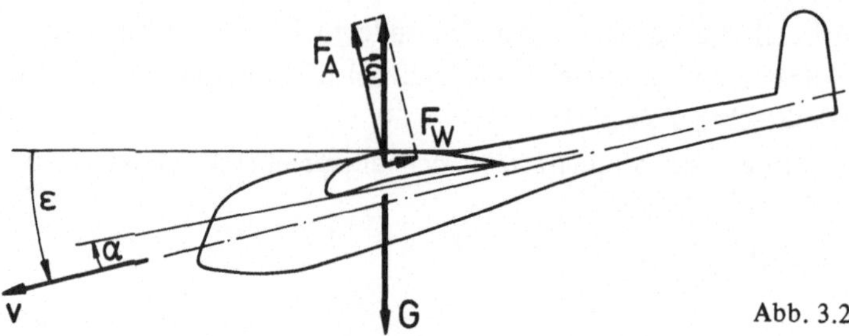

Abb. 3.2

Der erforderliche Anstellwinkel α ist dem sogenannten *Polardiagramm* zu entnehmen, in dem c_A in Abhängigkeit von c_W (mit α als Parameter) dargestellt ist, wobei zu jedem c_A-Wert ein bestimmter Anstellwinkel α gehört (Abb. 3.3). Für den *Gleitwinkel* ϵ gilt

$$\tan \epsilon = \frac{F_W}{F_A} = \frac{c_W}{c_A} .$$

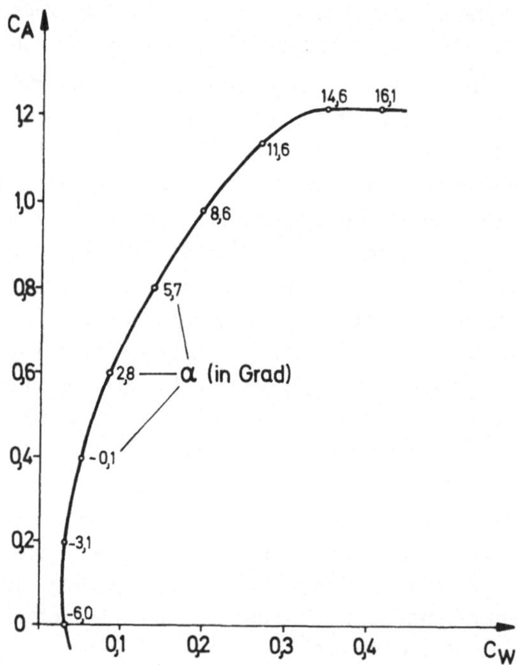

Abb. 3.3

Die zugehörige Geschwindigkeit ergibt sich aus der Bedingung, daß

$$G = \sqrt{F_A^2 + F_W^2} = A \frac{\rho}{2} v^2 \sqrt{c_A^2 + c_W^2}$$

sein muß, wobei A die Bezugsfläche für die Auftriebs- bzw. Widerstandsberechnung ist. Den kleinst möglichen Gleitwinkel ϵ_{min} erhält man, indem man vom Ursprung des Polardiagramms die Tangente an die Polare $c_A(c_W)$ zieht, die aber in diesem Falle mit gleichem Maßstab für c_A und c_W gezeichnet werden muß. In Abb. 3.3 ist – wie üblich – ein unterschiedlicher Maßstab gewählt, weil sich die Polare sonst schlecht darstellen läßt.

3.3. Elementare Theorie der trockenen Reibung zwischen festen Körpern

3.3.1. Allgemeine Grundlagen

In der Berührungsfläche zweier sich gegeneinander bewegender fester Körper treten flächenhaft wirkende, tangentiale *Reibungskräfte* auf, die sich als *Bewegungswiderstände* bemerkbar machen. Einen ersten Einblick in die Wirkungsweise dieser Reibungskräfte gewinnen wir in einem einfachen Versuch (Abb. 3.4):

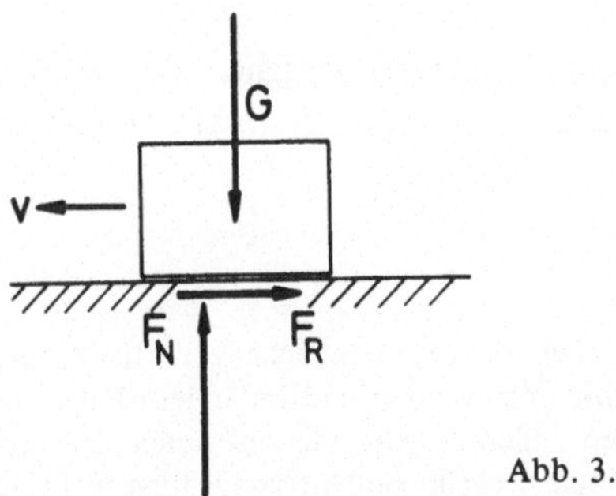

Abb. 3.4

Ein Körper vom Gewicht G werde – in irgendeiner Weise – auf die Anfangsgeschwindigkeit $\mathbf{v}_0$ gebracht und gleite sodann – sich selbst überlassen – geradlinig und ohne Drehung auf einer horizontalen Unterlage. Wir variieren G und $\mathbf{v}_0$, verwenden für Körper und Unterlage verschiedenartiges Material, beobachten jeweils den Bewegungsablauf und schließen daraus, daß wir die Reibungskraft *näherungsweise* durch folgende Beziehung beschreiben können:

Satz 3.1: *Reibungsgesetz von Coulomb* (1736–1806)

$$\mathbf{F}_R = -\mu F_N \frac{\mathbf{v}}{|\mathbf{v}|} \qquad (F_N > 0)$$

Aus dieser Beziehung lesen wir ab, daß

1. $\mathbf{F}_R$ immer der (Relativ-) Geschwindigkeit entgegengesetzt gerichtet und
2. proportional der Normalkraft F_N ist.

Den Proportionalitätsfaktor μ nennen wir *Gleitreibungs-Koeffizient*. Er hängt u. a. ab

a) von der *Werkstoffpaarung*, d. h. vom Werkstoff beider sich berührender Körper, und

b) von der geometrischen und physikalischen *Oberflächenbeschaffenheit* beider Körper in der Berührungsfläche, d. h. von der Rauheit, der Reinheit usw.

Die als Bewegungswiderstand auftretenden *Gleit-Reibungskräfte* sind *eingeprägte Kräfte*, da sie von physikalischen Beziehungen mitbestimmt werden (vgl. Abschnitt 1.4). Das unterscheidet sie von den *Haft-Reibungskräften*, die – wenigstens, sofern das Haften zu einer unnachgiebigen Bindung führt – als *Reaktionskräfte* zu betrachten und im Bereich der Statik aus den Gleichgewichtsbedingungen bzw. im Bereich der Kinetik aus den Bewegungsgleichungen zu bestimmen sind. Die durch die *Ungleichung*

$$|\mathbf{F}_R| \leqslant \mu_0 F_N \qquad (F_N > 0)$$

gegebene *Haftbedingung* definiert lediglich die *obere Grenze* der übertragbaren *Haft-Reibungskraft* und stellt *keine Bestimmungsgleichung* für die Haft-Reibungskraft dar.

Anmerkung:

Wegen dieses Unterschiedes ziehen es manche vor, die Bezeichnung *Reibungskraft* nur auf Probleme der *Gleitreibung* anzuwenden und im andern Falle nur von *Haftkräften* zu sprechen. Da es sich aber in beiden Fällen um einander entsprechende Grenzflächen-Phänomene handelt, erscheint diese weitgehende sprachliche Unterscheidung nicht zwingend. Wir sprechen deshalb weiterhin von *Gleit*-Reibungskräften und von *Haft*-Reibungskräften.

Befindet sich zwischen den beiden festen Körpern eine *ununterbrochene Schmiermittelschicht* (allgemeiner: ein Fluid), so hängen die zwischen den Körpern wirkenden Kräfte im wesentlichen von der sich einstellenden Strömung in dem Spalt zwischen den beiden Körpern ab. Diesen Fall der *Schmiermittel-Reibung*, der nicht elementar zu erfassen ist, schließen wir hier aus, beschränken uns also lediglich auf solche Fälle, in denen die Berührungsfläche frei von Schmiermitteln ist oder allenfalls eine sogenannte *Mischreibung* mit einer unterbrochenen Schmiermittelschicht vorliegt. Beide Fälle fassen wir unter dem Begriff *trockene Reibung* zusammen.

Im allgemeinen werden wir bei der trockenen Reibung zwischen zwei festen Körpern weder eine ebene Berührungsfläche noch eine einheitliche Geschwindigkeit in allen Berührungspunkten voraussetzen können. Das zwingt uns dazu, das Reibungsgesetz von *Coulomb* in der Weise zu *verallgemeinern*, daß wir das Reibungsgesetz auf das *Flächenelement* dA innerhalb der Berührungsfläche beziehen. Das führt auf

---

Satz 3.2: *Verallgemeinertes Coulombsches Reibungsgesetz*

$$\frac{d\mathbf{F}_R}{dA} = -\mu \frac{dF_N}{dA} \frac{\mathbf{v}}{|\mathbf{v}|} \qquad \left(\frac{dF_N}{dA} > 0\right).$$

Die nachstehende *Tabelle 3.1* enthält eine Übersicht über die ungefähre Größe der *Gleitreibungs-Koeffizienten* μ für verschiedene Werkstoffpaarungen. Zum Vergleich haben wir die schon in Band I, Abschnitt 8.1 angegebenen *Haftreibungs-Koeffizienten* noch einmal mit aufgeführt.

Tabelle 3.1: Reibungs-Koeffizienten (Anhaltswerte)

Werkstoffpaarung	Gleit-Reibung		Haft-Reibung	
	trocken	Mischreibung	trocken	Mischreibung
Stahl-Stahl	0,1	< 0,1	0,15	0,1
Stahl-Grauguß	0,18	0,01	0,2	0,1
Stahl-Leder	0,25	0,12	0,6	0,25
Grauguß-Bronze	0,21	< 0,05	0,28	0,16
Holz-Stahl	0,3	0,1	0,5	0,15
Gummi-Asphalt	0,5		0,7	

Wir entnehmen der Tabelle, daß stets

$$\boxed{\mu \leqslant \mu_0}$$

ist und werden bei der Erörterung der Beispiele finden, daß das so sein muß, wenn keine Widersprüche auftreten sollen. Im übrigen wollen wir uns stets vor Augen halten, daß das *Coulomb*sche Reibungsgesetz nur eine elementare *Näherungs-Theorie* für die *trockene Reibung* zwischen festen Körpern darstellt. In Wirklichkeit sind die dabei sich abspielenden Vorgänge sehr komplex. Das hat zur Folge, daß man – sofern man das *Coulomb*sche Reibungsgesetz überhaupt als Näherungsansatz akzeptiert – die Reibungs-Koeffizienten μ (bzw. μ_0) nicht als Zahlenwerte betrachten darf, die *nur* von der Werkstoffpaarung und der ohnehin schwer charakterisierbaren Oberflächenbeschaffenheit abhängen. Sie werden auch vom Betrag und der Verteilung der Relativgeschwindigkeit in der Berührungsfläche, von der örtlichen Flächenpressung und deren Verteilung sowie von der Temperatur usw. beeinflußt. Deshalb können die Zahlenwerte der Tabelle 3.1 nur als grober Anhalt dienen.

3.3.2. Beispiele

Ob an der Stelle, wo in einem System Reibungskräfte wirksam sind, Haften oder Gleiten eintritt, läßt sich im allgemeinen nicht von vorneherein sagen. Man muß dann so vorgehen, daß man zunächst einen der beiden möglichen Fälle annimmt und nachträglich prüft, ob sich ein Widerspruch ergibt bzw. unter welchen Bedingungen die Annahme richtig ist.

Ferner läßt sich nicht in jedem Falle von vorneherein sagen, in welcher Richtung die Reibungskräfte wirken. Zwar gilt allgemein

Satz 3.3: Eine Reibungskraft wirkt stets der relativen Bewegungsrichtung entgegen, die sich an der betreffenden Stelle einstellen würde, wenn diese Reibungskraft nicht vorhanden wäre.

Die sich einstellende Bewegungsrichtung ist jedoch bei komplizierten Systemen nicht immer einfach zu ermitteln. Pragmatisch geht man in solchen Fällen oft so vor, daß man zunächst eine plausibel erscheinende Wirkungsrichtung als positiv annimmt und nachträglich prüft, ob sich Widersprüche ergeben.
Bei den folgenden einfachen Beispielen ist der Sachverhalt stets leicht zu übersehen. Später (im Kapitel 5) werden wir jedoch auch schwerer durchschaubare Beispiele kennenlernen.

1. Beispiel: Schiefe Ebene (Abb. 3.5)

Ein Körper liege auf einer gegen die Horizontale um den Winkel α geneigten *Ebene*. Der Haftreibungs-Koeffizient μ_0 und der Gleitreibungs-Koeffizient μ seien bekannt. Wir wollen untersuchen, bei welchen Neigungswinkeln α der Körper haften bleibt bzw. zu gleiten beginnt.

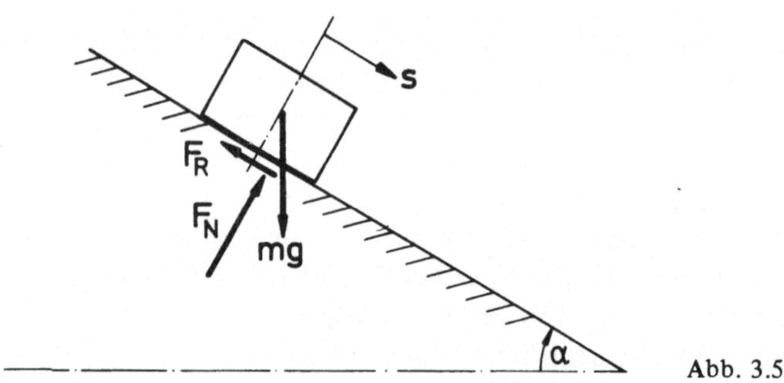

Abb. 3.5

Der *Impulssatz* liefert für die Bewegung in tangentialer Richtung und senkrecht dazu

$$m\ddot{s} = mg \sin\alpha - F_R$$
$$0 = F_N - mg \cos\alpha.$$

Wir untersuchen zunächst, unter welcher Bedingung *Haften* möglich ist. In diesem Falle wird

$$\ddot{s} = 0$$

und damit

$$F_R = mg \sin\alpha.$$

Die *Haftbedingung* lautet nun (bei Beschränkung auf $\alpha \geqslant 0$)

$$F_R \leqslant \mu_0 F_N ,$$

d.h.

$$mg \sin\alpha \leqslant \mu_0 \, mg \cos\alpha$$

oder

$$\boxed{\tan\alpha \leqslant \mu_0 .}$$

Im Falle des *Gleitens* liefert das *Coulomb*sche Reibungsgesetz

$$F_R = \mu F_N = \mu \, mg \cos\alpha.$$

Damit folgt im Falle des Gleitens

$$\ddot{s} = g \sin\alpha \left\{1 - \frac{\mu}{\tan\alpha}\right\}.$$

Es muß

$$\ddot{s} > 0$$

sein, wenn die angenommene Richtung von F_R stimmen soll. Das ist nur erfüllt, wenn

$$\boxed{\tan\alpha > \mu}$$

ist.

Anmerkung:

Für negative Winkel α kehrt sich in beiden Fällen die Richtung von F_R um. In die Haft- bzw. Gleitbedingung haben wir dann $|\tan\alpha|$ einzusetzen.

Es ergibt sich nun der in Abb. 3.6 dargestellte Sachverhalt. In dem Bereich

$$\mu < |\tan\alpha| \leqslant \mu_0$$

ist sowohl Haften wie Gleiten möglich. Das Verhalten des Körpers ist in diesem Fall nicht eindeutig. Gerät aber der Körper in diesem Winkelbereich erst einmal ins Gleiten, so hält es an. Der Körper kommt nicht mehr zur Ruhe. *Sicheres* Haften ist deshalb nur gegeben, solange

$$|\tan\alpha| \leqslant \mu$$

bleibt.

Anmerkung:

In diesem Sachverhalt finden die Ausführungen in Band I, Abschnitt 8.4 über *sichere* Grenzen des Gleichgewichtes in solchen und ähnlichen Fällen ihre Begründung.

Der Darstellung in Abb. 3.6 entnehmen wir ferner, daß die elementare Theorie der Reibung nur *widerspruchsfrei* bleibt, solange

$$\boxed{\mu \leqslant \mu_0}$$

ist. Im Falle $\mu > \mu_0$ ergäbe sich nämlich ein Winkelbereich α, in dem weder Haften noch Gleiten möglich wäre.

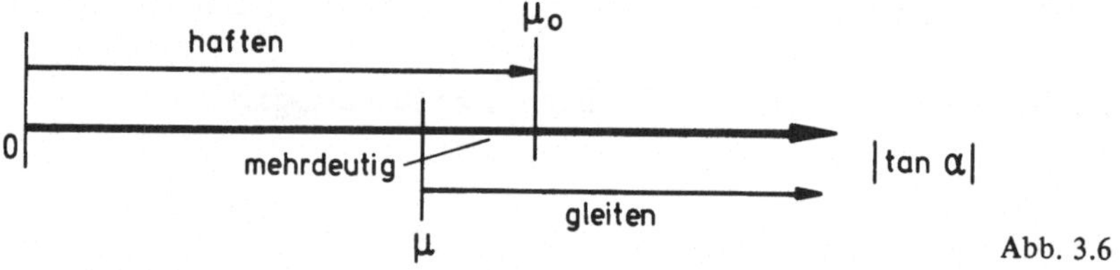

Abb. 3.6

2. Beispiel: Zapfen-Querlager (Abb. 3.7)

Ein zylindrischer Zapfen drehe sich mit konstanter Winkelgeschwindigkeit ohne Schmierung in einer Bohrung unter der vertikalen Belastung F. Die Reibungs-Koeffizienten μ bzw. μ_0 seien bekannt. Die *Flächenpressung* $p = dN_N/dA$ sei gleichmäßig über die Länge l des Zapfens verteilt und nur von α abhängig. Die Berührungsfläche zwischen Zapfen und Bohrung sei durch die Winkel α_1 bzw. α_2 begrenzt.

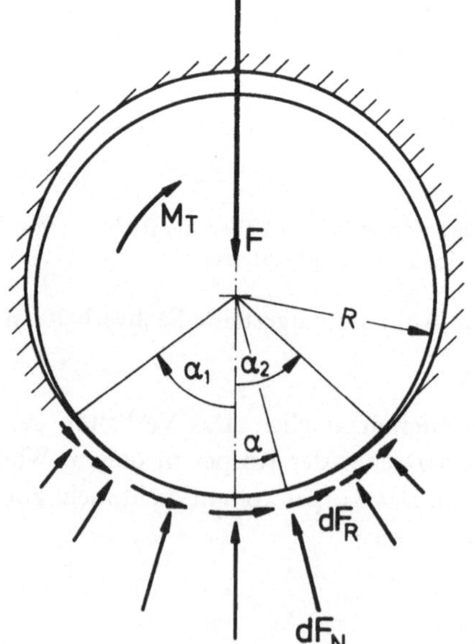

Abb. 3.7

Für das der Zapfen-Drehrichtung entgegengesetzt wirkende *Reibmoment* M_R, das bei gleichförmiger Bewegung mit dem Antriebsmoment M_T im Gleichgewicht steht, erhalten wir mit $dA = l R \, d\alpha$

$$M_R = \oint R \frac{dF_R}{d\alpha} d\alpha = R \int_{\alpha_1}^{\alpha_2} \frac{dF_R}{d\alpha} d\alpha.$$

Mit

$$\frac{dF_R}{d\alpha} = \mu \frac{dF_N}{d\alpha}$$

folgt

$$M_R = \mu R \int_{\alpha_1}^{\alpha_2} \frac{dF_N}{d\alpha} d\alpha .$$

Die Gleichgewichtsbedingung in vertikaler Richtung fordert

$$F = \int_{\alpha_1}^{\alpha_2} \{\cos\alpha + \mu \sin\alpha\} \frac{dF_N}{d\alpha} d\alpha$$

$$= \int_{\alpha_1}^{\alpha_2} \{1 + \mu \tan\alpha\} \cos\alpha \frac{dF_N}{d\alpha} d\alpha.$$

Da α im Integrationsbereich positive und negative Werte annimmt, können wir im allgemeinen *annehmen*, daß

$$F = \int_{\alpha_1}^{\alpha_2} \{1 + \mu \tan\alpha\} \cos\alpha \frac{dF_N}{d\alpha} d\alpha < \int_{\alpha_1}^{\alpha_2} \frac{dF_N}{d\alpha} d\alpha$$

ist. Wir setzen

$$\int_{\alpha_1}^{\alpha_2} \frac{dF_N}{d\alpha} d\alpha = \xi F,$$

wobei im allgemeinen

$$\xi > 1$$

anzunehmen ist. Damit erhalten wir für das *Reibmoment* in *Zapfen-Querlager*

$$M_R = \mu R \int_{\alpha_1}^{\alpha_2} \frac{dF_N}{d\alpha} d\alpha = \mu \xi RF.$$

Die Größe ξ ergibt sich, wie wir gesehen haben, aus der Verteilung der Flächenpressung im Lager. Diese hängt wiederum vom Lagerspiel, aber auch von der Lagerbelastung, der Temperatur sowie von der Winkelgeschwindigkeit usw. ab. Deshalb kann ξ im allgemeinen nicht als eine Konstante betrachtet werden.
Änderungen der Winkelgeschwindigkeit ergeben sich, wenn das Antriebsmoment M_T kleiner oder größer als das Reibmoment M_R ist. Näherungsweise dürfen wir jedoch annehmen, daß die Kräfteverteilung im Lager und damit auch das Reibmoment von einem solchen Momenten-Ungleichgewicht nur wenig beeinflußt werden. Beginnt aber die Drehung des Zapfens aus der Ruhe heraus, so kann das Reibmoment bei Drehbeginn bis zum sogenannten *Losbrech-* oder *Anlauf-Moment*

$$M_{R_0} = \mu_0 \xi_0 RF > M_R$$

ansteigen.

3. Beispiel: Zapfen-Längslager (Abb. 3.8)

Ein axial belasteter Zapfen drehe sich mit konstanter Winkelgeschwindigkeit ohne Schmierung in einer Lagerpfanne, die wir näherungsweise als eben betrachten wollen. Die Reibungs-Koeffizienten μ bzw. μ_0 seien bekannt. Die Flächenpressung hänge nur vom Radius r ab.

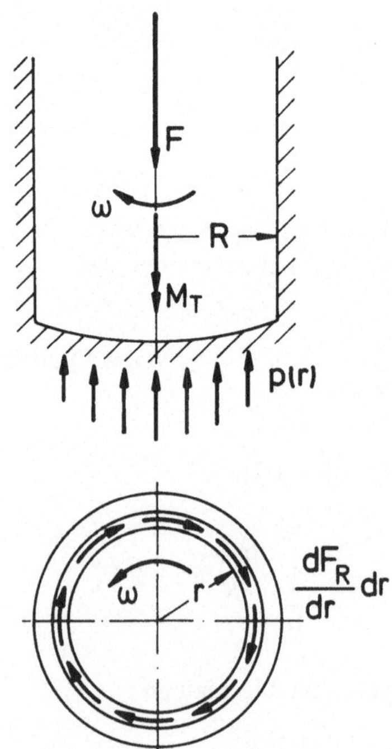

Abb. 3.8

Das der Zapfen-Drehrichtung entgegengesetzte *Reibmoment* ist

$$M_R = \int_0^R r \frac{dF_R}{dr} dr = \mu \int_0^R r \frac{dF_N}{dr} dr$$

$$= \mu \int_0^R r\, p(r)\, 2\pi r\, dr.$$

Ist die Flächenpressung gleichmäßig über die Stirnfläche verteilt, also

$$p = \frac{F}{R^2 \pi} = \text{konst.},$$

so wird

$$M_R = \mu \frac{F}{R^2 \pi} 2\pi \int_0^R r^2 dr = \frac{2}{3} \mu\, RF.$$

Um das Reibmoment klein zu halten, wird man versuchen, die Flächenpressung möglichst nahe der Achse zu konzentrieren. Das führt zur Ausbildung von Spitzenlagern, wie sie besonders im Uhren- und Meßgerätebau zu finden sind. Dabei ist natürlich darauf zu achten, daß die materialgegebene zulässige Grenze für die Flächenpressung nicht überschritten wird. Setzen wir

$$2\pi \int_0 p(r)\, r^2 dr = \zeta\, RF,$$

also

$$\zeta = \frac{2\pi}{RF} \int_0^R p(r)\, r^2 dr,$$

so können wir das *Reibmoment* in der Form des *Zapfen-Längslagers*

$$\boxed{M_R = \mu \zeta\, RF}$$

schreiben, wobei ζ nur von der Verteilung der Flächenpressung abhängt, die allerdings ihrerseits auch von der Lagerbelastung F usw. abhängen kann. Im übrigen gilt für Zapfen-Längslager hinsichtlich Drehzahländerungen und für den Anlauf aus der Ruhe heraus das gleiche wie für Zapfen-Querlager.

4. Beispiel: Schraube (Abb. 3.9)

Eine unter der axialen Belastung F stehende rechtsgängige Schraube soll in ein Muttergewinde unter gleichförmiger Drehung eingeschraubt werden. Der Steigungswinkel der Schraube sei α, der Spitzenwinkel 2β. Die Gewindetiefe sei klein gegenüber dem Schraubendurchmesser, so daß wir alle auf die Flanken der Schraubengänge wirkenden Kräfte – ohne große Fehler zu machen – am mittleren Gewinderadius R ansetzen können.

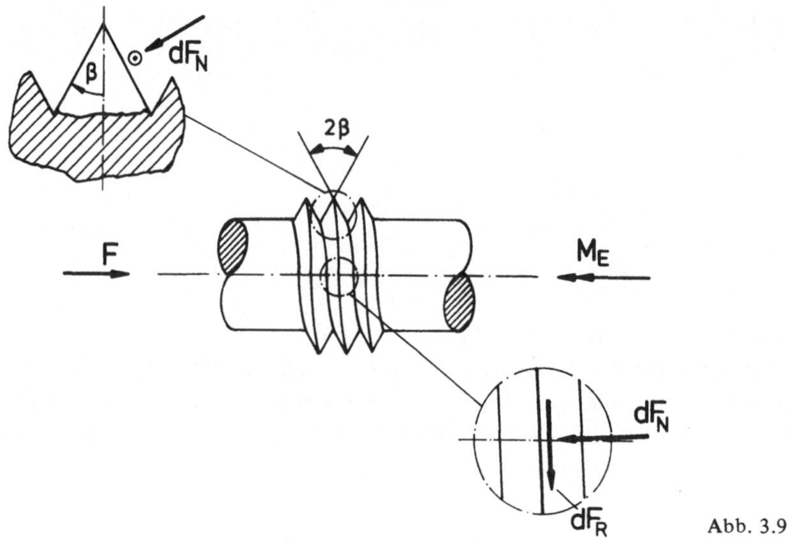

Abb. 3.9

Wir betrachten ein Element eines Schraubenganges. Dort greifen an:
senkrecht zur Gewindeoberfläche:

die *Normalkraft* dF_N,

tangential zur Gewindeoberfläche in Umfangsrichtung:

die *Reibungskraft* $dF_R = \mu \, dF_N$.

Die axiale Komponente dieser Kräfte liefert – über das gesamte Gewinde integriert – mit der axialen Belastung F ein Gleichgewichtssystem. Es ist also

$$F = \int_A \{\cos\alpha \, dF_N \cos\beta - \sin\alpha \, dF_R\}$$

$$= \{\cos\alpha\cos\beta - \mu\sin\alpha\} \int_A dF_N .$$

Daraus folgt

$$\int_A dF_N = F \frac{1}{\cos\alpha \cos\beta - \tan\rho \sin\alpha} \qquad (\text{mit } \mu = \tan\rho).$$

Setzen wir

$$\frac{\tan\rho}{\cos\beta} = \tan\rho' = \mu' \qquad (\mu' > \mu),$$

so können wir auch schreiben

$$\int_A dF_N = F \frac{\cos\rho'}{\cos\beta \cos(\alpha + \rho')}.$$

Das Moment der azimutalen Komponenten dieser Kräfte steht mit dem zum *Einschrauben* erforderlichen Moment im Gleichgewicht. Für dieses Moment erhalten wir beim Einschrauben

$$M_E = R \int_A \{\sin\alpha \, dF_N \cos\beta + \cos\alpha \, dF_R\}$$

$$= R \{\sin\alpha \cos\beta + \tan\rho \cos\alpha\} \int_A dF_N .$$

Setzen wir in diese Beziehung ein, was wir für $\int dF_N$ gefunden haben, und formen wir wiederum entsprechend um, so folgt schließlich für das *Einschraub-Moment*

$$\boxed{M_E = RF \tan(\alpha + \rho') \quad \text{mit } \tan\rho' = \frac{\mu}{\cos\beta}.}$$

Beim Lösen der Schraube kehrt sich die Richtung der Reibungskraft um. Alles übrige bleibt unverändert. Wir erhalten also für das *Löse-Moment*

$$\boxed{M_L = RF \tan(\alpha - \rho') \quad \text{mit } \tan\rho' = \frac{\mu}{\cos\beta}.}$$

Ein negativer Zahlenwert von M_L zeigt an, daß zum Lösen der Schraube ein Moment erforderlich ist, das dem Einschraub-Moment entgegengesetzt gerichtet ist. Wird M_L positiv, so wird die Schraube unter der Belastung F (wenn kein Moment entgegenwirkt) von selbst herausgedrückt. Die *Bedingung für Selbsthemmung* (Sitzenbleiben) der Schraube lautet also

$$\alpha < \rho' = \arctan\left(\frac{\mu}{\cos\beta}\right).$$

Anmerkung:

Fordern wir nur

$$\alpha < \rho_0' = \arctan\left(\frac{\mu_0}{\cos\beta}\right),$$

so ist die Selbsthemmung nicht sicher!

Für *Flachgewinde* ($\beta = 0$, $\mu' \to \mu$) wird das Einschraub-Moment kleiner als für Spitzgewinde. Deshalb wählt man für *Bewegungsspindeln* zweckmäßigerweise Flachgewinde. Für Befestigungsschrauben sind hingegen Spitzgewinde günstiger wegen der erhöhten Selbsthemmung.

5. Beispiel: Seilreibung (Abb. 3.10)

Ein Seil (oder Riemen) – als masselos angenommen – sei über eine feststehende zylindrische Scheibe geführt. Der *Umschlingungswinkel* sei α. Wir betrachten die an einem Seilelement angreifenden Kräfte. Aus der Gleichgewichtsbedingung in radialer Richtung lesen wir ab

$$dF_N = S\,d\varphi.$$

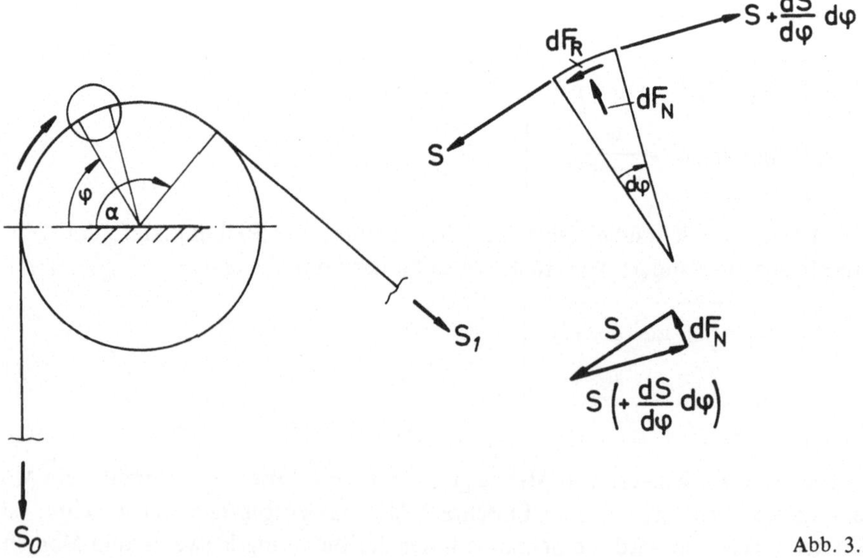

Abb. 3.10

In Umfangsrichtung ergibt die Gleichgewichtsbedingung

$$dF_R = \frac{dS}{d\varphi} d\varphi.$$

Nach dem *Coulomb*schen Reibungsgesetz ist

$$dF_R = \mu\, dF_N.$$

Wir erhalten also nach Einsetzen

$$\boxed{\mu S = \frac{dS}{d\varphi}.}$$

Die Integration dieser Gleichung von $\varphi = 0$ bis $\varphi = \alpha$ ergibt

$$\int_0^\alpha \mu\, d\varphi = \int_{S_0}^{S_1} \frac{dS}{S},$$

d. h.

$$\mu\alpha = \ln \frac{S_1}{S_0}$$

oder

$$\boxed{S_1 = S_0\, e^{\mu\alpha}.}$$

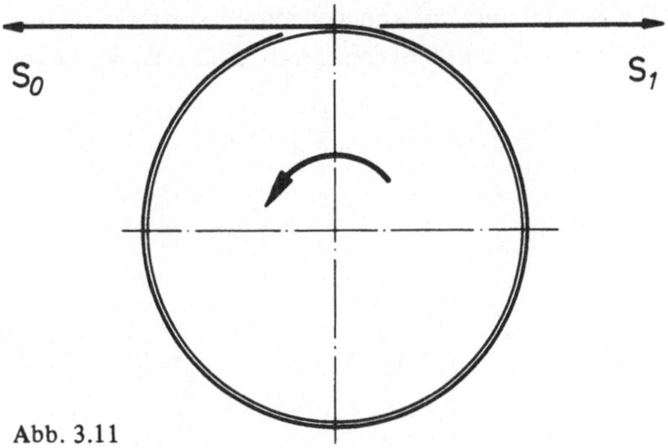

Abb. 3.11

Diese Beziehung gilt unabhängig vom Scheibendurchmesser. Sie gilt auch für nichtkreisrunde Scheiben, wobei α dann den Umlenkwinkel bezeichnet.
Im Falle des *Haftens* gilt die Grenzbedingung

$$\boxed{S_1 \leqslant S_0\, e^{\mu_0 \alpha}.}$$

Die mit der Seilreibung verbundene Kraftübersetzung längs des Seiles wird technisch vielfach ausgenutzt. Ein Anwendungsbeispiel ist das *Spill* (Abb. 3.11). Um eine angetriebene Rolle wird ein Seil geschlungen. Wird an dem einen Ende – etwa von Hand – die Kraft S_0 ausgeübt, so kann am andern Ende *maximal* eine Kraft

$$S_{1\,max} = S_0\, e^{\mu_0 \alpha}$$

wirken. Daß die Verstärkungswirkung dabei sehr beträchtlich sein kann, zeigt die nachstehende *Tabelle 3.2*:

Tabelle 3.2:

$\alpha = 2\pi \rightarrow S_{1_{max}} = S_0\, e^{2\pi\mu_0}$	
μ_0	$\frac{S_{1_{max}}}{S_0}$
0,1	1,87
0,2	3,51
0,3	6,6
0,4	12,3
0,5	23,1

Die Seilreibung kann noch dadurch verstärkt werden, daß man in der Scheibe oder Rolle eine *Keilnut* vorsieht (Abb. 3.12). Es wird dann (im Falle des Gleitens)

$$dF_R = 2\mu\, dF_N^* = \frac{\mu}{\cos\beta}\, dF_N .$$

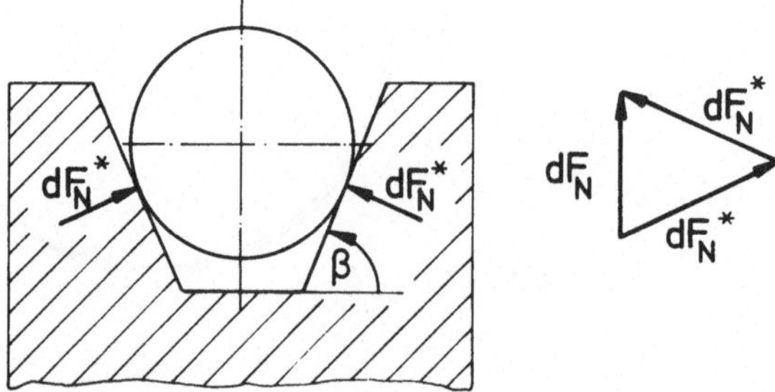

Abb. 3.12

Wir haben also in den vorstehenden Beziehungen (analog zum Spitzgewinde) μ durch

$$\mu^* = \frac{\mu}{\cos\beta} > \mu$$

zu ersetzen, können sonst aber alle Beziehungen unverändert benutzen.

3.4. Elementare Theorie des Rollwiderstandes

Wenn ein *starres* Rad oder irgendein anderer *starrer* rollfähiger Körper (z. B. Kugel, Zylinder oder Kegel) auf einer *starren* Unterlage ohne zu gleiten rollt, so gibt es theoretisch keinen Rollwiderstand. In Wirklichkeit erfahren jedoch alle Körper beim Rollvorgang Deformationen, die mit partiellen Gleitvorgängen in der Berührungsfläche verbunden sind, auch wenn die Körper elastisch sind, was wir hier vorerst voraussetzen wollen. Die Folge davon ist das Auftreten eines *Rollwiderstandes*. Verhalten sich rollender Körper und Unterlage nicht rein elastisch, so resultiert aus der bei den zeitlich veränderlichen Deformationen dissipierten Energie ein weiterer Anteil des Rollwiderstandes.

Der Einfachheit halber wollen wir uns im folgenden auf den *Rollwiderstand eines Rades* bei *gleichförmiger Rollbewegung auf ebener Unterlage* beschränken. Die Überlegungen lassen sich jedoch ohne Schwierigkeiten auf andere rollende Körper und ungleichförmige Bewegungen ausdehnen.

Wir können *zwei Grundfälle* unterscheiden:

a) das gezogene oder geschobene *Laufrad* (Abb. 3.13a),

b) das von einem Moment angetriebene *Treibrad* (Abb. 3.13b).

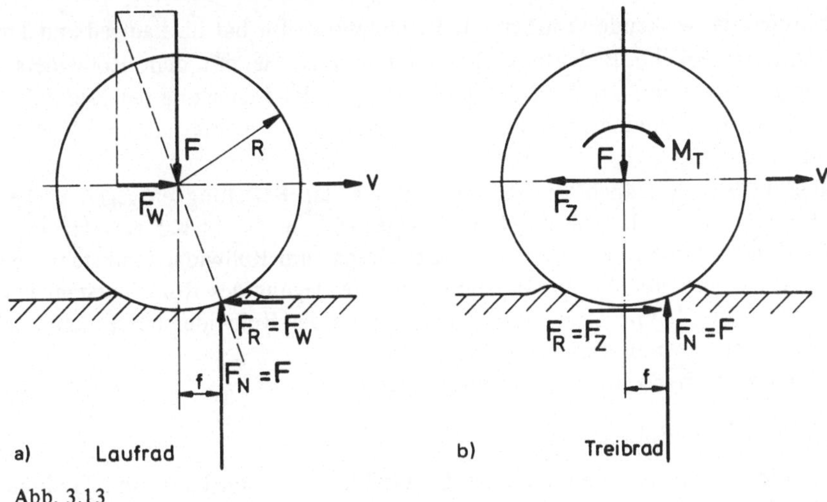

Abb. 3.13

Beim *Laufrad* muß die horizontal wirkende Kraft F_W über die Achse in das Rad eingeleitet werden, um den Rollwiderstand auszugleichen. Aus den Gleichgewichtsbedingungen folgt

$$F_N = F$$
$$F_R = F_W$$
$$F_W \cdot R = F\,f.$$

Für den *Rollwiderstand eines Laufrades* gilt also

$$F_W = F\frac{f}{R}.$$

Beim *Treibrad* muß das in das Rad eingeleitete Moment M_T die horizontale Zug- (oder Druck-) Kraft aufbringen sowie das Moment des Rollwiderstandes ausgleichen. In diesem Falle ergeben die Gleichgewichtsbedingungen

$$F_N = F$$

$$F_R = F_Z$$

$$M_T = \underbrace{F \cdot f}_{M_R} + \underbrace{F_Z R}_{M_Z}.$$

Das zur Überwindung des *Rollwiderstandes eines Treibrades* erforderliche *Moment* ist also

$$M_R = F f.$$

Die horizontal wirkende resultierende Reibungskraft F_R hat für Laufrad und Treibrad unterschiedliche Bedeutung. Beim *Laufrad* ist sie mit dem Rollwiderstand gleichzusetzen. Beim *Treibrad* dient sie hingegen der Erzeugung der Zugkraft F_Z. Die Größe der Reibungskraft F_R hat in diesem Falle nichts mit dem Rollwiderstand zu tun.

Beiden Fällen ist jedoch gemeinsam, daß die der Belastung entgegen wirkende resultierende vertikale Führungskraft F_N jeweils um das Maß f versetzt angreift und daß diese Größe in unmittelbarer Beziehung zum Rollwiderstand steht. Dieser Hebelarm f wird deshalb zur zahlenmäßigen Festlegung des Rollwiderstandes herangezogen. Im Rahmen der elementaren Theorie des Rollwiderstandes kann dabei f nur aus Versuchen bestimmt werden.

Für *Eisenbahnräder* gilt z. B. erfahrungsgemäß

$$f \approx 0{,}5 \text{ mm},$$

wobei die elementare Theorie keinen Unterschied zwischen Lauf- und Treibrädern macht. Die Versuche zeigen im übrigen, daß der Rollwiderstand auch geschwindigkeitsabhängig ist und ferner von der Oberflächenbeschaffenheit von Rad und Schiene sowie von der Lagerung der Schiene usw. beeinflußt wird.

Wird das Rad (bzw. der Wagen oder der ganze Zug) zusätzlich beschleunigt oder gebremst, so verändert sich das Kräftespiel. Das kann nicht ohne Einfluß auf den Rollwiderstand sein. Die elementare Theorie nimmt jedoch darauf keine Rücksicht, zumal in solchen Fällen die zur Beschleunigung oder Abbremsung des Wagens oder Zuges erforderlichen Kräfte meist wesentlich größer sind als der Rollwiderstand.

Ist die Unterlage, auf der das Rad rollt, nicht elastisch, so treten bleibende Deformationen oder zeitabhängige Nachwirkungen auf. In beiden Fällen wird mechanische Arbeit dissipiert. Daraus resultiert – zusätzlich zu dem durch partielles Gleiten verursachten Rollwiderstand – ein weiterer Anteil dieses Bewegungswiderstandes, oft sogar der wesentlich größere. Die Größe dieses Anteiles können wir mit Hilfe energetischer Betrachtungen über die zu leistende Formänderungsarbeit abschätzen. Ist die Einsinktiefe des Rades bekannt, so können wir den Rollwiderstand auch näherungsweise aus der Betrachtung des Kräftespiels ermitteln.

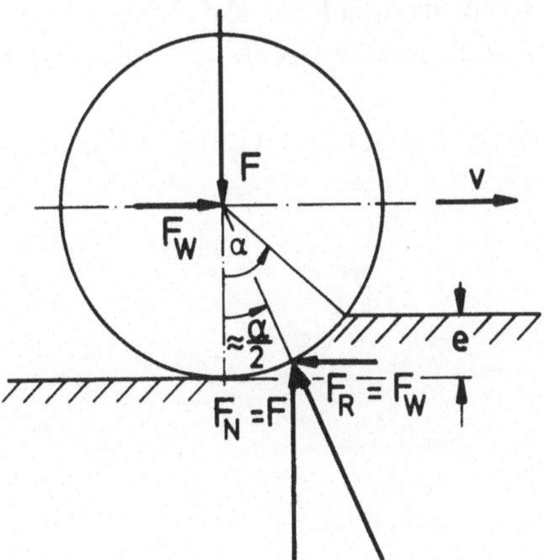

Abb. 3.14

Zur Vereinfachung betrachten wir ein *Laufrad* (Abb. 3.14). Der Angriffspunkt der Resultierenden der in der Berührungsfläche wirkenden Kräfte hängt von der *Einsinktiefe* e ab, die ihrerseits von der Beschaffenheit der Unterlage, vom Raddurchmesser 2 R, von der Radbreite und von der Belastung F abhängig ist. Nehmen wir näherungsweise an, daß die Resultierende etwa in der Mitte der Berührungsfläche angreift, so erhalten wir zunächst

$$F_R = F_W \approx F \tan\frac{\alpha}{2}.$$

Für kleine Einsinktiefen e können wir angenähert

$$\tan\frac{\alpha}{2} \approx \sin\frac{\alpha}{2}$$

$$\approx \frac{1}{2}\sin\alpha = \frac{1}{2}\sqrt{1-\cos^2\alpha}$$

setzen. Mit

$$\cos\alpha = 1 - \frac{e}{R}$$

erhalten wir deshalb schließlich

$$F_W \approx F\sqrt{\frac{e}{2R}}\sqrt{1-\frac{e}{2R}}.$$

Fragen:

1. Wie beschreiben wir die Kräfte und Momente, die auf einen Körper einwirken, wenn er sich gleichförmig (ohne Rotation) durch ein Fluid hindurchbewegt?
2. Wie lautet das Reibungsgesetz von *Coulomb* in der ursprünglichen und in der verallgemeinerten Form?
3. Welche grundlegenden Unterschiede bestehen zwischen Haftreibungs- und Gleitreibungskräften?
4. In welchen Fällen erhalten wir mehrdeutige Bewegungszustände?
5. Wodurch wird der Rollwiderstand bei elastischem Rad und elastischer Unterlage hervorgerufen? Durch welche Größe kennzeichnen wir den Rollwiderstand in diesem Falle?
6. Warum wird der Rollwiderstand bei einer inelastischen Unterlage größer? Wovon hängt er ab?

4. Übergang zu einem anderen Bezugssystem

4.1. Allgemeines

In manchen Fällen werden bestimmte physikalische Vorgänge von zwei verschiedenen Personen oder Registrier-Einrichtungen aus beobachtet und auf verschiedene Bezugssysteme bezogen. Das Beobachtungsergebnis kann dabei sehr unterschiedlich sein, obwohl es sich um den gleichen physikalischen Vorgang handelt. So sind beispielsweise die Bahnen, die bei einem aus einem fahrenden Zug geworfenen Gegenstand von einem mitfahrenden Beobachter und von einem außerhalb des Zuges ruhenden Beobachter registriert werden, völlig verschieden voneinander: Der mitfahrende Beobachter stellt – wenn wir vom Einfluß des Fahrtwindes absehen – eine ebene Bahn fest, wie bei einem gewöhnlichen Wurf, für den außerhalb des Zuges ruhenden Beobachter ergibt sich jedoch eine Raumkurve.

In welchem Bezugssystem wir einen Vorgang beschreiben wollen, ist uns grundsätzlich freigestellt. Es müssen sich die verschiedenen Beschreibungen, die sich aus einer unterschiedlichen Wahl des Bezugssystems ergeben, stets ineinander überführen lassen, da es sich ja um denselben physikalischen Vorgang handelt. Es kann jedoch durchaus sein, daß sich bei einer geeigneten Wahl des Bezugssystems eine sehr viel einfachere Beschreibung des Vorganges ergibt. Das können wir bereits dem vorstehenden einfachen Beispiel entnehmen. Ein anderes Beispiel ist die Planetenbewegung, die sehr viel einfacher zu beschreiben ist, wenn wir sie auf die – ruhend gedachte – Sonne beziehen statt auf ein erdfestes Bezugssystem.

Beim Übergang zu einem anderen Bezugssystem haben wir es im wesentlichen mit drei Fragenkreisen zu tun:

1. Wie ändern sich die *Koordinaten* bzw. die *Zahlenwerte des Ortsvektors* eines Körper- oder Raumpunktes, dem bestimmte physikalische Größen zugeordnet sind?
2. Wie ändern sich die *Zahlenwerte* dieser physikalischen Größen?
3. Wie ändern sich die *Beziehungen* zwischen den physikalischen Größen, wenn wir die Vorgänge von verschiedenen Bezugssystemen aus beobachten?

Wir werden diesen drei Fragenkreisen, die natürlich in einem engen Zusammenhang stehen, schrittweise nachgehen. Dabei wollen wir zunächst erörtern, wie die Zahlenwerte physikalischer Größen (einschließlich des Ortsvektors bzw. der Koordinaten) beim Übergang zu einem anderen Bezugssystem umzurechnen sind, wenn uns in dem betreffenden Zeitpunkt die gegenseitige Zuordnung der beiden

Bezugssysteme gegeben ist. In einem zweiten Schritt wollen wir sodann untersuchen, wie sich eine Relativbewegung zwischen den beiden Bezugssystemen auf die Beschreibung der zeitlichen Änderung von physikalischen Größen auswirkt. In einem dritten Schritt wollen wir dann insbesondere danach fragen, wie sich der Übergang auf ein anderes Bezugssystem auf die Kinematik und auf die Formulierung des Grundgesetzes der Mechanik auswirkt.
Viele unserer Überlegungen können wir in allgemeiner Form – unter Verwendung der symbolischen Schreibweise – durchführen. Sobald es jedoch um die konkrete Festlegung von Zahlenwerten geht, werden wir uns in den folgenden Betrachtungen auf kartesische Bezugssysteme beschränken. Manches davon können wir auf andere orthogonale Koordinatensysteme (z. B. Zylinder- oder Kugel-Koordinaten) übertragen. Die Ausdehnung auf beliebige Koordinatensysteme erfordert jedoch eine wesentliche Erweiterung des mathematischen Formalismus.

4.2. Die Transformation der Zahlenwerte physikalischer Größen

Wir betrachten zwei verschiedene kartesische Bezugssysteme x, y, z bzw. $\bar{x}$, $\bar{y}$, $\bar{z}$, deren gegenseitige Zuordnung in dem betrachteten Zeitpunkt gegeben sei (Abb. 4.1). Den jeweils zugehörigen Bezugspunkt (Koordinatenursprung) bezeichnen wir mit 0 bzw. $\bar{0}$. Die zugehörigen Basisvektoren seien $\mathbf{e}_x, \mathbf{e}_y, \mathbf{e}_z$ bzw. $\mathbf{e}_{\bar{x}}, \mathbf{e}_{\bar{y}}, \mathbf{e}_{\bar{z}}$.
Die Lage des Bezugspunktes $\bar{0}$ gegenüber dem unüberstrichenen System beschreiben wir durch die Angabe des Ortsvektors $\mathbf{r}_{\bar{0}}$:

$$\mathbf{r}_{\bar{0}}(t) = x_{\bar{0}}(t)\,\mathbf{e}_x + y_{\bar{0}}(t)\,\mathbf{e}_y + z_{\bar{0}}(t)\,\mathbf{e}_z .$$

Für die Orientierung der überstrichenen Basisvektoren gegenüber dem unüberstrichenen System gilt

$$\begin{aligned}
\mathbf{e}_{\bar{x}}(t) &= A_{\bar{x}x}(t)\,\mathbf{e}_x + A_{\bar{x}y}(t)\,\mathbf{e}_y + A_{\bar{x}z}(t)\,\mathbf{e}_z \\
\mathbf{e}_{\bar{y}}(t) &= A_{\bar{y}x}(t)\,\mathbf{e}_x + A_{\bar{y}y}(t)\,\mathbf{e}_y + A_{\bar{y}z}(t)\,\mathbf{e}_z \\
\mathbf{e}_{\bar{z}}(t) &= A_{\bar{z}x}(t)\,\mathbf{e}_x + A_{\bar{z}y}(t)\,\mathbf{e}_y + A_{\bar{z}z}(t)\,\mathbf{e}_z .
\end{aligned}$$

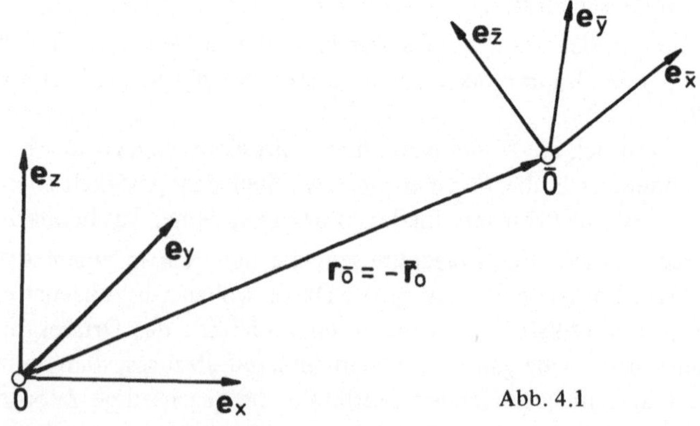

Abb. 4.1

Auf die Zeitabhängigkeit der Größen $\mathbf{r}_{\bar{0}}$, $A_{\bar{x}x}$ usw. kommt es im übrigen hier nicht an, da wir jeweils einen bestimmten (sonst aber beliebigen) Zeitpunkt ins Auge fassen.

Wir können die Größen $A_{\bar{x}x}$ usw. als die Zahlenwerte der überstrichen Basisvektoren bei ihrer Darstellung im unüberstrichenen System betrachten. Wir können aber auch die vorstehenden *linearen* Gleichungen als eine *Basis-Transformation* auffassen, die die unüberstrichenen Basisvektoren $\mathbf{e}_x$, $\mathbf{e}_y$, $\mathbf{e}_z$ in die überstrichenen Basisvektoren $\mathbf{e}_{\bar{x}}$, $\mathbf{e}_{\bar{y}}$, $\mathbf{e}_{\bar{z}}$ überführt. Dann bilden die Größen $A_{\bar{x}x}$ usw. die Elemente der *Transformations-Matrix*

$$A_{\bar{i}k} = \begin{bmatrix} A_{\bar{x}x} & A_{\bar{x}y} & A_{\bar{x}z} \\ A_{\bar{y}x} & A_{\bar{y}y} & A_{\bar{y}z} \\ A_{\bar{z}x} & A_{\bar{z}y} & A_{\bar{z}z} \end{bmatrix} \qquad (i, k = x, y, z),$$

die zu der *Linear-Transformation*

$$\mathbf{e}_{\bar{i}} = \sum_k A_{\bar{i}k}\, \mathbf{e}_k \qquad (i, k = x, y, z)$$

gehört. Die Basisvektoren $\mathbf{e}_{\bar{i}}$, $\mathbf{e}_k$ sind dabei als Spalten-Vektoren zu schreiben:

$$[\mathbf{e}_{\bar{i}}] = [A_{\bar{i}k}] \cdot [\mathbf{e}_k].$$

Für die Elemente der Transformations-Matrix gilt

$$A_{\bar{x}x} = \mathbf{e}_{\bar{x}} \cdot \mathbf{e}_x$$
$$A_{\bar{x}y} = \mathbf{e}_{\bar{x}} \cdot \mathbf{e}_y \qquad \text{usw.}$$

Wir beweisen das, indem wir die obigen Transformations-Gleichungen der Reihe nach skalar mit $\mathbf{e}_k$ multiplizieren.

Das ergibt

$$\mathbf{e}_{\bar{i}} \cdot \mathbf{e}_k = \left(\sum_r A_{\bar{i}r}\, \mathbf{e}_r \right) \cdot \mathbf{e}_k = A_{\bar{i}k},$$

weil

$$\mathbf{e}_r \cdot \mathbf{e}_k = \delta_{rk} = \begin{cases} 1 & \text{für } r = k \\ 0 & \text{für } r \neq k \end{cases}$$

ist (δ_{rk} = *Kronecker*-Delta). Die *Determinante* der Transformations-Matrix ist stets gleich 1.

Wir können umgekehrt die Lage und die Orientierung des unüberstrichenen kartesischen Bezugssystems gegenüber dem überstrichenen beschreiben und erhalten

$$\bar{\mathbf{r}}_0(t) = \bar{x}_0(t)\, \mathbf{e}_{\bar{x}} + \bar{y}_0(t)\, \mathbf{e}_{\bar{y}} + \bar{z}_0(t)\, \mathbf{e}_{\bar{z}}$$

$$\mathbf{e}_i(t) = \sum_k A_{i\bar{k}}(t)\, \mathbf{e}_{\bar{k}}.$$

Für die Elemente $A_{i\bar{k}}$ der Transformations-Matrix gilt hierbei

$$A_{i\bar{k}} = \mathbf{e}_i \cdot \mathbf{e}_{\bar{k}} \quad (= A_{\bar{k}i}).$$

Die Matrix $A_{i\bar{k}}$ der *inversen Basis-Transformation* ($\mathbf{e}_{\bar{k}} \to \mathbf{e}_i$) ist also gleich der Transponierten der Matrix $A_{\bar{k}i}$ der Basis-Transformation ($\mathbf{e}_i \to \mathbf{e}_{\bar{k}}$). Diese einfache Beziehung gilt allerdings nur, wenn wir – wie hier – nur *reine Drehungen* einer *orthonormalen Basis* betrachten. Ferner können wir nachweisen, daß für reine Drehungen stets

$$\sum_{\bar{r}} A_{i\bar{r}}\, A_{\bar{r}k} = \delta_{ik} \qquad \text{und} \qquad \sum_{r} A_{\bar{i}r}\, A_{r\bar{k}} = \delta_{\bar{i}\bar{k}}$$

gilt.

Für allgemeinere Transformationen (z. B. verbunden mit Winkeländerungen zwischen den Basisvektoren) wird der Sachverhalt komplizierter. Diese Zusammenhänge zu beschreiben, ist Aufgabe der allgemeinen Transformations-Theorie, auf die wir hier nicht weiter eingehen können.

Wir halten das Ergebnis unserer bisherigen Überlegungen noch einmal fest in dem

---

Satz 4.1: Für die *Basis-Transformation* gilt bei *reinen Drehungen* einer *orthonormalen Basis*

$$\mathbf{e}_{\bar{i}} = \sum_{k} A_{\bar{i}k}\, \mathbf{e}_k$$

bzw.

$$\mathbf{e}_k = \sum_{\bar{i}} A_{k\bar{i}}\, \mathbf{e}_{\bar{i}}$$

mit

$$A_{\bar{i}k} = \mathbf{e}_{\bar{i}} \cdot \mathbf{e}_k = \mathbf{e}_k \cdot \mathbf{e}_{\bar{i}} = A_{k\bar{i}} \qquad (i, k = x, y, z).$$

Für die *Determinante* der *Transformations-Matrix* gilt

$$\det [A_{\bar{i}k}] = \det [A_{k\bar{i}}] = 1.$$

Ferner ist

$$\sum_{\bar{r}} A_{i\bar{r}}\, A_{\bar{r}k} = \delta_{ik}$$

$$\sum_{r} A_{\bar{i}r}\, A_{r\bar{k}} = \delta_{\bar{i}\bar{k}}.$$

Zwischen den Ortsvektoren **r** und $\bar{\mathbf{r}}$, die der Festlegung beliebiger Raum- oder Körperpunkte im unüberstrichenen bzw. überstrichenen Bezugssystem dienen, besteht die Beziehung (Abb. 4.2)

$$\mathbf{r} = \mathbf{r}_{\bar{0}} + \bar{\mathbf{r}}$$

bzw.

$$\bar{\mathbf{r}} = \bar{\mathbf{r}}_0 + \mathbf{r}$$

mit

$$\bar{\mathbf{r}}_0 = -\mathbf{r}_{\bar{0}}.$$

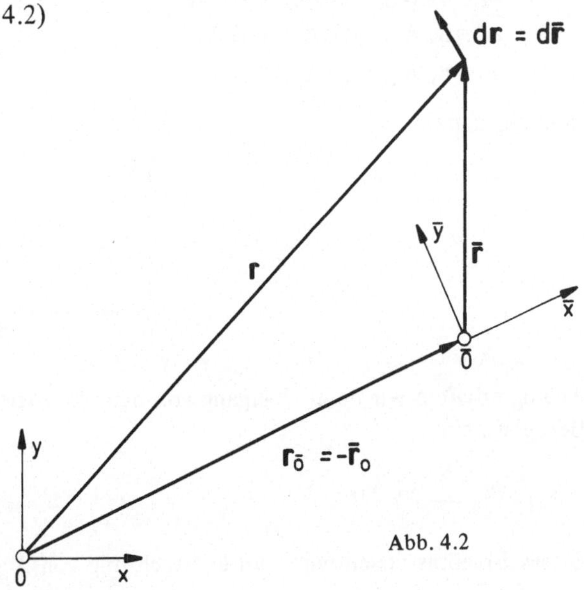

Abb. 4.2

Dabei bleibt es in dieser symbolischen Schreibweise zunächst grundsätzlich offen, auf welche Basis die *Zahlenwerte* der einzelnen Vektoren bezogen werden sollen. Aus der Tatsache, daß z. B. **r** den Ortsvektor vom Bezugspunkt 0 zu dem betreffenden Raum- oder Körperpunkt darstellt, ist noch nicht zu folgern, daß die Zahlenwerte von **r** auf die unüberstrichene Basis bezogen werden müssen.
Um diesen Sachverhalt näher zu beleuchten, betrachten wir eine beliebige *vektorielle Größe* **a**. Welchem Raum- bzw. Körperpunkt diese Größe zuzuordnen ist, ist dabei unerheblich (Abb. 4.3). Wir können die Zahlenwerte von **a** sowohl auf die unüberstrichene wie auf die überstrichene Basis beziehen und erhalten

$$\begin{aligned}\mathbf{a} &= a_x\,\mathbf{e}_x + a_y\,\mathbf{e}_y + a_z\,\mathbf{e}_z\\ &= a_{\bar{x}}\,\mathbf{e}_{\bar{x}} + a_{\bar{y}}\,\mathbf{e}_{\bar{y}} + a_{\bar{z}}\,\mathbf{e}_{\bar{z}}.\end{aligned}$$

Drücken wir in der ersten Darstellung die unüberstrichenen Basisvektoren durch die überstrichenen aus, so erhalten wir zunächst

$$\begin{aligned}\mathbf{a} = &\ a_x\,\{A_{x\bar{x}}\,\mathbf{e}_{\bar{x}} + A_{x\bar{y}}\,\mathbf{e}_{\bar{y}} + A_{x\bar{z}}\,\mathbf{e}_{\bar{z}}\}\\ &+ a_y\,\{A_{y\bar{x}}\,\mathbf{e}_{\bar{x}} + A_{y\bar{y}}\,\mathbf{e}_{\bar{y}} + A_{y\bar{z}}\,\mathbf{e}_{\bar{z}}\}\\ &+ a_z\,\{A_{z\bar{x}}\,\mathbf{e}_{\bar{x}} + A_{z\bar{y}}\,\mathbf{e}_{\bar{y}} + A_{z\bar{z}}\,\mathbf{e}_{\bar{z}}\}\\ = &\ \{a_x\,A_{x\bar{x}} + a_y\,A_{y\bar{x}} + a_z\,A_{z\bar{x}}\}\,\mathbf{e}_{\bar{x}}\\ &+ \{a_x\,A_{x\bar{y}} + a_y\,A_{y\bar{y}} + a_z\,A_{z\bar{y}}\}\,\mathbf{e}_{\bar{y}}\\ &+ \{a_x\,A_{x\bar{z}} + a_y\,A_{y\bar{z}} + a_z\,A_{z\bar{z}}\}\,\mathbf{e}_{\bar{z}}.\end{aligned}$$

Der Vergleich mit der Darstellung von **a** im überstrichenen Bezugssystem ergibt

$$a_{\bar{x}} = a_x A_{x\bar{x}} + a_y A_{y\bar{x}} + a_z A_{z\bar{x}}$$
$$a_{\bar{y}} = a_x A_{x\bar{y}} + a_y A_{y\bar{y}} + a_z A_{z\bar{y}}$$
$$a_{\bar{z}} = a_x A_{x\bar{z}} + a_y A_{y\bar{z}} + a_z A_{z\bar{z}}$$

oder abgekürzt

$$a_{\bar{i}} = \sum_k a_k A_{k\bar{i}}.$$

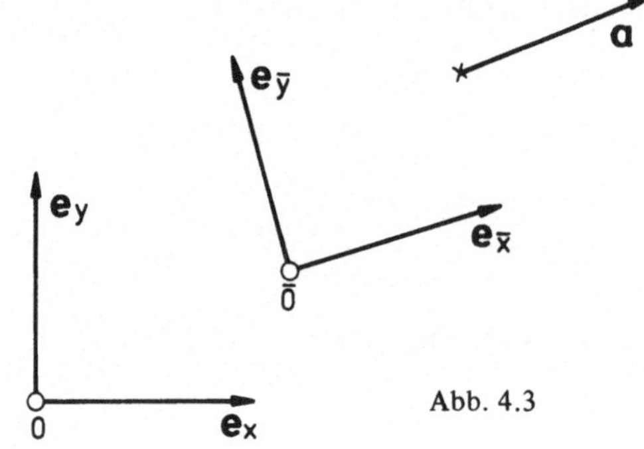

Abb. 4.3

Analog erhalten wir beim Übergang von dem überstrichenen zum unüberstrichenen Bezugssystem

$$a_k = \sum_{\bar{i}} a_{\bar{i}} A_{\bar{i}k}.$$

Dieses Ergebnis fassen wir – unter Beachtung von $A_{\bar{i}k} = A_{k\bar{i}}$ – zusammen in dem

---

Satz 4.2: Bei der *Drehung einer orthonormalen Basis* mit der zugehörigen *Basis-Transformation*

$$\mathbf{e}_{\bar{i}} = \sum_k A_{\bar{i}k} \mathbf{e}_k$$

bzw.

$$\mathbf{e}_k = \sum_{\bar{i}} A_{k\bar{i}} \mathbf{e}_{\bar{i}}$$

transformieren sich die Zahlenwerte a_k einer *vektoriellen Größe* **a** gemäß der Beziehung

$$a_{\bar{i}} = \sum_k a_k A_{k\bar{i}} = \sum_k A_{\bar{i}k} a_k$$

bzw.

$$a_k = \sum_{\bar{i}} a_{\bar{i}} A_{\bar{i}k} = \sum_{\bar{i}} A_{k\bar{i}} a_{\bar{i}} \qquad (i, k = x, y, z),$$

d.h. die Zahlenwerte einer vektoriellen Größe transformieren sich bei der Drehung einer orthonormalen Basis in gleicher Weise wie die Basisvektoren.

Dieser einfache Sachverhalt gilt wiederum nur für derartige reine Drehungen einer orthonormalen Basis.

Beispiel (Abb. 4.4)

Das überstrichene Bezugssystem sei gegenüber dem unüberstrichenen um $30°$ um die z-Achse gedreht.

Auf die gegenseitige Lage der Bezugspunkte kommt es dabei nicht an. Deshalb sind in Abb. 4.4 0 und $\bar{0}$ zur Vereinfachung zusammenfallend dargestellt.

Für die Transformations-Matrix $A_{\bar{i}k}$ erhalten wir:

$$A_{\bar{i}k} = \mathbf{e}_{\bar{i}} \cdot \mathbf{e}_k = \begin{bmatrix} \frac{1}{2}\sqrt{3} & \frac{1}{2} & 0 \\ -\frac{1}{2} & \frac{1}{2}\sqrt{3} & 0 \\ 0 & 0 & 1 \end{bmatrix}.$$

Aus

$$\mathbf{e}_{\bar{i}} = \sum_k A_{\bar{i}k}\, \mathbf{e}_k$$

folgt

$$\mathbf{e}_{\bar{x}} = \frac{1}{2}\sqrt{3}\,\mathbf{e}_x + \frac{1}{2}\mathbf{e}_y$$

$$\mathbf{e}_{\bar{y}} = -\frac{1}{2}\mathbf{e}_x + \frac{1}{2}\sqrt{3}\,\mathbf{e}_y$$

$$\mathbf{e}_{\bar{z}} = \mathbf{e}_z.$$

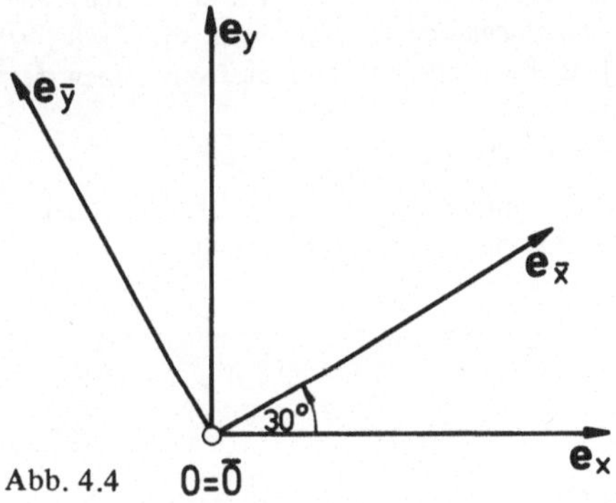

Abb. 4.4

Für eine vektorielle Größe, die beispielsweise im unüberstrichenen System durch

$$\mathbf{a} = 3\,\mathbf{e}_x + 6\,\mathbf{e}_y + 1\,\mathbf{e}_z$$
$$= a_x\,\mathbf{e}_x + a_y\,\mathbf{e}_y + a_z\,\mathbf{e}_z$$

gegeben ist, erhalten wir bei dieser Transformation der Basis dementsprechend

$$a_{\bar{x}} = \frac{1}{2}\sqrt{3}\,a_x + \frac{1}{2}a_y = 3\left[\frac{1}{2}\sqrt{3} + 1\right]$$

$$a_{\bar{y}} = -\frac{1}{2}a_x + \frac{1}{2}\sqrt{3}\,a_y = 3\left[\sqrt{3} - \frac{1}{2}\right]$$

$$a_{\bar{z}} = 1\,a_z = 1.$$

Die vorstehenden Überlegungen können wir nun auch auf die *Koordinaten-Transformation* anwenden. Aus der Beziehung

$$\bar{\mathbf{r}} = \mathbf{r} - \mathbf{r}_{\bar{0}}$$

leiten wir, indem wir $\mathbf{r} - \mathbf{r}_{\bar{0}}$ auf die überstrichene Basis transformieren, unmittelbar ab

$$\begin{aligned} \bar{x} &= A_{\bar{x}x}(x - x_{\bar{0}}) + A_{\bar{x}y}(y - y_{\bar{0}}) + A_{\bar{x}z}(z - z_{\bar{0}}) \\ \bar{y} &= A_{\bar{y}x}(x - x_{\bar{0}}) + A_{\bar{y}y}(y - y_{\bar{0}}) + A_{\bar{y}z}(z - z_{\bar{0}}) \\ \bar{z} &= A_{\bar{z}x}(x - x_{\bar{0}}) + A_{\bar{z}y}(y - y_{\bar{0}}) + A_{\bar{z}z}(z - z_{\bar{0}}). \end{aligned}$$

Analoge Beziehungen erhalten wir, wenn wir x, y, z durch $\bar{x}$, $\bar{y}$, $\bar{z}$ ausdrücken wollen.

1. Anmerkung:

Die Koordinaten-Transformationen zwischen kartesischen Koordinatensystemen sind stets linear. Die Transformationen zwischen beliebigen Koordinatensystemen (z. B. von kartesischen Koordinaten auf Zylinder-Koordinaten) sind hingegen im allgemeinen nicht-linear. Die *Basis-Transformationen* und auch die *Transformationen der Koordinaten-Differentiale* bleiben jedoch wie alle Vektor-Transformationen stets linear.

2. Anmerkung:

Wir können die Elemente der Transformations-Matrizen bei bekannter Koordinaten-Transformation auch aus den Beziehungen

$$A_{\bar{x}x} = \frac{\partial \bar{x}}{\partial x}$$

$$A_{\bar{x}y} = \frac{\partial \bar{x}}{\partial y} \qquad \text{usw.}$$

bzw.

$$A_{x\bar{x}} = \frac{\partial x}{\partial \bar{x}}$$

$$A_{x\bar{y}} = \frac{\partial x}{\partial \bar{y}}$$

berechnen. Auf diesen Beziehungen baut die allgemeine Transformations-Theorie auf, für die allerdings im allgemeinen nicht mehr $A_{\bar{i}k} = A_{k\bar{i}}$ gilt.

Skalare Größen, also z. B. die Temperatur in einem Körperpunkt, bleiben von einer Änderung des Bezugssystems grundsätzlich unberührt. Es gilt also

---

Satz 4.3: *Skalare Größen* sind *invariant* gegenüber Änderungen des Bezugssystems.

Wir können unsere Überlegungen auch auf *Tensoren* ausdehnen. Dabei wollen wir uns hier auf Tensoren zweiter Stufe beschränken. Gehen wir davon aus, daß wir solche Tensoren (z. B. den Spannungstensor **S**) in der Form

$$\begin{aligned} \mathbf{S} = {} & \sigma_{xx}\,\mathbf{e}_x\mathbf{e}_x + \sigma_{xy}\,\mathbf{e}_x\mathbf{e}_y + \sigma_{xz}\,\mathbf{e}_x\mathbf{e}_z \\ & + \sigma_{yx}\,\mathbf{e}_y\mathbf{e}_x + \sigma_{yy}\,\mathbf{e}_y\mathbf{e}_y + \sigma_{yz}\,\mathbf{e}_y\mathbf{e}_z \\ & + \sigma_{zx}\,\mathbf{e}_z\mathbf{e}_x + \sigma_{zy}\,\mathbf{e}_z\mathbf{e}_y + \sigma_{zz}\,\mathbf{e}_z\mathbf{e}_z \end{aligned}$$

darstellen können (vgl. Band II, Abschnitt 1.2), so finden wir, indem wir die Basisvektoren $\mathbf{e}_i$ durch die Basisvektoren $\mathbf{e}_{\bar{k}}$ ausdrücken,

---

Satz 4.4: Bei der Drehung einer *orthonormalen Basis* mit der zugehörigen *Basis-Transformation*

$$\mathbf{e}_{\bar{i}} = \sum_k A_{\bar{i}k}\,\mathbf{e}_k$$

bzw.

$$\mathbf{e}_k = \sum_{\bar{i}} A_{k\bar{i}}\,\mathbf{e}_{\bar{i}}$$

transformieren sich die Zahlenwerte σ_{ik} eines *Tensors zweiter Stufe* **S** gemäß der Beziehung

$$\sigma_{\bar{i}\bar{k}} = \sum_r \sum_s \sigma_{rs}\,A_{r\bar{i}}\,A_{s\bar{k}}$$

$$= \sum_r \sum_s A_{\bar{i}r}\,A_{\bar{k}s}\,\sigma_{rs}$$

bzw.

$$\sigma_{ik} = \sum_{\bar{r}} \sum_{\bar{s}} \sigma_{\bar{r}\bar{s}}\,A_{\bar{r}i}\,A_{\bar{s}k}$$

$$= \sum_{\bar{r}} \sum_{\bar{s}} A_{i\bar{r}}\,A_{k\bar{s}}\,\sigma_{\bar{r}\bar{s}} \qquad (i, k, r, s, = x, y, z).$$

Die Erweiterung der Transformation auf *Tensoren höherer Stufe* ist im übrigen aus dem Schema, das für die Transformation der Zahlenwerte von Skalaren (Tensoren 0. Stufe), Vektoren (Tensoren 1. Stufe) und Tensoren 2. Stufe gilt, leicht abzuleiten. Unsere bisherigen Überlegungen lassen sich unmittelbar auch auf andere Bezugssysteme mit ortsabhängiger orthonormaler Basis, also beispielsweise auf Zylinder-

und Kugel-Koordinaten übertragen. Wir haben dabei nur zu beachten, daß die Transformations-Matrizen in diesem Falle auch ortsabhängig werden und daß wir deshalb beachten müssen, welchem Körper- bzw. Raumpunkt die betreffende physikalische Größe zur betrachteten Zeit t zugeordnet ist.

Anmerkung:

Um die Schreibweise noch mehr zu systematisieren, kann man

$$x = x_1, \quad y = x_2, \quad z = x_3$$
$$A_{\bar{x}x} = A_{\bar{1}1}, \quad A_{\bar{x}y} = A_{\bar{1}2} \qquad \text{usw.}$$

setzen. Man hat dann z. B.

$$\left.\begin{aligned} A_{\bar{i}k} &= \frac{\partial x_{\bar{i}}}{\partial x_k} \\ A_{i\bar{k}} &= \frac{\partial x_i}{\partial x_{\bar{k}}} \end{aligned}\right\} \quad (i, k = 1, 2, 3).$$

Wir werden gelegentlich von dieser Bezeichnungsweise Gebrauch machen, sofern die Schreibweise dadurch übersichtlicher wird. Wo es nicht erforderlich ist, bleiben wir jedoch im allgemeinen dabei, i, k = x, y, z zu setzen.

4.3. Die zeitliche Änderung physikalischer Größen

Verfolgen wir die *zeitliche Änderung einer physikalischen Größe* von zwei verschiedenen – im allgemeinen relativ zueinander bewegten – Bezugssystemen aus, so haben wir zunächst zu beachten, daß sich mit der Änderung der physikalischen Größe zugleich auch die gegenseitige Zuordnung der beiden Bezugssysteme ändern kann. Dies hat zur Folge, daß in diesen Fällen die Änderung der betreffenden physikalischen Größe sich in den beiden Bezugssystemen unterschiedlich darstellt. Deshalb haben wir zu unterscheiden:

a) die *zeitliche Änderung gegenüber dem unüberstrichenen System,* die wir in gewohnter Weise durch $\frac{D}{dt}, \frac{\partial}{\partial t}$ usw. kennzweichnen, und

b) die *zeitliche Änderung gegenüber dem überstrichenen System,* die wir mit $\frac{\bar{D}}{dt}, \frac{\bar{\partial}}{\partial t}$ usw. bezeichnen.

Zu beachten haben wir aber ferner auch, daß sich die Bedeutung einer zeitlichen Ableitung beim Übergang zu einem andern Bezugssystem ändern kann. So stellt z. B. die bei festen Ortskoordinaten des überstrichenen Systems auszuführende partielle Ableitung nach der Zeit $\frac{\bar{\partial}}{\partial t}$ im unüberstrichenen System eine Ableitung mit veränderlichen Ortskoordinaten dar. Deshalb müssen wir stets genau darauf achten, wie eine zeitliche Ableitung definiert ist und was sie jeweils bedeutet.

Wir beschränken uns bei den folgenden Betrachtungen im wesentlichen auf die *substantielle Differentiation* nach der Zeit wegen ihrer zentralen Bedeutung für die hier ins Auge gefaßten Anwendungen. Sie ist dadurch charakterisiert, daß die zeitliche Änderung der betreffenden physikalischen Größe jeweils bei festgehaltenem Körperpunkt zu verfolgen ist und daß sie deshalb ihre Bedeutung beim Übergang zu einem andern Bezugssystem nicht ändert.

Wir bezeichnen die substantielle Differentiation nach der Zeit mit $\frac{D}{dt}$ bzw. $\frac{\overline{D}}{dt}$ je nachdem, in welchem Bezugssystem die zeitliche Änderung beschrieben werden soll. Die sonst von uns häufig auch benutzte Kennzeichnung durch einen übergesetzten Punkt werden wir hier – aus bald ersichtlichen Gründen – nur bei der Anwendung auf *skalare Größen* – zu denen auch die Zahlenwerte vektorieller (und tensorieller) Größen gehören – benutzen. In andern Fällen, also etwa bei der Anwendung auf vektorielle Größen (in symbolischer Schreibweise) kann nämlich diese Bezeichnungsweise mehrdeutig werden. So ist beispielsweise aus der Schreibweise $\dot{\mathbf{a}}$ nicht zu entnehmen, ob $\frac{D}{dt}\mathbf{a}$ oder $\frac{\overline{D}}{dt}\mathbf{a}$ gemeint ist. Hingegen ist die Bedeutung von $\dot{\overline{x}}$ usw. ohne weiteres klar.

Nach diesen Vorüberlegungen stellen wir zunächst fest:

Satz 4.5: Die *substantielle Differentiation einer skalaren Größe* f ist *invariant* gegenüber Änderungen des Bezugssystems:

$$\frac{Df}{dt} = \frac{\overline{D}f}{dt} = \dot{f}.$$

Dieses Ergebnis folgt unmittelbar aus der Definition der substantiellen Differentiation.

Im nächsten Schritt wollen wir nun untersuchen, was sich für die Beschreibung der (substantiellen) zeitlichen Änderung von *vektoriellen Größen* in relativ zueinander bewegten Bezugssystemen ergibt, deren gegenseitige Zuordnung und Bewegungszustand durch die Angabe von $\mathbf{r}_{\overline{0}}(t)$, $A_{\overline{i}k}(t)$ usw. und damit auch von $\mathbf{v}_{\overline{0}}$ und $\boldsymbol{\Omega}_{\overline{0}}$ beschrieben werden kann (vgl. Abb. 4.5). Definitionsgemäß gilt für die *substantielle Differentiation* einer beliebigen *vektoriellen Größe* $\mathbf{a}(t)$ nach der Zeit

a) *im unüberstrichenen System*

$$\frac{D}{dt}\mathbf{a} = \dot{a}_x\,\mathbf{e}_x + \dot{a}_y\,\mathbf{e}_y + \dot{a}_z\,\mathbf{e}_z$$

b) *im überstrichenen System*

$$\frac{\overline{D}}{dt}\mathbf{a} = \dot{a}_{\overline{x}}\,\mathbf{e}_{\overline{x}} + \dot{a}_{\overline{y}}\,\mathbf{e}_{\overline{y}} + \dot{a}_{\overline{z}}\,\mathbf{e}_{\overline{z}}.$$

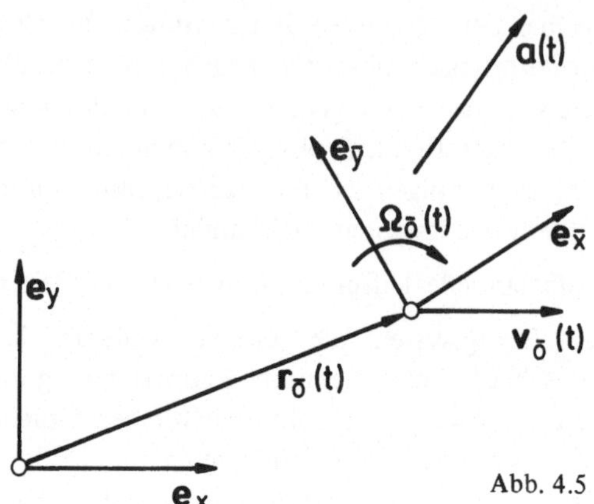

Abb. 4.5

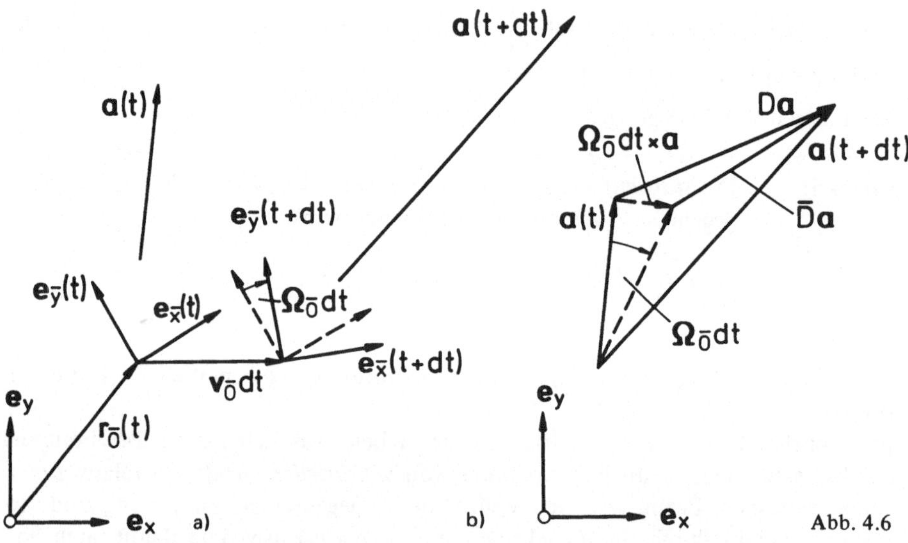

Abb. 4.6

Die Aufgabe besteht nun darin, die Größen $\dot{a}_i$ aus den Größen $\dot{a}_{\bar{k}}$ unter Berücksichtigung der zeitlich veränderlichen – als bekannt vorausgesetzten – gegenseitigen Zuordnung der beiden Bezugssysteme zu ermitteln bzw. $\dot{a}_{\bar{k}}$ aus $\dot{a}_i$. Wir wollen diese Aufgabe zunächst aus der „Anschauung" heraus lösen, dann aber sogleich einen formalen Beweis der Ergebnisse nachliefern.

Wir betrachten die substantielle Änderung der vektoriellen Größe **a** in dem Zeitintervall dt (Abb. 4.6a).

Die Frage, welchen Weg der Körperpunkt, dem **a** zugeordnet ist, in diesem Zeitintervall nimmt, ist dabei unerheblich, da es hier nur auf die Änderung von **a** ankommt. Wir nehmen nun zunächst einmal vorübergehend an, daß vom überstrichenen System aus betrachtet **a** sich nicht ändere ($\bar{D}\mathbf{a} = \mathbf{0}$). Dann resultiert dennoch für das unüberstrichenen System – infolge der relativen Drehung des überstrichenen Bezugssystems – daraus eine Änderung von **a** von der Größe $\boldsymbol{\Omega}_{\bar{0}}\,\mathrm{dt} \times \mathbf{a}$ (Abb. 4.6b). Hierzu addieren sich nun die etwa vorhandenen Änderungen von **a** gegenüber dem überstrichenen System, so daß insgesamt

$$D\mathbf{a} = \boldsymbol{\Omega}_{\bar{0}}\,\mathrm{dt} \times \mathbf{a} + \bar{D}\mathbf{a}$$

wird.

Dieselbe Betrachtung können wir auch mit umgekehrter Blickrichtung durchführen, indem wir vom unüberstrichenen System ausgehen. Wir erhalten dann unter Berücksichtigung, daß die relative Drehung des unüberstrichenen Systems gegenüber dem überstrichenen mit der Winkelgeschwindigkeit $\bar{\boldsymbol{\Omega}}_0 = -\boldsymbol{\Omega}_{\bar{0}}$ erfolgt, die analoge Beziehung

$$\bar{D}\mathbf{a} = \bar{\boldsymbol{\Omega}}_0\,\mathrm{dt} \times \mathbf{a} + D\mathbf{a}.$$

Zusammenfassend stellen wir fest

Satz 4.6: Zwischen den *substantiellen Differentialquotienten* $\frac{D}{dt}$ und $\frac{\bar{D}}{dt}$ einer *vektoriellen Größe* **a** besteht die Beziehung

$$\frac{D\mathbf{a}}{dt} = \frac{\bar{D}\mathbf{a}}{dt} + \boldsymbol{\Omega}_{\bar{0}} \times \mathbf{a},$$

wobei $\boldsymbol{\Omega}_{\bar{0}}$ die Winkelgeschwindigkeit der relativen Drehung des überstrichenen Bezugssystems gegenüber dem unüberstrichenen ist. Analog gilt

$$\frac{\bar{D}\mathbf{a}}{dt} = \frac{D\mathbf{a}}{dt} + \bar{\boldsymbol{\Omega}}_0 \times \mathbf{a}$$

mit

$$\bar{\boldsymbol{\Omega}}_0 = -\boldsymbol{\Omega}_{\bar{0}}.$$

Bei relativ zueinander ruhenden und bei translatorisch gegeneinander bewegten Bezugssystemen ist

$$\frac{\bar{D}\mathbf{a}}{dt} = \frac{D\mathbf{a}}{dt}.$$

Den formalen Beweis für den vorstehenden Satz finden wir, indem wir bei der substantiellen Differentiation die Zahlenwerte von **a** einmal auf das unüberstrichene, das anderemal auf das überstrichene System beziehen:

$$\frac{D\mathbf{a}}{dt} = \frac{D}{dt}\{a_x \mathbf{e}_x + a_y \mathbf{e}_y + a_z \mathbf{e}_z\}$$

$$= \frac{D}{dt}\{a_{\bar{x}} \mathbf{e}_{\bar{x}} + a_{\bar{y}} \mathbf{e}_{\bar{y}} + a_{\bar{z}} \mathbf{e}_{\bar{z}}\}.$$

Die Ausführung der Differentiationen auf der rechten Seite führt unter Beachtung von

$$\frac{D a_x}{dt} = \dot{a}_x$$

$$\frac{D \mathbf{e}_x}{dt} = 0$$

$$\frac{D a_{\bar{x}}}{dt} = \dot{a}_{\bar{x}} = \frac{\bar{D} a_{\bar{x}}}{dt}$$

$$\frac{D \mathbf{e}_{\bar{x}}}{dt} = \boldsymbol{\Omega}_{\bar{0}} \times \mathbf{e}_{\bar{x}}$$

auf die Gegenüberstellung

$$\underbrace{\dot{a}_x \mathbf{e}_x + \dot{a}_y \mathbf{e}_y + \dot{a}_z \mathbf{e}_z}_{\frac{D\mathbf{a}}{dt}} =$$

$$\underbrace{\dot{a}_{\bar{x}} \mathbf{e}_{\bar{x}} + \dot{a}_{\bar{y}} \mathbf{e}_{\bar{y}} + \dot{a}_{\bar{z}} \mathbf{e}_{\bar{z}}}_{\frac{\bar{D}\mathbf{a}}{dt}} + \boldsymbol{\Omega}_{\bar{0}} \times \underbrace{\{a_{\bar{x}} \mathbf{e}_{\bar{x}} + a_{\bar{y}} \mathbf{e}_{\bar{y}} + a_{\bar{z}} \mathbf{e}_{\bar{z}}\}}_{\mathbf{a}}.$$

Drücken wir auf der rechten Seite noch die Basisvektoren $\mathbf{e}_{\bar{i}}$ mit Hilfe der Beziehung

$$\mathbf{e}_{\bar{i}} = \sum_k A_{\bar{i}k} \mathbf{e}_k$$

durch die Basisvektoren $\mathbf{e}_k$ aus, so können wir aus der vorstehenden Gegenüberstellung auch entnehmen, wie wir die Zahlenwerte $\dot{a}_i$ bei bekannter Transformations-Matrix $A_{\bar{i}k}(t)$ aus den Zahlenwerten $\dot{a}_{\bar{k}}$, $a_{\bar{k}}$ und $\Omega_{\bar{0}_i}$ (bzw. $\Omega_{\bar{0}_{\bar{k}}}$) ausrechnen können. Analog verfahren wir, wenn wir $\dot{a}_{\bar{k}}$ durch $\dot{a}_i$, a_i und $\overline{\Omega}_{0_i}$ ausdrücken wollen. Die vorstehenden Überlegungen können wir auch auf Tensoren beliebiger Stufe ausdehnen. So erhalten wir beispielsweise für Tensoren zweiter Stufe

Satz 4.7: Zwischen den *substantiellen Differentialquotienten* $\frac{D}{dt}$ und $\frac{\bar{D}}{dt}$ eines *Tensors zweiter Stufe* $\mathbf{S} = \sum_i \sum_k \sigma_{ik} \mathbf{e}_i \mathbf{e}_k$ besteht die Beziehung

$$\underbrace{\sum_i \sum_k \dot{\sigma}_{ik} \mathbf{e}_i \mathbf{e}_k}_{\frac{D}{dt}\mathbf{S}} = \underbrace{\sum_{\bar{i}} \sum_{\bar{k}} \dot{\sigma}_{\bar{i}\bar{k}} \mathbf{e}_{\bar{i}} \mathbf{e}_{\bar{k}}}_{\frac{\bar{D}}{dt}\mathbf{S}} + \sum_{\bar{i}} \sum_{\bar{k}} \sigma_{ik} \frac{D}{dt}(\mathbf{e}_{\bar{i}} \mathbf{e}_{\bar{k}})$$

mit

$$\frac{D}{dt}(\mathbf{e}_i \mathbf{e}_k) = (\boldsymbol{\Omega}_{\bar{0}} \times \mathbf{e}_{\bar{i}})\, \mathbf{e}_{\bar{k}} + \mathbf{e}_{\bar{i}}\, (\boldsymbol{\Omega}_{\bar{0}} \times \mathbf{e}_{\bar{k}}),$$

wobei $\boldsymbol{\Omega}_{\bar{0}}$ die Winkelgeschwindigkeit der relativen Drehung des überstrichenen Systems gegenüber dem unüberstrichenen ist.

Die Verallgemeinerung dieses Satzes auf Tensoren beliebiger Stufe ist daraus leicht abzulesen.

Ähnliche Überlegungen haben wir anzustellen, wenn wir etwa die Beziehung zwischen den *lokalen*, d.h. bei festen Ortskoordinaten auszuführenden, *Differentialquotienten* nach der Zeit im überstrichenen System $\left(\frac{\bar{\partial}}{\partial t}\right)$ und im unüberstrichenen System $\left(\frac{\partial}{\partial t}\right)$ ermitteln wollen. Wir finden dann beispielsweise für eine skalare Größe f

$$\frac{\bar{\partial} f}{\partial t} = \frac{\partial f}{\partial t} + \mathbf{v} \cdot \mathbf{grad}\, f,$$

wobei

$$\mathbf{v} = \mathbf{v}_{\bar{0}} + \boldsymbol{\Omega}_{\bar{0}} \times (\mathbf{r} - \mathbf{r}_{\bar{0}})$$

und

$$\mathbf{grad}\, f = \nabla f = \frac{\partial f}{\partial x} \mathbf{e}_x + \frac{\partial f}{\partial y} \mathbf{e}_y + \frac{\partial f}{\partial z} \mathbf{e}_z$$

ist. Weiter wollen wir derartige Überlegungen hier nicht vertiefen. Es sollte nur deutlich gemacht werden, daß man bei Differentialquotienten nach der Zeit in relativ zueinander bewegten Bezugssystemen jeweils genau zu beachten hat, für welches Bezugssystem und wie eine solche zeitliche Ableitung jeweils definiert ist.

Anmerkung:

Sofern wir nur mit *einem* Bezugssystem arbeiten, können wir die Bezeichnungsweise wieder vereinfachen und z. B. wieder allgemein die substantielle Ableitung nach der Zeit durch einen übergesetzten Punkt kennzeichnen:

$$\frac{D}{dt} = (\dot{\ }).$$

4.4. Änderung der Kinematik und des Grundgesetzes der Mechanik beim Übergang auf ein anderes Bezugssystem

Wir wollen zunächst untersuchen, wie sich die Beschreibung der Bewegung eines Körperpunktes beim Übergang auf ein anderes Bezugssystem ändert. Dabei greifen wir auf die in den vorhergehenden Abschnitten 4.2 und 4.3 gewonnenen Ergebnisse zurück.

Aus der für die Festlegung der *Lage des Körperpunktes* in den beiden Bezugssystemen geltenden Beziehung (vgl. Abb. 4.2)

$$\mathbf{r}(t) = \mathbf{r}_{\bar{0}}(t) + \bar{\mathbf{r}}(t)$$

erhalten wir durch *substantielle Differentiation* nach der Zeit im unüberstrichenen System

$$\frac{D}{dt}\mathbf{r} = \frac{D}{dt}\mathbf{r}_{\bar{0}} + \frac{D}{dt}\bar{\mathbf{r}}.$$

Nun ist

$$\frac{D}{dt}\bar{\mathbf{r}} = \frac{\bar{D}}{dt}\bar{\mathbf{r}} + \boldsymbol{\Omega}_{\bar{0}} \times \bar{\mathbf{r}}.$$

Deshalb wird

$$\frac{D\mathbf{r}}{dt} = \frac{D}{dt}\mathbf{r}_{\bar{0}} + \boldsymbol{\Omega}_{\bar{0}} \times \bar{\mathbf{r}} + \frac{\bar{D}}{dt}\bar{\mathbf{r}}.$$

Wir bezeichnen die Geschwindigkeiten gegenüber dem unüberstrichenen Bezugssystem mit $\mathbf{v}$, hingegen die Geschwindigkeiten gegenüber dem überstrichenen System mit $\bar{\mathbf{v}}$. Für $\bar{\mathbf{v}}$ wird oft auch die Bezeichnung $\mathbf{v}_{rel}$ (Relativgeschwindigkeit) gewählt. Wir vermeiden diese Bezeichnung, weil wir die beiden Bezugssysteme grundsätzlich als äquivalent betrachten. Ferner nennen wir den Ausdruck

$$\mathbf{v}_{\bar{F}} = \mathbf{v}_{\bar{0}} + \boldsymbol{\Omega}_{\bar{0}} \times \bar{\mathbf{r}}$$

die *Führungsgeschwindigkeit* des überstrichenen Systems gegenüber dem unüberstrichenen, weil sie angibt, mit welcher Geschwindigkeit ein im überstrichenen System ruhender Punkt gegenüber dem unüberstrichenen System mitgeführt wird. Analog bezeichnet

$$\bar{\mathbf{v}}_F = \bar{\mathbf{v}}_0 + \bar{\boldsymbol{\Omega}}_0 \times \mathbf{r}$$

die Führungsgeschwindigkeit des unüberstrichenen Systems gegenüber dem überstrichenen.

Zusammenfassend stellen wir fest:

Satz 4.8: Zwischen der Geschwindigkeit $\mathbf{v} = \frac{D}{dt}\mathbf{r}$ eines Körperpunktes gegenüber dem unüberstrichenen System und der (Relativ-) Geschwindigkeit $\bar{\mathbf{v}} = \frac{\bar{D}}{dt}\bar{\mathbf{r}}$ desselben Körperpunktes gegenüber dem überstrichenen System gilt die Beziehung

$$\begin{aligned}\mathbf{v}(t) &= \mathbf{v}_{\bar{0}}(t) + \boldsymbol{\Omega}_{\bar{0}}(t) \times \bar{\mathbf{r}}(t) + \bar{\mathbf{v}}(t)\\ &= \mathbf{v}_{\bar{F}}(t) + \bar{\mathbf{v}}(t)\end{aligned}$$

mit

$$\mathbf{v}_{\bar{F}}(t) = \mathbf{v}_{\bar{0}}(t) + \boldsymbol{\Omega}_{\bar{0}}(t) \times \bar{\mathbf{r}}(t)$$

als *Führungsgeschwindigkeit* des überstrichenen Systems gegenüber dem unüberstrichenen.

Analog gilt

$$\begin{aligned}\bar{\mathbf{v}}(t) &= \bar{\mathbf{v}}_0(t) + \bar{\boldsymbol{\Omega}}_0(t) \times \mathbf{r}(t) + \mathbf{v}(t)\\ &= \bar{\mathbf{v}}_F(t) + \mathbf{v}(t)\end{aligned}$$

mit

$$\bar{\mathbf{v}}_F(t) = \bar{\mathbf{v}}_0(t) + \bar{\boldsymbol{\Omega}}_0(t) \times \mathbf{r}(t) = -\mathbf{v}_{\bar{F}}(t).$$

Dabei ist

$$\begin{aligned}\bar{\mathbf{v}}_0(t) &= -\mathbf{v}_{\bar{0}}(t) + \boldsymbol{\Omega}_{\bar{0}} \times \mathbf{r}_{\bar{0}}\\ \bar{\boldsymbol{\Omega}}_0(t) &= -\boldsymbol{\Omega}_{\bar{0}}(t).\end{aligned}$$

Die Beziehung zwischen den Beschleunigungen gegenüber den beiden Bezugssystemen ermitteln wir, indem wir noch einmal substantiell nach der Zeit differenzieren. Das ergibt

$$\begin{aligned}\frac{D}{dt}\mathbf{v} &= \frac{D}{dt}\mathbf{v}_{\bar{0}} + \frac{D}{dt}(\boldsymbol{\Omega}_{\bar{0}} \times \bar{\mathbf{r}}) + \frac{D}{dt}\bar{\mathbf{v}}\\ &= \frac{D}{dt}\mathbf{v}_{\bar{0}} + \frac{D}{dt}\boldsymbol{\Omega}_{\bar{0}} \times \bar{\mathbf{r}} + \boldsymbol{\Omega}_{\bar{0}} \times \frac{D}{dt}\bar{\mathbf{r}} + \frac{D}{dt}\bar{\mathbf{v}}.\end{aligned}$$

Beachten wir nun wiederum, daß

$$\frac{D}{dt}\overline{\mathbf{r}} = \overline{\mathbf{v}} + \boldsymbol{\Omega}_{\overline{0}} \times \overline{\mathbf{r}}$$

und

$$\frac{D}{dt}\overline{\mathbf{v}} = \frac{\overline{D}}{dt}\overline{\mathbf{v}} + \boldsymbol{\Omega}_{\overline{0}} \times \overline{\mathbf{v}}$$

ist und daß ferner

$$\frac{D}{dt}\boldsymbol{\Omega}_{\overline{0}} = \frac{\overline{D}}{dt}\boldsymbol{\Omega}_{\overline{0}} + \underbrace{\boldsymbol{\Omega}_{\overline{0}} \times \boldsymbol{\Omega}_{\overline{0}}}_{0}$$

ist, so daß wir

$$\frac{D}{dt}\boldsymbol{\Omega}_{\overline{0}} = \frac{\overline{D}}{dt}\boldsymbol{\Omega}_{\overline{0}} = \dot{\boldsymbol{\Omega}}_{\overline{0}}$$

schreiben können, so erhalten wir

$$\frac{D}{dt}\mathbf{v} = \frac{D}{dt}\mathbf{v}_{\overline{0}} + \dot{\boldsymbol{\Omega}}_{\overline{0}} \times \overline{\mathbf{r}} + \boldsymbol{\Omega}_{\overline{0}} \times [\boldsymbol{\Omega}_{\overline{0}} \times \overline{\mathbf{r}}] + 2\,\boldsymbol{\Omega}_{\overline{0}} \times \overline{\mathbf{v}} + \frac{\overline{D}}{dt}\overline{\mathbf{v}}.$$

Hierin stellt

$\frac{D}{dt}\mathbf{v} = \mathbf{a}$ die Beschleunigung gegenüber dem unüberstrichenen System,

$\frac{\overline{D}}{dt}\overline{\mathbf{v}} = \overline{\mathbf{a}}$ die Beschleunigung gegenüber dem überstrichenen System

dar. Den Ausdruck

$$\frac{D}{dt}\mathbf{v}_{\overline{0}} + \dot{\boldsymbol{\Omega}}_{\overline{0}} \times \overline{\mathbf{r}} + \boldsymbol{\Omega}_{\overline{0}} \times [\boldsymbol{\Omega}_{\overline{0}} \times \overline{\mathbf{r}}] = \mathbf{a}_{\overline{F}}$$

bezeichnen wir als *Führungsbeschleunigung*. Sie gibt an, welche Beschleunigung ein im überstrichenen System ruhender (d. h. mit diesem System mitgeführter) Punkt gegenüber dem unüberstrichenen System erfährt. Der Term

$$2\,\boldsymbol{\Omega}_{\overline{0}} \times \overline{\mathbf{v}} = \mathbf{a}_{\overline{C}}$$

ist die sogenannte *Coriolis-Beschleunigung* (nach *Coriolis* 1792–1843), die stets senkrecht auf der Geschwindigkeit $\overline{\mathbf{v}}$ steht, die der Körperpunkt gegenüber dem überstrichenen System besitzt.

Zusammenfassend können wir unsere Überlegungen, wie sich die Beschleunigung eines Körpers beim Übergang zu einem anderen Bezugssystem ändert, festhalten in dem

Satz 4.9: Zwischen der Beschleunigung $\mathbf{a} = \frac{D}{dt}\mathbf{v}$ eines Körperpunktes gegenüber dem unüberstrichenen System und der Beschleunigung $\bar{\mathbf{a}} = \frac{\bar{D}}{dt}\bar{\mathbf{v}}$ desselben Körperpunktes gegenüber dem überstrichenen System gilt die Beziehung

$$\mathbf{a}(t) = \frac{D}{dt}\mathbf{v}_{\bar{0}} + \dot{\boldsymbol{\Omega}}_{\bar{0}} \times \bar{\mathbf{r}} + \boldsymbol{\Omega}_{\bar{0}} \times [\boldsymbol{\Omega}_{\bar{0}} \times \bar{\mathbf{r}}]$$
$$+ 2\,\boldsymbol{\Omega}_{\bar{0}} \times \bar{\mathbf{v}} + \bar{\mathbf{a}}$$
$$= \mathbf{a}_{\bar{F}}(t) + \mathbf{a}_{\bar{C}}(t) + \bar{\mathbf{a}}(t),$$

wobei

$$\mathbf{a}_{\bar{F}}(t) = \frac{D}{dt}\mathbf{v}_{\bar{0}} + \dot{\boldsymbol{\Omega}}_{\bar{0}} \times \bar{\mathbf{r}} + \boldsymbol{\Omega}_{\bar{0}} \times [\boldsymbol{\Omega}_{\bar{0}} \times \bar{\mathbf{r}}]$$

die Führungsbeschleunigung des überstrichenen System gegenüber dem unüberstrichenen und

$$\mathbf{a}_{\bar{C}}(t) = 2\,\boldsymbol{\Omega}_{\bar{0}} \times \bar{\mathbf{v}}$$

die *Coriolis*-Beschleunigung aus der Rotation des überstrichenen Systems gegenüber dem unüberstrichenen System bezeichnet. Analog gilt

$$\bar{\mathbf{a}}(t) = \frac{\bar{D}}{dt}\bar{\mathbf{v}}_0 + \dot{\bar{\boldsymbol{\Omega}}}_0 \times \mathbf{r} + \bar{\boldsymbol{\Omega}}_0 \times [\bar{\boldsymbol{\Omega}}_0 \times \mathbf{r}]$$
$$+ 2\,\bar{\boldsymbol{\Omega}}_0 \times \mathbf{v} + \mathbf{a}$$
$$= \bar{\mathbf{a}}_F(t) + \bar{\mathbf{a}}_C(t) + \mathbf{a}(t)$$

mit

$$\bar{\mathbf{a}}_F(t) = \frac{\bar{D}}{dt}\bar{\mathbf{v}}_0 + \dot{\bar{\boldsymbol{\Omega}}}_0 \times \mathbf{r} + \bar{\boldsymbol{\Omega}}_0 \times [\bar{\boldsymbol{\Omega}}_0 \times \mathbf{r}]$$

$$\bar{\mathbf{a}}_C(t) = 2\,\bar{\boldsymbol{\Omega}}_0 \times \mathbf{v}.$$

Dabei ist

$$\bar{\mathbf{v}}_0(t) = -\mathbf{v}_{\bar{0}}(t) + \boldsymbol{\Omega}_{\bar{0}} \times \mathbf{r}_{\bar{0}}$$
$$\bar{\boldsymbol{\Omega}}_0(t) = -\boldsymbol{\Omega}_{\bar{0}}(t).$$

Wir entnehmen den vorstehenden Betrachtungen, daß alle bisher untersuchten Beziehungen (Transformationen, kinematische Beziehungen usw.), die für den Übergang von einem Bezugssystem zu einem andern gelten, unabhängig davon sind, welches Bezugssystem wir zum Ausgangspunkt unserer Betrachtungen machen.

Für den Übergang vom unüberstrichenen Bezugssystem zum überstrichenen gelten formal die gleichen Beziehungen wie beim umgekehrten Übergang; wir haben nur jeweils die unüberstrichenen Größen (bzw. Indices) gegen die überstrichenen auszutauschen und umgekehrt. Zu beachten ist aber, daß im allgemeinen

$$\mathbf{a}_{\overline{F}} \neq -\overline{\mathbf{a}}_F$$

und

$$\mathbf{a}_{\overline{C}} \neq -\overline{\mathbf{a}}_C$$

ist, wie anhand der Definitionen für diese Größen leicht nachzuprüfen ist.

Offen ist noch die Frage, ob und gegebenenfalls wie sich die Struktur der physikalischen Beziehungen zwischen den an einem Vorgang beteiligten physikalischen Größen beim Übergang zu einem andern Bezugssystem ändert. Insbesondere taucht in diesem Zusammenhang auch die Frage auf, ob es vielleicht besonders ausgezeichnete Bezugssysteme gibt, für die diese Beziehungen eine besonders einfache Form annehmen. Diesen Fragen wollen wir jetzt nachgehen und dabei insbesondere das Grundgesetz der Mechanik ins Auge fassen.
Wir sind in Abschnitt 1.2 davon ausgegangen, daß das Grundgesetz der Mechanik in der in den Sätzen 1.1 und 1.2 festgelegten Form in irgendeinem beliebigen Bezugssystem hinreichend genau gelten möge. Wir wählen dieses Bezugssystem als das unüberstrichene. In ihm möge also gelten:

Impulssatz: $$\frac{D}{dt}(dm\,\mathbf{v}) = dm\,\mathbf{a} = d\mathbf{F}\,,$$

Drallsatz: $$\frac{D}{dt}(\mathbf{r} \times dm\,\mathbf{v}) = \mathbf{r} \times dm\,\mathbf{a} = d\mathbf{M}_{(0)}\,.$$

Wir gehen nun zu irgendeinem andern – überstrichenen – Bezugssystem über und fragen danach, welche Form in diesem Bezugssystem der Impulssatz und der Drallsatz annehmen.

Wir beginnen damit, daß wir $\frac{D}{dt}\mathbf{v} = \mathbf{a}$ durch $\frac{\overline{D}}{dt}\overline{\mathbf{v}} = \overline{\mathbf{a}}$ ausdrücken. Dies führt mit

$$\mathbf{a} = \mathbf{a}_{\overline{F}} + \mathbf{a}_{\overline{C}} + \overline{\mathbf{a}}$$

nach entsprechender Umordnung beim *Impulssatz* auf

$$\frac{\overline{D}}{dt}(dm\,\overline{\mathbf{v}}) = dm\,\overline{\mathbf{a}} = d\mathbf{F} - dm\,\mathbf{a}_{\overline{F}} - dm\,\mathbf{a}_{\overline{C}}$$

und beim *Drallsatz* auf

$$\mathbf{r} \times \frac{\overline{D}}{dt}(dm\,\overline{\mathbf{v}}) = \mathbf{r} \times dm\,\overline{\mathbf{a}} = d\mathbf{M}_{(0)} - \mathbf{r} \times dm\,\mathbf{a}_{\overline{F}} - \mathbf{r} \times dm\,\mathbf{a}_{\overline{C}}\,.$$

Ersetzen wir beim Drallsatz $\mathbf{r}$ durch

$$\mathbf{r} = \mathbf{r}_{\bar{0}} + \bar{\mathbf{r}} \,,$$

so folgt zunächst

$$\begin{aligned} \bar{\mathbf{r}} \times \frac{\bar{\mathrm{D}}}{\mathrm{dt}} (\mathrm{dm}\, \bar{\mathbf{v}}) &= \frac{\bar{\mathrm{D}}}{\mathrm{dt}} (\bar{\mathbf{r}} \times \mathrm{dm}\, \bar{\mathbf{v}}) \\ &= \mathrm{d}\mathbf{M}_{(0)} - \mathbf{r}_{\bar{0}} \times \mathrm{dm} \underbrace{(\bar{\mathbf{a}} + \mathbf{a}_{\bar{\mathrm{F}}} + \mathbf{a}_{\bar{\mathrm{C}}})}_{\mathbf{a}} - \bar{\mathbf{r}} \times \mathrm{dm}\,(\mathbf{a}_{\bar{\mathrm{F}}} + \mathbf{a}_{\bar{\mathrm{C}}}). \end{aligned}$$

Nun ist bei Gültigkeit des *Boltzmann*-Axioms

$$\mathrm{d}\mathbf{M}_{(0)} = \mathbf{r} \times \mathrm{d}\mathbf{F} = \mathbf{r} \times \mathrm{dm}\, \mathbf{a}$$

und deshalb

$$\mathrm{d}\mathbf{M}_{(0)} - \mathbf{r}_{\bar{0}} \times \mathrm{dm}\, \mathbf{a} = (\mathbf{r} - \mathbf{r}_{\bar{0}}) \times \mathrm{d}\mathbf{F} = \mathrm{d}\mathbf{M}_{(\bar{0})} \,.$$

Darum nimmt schließlich der *Drallsatz* im überstrichenen System die Form an

$$\begin{aligned} \frac{\bar{\mathrm{D}}}{\mathrm{dt}} (\bar{\mathbf{r}} \times \mathrm{dm}\, \bar{\mathbf{v}}) = \bar{\mathbf{r}} \times \mathrm{dm}\, \bar{\mathbf{a}} &= \mathrm{d}\mathbf{M}_{(\bar{0})} - \bar{\mathbf{r}} \times (\mathrm{dm}\, \mathbf{a}_{\bar{\mathrm{F}}} + \mathrm{dm}\, \mathbf{a}_{\bar{\mathrm{C}}}) \\ &= \bar{\mathbf{r}} \times \{\mathrm{d}\mathbf{F} - \mathrm{dm}\, \mathbf{a}_{\bar{\mathrm{F}}} - \mathrm{dm}\, \mathbf{a}_{\bar{\mathrm{C}}}\} \,. \end{aligned}$$

Die von der Bewegung des überstrichenen Systems gegenüber dem unüberstrichenen System abhängigen Größen $\mathrm{dm}(-\mathbf{a}_{\bar{\mathrm{F}}})$ und $\mathrm{dm}(-\mathbf{a}_{\bar{\mathrm{C}}})$ sind in ihrer Wirkung – vom überstrichenen System aus betrachtet – nicht von anderen volumenhaft angreifenden Kräften zu unterscheiden. Das berechtigt uns

$$-\mathrm{dm}\, \mathbf{a}_{\bar{\mathrm{F}}} = \mathrm{dm}(-\mathbf{a}_{\bar{\mathrm{F}}}) = \mathrm{dm}\, \mathbf{f}_{\bar{\mathrm{F}}} = \mathrm{d}\mathbf{F}_{\bar{\mathrm{F}}} \qquad \textit{(Führungskraft)}$$

bzw.

$$-\mathrm{dm}\, \mathbf{a}_{\bar{\mathrm{C}}} = \mathrm{dm}(-\mathbf{a}_{\bar{\mathrm{C}}}) = \mathrm{dm}\, \mathbf{f}_{\bar{\mathrm{C}}} = \mathrm{d}\mathbf{F}_{\bar{\mathrm{C}}} \qquad \textit{(Coriolis-Kraft)}$$

zu setzen. Als Sammelbegriff wollen wir für diese Kräfte die Bezeichnung *Trägheitskräfte* benutzen, weil sie Trägheitswirkungen der Masse gegenüber Führungs- und *Coriolis*-Beschleunigung darstellen.

1. Anmerkung:

Die Bezeichnung *Führungskraft* rührt davon her, daß sie von der Führungsbeschleunigung des Systems verursacht ist. Diese allgemein übliche Bezeichnung ist jedoch nicht ganz glücklich gewählt, weil sie zu Verwechslungen mit den von kinematischen Bindungen verursachten *Reaktionen* führen kann, die im allgemeinen auch Führungskräfte genannt werden. Im Zweifelsfalle muß man deshalb näher erläutern, was jeweils gemeint ist.

2. Anmerkung:

Führungskräfte und *Coriolis*-Kräfte werden häufig als *Schein*kräfte bezeichnet, weil sie im unüberstrichenen System nicht auftreten. Für einen Beobachter im überstrichenen System sind sie aber durchaus reale Kräfte, und er kann sie in ihren Wirkungen nicht von anderen Kräften unterscheiden. Deshalb vermeiden wir hier diesen Ausdruck und benutzen dafür lieber die bereits eingeführte Bezeichnung *Trägheitskräfte*, die den Sachverhalt besser trifft.

Die verschiedenen Anteile der *Trägheitskräfte* lassen sich anschaulich deuten. Es ist

$- dm \frac{D}{dt} \mathbf{v}_{\bar{0}}$ der Anteil, der auf die Beschleunigung des Bezugspunktes $\bar{0}$ zurückgeht,

$- dm \, \dot{\boldsymbol{\Omega}}_{\bar{0}} \times \bar{\mathbf{r}}$ der aus der Winkelbeschleunigung des um $\bar{0}$ rotierenden überstrichenen Bezugssystems resultierende Anteil,

$- dm \, \boldsymbol{\Omega}_{\bar{0}} \times [\boldsymbol{\Omega}_{\bar{0}} \times \bar{\mathbf{r}}]$ die durch die Rotation des überstrichenen Bezugssystems um $\bar{0}$ hervorgerufene *Fliehkraft*.

$- 2 \, dm \, \boldsymbol{\Omega}_{\bar{0}} \times \bar{\mathbf{v}}$ die von der Rotation des überstrichenen Bezugssystems um $\bar{0}$ herrührende *Coriolis*-Kraft, die stets senkrecht zu $\bar{\mathbf{v}}$ wirkt und deshalb stets *leistungslos* ist und überdies verschwindet, wenn der Körperpunkt im überstrichenen System ruht.

Die Angaben über die Bewegung des überstrichenen Systems ($\mathbf{v}_{\bar{0}}$, $\boldsymbol{\Omega}_{\bar{0}}$) sind dabei immer relativ zum unüberstrichenen System zu verstehen.

Nach diesen Definitionen und Erläuterungen stellen wir zusammenfassend fest:

Satz 4.10: Das *Grundgesetz der Mechanik*, das im unüberstrichenen Bezugssystem

$$\frac{D}{dt}(dm \, \mathbf{v}) = d\mathbf{F} \qquad \text{(Teil A: \textit{Impulssatz})}$$

$$\frac{D}{dt}(\mathbf{r} \times dm \, \mathbf{v}) = d\mathbf{M}_{(0)} \qquad \text{(Teil B: \textit{Drallsatz})}$$

lautet, bleibt beim Übergang zu einem andern – gegenüber dem Ausgangssystem beliebig bewegten – (überstrichenen) Bezugssystem formal ungeändert, d. h. es gilt analog im überstrichenen Bezugssystem

$$\frac{\bar{D}}{dt}(dm \, \bar{\mathbf{v}}) = d\bar{\mathbf{F}} \qquad \text{(Teil A: \textit{Impulssatz})}$$

$$\frac{\bar{D}}{dt}(\bar{\mathbf{r}} \times dm \, \bar{\mathbf{v}}) = d\bar{\mathbf{M}}_{(\bar{0})} \qquad \text{(Teil B: \textit{Drallsatz}).}$$

Es ändern sich jedoch beim Übergang von einem zum andern Bezugssystem die *volumenhaft verteilt angreifenden Kräfte* (und deren Momente), und zwar gilt

$$d\bar{\mathbf{F}} = d\mathbf{F} \underbrace{- dm\,\mathbf{a}_{\bar{F}}}_{+d\mathbf{F}_{\bar{F}}} \underbrace{- dm\,\mathbf{a}_{\bar{C}}}_{+d\mathbf{F}_{\bar{C}}}$$

bzw.

$$d\mathbf{F} = d\bar{\mathbf{F}} \underbrace{- dm\,\bar{\mathbf{a}}_{F}}_{+d\bar{\mathbf{F}}_{F}} \underbrace{- dm\,\bar{\mathbf{a}}_{C}}_{+d\bar{\mathbf{F}}_{C}}$$

mit den in Satz 4.9 definierten *Führungs-* und *Coriolis-Beschleunigungen* $\mathbf{a}_{\bar{F}}$ und $\mathbf{a}_{\bar{C}}$ bzw. $\bar{\mathbf{a}}_F$ und $\bar{\mathbf{a}}_C$. Die *Coriolis*-Kraft $d\mathbf{F}_{\bar{C}}$ bzw. $d\bar{\mathbf{F}}_C$ ist in dem entsprechenden Bezugssystem stets leistungslos.
Die *flächenhaft verteilt angreifenden Kräfte* ändern sich beim Übergang zu einem andern Bezugssystem nicht.

Wir können die Aussagen des Satzes 4.10 auf den gesamten Körper ausdehnen, indem wir genau so verfahren, wie wir es in Abschnitt 1.3 getan haben. Wir brauchen das hier nicht im einzelnen nachzuvollziehen und wollen nur festhalten, daß für die Bewegung des *Massen-Mittelpunktes* daraus folgt:

Satz 4.11: *Massen-Mittelpunktsatz* beim Übergang zu einem andern Bezugssystem:

$$\frac{\bar{D}}{dt}(m\,\bar{\mathbf{v}}_M) = \bar{\mathbf{F}}^{(a)} = \mathbf{F}^{(a)} \underbrace{- m\,\mathbf{a}_{M\bar{F}}}_{+\mathbf{F}_{\bar{F}}} \underbrace{- m\,\mathbf{a}_{M\bar{C}}}_{+\mathbf{F}_{\bar{C}}}$$

bzw.

$$\frac{D}{dt}(m\,\mathbf{v}_M) = \mathbf{F}^{(a)} = \bar{\mathbf{F}}^{(a)} \underbrace{- m\,\bar{\mathbf{a}}_{MF}}_{+\bar{\mathbf{F}}_{F}} \underbrace{- m\,\bar{\mathbf{a}}_{M\bar{C}}}_{+\bar{\mathbf{F}}_{C}}.$$

Betont sei hier im übrigen noch einmal, daß – wie schon im Anschluß an Satz 4.9 festgestellt – im allgemeinen $\mathbf{a}_{\bar{F}} \neq -\bar{\mathbf{a}}_F$ und $\mathbf{a}_{\bar{C}} \neq -\bar{\mathbf{a}}_C$ ist.
Wir entnehmen dem Satz 4.10 als wesentlichstes Ergebnis, daß das Grundgesetz der Mechanik in gleicher Form in jedem Bezugssystem gilt. Wir haben nur darauf zu achten, daß wir jeweils die zugehörigen – vom Bezugssystem abhängigen – Kräfte in Rechnung stellen. Danach erscheinen grundsätzlich *alle Bezugssysteme gleichberechtigt*. Dennoch kann man die Frage aufwerfen, ob es irgendwie ausgezeichnete Bezugssysteme gibt, in denen die Kräfte, mit denen man zu rechnen

hat, sich auf ein Minimalsystem reduzieren bzw. besonders einfach werden. Dabei können wir gleich hinzufügen, daß für den Fall, daß es *ein* solches ausgezeichnetes Bezugssystem gibt, auch alle anderen diesem gegenüber gleichförmig (translatorisch) bewegten Bezugssysteme die gleiche Eigenschaft haben müssen, da sich beim Übergang von einem zum andern Bezugssystem dieser Klasse, also bei einer sogenannten *Galilei*-Transformation, die Kräfte nicht ändern.

Betrachtungen zu diesem Fragenkreis gehen vielfach davon aus, daß es *eine* Klasse von Bezugssystemen gäbe, in denen das *Galilei*sche *Beharrungsgesetz* gelte, welches besagt, daß der Massen-Mittelpunkt eines *kräftefreien Körpers* in gleichförmiger Bewegung beharrt. Diese Bezugssysteme werden *Inertialsysteme* genannt (*Inertia* = Trägheit). Nun gibt es aber *keinen* kräftefreien Raum. Deshalb können wir aufgrund einer solchen Definition kein Inertialsystem realiter festlegen.

Eine andere Definition von Inertialsystemen könnte von folgenden Überlegungen ausgehen. Beschreiben wir die Bewegung zweier Körper unter dem Einfluß der gegenseitigen Gravitation, so können wir feststellen, daß es – sofern keine weiteren von außen einwirkende Kräfte vorhanden sind – eine ausgezeichnete Klasse von Bezugssystemen gibt, in der nur die Gravitationskräfte wirksam sind. Die Bezugssysteme dieser Klasse sind jeweils durch *Galilei*-Transformationen miteinander verbunden. In allen nicht zu dieser Klasse gehörenden – also etwa in ihr gegenüber rotierenden – Bezugssystemen treten weitere Kräfte auf. Es liegt nun nahe, verallgemeinernd als *Inertialsysteme* alle solche Bezugssysteme zu definieren, in denen als *Feldkräfte nur* solche *Wechselwirkungen* wie Gravitationskräfte, elektro-statische Kräfte usw. vorkommen. Dazu kann man noch darauf hinweisen, daß die mit derartigen Kraftquellen verknüpften *Potentialdifferenzen* im Einzelfall jeweils *beschränkt* bleiben, was z. B. für das aus einer Rotation oder einer gleichförmigen Beschleunigung des Bezugssystems resultierende Potentialfeld nicht gilt. Aber auch diese Argumentation greift nicht durch. Zur konkreten Festlegung von Inertialsystemen aufgrund einer solchen Definition müßten nämlich alle *Kraftquellen* der Welt bekannt und ihre Wirkungen zahlenmäßig festgelegt sein. Dies ist jedoch weder praktisch noch theoretisch (die Welt der klassischen Mechanik ist unendlich!) zu realisieren.

Deshalb bleibt uns nur der Weg, in irgendeiner geeigneten Weise ein Bezugssystem zu fixieren, z. B. durch Bindung an die Erde, wobei alle Bezugssysteme prinzipiell als äquivalent zu betrachten sind, und *dann* die in diesem Bezugssystem wirkenden Kräfte, die neben den Wechselwirkungen der zu dem betrachteten mechanischen System gehörenden Körper auftreten, aus Beobachtungsergebnissen zu erschließen. Dabei bleibt es prinzipiell offen, ob diese Zusatzkräfte auf – bekannten oder unbekannten – Wechselwirkungen mit Körpern beruhen, die nicht zu dem betrachteten mechanischen System gehören, oder ob sie vom Bewegungszustand des Bezugssystems herrühren. Der systemgebundene Beobachter kann dies aus den beobachtbaren Wirkungen grundsätzlich nicht unterscheiden. Diese Auffassungsweise führt uns zu

---

Satz 4.12: *Allgemeines Relativitätsprinzip der klassischen Mechanik:*
Im Rahmen der klassischen Mechanik sind *alle Bezugssysteme grundsätzlich gleichberechtigt.* Beim Übergang von einem Bezugssystem zum andern ist lediglich die von der gegenseitigen Relativ-Bewegung der beiden Bezugssysteme abhängige Änderung der volumenhaft verteilt angreifenden Kräfte (entsprechend Satz 4.9) zu berücksichtigen.

Das allgemeine Relativitätsprinzip der klassischen Mechanik enthält einen *axiomatischen* Kern, der über die bisherigen Aussagen zum Grundgesetz der Mechanik hinausgeht. Es sind ja durchaus Massen-Anordnungen im Weltraum denkbar, die bestimmte Richtungen bevorzugt erscheinen lassen, was im übrigen nicht im Widerspruch zum Indifferenz-Prinzip für Raum und Zeit steht. Das allgemeine Relativitätsprinzip, das solche Strukturen als nicht existent ansieht, trägt deshalb die Bezeichnung *Prinzip* zurecht.
Eine ergänzende Bemerkung erfordern noch die *Energiebetrachtungen*. Die *Arbeit einer Kraft* ist – obwohl sie eine skalare Größe ist – abhängig vom Bezugssystem, da die kinematischen Größen vom Bezugssystem abhängen. Das gleiche gilt für das *Kräfte-Potential* und für die *kinetische Energie*. Zwar gilt der Energiesatz der Mechanik – wie das Grundgesetz – in jedem Bezugssystem, beim Übergang zu einem andern Bezugssystem transformieren sich jedoch auch die Energie-Austauschvorgänge. Es kann dabei z.B. auch ein konservatives (Teil-)System in ein nichtkonservatives übergehen und umgekehrt. Das ist bei Energiebetrachtungen zu beachten. Der scheinbare Widerspruch, daß eine skalare Größe – die Energie – nicht *invariant* ist, löst sich, wenn man die Zeit formal als vierte Koordinate einführt. Dann wird die kinetische Energie eine Komponente der Bewegungsgröße des Körperelementes.
Wir können in unsere Betrachtung auch allgemeinere Koordinatensysteme einbeziehen, auch solche, die sich mit der Zeit deformieren. Systematische Überlegungen in dieser Richtung, die die Invarianz gewisser Beobachtungsergebnisse in Rechnung stellen, sowie weiterführende Betrachtungen zum Charakter der Energie führen auf die *Einstein*sche *allgemeine Relativitätstheorie* hin. Darauf können wir hier jedoch nicht weiter eingehen.

4.5. Das Prinzip von d'Alembert

Verwenden wir ein (überstrichenes) Bezugssystem, das sich mit dem Massen-Mittelpunkt mitbewegt, so gilt für die Kinematik des Massen-Mittelpunktes in diesem Bezugssystem

$$\bar{\mathbf{v}}_M = \mathbf{0}; \quad \bar{\mathbf{a}}_M = \mathbf{0}; \quad \mathbf{a}_{M\bar{C}} = \mathbf{0}.$$

Daraus folgt

$$\mathbf{a}_{M\overline{F}} = \mathbf{a}_M .$$

Der *Massen-Mittelpunktsatz* nimmt deshalb im überstrichenen System die Form

$$\overline{\mathbf{F}} = \mathbf{F} - m\,\mathbf{a}_M = \mathbf{0}$$

an. Die Kinetik des Massen-Mittelpunktes wird somit im überstrichenen System zu einem statischen Problem: Die dem Massen-Mittelpunkt zugeordneten Kräfte des Ausgangssystems bilden mit der aus der Bewegung des Massen-Mittelpunktes resultierenden Trägheitskraft ein (zentrales) *Gleichgewichtssystem*. Das gilt für starre und für deformierbare Körper.

Die Betrachtungsweise können wir zunächst für *starre Körper* analog auch auf den *Drallsatz* übertragen, indem wir ein *körperfestes* (überstrichenes) *Bezugssystem* einführen, in dem der ganze Körper (und nicht nur der Massen-Mittelpunkt) ruht. In diesem körperfesten Bezugssystem bilden die – im allgemeinen verteilt angreifenden – Kräfte des Ausgangssystems mit den Trägheitskräften, die beim Übergang zum körperfesten Bezugssystem hinzukommen, ein *Gleichgewichtssystem* im Sinne der Stereo-Statik. Die *Stereo-Kinetik* ist deshalb durch den Übergang zu einem körperfesten Bezugssystem auf die *Stereo-Statik* zurückzuführen. Davon werden wir bei den Anwendungen häufig Gebrauch machen (vgl. hierzu insbesondere Abschnitt 5.3 und Kapitel 6).

Wir können diese Überlegungen weiterführen und auf *deformierbare Körper* ausdehnen. Auch für solche Körper lassen sich *körperfeste Koordinatensysteme* einführen, die nun freilich nicht mehr starr sind, sondern sich mit dem Körper deformieren. Wie wir formal mit solchen zeitveränderlichen, deformierbaren Koordinatensystemen umzugehen haben, brauchen wir hier nicht zu erörtern. Es genügt die Feststellung, daß bei Einführung eines solchen körperfesten Koordinatensystems das Grundgesetz der Mechanik für das Körperelement in die Form

$$d\overline{\mathbf{F}} = d\mathbf{F} - dm\,\mathbf{a} = \mathbf{0}$$
$$d\overline{\mathbf{M}}_{(0)} = \mathbf{r} \times (d\mathbf{F} - dm\,\mathbf{a}) = \mathbf{0}$$

übergeht. Daraus folgern wir, daß für ein solches *körperfestes Koordinatensystem* die am *Element* angreifenden Kräfte mit den Trägheitskräften ein *Gleichgewichtssystem* bilden. Es gilt also ganz allgemein

Satz 4.13: *Verallgemeinertes Prinzip von d'Alembert:*
Gehen wir bei der Untersuchung der Bewegung eines Körpers zu einem *körperfesten Bezugssystem* über, so bilden in diesem System die an einem Element des Körpers angreifenden Kräfte, die sich aus dem im Ausgangssystem vorhandenen Kräften und aus den beim Übergang zum körperfesten Bezugssystem hinzukommenden Trägheitskräften zusammensetzen, ein *Gleichgewichtssystem.*

Auf diese Weise sind kinetische Probleme auf statische Probleme zurückzuführen. Man bezeichnet deshalb diese Vorgehensweise auch als *Kineto-Statik.*
Die Kineto-Statik geht – historisch betrachtet – auf *Johann Bernoulli* (1667–1748) zurück. Sie wurde 1743 von *d'Alembert* (1717–1783) verallgemeinert und methodisch zu einem *Prinzip* ausgebaut. Dieses *Prinzip von d'Alembert* ist freilich in seiner originalen Fassung nicht identisch mit der Aussage des Satzes 4.13. Es stimmen jedoch die aus ihm – in einer verallgemeinerten Fassung – zu ziehenden Folgerungen im Hinblick auf die Anwendungen mit den aus Satz 4.13 zu ziehenden Folgerungen überein.
d'Alembert betrachtete in seiner Originalarbeit *Systeme von starren Körpern* und stellte fest, daß die an den einzelnen Körpern angreifenden *eingeprägten Kräfte* sich im allgemeinen nur zu einem Teil in Beschleunigungen dieser Körper auswirken. Der restliche Anteil dieser Kräfte geht für die Beschleunigungen gleichsam verloren. *d'Alembert* bezeichnete deshalb diese Kräfteanteile als *verlorene Kräfte*. Verallgemeinernd übertragen auf Massenelemente sind also diese definiert durch

$$\mathrm{d}\mathbf{F}^{(v)} = \mathrm{d}\mathbf{F}^{(e)} - \mathrm{d}m\,\mathbf{a}.$$

Nun besagt das

Prinzip von d'Alembert: In einem mechanischen System hält sich die Gesamtheit der *verlorenen Kräfte* (unter den gegebenen kinematischen Bindungen) das *Gleichgewicht*

Diese Aussage ist – wie man unmittelbar sieht – keineswegs mit Satz 4.13 identisch. Zunächst einmal redet das Prinzip von *d'Alembert* von der *Gesamtheit der verlorenen Kräfte*, in deren Definition nur die *eingeprägten Kräfte* eingehen, während in Satz 4.13 von den an *einem* Element angreifenden Kräften $\mathrm{d}\mathbf{F} - \mathrm{d}m\,\mathbf{a}$ die Rede ist, wobei $\mathrm{d}\mathbf{F}$ sowohl die *eingeprägten Kräfte* wie die *Reaktionen* umfaßt. Zum andern bilden in Satz 4.13 die an *einem* Element angreifenden Kräfte $\mathrm{d}\mathbf{F} - \mathrm{d}m\,\mathbf{a}$ ein *Gleichgewichtssystem*, während nach dem Prinzip von d'Alembert sich die *Gesamtheit aller verlorenen Kräfte* am *ganzen System* (unter den gegebenen Bindungen) das *Gleichgewicht* hält. Wir können jedoch das *Prinzip von d'Alembert* in die Aussage des Satzes 4.13 überführen, wenn wir das *Befreiungsprinzip* auf *jedes* Körperelement anwenden, denn dann werden die Reaktionen zu eingeprägten Kräften. Umgekehrt können wir *Satz 4.13*, der aus dem *allgemeinen Relativitätsprinzip der klassischen Mechanik* folgt, in das *Prinzip von d'Alembert mit* Hilfe *des Prinzips der virtuellen Arbeit* (das wir erst in Kapitel 9 einführen werden) überführen. Somit folgt, daß *Satz 4.13* und das *Prinzip von d'Alembert äquivalent* sind.
Den von uns ins Auge gefaßten Anwendungen steht die Aussage von Satz 4.13, die *unmittelbar* aus dem allgemeinen Relativitätsprinzip der klassischen Mechanik folgt und deshalb kein weiteres Prinzip enthält, näher. Dennoch behalten wir

dafür – dem allgemeinen Sprachgebrauch folgend – die Bezeichnung (verallgemeinertes) *Prinzip von d'Alembert* bei.

4.6. Einige Beispiele aus der Punkt-Kinetik

1. Beispiel:

In einem Rohr, das sich um eine vertikale Achse mit der konstanten Winkelgeschwindigkeit $\boldsymbol{\Omega}_{\bar{0}}$ dreht, gleitet reibungsfrei ein Körper, der als Massenpunkt zu betrachten sein möge (Abb. 4.7). Wir wollen ermitteln:

a) das Bewegungsgesetz des Körpers mit den Anfangsbedingungen

$$t = 0: \quad \bar{x} = \bar{x}_0$$
$$\dot{\bar{x}} = 0,$$

b) die Reaktionen die sich aus den kinematischen Bindungen ergeben.

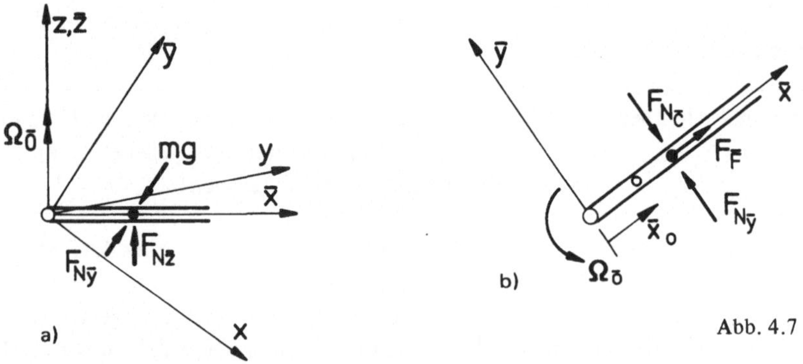

Abb. 4.7

Für die Bewegung des rotierenden überstrichenen Systems gegenüber dem erdfesten ruhenden System gilt

$$\mathbf{r}_{\bar{0}} = \mathbf{0} \quad \rightarrow \mathbf{v}_{\bar{0}} = \mathbf{0} \quad \rightarrow \frac{D}{dt}\mathbf{v}_{\bar{0}} = \mathbf{0}$$

$$\boldsymbol{\Omega}_{\bar{0}} = \Omega \mathbf{e}_z = \Omega \mathbf{e}_{\bar{z}}.$$

Die Bewegung des Körpers gegenüber dem rotierenden überstrichenen System beschreiben wir durch die Angabe von

Bahn:	$\mathbf{r}(t) = \bar{x}(t)\,\mathbf{e}_{\bar{x}}$
Geschwindigkeit:	$\bar{\mathbf{v}}(t) = \dot{\bar{x}}(t)\,\mathbf{e}_{\bar{x}}$
Beschleunigung:	$\bar{\mathbf{a}}(t) = \ddot{\bar{x}}(t)\,\mathbf{e}_{\bar{x}}.$

Im unüberstrichenen erdfesten System treten als Kräfte nur die Schwerkraft und die Reaktionen der kinematischen Bindungen auf. Zweckmäßig beziehen wir die Zahlenwerte dieser Kräfte auf die überstrichene Basis und erhalten so

$$\mathbf{F} = F_{N_{\bar{y}}}\,\mathbf{e}_{\bar{y}} + \{F_{N_{\bar{z}}} - mg\}\,\mathbf{e}_{\bar{z}}.$$

Anmerkung:

Hier müssen wir in der Bezeichnungsweise zwischen den *Reaktionen* $\mathbf{F}_N$ der *kinematischen Bindungen* (Führungen) und den von der Rotation des überstrichenen Systems herrührenden *Führungskräften* $\mathbf{F}_{\bar{F}}$ sorgfältig unterscheiden, um Mißverständnisse zu vermeiden.

Im überstrichenen System haben wir mit der resultierenden Kraft

$$\begin{aligned}\bar{\mathbf{F}} &= \mathbf{F} + \mathbf{F}_{\bar{F}} + \mathbf{F}_{\bar{C}}\\ &= \mathbf{F} - m\,\mathbf{a}_{\bar{F}} - m\,\mathbf{a}_{\bar{C}}\end{aligned}$$

zu rechnen. Dabei haben wir einzusetzen

als *Führungskraft:*

$$\begin{aligned}\mathbf{F}_{\bar{F}} &= -m\,\mathbf{a}_{\bar{F}}\\ &= -m\left\{\underbrace{\frac{D}{dt}\mathbf{v}_{\bar{0}}}_{0} + \underbrace{\dot{\boldsymbol{\Omega}}_{\bar{0}} \times \bar{\mathbf{r}}}_{0} + \boldsymbol{\Omega}_{\bar{0}} \times [\boldsymbol{\Omega}_{\bar{0}} \times \bar{\mathbf{r}}]\right\}\\ &= m\,\Omega^2\,\bar{x}\,\mathbf{e}_{\bar{x}}\end{aligned}$$

als *Coriolis-Kraft:*

$$\begin{aligned}\mathbf{F}_{\bar{C}} &= -m\,\mathbf{a}_{\bar{C}}\\ &= -m\,2\,\boldsymbol{\Omega}_{\bar{0}} \times \bar{\mathbf{v}}\\ &= -2m\,\Omega\,\dot{\bar{x}}\,\mathbf{e}_{\bar{y}}.\end{aligned}$$

Aus dem Massen-Mittelpunktsatz (Impulssatz) im überstrichenen Bezugssystem

$$m\,\bar{\mathbf{a}} = \bar{\mathbf{F}}$$

folgen die drei skalaren Gleichungen

$$\begin{aligned}m\ddot{\bar{x}} &= m\,\Omega^2\,\bar{x}\\ m\ddot{\bar{y}} &= F_{N_{\bar{y}}} - 2m\,\Omega\,\dot{\bar{x}} = 0\\ m\ddot{\bar{z}} &= F_{N_{\bar{z}}} - mg = 0.\end{aligned}$$

Das aus der ersten Gleichung sich ergebende kinematische *Bewegungsgesetz*

$$\boxed{\ddot{\bar{x}} - \Omega^2\,\bar{x} = 0}$$

hat die *allgemeine Lösung*

$$\bar{x}(t) = c_1\,e^{\Omega t} + c_2\,e^{-\Omega t}.$$

Aus den Anfangsbedingungen

$$t = 0: \qquad \bar{x} = \bar{x}_0 = c_1 + c_2$$
$$\dot{\bar{x}} = 0 \;\; = \Omega\,(c_1 - c_2)$$

ermitteln wir

$$c_1 = c_2 = \frac{1}{2}\,\bar{x}_0 .$$

Die Lösung lautet deshalb

$$\bar{x}(t) = \frac{1}{2}\,\bar{x}_0\,\{e^{\Omega t} + e^{-\Omega t}\} = \bar{x}_0 \cosh(\Omega t).$$

Aus den beiden andern Gleichungen ergibt sich dann für die *Reaktionen der kinematischen Bindungen*:

$$F_{N_{\bar{y}}} = 2\,m\,\Omega^2\,\bar{x}_0 \sinh(\Omega t)$$
$$F_{N_{\bar{z}}} = mg.$$

In dem vorliegenden Beispiel sind die in dem rotierenden Bezugssystem auftretenden eingeprägten Kräfte – mit Ausnahme der *Coriolis*-Kraft, die aber bei Energiebetrachtungen stets herausfällt, weil sie leistungslos ist – *Potentialkräfte*. Da das Potential der Schwerkraft bei der Drehung um eine vertikale Achse keine Änderung erfährt, brauchen wir hier nur die Potentialänderungen im Fliehkraftfeld zu berücksichtigen. Für diese gilt

$$\Phi(\bar{x}) - \Phi(\bar{x}_0) = -\int_{\bar{x}_0}^{\bar{x}} F_{F_{\bar{x}}}\, d\bar{x} = -\int_{\bar{x}_0}^{\bar{x}} m\,\Omega^2\,\bar{x}\, d\bar{x}$$
$$= -\frac{1}{2}\, m\,\Omega^2\,(\bar{x}^2 - \bar{x}_0^2).$$

Gehen wir damit in den Energiesatz, so folgt

$$E(\bar{x}) + \Phi(\bar{x}) - \Phi(\bar{x}_0) = E(\bar{x}_0),$$

d. h.

$$\frac{1}{2}\, m\,(\dot{\bar{x}})^2 - \frac{1}{2}\, m\,\Omega^2\,(\bar{x}^2 - \bar{x}_0^2) = 0.$$

Daraus ergibt sich

$$\dot{\bar{x}}(\bar{x}) = \Omega\,\sqrt{\bar{x}^2 - \bar{x}_0^2}\,.$$

Angemerkt sei noch folgendes. Im rotierenden, überstrichenen Bezugssystem leisten die Reaktionen $F_{N\bar{y}}$ und $F_{N\bar{z}}$ der kinematischen Bindungen keine Arbeit, da in diesem Bezugssystem die Bindungen unabhängig von der Zeit sind. Im ruhenden, unüberstrichenen System leistet hingegen $F_{N\bar{y}}$ (nicht $F_{N\bar{z}}$!) Arbeit. Dennoch können wir, solange wir nur den Körper im Rohr betrachten, $F_{N\bar{y}}$ weiterhin als Reaktion einer kinematischen Bindung betrachten, die nun allerdings zeitveränderlich ist und deshalb Arbeit leistet. Beziehen wir jedoch das Rohr selbst in das zu betrachtende mechanische System ein, so werden die zwischen Rohr und Körper wirkenden Kräfte zu Wechselwirkungen zwischen Körper und Führung, deren Gesamt-Arbeit im unüberstrichenen wie im überstrichenen System verschwindet. Die das Rohr antreibenden Kräfte bzw. Momente sind im unüberstrichenen System eingeprägte Kräfte, im überstrichenen System hingegen Reaktionen auf die dort wirkenden Kräfte, nämlich die Fliehkraft und die *Coriolis*-Kraft. Wir sehen also, daß die Bedeutung der Kräfte sich mit der Änderung des Bezugssystems ebenfalls ändern kann.

2. Beispiel:

Ein Fahrzeug (z.B. ein Zug), das wir als Massenpunkt betrachten wollen, sei auf der Erdoberfläche in meridianer Richtung geführt und bewege sich mit konstanter Geschwindigkeit $\bar{v}$ von Norden nach Süden (Abb. 4.8). Gesucht sind die Reaktionskräfte der kinematischen Bindungen.
Wir benutzen ein unüberstrichenes Koordinatensystem, dessen Ursprung mit dem Erdmittelpunkt 0 zusammenfallen und das gegenüber dem Fixsternhimmel rotationsfrei sein möge. Den Einfluß der Bewegung der Erde um die Sonne vernachlässigen wir. Gegenüber diesem System rotiert die Erde mit der Winkelgeschwindigkeit $\boldsymbol{\Omega}_{\bar{0}} = \Omega\, \mathbf{e}_z$. Das ist auch die Winkelgeschwindigkeit des erdfesten überstrichenen Koordinatensystems, dessen Ursprung $\bar{0}$ momentan mit dem Ort des Fahrzeuges übereinstimmen möge, so daß in dem betrachteten Augenblick $\bar{r} = 0$ ist.

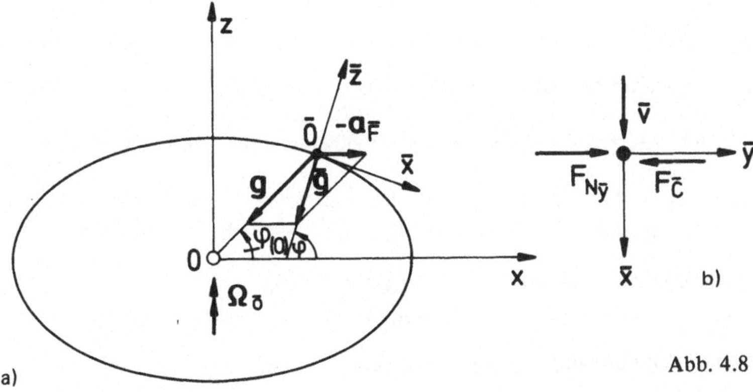

Abb. 4.8

Wir wollen nun an dieser Stelle eine kurze Zwischenbetrachtung einschieben. Auf einen im Ursprung $\overline{0}$ des überstrichenen Bezugssystems ruhenden Massenpunkt wirken ein (vgl. Abb. 4.8a):

die *Gravitationskraft* $\mathbf{G} = m\mathbf{g}$,

die auf den Erdmittelpunkt gerichtet ist, und

$$\text{die } \textit{Führungskraft } \mathbf{F}_{\overline{F}} = -m\,\mathbf{a}_{\overline{F}} = -m\,\frac{D}{dt}\mathbf{v}_{\overline{0}}$$

$$= m\,\Omega^2\,R(\varphi_{(0)})\cos\varphi_{(0)}\,\mathbf{e}_x\,.$$

Gravitationskraft $\mathbf{G}$ und Führungskraft $\mathbf{F}_{\overline{F}}$ ergeben zusammen eine resultierende Gewichtskraft

$$\overline{\mathbf{G}} = \mathbf{G} + \mathbf{F}_{\overline{F}} = m(\mathbf{g} - \mathbf{a}_F) = m\overline{\mathbf{g}}\,.$$

Die Richtung von $\overline{\mathbf{g}}$ ist die Richtung, in die sich ein *Lot* an dem betreffenden Punkt der Erdoberfläche einstellt. *Näherungsweise* nehmen wir an, daß die ideelle Erdoberfläche jeweils senkrecht zu dieser Lotrichtung sei. Der zugehörige Winkel φ, der die *geographische Breite* von $\overline{0}$ bestimmt, ist etwas größer als die geozentrische Breite $\varphi_{(0)}$. Der Unterschied ist jedoch gering. Wir finden

$$\epsilon \approx \sin\epsilon = \sin\varphi_{(0)}\,\frac{\Omega^2\,R}{|\overline{\mathbf{g}}|}\cos\varphi_{(0)}$$

$$= \frac{\Omega^2\,R}{2\overline{g}}\sin 2\varphi_{(0)}\,.$$

Auch der Unterschied der Beträge von $\mathbf{g}$ und $\overline{\mathbf{g}}$ ist sehr klein. Als maximale relative Abweichung erhalten wir für $\varphi_{(0)} = 0$ (mit $\Omega = 7{,}292\cdot 10^{-5}\ s^{-1}$, $g = 9{,}78\ ms^{-2}$ und $R = 6{,}378\cdot 10^6\ m$):

$$\frac{|\mathbf{g}| - |\overline{\mathbf{g}}|}{|\mathbf{g}|} = \frac{\Omega^2\,R}{g} = 3{,}47\cdot 10^{-3}\,.$$

Anmerkung:

Allgemein können wir für genauere Rechnungen
$R = 6{,}378\,388\cdot(1 - 0{,}003\,367\sin^2\varphi_{(0)} + 0{,}000\,007\,1\sin^2 2\varphi_{(0)})\cdot 10^6\ m$
und $\overline{g} = 9{,}780\,49\,(1 + 0{,}005\,288\,4\sin^2\varphi_{(0)} - 0{,}000\,005\,9\sin^2 2\varphi_{(0)})\ ms^{-2}$ setzen.

Wir gehen nun dazu über, die auf das Fahrzeug im überstrichenen (erdfesten) örtlichen Bezugssystem einwirkenden Kräfte zu betrachten. Diese sind:

resultierende Gewichtskraft: $\overline{\mathbf{G}} = m(\mathbf{g} - \mathbf{a}_{\overline{F}}) = m\overline{\mathbf{g}}$
$= -m\overline{g}\,\mathbf{e}_{\overline{z}}$

Reaktionen der Führung: $\mathbf{F}_N = F_{N_{\overline{y}}}\,\mathbf{e}_{\overline{y}} + F_{N_{\overline{z}}}\,\mathbf{e}_{\overline{z}}$

Coriolis-Kraft:
$$\mathbf{F}_{\bar{C}} = -m\,\mathbf{a}_{\bar{C}} = -m\,2\,\Omega_{\bar{0}} \times \bar{v}$$
$$= -2\,m\,\Omega\,\bar{v}\sin\varphi\,\mathbf{e}_{\bar{y}}.$$

Der *Impulssatz* (Massen-Mittelpunktsatz) liefert im überstrichenen System mit diesen Kräften die drei skalaren Gleichungen

$$m\ddot{\bar{x}} = 0$$
$$m\ddot{\bar{y}} = 0 = F_{N\bar{y}} - 2\,m\,\Omega\,\bar{v}\sin\varphi$$
$$m\ddot{\bar{z}} = -m\,\frac{\bar{v}^2}{R} = -m\bar{g} + F_{N\bar{z}}.$$

Daraus ergeben sich die gesuchten Kräfte

$$F_{N\bar{y}} = 2\,m\,\Omega\,\bar{v}\sin\varphi = -F_{\bar{C}}$$
$$F_{N\bar{z}} = m\left\{\bar{g} - \frac{\bar{v}^2}{R}\right\} \approx m\bar{g}.$$

Aus der Gleichung für $F_{N\bar{y}}$ entnehmen wir, daß die auftretende *Coriolis*-Kraft das Fahrzeug auf der nördlichen Halbkugel in Fahrtrichtung gesehen jeweils nach rechts drängt (auf der südlichen Halbkugel nach links). Die Reaktionen sind dementsprechend entgegengesetzt gerichtet. Die *Coriolis*-Kraft führt zu einer unsymmetrischen Belastung der Führung, die z. B. bei Eisenbahnen einen unterschiedlichen Verschleiß der beiden Schienen, bei Flüssen eine unterschiedliche Erosion der beiden Flußufer zur Folge hat.

Für das Verhältnis der *Coriolis*-Kräfte zum Gewicht gilt

$$\frac{F_{\bar{C}}}{\bar{G}} = \frac{2\,\Omega\,\bar{v}\sin\varphi}{\bar{g}}.$$

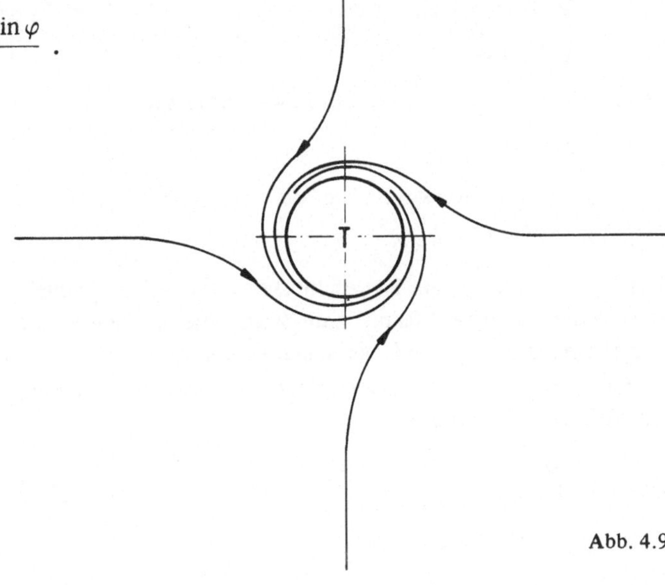

Abb. 4.9

Bei $\varphi = 50^\circ$ und $\overline{v} = 30$ m/s ergibt das etwa

$$\frac{F_{\overline{C}}}{\overline{G}} = 0{,}34 \cdot 10^{-3}\,.$$

Die aus der Erddrehung folgenden *Coriolis*-Kräfte sind also in der Regel relativ sehr klein; dennoch sind ihre Dauerfolgen durchaus feststellbar. Angemerkt sei noch, daß bei den Luftströmungen in der Atmosphäre die Auswirkungen der *Coriolis*-Kräfte weit stärker in Erscheinung treten, wie man an der Ausbildung von Zyklonen bei Tiefdruck-Gebieten erkennt (Abb. 4.9).

3. Beispiel:

Wir untersuchen den freien Fall unter Berücksichtigung der Erddrehung. Den Luftwiderstand wollen wir dabei vernachlässigen. Wenn wir uns auf relativ kleine Fallhöhen beschränken, können wir die Veränderung der Fallbeschleunigung g und der Führungsbeschleunigung $\mathbf{a}_{\overline{F}}$ mit dem Abstand von der Erdoberfläche außer Acht lassen.

Den gleichen Überlegungen wie beim vorhergehenden Beispiel folgend (vgl. dazu auch Abb. 4.8a) erhalten wir

$$\begin{aligned} m\,\overline{\mathbf{a}} &= m\mathbf{g} - m\,\mathbf{a}_{\overline{F}} - m\,\mathbf{a}_{\overline{C}} \\ &= m\overline{\mathbf{g}} - m\,2\,\boldsymbol{\Omega}_{\overline{0}} \times \overline{\mathbf{v}} \end{aligned}$$

und daraus mit

$$\begin{aligned} \boldsymbol{\Omega}_{\overline{0}} &= \Omega\,\{-\cos\varphi\,\mathbf{e}_{\overline{x}} + \sin\varphi\,\mathbf{e}_{\overline{z}}\} \\ \overline{\mathbf{v}} &= \dot{\overline{x}}\,\mathbf{e}_{\overline{x}} + \dot{\overline{y}}\,\mathbf{e}_{\overline{y}} + \dot{\overline{z}}\,\mathbf{e}_{\overline{z}} \\ \overline{\mathbf{g}} &= -\overline{g}\,\mathbf{e}_{z} \end{aligned}$$

die drei skalaren *Gleichungen des Bewegungsgesetzes*

$$\begin{aligned} \ddot{\overline{x}} &= 2\,\Omega\,\sin\varphi\,\dot{\overline{y}} \\ \ddot{\overline{y}} &= -2\,\Omega\,\sin\varphi\,\dot{\overline{x}} - 2\,\Omega\,\cos\varphi\,\dot{\overline{z}} \\ \ddot{\overline{z}} &= -\overline{g} + \Omega\,\cos\varphi\,\dot{\overline{y}}\,. \end{aligned}$$

Dieses Gleichungssystem ist geschlossen integrierbar. Schneller kommt man jedoch durch eine iterative Lösung zum Ziele, die im allgemeinen bereits im zweiten Schritt eine ausreichende Genauigkeit liefert.

Im ersten Schritt vernachlässigen wir die *Coriolis*-Beschleunigung und erhalten mit den Anfangsbedingungen

$$t = 0: \qquad \begin{aligned} \overline{x} &= 0, & \dot{\overline{x}} &= 0 \\ \overline{y} &= 0, & \dot{\overline{y}} &= 0 \\ \overline{z} &= h, & \dot{\overline{z}} &= 0 \end{aligned}$$

als *erste Näherung*

$$\dot{\bar{x}} = \dot{\bar{y}} = 0$$
$$\dot{\bar{z}} = -\bar{g}t.$$

Damit gehen wir wieder in das Gleichungssystem und finden als *zweite Näherung*

$$\dot{\bar{x}} = 0$$
$$\dot{\bar{y}} = \Omega \cos\varphi\, \bar{g} t^2$$
$$\dot{\bar{z}} = -\bar{g}t.$$

Die zweite Integration in diesem Näherungsschritt liefert

$$\bar{x} = 0$$
$$\bar{y} = \frac{1}{3} \Omega \cos\varphi\, \bar{g} t^3$$
$$\bar{z} = h - \frac{1}{2} \bar{g} t^2.$$

Am Ende des Fallweges ($\bar{z} = 0$) ist

$$h = \frac{1}{2} \bar{g} t^2 \rightarrow t = \sqrt{\frac{2h}{\bar{g}}}.$$

Dazu gehört eine *Ostablenkung*

$$\bar{y} = \frac{1}{3} \Omega \cos\varphi\, \bar{g} \left[\frac{2h}{\bar{g}}\right]^{3/2}$$
$$= \frac{2}{3} \sqrt{2} \sqrt{\frac{\Omega^2 h}{\bar{g}}}\; h \cos\varphi.$$

Für $h = 100$ m und $\varphi = 50^\circ$ bedeutet dies

$$\bar{y} = 1{,}41 \cdot 10^{-2} \text{ m}.$$

Wir können die Iteration weiterführen und die im zweiten Schritt gefundenen Lösungen wieder in das Gleichungssystem einspeisen. Die damit zu erzielende Verbesserung ist jedoch im allgemeinen vernachlässigbar gering. Für die *Südabweichung* liefert sie

$$\bar{x} = \frac{1}{3} \frac{\Omega^2 h^2}{\bar{g}} \sin 2\varphi.$$

Das entspricht bei den oben angegebenen Zahlenwerten von h und φ einer Strecke von

$$\bar{x} = 1{,}78 \cdot 10^{-6} \text{ m},$$

die praktisch bedeutungslos ist.

Fragen:

1. Wie transformiert sich eine orthonormale Basis bei einer reinen Drehung? Welche Beziehung gilt für die Determinante der Transformations-Matrix?
2. Welche Beziehungen bestehen zwischen der Transformation einer orthonormalen Basis und der inversen Transformation?
3. Wie transformieren sich die Zahlenwerte einer vektoriellen Größe, die auf eine orthonormale Basis bezogen sind, bei einer Drehung dieser Basis?
4. Wie verhalten sich skalare Größen bei einer Änderung des Bezugssystems?
5. Warum müssen wir bei gegeneinander bewegten Bezugssystemen hinsichtlich der substantiellen Differentiation einer vektoriellen Größe unterscheiden, auf welches System sie bezogen werden soll? Wie sind die verschiedenen substantiellen Differentiationen definiert? Welche allgemeine Beziehung besteht zwischen ihnen?
6. Welche Beziehungen bestehen zwischen den kinematischen Größen (Ortsvektor, Geschwindigkeit, Beschleunigung) eines materiellen Punktes, wenn diese auf zwei verschiedene, gegeneinander bewegte Bezugssysteme bezogen sind? Welche Bedeutung haben die Begriffe *Führungsgeschwindigkeit, Führungsbeschleunigung*? Wie ist die *Coriolis-Beschleunigung* definiert?
7. Was ändert sich am Grundgesetz der Mechanik, wenn wir zu einem andern Bezugssystem übergehen? Was bleibt unverändert?
8. Was verstehen wir beim Übergang zu einem andern Bezugssystem unter *Führungskraft* bzw. *Coriolis-Kraft*? Ist die hier gemeinte Führungskraft identisch mit der bei einer kinematisch gebundenen (geführten) Bewegung entstehenden Reaktion der Führung?
9. Welche Form nimmt der Impulssatz in einem Bezugssystem an, das sich mit dem Massen-Mittelpunkt mitbewegt?
10. Warum ändern sich Größen wie Leistung, Arbeit, Potential beim Übergang zu einem andern Bezugssystem, obwohl sie skalare Größen sind?
11. Was besagt das Prinzip von *d'Alembert* in seiner verallgemeinerten Fassung für das – isoliert betrachtete – Massenelement? Was besagt das Prinzip in seiner ursprünglichen Form?

5. Allgemeine Grundlagen der Kinetik starrer Körper

5.1. Allgemeines zur Kinematik starrer Körper

In Band I (Abschnitt 5.2) haben wir gezeigt, daß jede *Lageänderung eines starren Körpers* dargestellt werden kann als Überlagerung einer *Translation*, bei der alle Punkte die gleiche Verschiebung erfahren, und einer *Rotation* (Drehung um eine Achse), bei der alle Körperpunkte sich auf Kreisbahnen um die Drehachse verschieben (Abb. 5.1). Daraus ergibt sich für die Darstellung des *Geschwindigkeitszustandes* eines *starren Körpers* (Abb. 5.2)

Satz 5.1: Jeder *Geschwindigkeitszustand eines starren Körpers* ist in der Form

$$\mathbf{v}(\mathbf{r}, t) = \mathbf{v}_{\bar{0}}(t) + \boldsymbol{\omega}(t) \times (\mathbf{r}(t) - \mathbf{r}_{\bar{0}}(t))$$

darstellbar, wobei

$\mathbf{v}_{\bar{0}}(t)$ die Geschwindigkeit eines beliebigen Punktes $\bar{0}$ des Körpers und

$\boldsymbol{\omega}(t)$ die Winkelgeschwindigkeit der Rotation

ist.

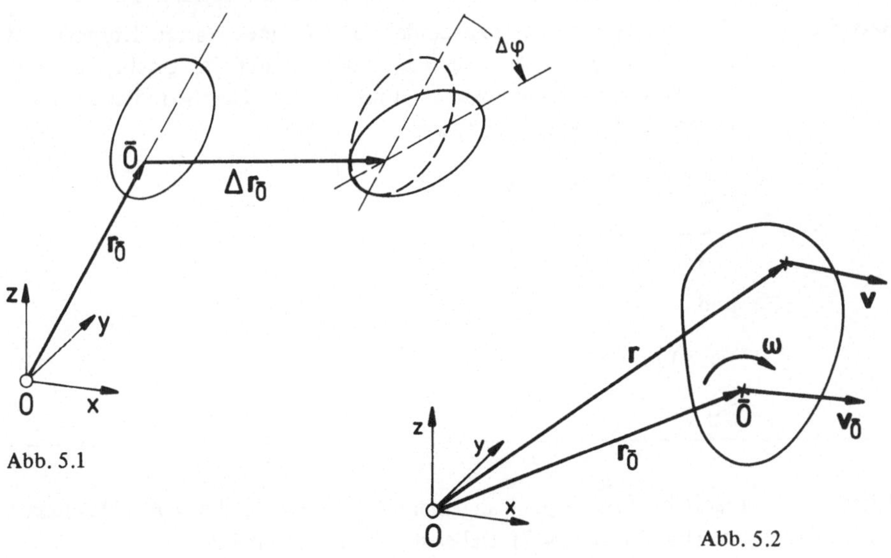

Abb. 5.1

Abb. 5.2

In Abb. 5.2 ist der Geschwindigkeitszustand als Summe von Translationsbewegung mit der Geschwindigkeit $\mathbf{v}_{\overline{0}}$ und Rotation mit der Winkelgeschwindigkeit $\boldsymbol{\omega}$ um eine durch den Punkt $\overline{0}$ gehende Achse dargestellt. Wir können jedoch auch jeden anderen Punkt, also beispielsweise den (körperfesten) Massen-Mittelpunkt M für diese Darstellung wählen und erhalten dann

$$\mathbf{v}(\mathbf{r}, t) = \mathbf{v}_M + \boldsymbol{\omega} \times (\mathbf{r} - \mathbf{r}_M).$$

Den Übergang von der einen zur andern Darstellungsweise erhalten wir, indem wir zur ersten Gleichung $\boldsymbol{\omega} \times \mathbf{r}_M - \boldsymbol{\omega} \times \mathbf{r}_M$ addieren und dann entsprechend neu zusammenfassen:

$$\begin{aligned}\mathbf{v} &= \mathbf{v}_{\overline{0}} + \boldsymbol{\omega} \times (\mathbf{r} - \mathbf{r}_{\overline{0}}) + \boldsymbol{\omega} \times \mathbf{r}_M - \boldsymbol{\omega} \times \mathbf{r}_M \\ &= \underbrace{\mathbf{v}_{\overline{0}} + \boldsymbol{\omega} \times (\mathbf{r}_M - \mathbf{r}_{\overline{0}})}_{\mathbf{v}_M} + \boldsymbol{\omega} \times (\mathbf{r} - \mathbf{r}_M).\end{aligned}$$

Wir können die Geschwindigkeit jedes Körperpunktes in eine beliebige Anzahl von Komponenten zerlegen, deren vektorielle Summe gleich der gegebenen Geschwindigkeit ist (vgl. Band I, Satz 5.2). Daraus ist abzuleiten, daß auch jeder Geschwindigkeitszustand eines starren Körpers in verschiedene Anteile aufgespalten werden kann. Davon haben wir bereits bei der Aufteilung in Translation und Rotation Gebrauch gemacht und dabei gesehen, daß diese Aufteilung in verschiedener Weise möglich ist. Die Weiterverfolgung dieser Überlegungen führt uns zu

---

Satz 5.2: Zwei Geschwindigkeitszustände i und k eines starren Körpers sind äquivalent, wenn sie übereinstimmen in der vektoriellen Summe der Winkelgeschwindigkeiten und in der Geschwindigkeit *eines* beliebigen Punktes $\overline{0}$, d. h. wenn

$$\underbrace{\sum_r \boldsymbol{\omega}_{ir}}_{\boldsymbol{\omega}_i} = \underbrace{\sum_s \boldsymbol{\omega}_{ks}}_{\boldsymbol{\omega}_k} = \boldsymbol{\omega}$$

und

$$\mathbf{v}_{\overline{0}_i} = \mathbf{v}_{\overline{0}_k} = \mathbf{v}_{\overline{0}}$$

ist.

Dieser Satz entspricht formal dem allgemeinen (stereostatischen) Äquivalenzsatz für Kräftesysteme (Band I, Satz 4.7). Dabei stehen sich gegenüber:

Stereo-Dynamik	*Stereo-Kinematik*
Kraft $\mathbf{F}_i$	Winkelgeschwindigkeit $\boldsymbol{\omega}_i$
Moment $\mathbf{M}_{(0)}$ (in Bezug auf einen beliebigen Punkt)	Geschwindigkeit $\mathbf{v}_{\bar{0}}$ eines beliebigen Punktes

Die Gegenüberstellung läßt sich weiter fortsetzen. So entspricht z. B., wie wir noch sehen werden, dem vom Bezugspunkt unabhängigen Moment eines Kräftepaares ($\mathbf{F}_2 = -\mathbf{F}_1$) die von einem Winkelgeschwindigkeitspaar ($\boldsymbol{\omega}_2 = -\boldsymbol{\omega}_1$) erzeugte – für alle Punkte des Körpers gleiche – Translationsgeschwindigkeit. Ganz allgemein können wir jedem Satz der *Stereo-Statik* (genauer: *Stereo-Dynamik*) einen korrespondierenden Satz der *Stereo-Kinematik* gegenüberstellen. Man bezeichnet solche korrespondierenden Sätze auch als *duale Sätze.*

Die Bewegung eines starren Körpers kann *frei* (Freiheitsgrad $\lambda = 6$) oder *kinematisch gebunden* sein (Freiheitsgrad $\lambda < 6$). Wir verzichten an dieser Stelle darauf, systematisch zu erörtern, wie sich *kinematische Bindungen* von starren Körpern (oder allgemeiner: von Systemen starrer Körper) beschreiben lassen. Es genügt hier der Hinweis, daß sich die Begriffe, die wir im Rahmen der Kinematik der allgemeinen Punkt-Bewegung eingeführt haben, auf die Kinematik der starren Körper – entsprechend verallgemeinert – übertragen lassen. Wir kommen darauf in Kapitel 10 zurück.

5.2. Massen-Trägheitsmomente

5.2.1. Definitionen und allgemeine Sätze

In die kinetischen Aussagen über die Bewegung starrer Körper gehen nur gewisse Integrale über die Massenverteilung im Körper ein. Wir brauchen also die Massenverteilung $\rho(\mathbf{r})$ nicht im einzelnen zu kennen, sondern nur bestimmte Momente n-ten Grades (vgl. hierzu Band I, Kapitel 7). Als solche sind uns schon begegnet:

Moment 0. Grades: $$\int_V \rho \, dV = \int_V dm = m \quad \rightarrow \quad m\text{: } \textit{Masse}$$

Moment 1. Grades: $$\int_V \mathbf{r} \rho \, dV = \int_V \mathbf{r} \, dm = m \mathbf{r}_M \quad \rightarrow \quad \mathbf{r}_M\text{: } \textit{Massen-Mittelpunkt.}$$

Wir benötigen für die Kinetik starrer Körper im folgenden noch *Massenmomente 2. Grades*, die wir wie folgt einführen (Abb. 5.3):

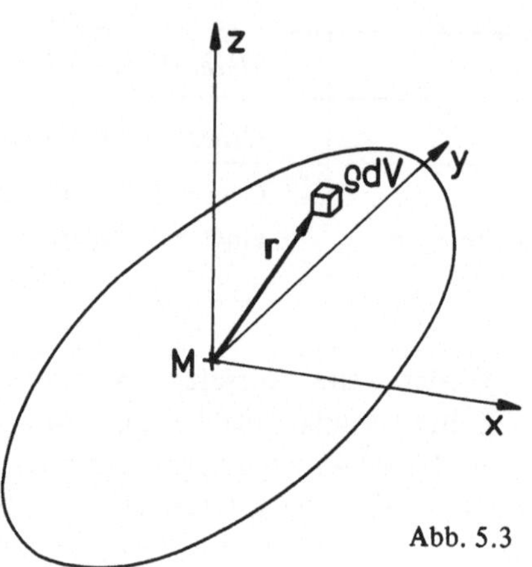

Abb. 5.3

Definition 5.1: Als *Massen-Trägheitsmomente* – bezogen auf ein kartesisches Bezugssystem $x_i (x_1 = x,\ x_2 = y,\ x_3 = z)$, dessen Ursprung mit dem Massen-Mittelpunkt zusammenfällt – definieren wir die Größen

$$\theta_{ik} = \int_V \left\{ \sum_r x_r x_r \delta_{ik} - x_i x_k \right\} \rho \, dV \quad (\textit{Größenart}: [ML^2]).$$

δ_{ik} bezeichnet hierin das sogenannte *Kronecker*-Delta:

$$\delta_{ik} = \begin{cases} 1 & \text{für } i = k \\ 0 & \text{für } i \neq k. \end{cases}$$

Aufgrund dieser Definition erhalten wir (mit $\theta_{11} = \theta_{xx}, \theta_{12} = \theta_{xy}$ usw.)

$\theta_{xx} = \int_V (y^2 + z^2)\, dm \geqslant 0$	$\theta_{xy} = \theta_{yx} = -\int_V xy\, dm \lesseqgtr 0$
$\theta_{yy} = \int_V (z^2 + x^2)\, dm \geqslant 0$	$\theta_{yz} = \theta_{zy} = -\int_V yz\, dm \lesseqgtr 0$
$\theta_{zz} = \int_V (x^2 + y^2)\, dm \geqslant 0$	$\theta_{zx} = \theta_{xz} = -\int_V zx\, dm \lesseqgtr 0$

Wir können diese Massen-Trägheitsmomente auch in einer symmetrischen Matrix anordnen, die dann folgende Form annimmt:

$$\theta_{ik} = \begin{bmatrix} \theta_{xx} & \theta_{xy} & \theta_{xz} \\ \theta_{yx} & \theta_{yy} & \theta_{yz} \\ \theta_{zx} & \theta_{zy} & \theta_{zz} \end{bmatrix}.$$

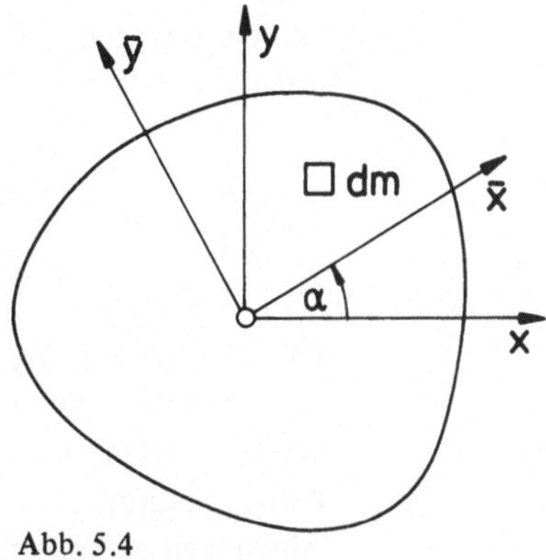

Abb. 5.4

Bei einer *Drehung des Bezugssystems* ändern sich die Massen-Trägheitsmomente. Beispielsweise finden wir für eine Drehung um die z-Achse (Abb. 5.4) mit der *Koordinaten-Transformation*

$$\begin{aligned} \bar{x} &= x \cos\varphi + y \sin\varphi \\ \bar{y} &= -x \sin\varphi + y \cos\varphi \\ \bar{z} &= z \end{aligned}$$

die folgende *Transformation der Massen-Trägheitsmomente*

$$\begin{aligned} \theta_{\bar{x}\bar{x}} &= \theta_{xx} \cos^2\varphi + 2\,\theta_{xy} \sin\varphi \cos\varphi + \theta_{yy} \sin^2\varphi \\ \theta_{\bar{x}\bar{y}} &= -\theta_{xx} \sin\varphi \cos\varphi + \theta_{xy} (\cos^2\varphi - \sin^2\varphi) + \theta_{yy} \sin\varphi \cos\varphi \\ \theta_{\bar{x}\bar{z}} &= \theta_{zx} \cos\varphi + \theta_{zy} \sin\varphi \\ \theta_{\bar{y}\bar{y}} &= \theta_{xx} \sin^2\varphi - 2\,\theta_{xy} \sin\varphi \cos\varphi + \theta_{yy} \cos^2\varphi \\ \theta_{\bar{y}\bar{z}} &= -\theta_{zx} \sin\varphi + \theta_{yz} \cos\varphi \\ \theta_{\bar{z}\bar{z}} &= \theta_{zz}. \end{aligned}$$

Das sind die gleichen Transformations-Formeln, wie sie beispielsweise für den Spannungstensor bei einer solchen Drehung des Bezugssystems gelten (vgl. Band II, Abschnitt 1.2). Fassen wir beliebige Drehungen des Bezugssystems ins Auge, so stellen wir ganz allgemein fest, daß die Transformation der Massen-Trägheitsmomente den Beziehungen gehorcht, die wir in Satz 4.3 für *Tensoren zweiter Stufe* aufgestellt haben. Daraus schließen wir

---

Satz 5.3: Die Massen-Trägheitsmomente θ_{ik} sind die Zahlenwerte des *Massen-Trägheitstensors*

$$\boldsymbol{\Theta} = \sum_i \sum_k \theta_{ik}\, \mathbf{e}_i \mathbf{e}_k,$$

der ein *symmetrischer Tensor zweiter Stufe* ist.

Aufgrund dieses Sachverhaltes können wir alle uns bereits bekannten Aussagen über symmetrische Tensoren zweiter Stufe auf den Trägheits-Tensor bzw. seine Zahlenwerte (die Massen-Trägheitsmomente) übertragen. So gilt beispielsweise

---

Satz 5.4: Für jeden Körper gibt es drei senkrecht aufeinanderstehende *Achsen* ($\mathbf{e}_1$, $\mathbf{e}_2$, $\mathbf{e}_3$), die die *Hauptachsen des Massen-Trägheitstensors* bilden. Bezogen auf diese Hauptachsen nimmt die Matrix der Massen-Trägheitsmomente die Form

$$\theta_{ik} = \begin{bmatrix} \theta_1 & 0 & 0 \\ 0 & \theta_2 & 0 \\ 0 & 0 & \theta_3 \end{bmatrix}$$

an. Die *Haupt-Trägheitsmomente* θ_r ordnen wir dabei so, daß $\theta_1 \geqslant \theta_2 \geqslant \theta_3$ gilt und daß die zugehörigen Achsen ein Rechtssystem bilden. θ_1 und θ_3 stellen Extremwerte der Massen-Trägheitsmomente dar, wenn man die Massen-Trägheitsmomente in Abhängigkeit von der Orientierung des Bezugssystems betrachtet.

Die Richtungen $\mathbf{e}_r$ der *Hauptachsen* sind aus der Bedingung zu ermitteln, daß für Hauptachsen die zugehörigen Größen θ_{ik} für $i \neq k$ verschwinden müssen. Das aus dieser Bedingung entstehende homogene lineare Gleichungssystem liefert zugleich die *Haupt-Trägheitsmomente* θ_r entsprechend

---

Satz 5.5: Die Haupt-Trägheitsmomente θ_r sind die drei (stets reellen positiven) Wurzeln der kubischen Gleichung

$$\det[\theta_{ik} - \theta\,\delta_{ik}] = 0.$$

Die zugehörigen Hauptachsen $\mathbf{e}_r$ ergeben sich aus den Gleichungen

$$\sum_i (\mathbf{e}_r \cdot \mathbf{e}_i)\,[\theta_{ik} - \theta_r\,\delta_{ik}] = 0.$$

Anmerkung:

Eine andere mechanisch leicht zu deutende Bedingung, die ebenfalls zur Auffindung der Hauptachsen führt, werden wir noch in Abschnitt 5.3 kennenlernen.

Die Auffindung der Hauptachsen erleichtert uns in vielen Fällen

---

Satz 5.6: Existiert für die Massen-Verteilung im Körper eine *Symmetrie-Ebene*, so ist die dazu senkrechte (durch den Massen-Mittelpunkt gehende) Achse eine Hauptachse. Existiert eine *Symmetrie-Achse* der Massen-Verteilung, so ist diese zugleich eine Hauptachse.

Aus diesem Satz folgt u. a. unmittelbar:

1. Existiert eine Symmetrie-Ebene der Massen-Verteilung, so liegen zwei Hauptachsen in dieser Symmetrie-Ebene, da die dritte senkrecht dazu ist.

2. Existieren wenigstens zwei Symmetrie-Ebenen, die nicht orthogonal zueinander sind, so ist der Trägheitstensor rotationssymmetrisch in bezug auf die (durch den Massen-Mittelpunkt gehende) Schnittgerade dieser beiden Ebenen, d. h. es wird dann $\theta_1 = \theta_2$ oder $\theta_2 = \theta_3$. Ebenso wird der Trägheitstensor bei der Existenz von wenigstens zwei nicht-orthogonalen Symmetrie-Achsen rotationssymmetrisch in bezug auf die dazu normale Achse (durch den Massen-Mittelpunkt).

3. Existieren wenigstens drei nicht-orthogonale Symmetrie-Ebenen bzw. drei nicht-orthogonale Symmetrie-Achsen, so ist der Trägheitstensor kugelsymmetrisch, d. h. $\theta_1 = \theta_2 = \theta_3$. Das gilt beispielsweise für alle regelmäßigen Polyeder mit konstanter Dichte bzw. mit entsprechender symmetrischer Dichte-Verteilung.

Aus der Definition der Massen-Trägheitsmomente bzw. aus den allgemeinen Eigenschaften des Trägheitstensors als eines symmetrischen Tensors zweiter Stufe (vgl. Band II, Abschnitt 1.2) folgt ferner

---

Satz 5.7: Es ist

$$\sum_i \theta_{ii} = 2 \int_V r^2 \, dm$$

eine *Invariante* des Trägheitstensors, wobei r den Abstand vom Massen-Mittelpunkt bezeichnet.
Es gilt also

$$\sum_i \theta_{ii} = \sum_{\bar{i}} \theta_{\bar{i}\bar{i}} = \sum_r \theta_r.$$

Schließlich folgt noch aus der Definition 5.1 der Massen-Trägheitsmomente die sogenannte *Dreiecks-Ungleichung:*

Satz 5.8: Es ist stets

$$\theta_{ii} + \theta_{jj} \geqslant \theta_{kk} \quad (i \neq j \neq k \neq i).$$

Bei manchen Problemen der Stereo-Kinetik kann es zweckmäßig sein, Massen-Trägheitsmomente auch für solche Achsen zu definieren, die nicht durch den Massen-Mittelpunkt gehen. Wir können uns solche exzentrischen Achslagen durch eine *Parallel-Verschiebung* eines kartesischen Bezugssystems aus der ursprünglichen zentrischen Lage (Ursprung 0 gleich Massen-Mittelpunkt M) erzeugt denken. Dafür gilt (Abb. 5.5)

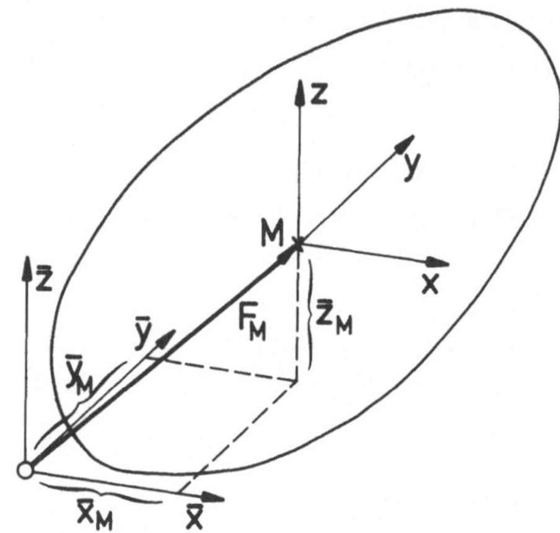

Abb. 5.5

Satz 5.9: Für Massen-Trägheitsmomente gilt bei einer Parallel-Verschiebung des ursprünglich zentrischen Bezugssystems (mit 0 = M) der *Steiner*sche Satz:

$$\theta_{\bar{x}\bar{x}} = \theta_{xx} + m(\bar{y}_M^2 + \bar{z}_M^2) \qquad \theta_{\bar{x}\bar{y}} = \theta_{xy} - m\bar{x}_M\bar{y}_M$$

$$\theta_{\bar{y}\bar{y}} = \theta_{yy} + m(\bar{z}_M^2 + \bar{x}_M^2) \qquad \theta_{\bar{y}\bar{z}} = \theta_{yz} - m\bar{y}_M\bar{z}_M$$

$$\theta_{\bar{z}\bar{z}} = \theta_{zz} + m(\bar{x}_M^2 + \bar{y}_M^2) \qquad \theta_{\bar{z}\bar{x}} = \theta_{zx} - m\bar{z}_M\bar{x}_M$$

---

1. Anmerkung:

Es ist heute noch weitgehend üblich, nur die Größen $\theta_{xx}, \theta_{yy}, \theta_{zz}$ als *Massen-Trägheitsmomente* zu bezeichnen und dafür $\theta_x, \theta_y, \theta_z$ bzw. A, B, C zu schreiben. Die Größen $\theta_{xy}, \theta_{yz}, \theta_{zx}$ nennt man dagegen im allgemeinen *Massen-Deviationsmomente*. Sie werden in der Regel mit *anderer* Vorzeichen-Festsetzung definiert, also

$$\theta_{xy} = + \int_V xy\,dm \qquad \text{usw.}$$

und vielfach auch mit D, E, F bezeichnet. Die Eigenschaft, daß die Größen θ_{ik} als Zahlenwerte eines Tensors gedeutet werden können, ergibt sich jedoch nur bei einer Definition entsprechend Definition 5.1.

Wir vermeiden hier die Bezeichnung *Deviationsmomente* im Hinblick auf mögliche Verwechslungen. Der Trägheitstensor läßt sich ja – wie jeder symmetrische Tensor zweiter Stufe – in einen *Kugeltensor* und in einen *Deviator* aufspalten entsprechend der Vorschrift (vgl. Band II, Abschnitt 1.2)

$$\theta_{ik} = \underbrace{\frac{1}{3}\sum_r \theta_{rr}\,\delta_{ik}}_{\text{Kugeltensor}} + \underbrace{\left\{\theta_{ik} - \frac{1}{3}\sum_r \theta_{rr}\,\delta_{ik}\right\}}_{\text{Deviator}}.$$

Die sogenannten Deviationsmomente bilden – wie man sieht – nur einen Teil des Deviators, ganz abgesehen von dem meist anders festgesetzten Vorzeichen. Das könnte zu Verwechslungen führen.

2. Anmerkung:

Das zu einer beliebigen Achse durch den Massen-Mittelpunkt gehörende Trägheitsmoment θ_{nn} ist abhängig von der Richtung e_n dieser Achse. Trägt man nun in einer graphischen Darstellung für jede Achslage die zugehörige Größe $\frac{1}{\sqrt{\theta_{nn}}}$ in Achsrichtung auf, so erhält man das sogenannte *Trägheits-Ellipsoid*, dessen Achsen mit den Hauptachsen des Körpers übereinstimmen (Abb. 5.6). Obwohl das Trägheits-Ellipsoid eine gewisse Anschauung von den Trägheits-Eigenschaften des Körpers vermittelt, wollen wir hier nicht weiter darauf eingehen, zumal es nur einen Teil der Informationen über die Zahlenwerte des Trägheitstensors für eine beliebige Orientierung des Bezugssystems in einfacher Weise wiederzugeben vermag.

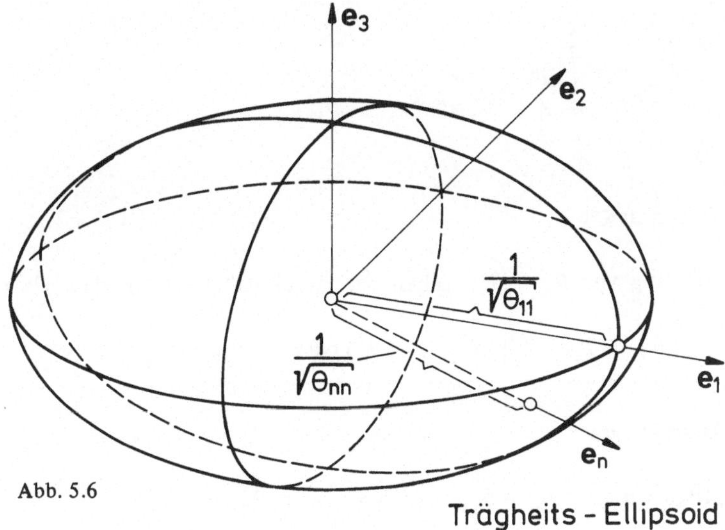

Abb. 5.6

5.2.2. Beispiele für die Berechnung der Massen-Trägheitsmomente

1. Beispiel: Zylinder konstanter Dichte (Abb. 5.7)

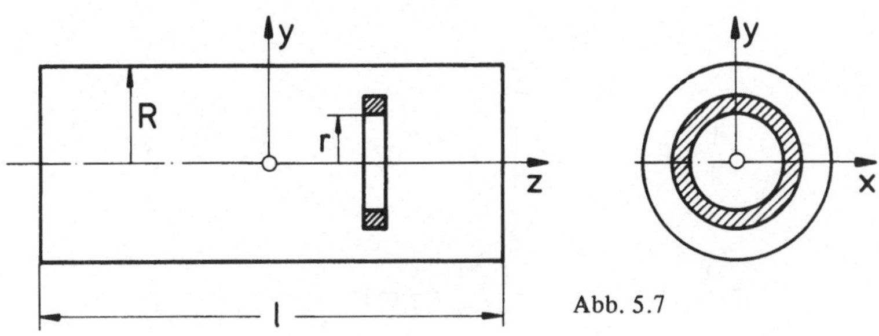

Abb. 5.7

Wir wählen als Volumenelement ein Ringelement entsprechend Abb. 5.7:

$$dV = 2\pi r \, dr \, dz$$

Die Ermittlung von θ_{zz} führt definitionsgemäß auf die Gleichung

$$\theta_{zz} = \int_V (x^2 + y^2) \rho \, dV = \rho \int_V r^2 \, dV$$

$$= \rho \int_{-\frac{l}{2}}^{+\frac{l}{2}} \int_0^R r^2 \, 2\pi r \, dr \, dz = 2\pi\rho \int_{-\frac{l}{2}}^{+\frac{l}{2}} \int_0^R r^3 \, dr \, dz$$

$$= 2\pi\rho \int_{-\frac{l}{2}}^{+\frac{l}{2}} \frac{R^4}{4} \, dz = \frac{\pi}{2} \rho R^4 l$$

$$= \frac{1}{2} m R^2 .$$

Zur Berechnung von $\theta_{xx} = \theta_{yy}$ gehen wir zweckmäßig so vor, daß wir zunächst

$$\theta_{xx} + \theta_{yy} + \theta_{zz} = 2 \int_V (\underbrace{x^2 + y^2}_{r^2} + z^2) \rho \, dV = 2\theta_{zz} + 2 \int_V z^2 \rho \, dV$$

bilden. Daraus folgt

$$\frac{1}{2}(\theta_{xx} + \theta_{yy}) = \theta_{xx} = \theta_{yy} = \frac{1}{2}\theta_{zz} + \int_V z^2 \rho \, dV,$$

d.h.

$$\theta_{xx} = \theta_{yy} = \frac{1}{4} m R^2 + \rho \int_{-\frac{l}{2}}^{+\frac{l}{2}} \int_0^R z^2 \, 2\pi r \, dr \, dz$$

$$= \frac{1}{4} m R^2 + 2\pi\rho \int_{-\frac{l}{2}}^{+\frac{l}{2}} z^2 \frac{R^2}{2} \, dz = \frac{1}{4} m R^2 + \frac{\pi}{12} \rho R^2 l^3$$

$$= \frac{1}{12} m l^2 \left\{ 1 + 3\left(\frac{R}{l}\right)^2 \right\} = \frac{1}{4} m R^2 \left\{ 1 + \frac{1}{3}\left(\frac{l}{R}\right)^2 \right\}.$$

2. Beispiel: Stab konstanter Dichte

Für einen schlanken zylindrischen Stab $\left(\frac{R}{l} \ll 1\right)$ folgt aus den für einen homogenen Zylinder gefundenen Ergebnissen

$$\theta_{xx} = \theta_{yy} \approx \frac{1}{12} m l^2$$

$$\theta_{zz} = \frac{1}{2} m R^2 \ll \theta_{xx} = \theta_{yy}.$$

Beziehen wir die Massen-Trägheitsmomente auf ein parallel verschobenes Koordinatensystem $\bar{x}, \bar{y}, \bar{z}$, dessen Ursprung $\bar{0}$ am Stabende liegt, so erhalten wir nach dem *Steiner*schen Satz 5.9

$$\theta_{\bar{x}\bar{x}} = \theta_{\bar{y}\bar{y}} = \theta_{xx} + m\left(\frac{l}{2}\right)^2$$

$$= \frac{1}{3} m l^2$$

$$\theta_{\bar{z}\bar{z}} = \theta_{zz} = \frac{1}{2} m R^2.$$

3. Beispiel: Scheibe konstanter Dichte

Für eine dünne Kreisscheibe $\left(\frac{l}{R} \ll 1\right)$ leiten wir aus den beim homogenen Zylinder geltenden Beziehungen ab

$$\theta_{xx} = \theta_{yy} \approx \frac{1}{4} m R^2$$

$$\theta_{zz} = \frac{1}{2} m R^2$$

$$\theta_{xx} = \theta_{yy} \approx \frac{1}{2} \theta_{zz}.$$

4. Beispiel: Kugel konstanter Dichte

Aus Symmetriegründen ist

$$\theta_{xx} = \theta_{yy} = \theta_{zz}.$$

Andrerseits gilt

$$\theta_{xx} + \theta_{yy} + \theta_{zz} = 2 \int_V \underbrace{(x^2 + y^2 + z^2)}_{r^2} \rho \, dV.$$

Deshalb wird, wenn wir als Volumenelement ein Kugelschalenelement

$$dV = 4 \pi r^2 \, dr$$

wählen,

$$\theta_{xx} = \theta_{yy} = \theta_{zz} = \frac{8}{3}\pi\rho\int_0^R r^4\,dr = \frac{8}{15}\pi\rho R^5$$

$$= \frac{2}{5} m R^2 .$$

5.3. Impuls- und Drallsatz für starre Körper

Da bei *starren Körpern* die inneren Kräfte wirkungslos sind und deshalb aus allen Betrachtungen ohnehin herausfallen, verzichten wir im folgenden darauf, die äußeren Kräfte besonders zu kennzeichnen. Wir schreiben deshalb einfach **F** statt $\mathbf{F}^{(a)}$ usw.

Die Anwendung des *Impulssatzes* auf *starre Körper* führt auf den *Massen-Mittelpunktsatz*, der auch für deformierbare Körper gilt (vgl. Satz 1.3 mit den Definitionen 1.6 und 1.7):

Massen-Mittelpunktsatz:

Differentialform:

$$\mathbf{F} = \frac{D}{dt}\underbrace{(m\,\mathbf{v}_M)}_{\mathbf{B}} = m\,\dot{\mathbf{v}}_M$$

Integralform:

$$\int_{t_1}^{t_2} \mathbf{F}\,dt = \underbrace{m\,\mathbf{v}_M(t_2)}_{\mathbf{B}_2} - \underbrace{m\,\mathbf{v}_M(t_1)}_{\mathbf{B}_1}.$$

Anzumerken ist hierzu lediglich, daß beim *starren* Körper der Massen-Mittelpunkt *körperfest* ist im Gegensatz zum deformierbaren Körper.

Der *Drallsatz* – bezogen auf den raumfesten Punkt 0 bzw. auf den mitbewegten Massen-Mittelpunkt M – lautet allgemein (vgl. Sätze 1.4 bzw. 1.5 mit den Definitionen 1.8 bzw. 1.9):

Drallsatz:

Differentialform:

$$\mathbf{M}_{(0)} = \frac{D}{dt}\mathbf{H}_{(0)} \quad \text{bzw.} \quad \mathbf{M}_{(M)} = \frac{D}{dt}\mathbf{H}_{(M)}$$

Integralform:

$$\int_{t_1}^{t_2} \mathbf{M}_{(0)}\,dt = \mathbf{H}_{(0)_2} - \mathbf{H}_{(0)_1} \quad \text{bzw.} \quad \int_{t_1}^{t_2} \mathbf{M}_{(M)}\,dt = \mathbf{H}_{(M)_2} - \mathbf{H}_{(M)_1}.$$

Beim Drallsatz können wir nun für *starre Körper* die allgemeinen Überlegungen noch einen Schritt weiter führen. Beachten wir nämlich, daß wir bei starren Körpern den Geschwindigkeitszustand in der Form

$$\mathbf{v} = \mathbf{v}_M + \boldsymbol{\omega} \times (\mathbf{r} - \mathbf{r}_M)$$

darstellen können (Abb. 5.8), und gehen wir damit in die Definition des Dralles, so erhalten wir

$$\mathbf{H}_{(M)} = \int_V (\mathbf{r} - \mathbf{r}_M) \times \mathbf{v}\, dm$$

$$= \underbrace{\int_V (\mathbf{r} - \mathbf{r}_M) \times \mathbf{v}_M\, dm}_{\mathbf{0}} + \int_V (\mathbf{r} - \mathbf{r}_M) \times [\boldsymbol{\omega} \times (\mathbf{r} - \mathbf{r}_M)]\, dm$$

$$= \int_V \{(\mathbf{r} - \mathbf{r}_M) \cdot (\mathbf{r} - \mathbf{r}_M)\, \boldsymbol{\omega} - (\mathbf{r} - \mathbf{r}_M) \cdot \boldsymbol{\omega}\, (\mathbf{r} - \mathbf{r}_M)\}\, dm$$

bzw.

$$\mathbf{H}_{(0)} = \int_V \mathbf{r} \times \mathbf{v}\, dm$$

$$= \int_V (\mathbf{r} - \mathbf{r}_M) \times \mathbf{v}\, dm + \int_V \mathbf{r}_M \times \mathbf{v}\, dm$$

$$= \mathbf{H}_{(M)} + \mathbf{r}_M \times \underbrace{m\mathbf{v}_M}_{\mathbf{B}}\,.$$

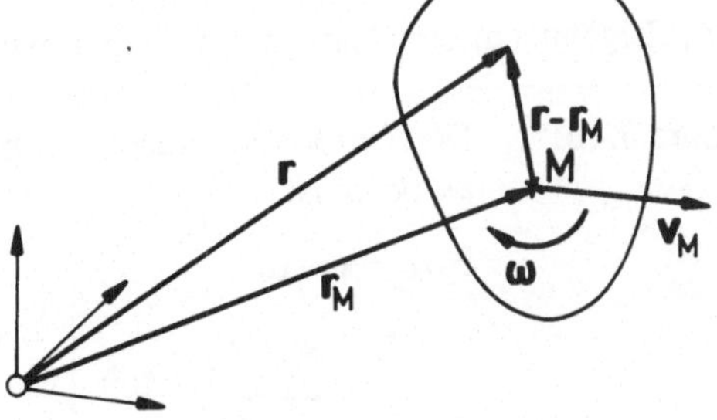

Abb. 5.8

Werten wir diese Ausdrücke für ein *kartesisches* Koordinatensystem aus, dessen Ursprung *momentan* mit dem Massen-Mittelpunkt zusammenfallen möge, so daß wir

$$\mathbf{r} - \mathbf{r}_M = x\mathbf{e}_x + y\mathbf{e}_y + z\mathbf{e}_z$$

setzen können, so folgt

$$\mathbf{H}_{(M)} = \int_V \{(\mathbf{r}-\mathbf{r}_M)\cdot(\mathbf{r}-\mathbf{r}_M)\,\boldsymbol{\omega} - (\mathbf{r}-\mathbf{r}_M)\cdot\boldsymbol{\omega}\,(\mathbf{r}-\mathbf{r}_M)\}\,dm$$

$$= \int_V \{(x^2+y^2+z^2)\,(\omega_x \mathbf{e}_x + \omega_y \mathbf{e}_y + \omega_z \mathbf{e}_z)$$

$$- (x\omega_x + y\omega_y + z\omega_z)\,(x\mathbf{e}_x + y\mathbf{e}_y + z\mathbf{e}_z)\}\,dm$$

$$= \{\theta_{xx}\omega_x + \theta_{xy}\omega_y + \theta_{xz}\omega_z\}\,\mathbf{e}_x$$
$$+ \{\theta_{yx}\omega_x + \theta_{yy}\omega_y + \theta_{yz}\omega_z\}\,\mathbf{e}_y$$
$$+ \{\theta_{zx}\omega_x + \theta_{zy}\omega_y + \theta_{zz}\omega_z\}\,\mathbf{e}_z$$

$$= \underbrace{\left\{\sum_i \sum_k \theta_{ik}\,\mathbf{e}_i\mathbf{e}_k\right\}}_{\boldsymbol{\Theta}} \cdot \underbrace{\left(\sum_l \omega_l \mathbf{e}_l\right)}_{\boldsymbol{\omega}}$$

$$= \boldsymbol{\Theta}\cdot\boldsymbol{\omega}$$

bzw.

$$\mathbf{H}_{(0)} = \boldsymbol{\Theta}\cdot\boldsymbol{\omega} + \mathbf{r}_M \times m\mathbf{v}_M = \mathbf{H}_{(M)} + \mathbf{r}_M \times \mathbf{B}.$$

Für *Hauptachsen* ($\theta_{xy} = \theta_{yz} = \theta_{zx} = 0$) vereinfachen sich die Beziehungen zu

$$\boxed{\mathbf{H}_{(M)} = \theta_1\omega_1\mathbf{e}_1 + \theta_2\omega_2\mathbf{e}_z + \theta_3\omega_3\mathbf{e}_3.}$$

Als Ergebnis dieser Überlegungen halten wir fest:

Satz 5.10: Der *Drall eines starren Körpers* in bezug auf seinen *Massen-Mittelpunkt* M ist

$$\mathbf{H}_{(M)} = \boldsymbol{\Theta}\cdot\boldsymbol{\omega}$$

$$= \left\{\sum_i \sum_k \theta_{ik}\,\mathbf{e}_i\mathbf{e}_k\right\}\cdot\left(\sum_l \omega_l \mathbf{e}_l\right).$$

Bezogen auf Hauptachsen ist

$$\mathbf{H}_{(M)} = \theta_1\omega_1\mathbf{e}_1 + \theta_2\omega_2\mathbf{e}_2 + \theta_3\omega_3\mathbf{e}_3.$$

In bezug auf einen *raumfesten Punkt* 0 gilt für den Drall

$$\mathbf{H}_{(0)} = \mathbf{H}_{(M)} + \mathbf{r}_M \times \mathbf{B}.$$

Setzen wir dieses Ergebnis in den Drallsatz ein, wobei wir uns hier auf die Differentialform beschränken wollen, so erhalten wir

---

Satz 5.11: *Drallsatz für starre Körper (Differentialform)* bezogen auf *Massen-Mittelpunkt* M:

$$\mathbf{M}_{(M)} = \frac{D}{dt}\mathbf{H}_{(M)} = \frac{D}{dt}(\boldsymbol{\Theta}\cdot\boldsymbol{\omega}),$$

bezogen auf *raumfesten Punkt* 0:

$$\mathbf{M}_{(0)} = \frac{D}{dt}\mathbf{H}_{(0)} = \frac{D}{dt}(\boldsymbol{\Theta}\cdot\boldsymbol{\omega}) + \frac{D}{dt}(\mathbf{r}_M \times \mathbf{B}).$$

Bei der Ausführung der substantiellen zeitlichen Differentiation des Dralles ergibt sich die Schwierigkeit,

a) daß bei Bezugssystemen, die ihre Orientierung im Raume beibehalten, im allgemeinen sich die Zahlenwerte θ_{ik} der Massen-Trägheitsmomente mit der Rotation des Körpers ändern bzw.

b) daß bei mitrotierenden Bezugssystemen die Orientierungsänderung der Bezugsachsen gegenüber dem Raum berücksichtigt werden muß.

Wie wir mit diesen Schwierigkeiten fertig werden, hängt jeweils von der zu betrachtenden Problemklasse ab. Wir stellen deshalb diese Überlegungen vorerst zurück. Dafür wollen wir jedoch unsere Betrachtungen noch in einer anderen Richtung etwas ergänzen.

Es liegt nahe, zu untersuchen, ob sich nicht der Drall $\mathbf{H}_{(0)}$ auf eine zu $\mathbf{H}_{(M)}$ analoge Form bringen läßt, indem man etwa den Geschwindigkeitszustand des starren Körpers in der Form

$$\mathbf{v} = \mathbf{v}_0 + \boldsymbol{\omega} \times \mathbf{r}$$

darstellt, wobei $\mathbf{v}_0$ die Geschwindigkeit des – realen oder gedachten – Körperpunktes ist, der sich zum betrachteten Zeitpunkt mit dem raumfesten Bezugspunkt 0 deckt. Das führt auf

$$\mathbf{H}_{(0)} = \int_V \mathbf{r} \times \mathbf{v}_0 \, dm + \int_V \mathbf{r} \times [\omega \times \mathbf{r}] \, dm$$

$$= \mathbf{r}_M \times m\mathbf{v}_0 + \left\{\sum_i \sum_k \theta_{(0)ik}\, \mathbf{e}_i \mathbf{e}_k\right\} \cdot \left(\sum_l \omega_l \mathbf{e}_l\right).$$

Die Massen-Trägheitsmomente $\theta_{(0)ik}$ sind dabei auf Achsen durch den Punkt 0 bezogen. Für den Drallsatz – bezogen auf den raumfesten Punkt 0 – folgt daraus

---

Satz 5.12: Bezogen auf den *raumfesten Punkt* 0 läßt sich der *Drallsatz für starre Körper* auch in der Form

$$\mathbf{M}_{(0)} = \frac{D}{dt}(\mathbf{r}_M \times m\,\mathbf{v}_M) + \frac{D}{dt}(\boldsymbol{\Theta}\cdot\boldsymbol{\omega})$$

$$= \frac{D}{dt}(\mathbf{r}_M \times m\,\mathbf{v}_0) + \frac{D}{dt}(\boldsymbol{\Theta}_{(0)}\cdot\boldsymbol{\omega})$$

schreiben. Er reduziert sich *nur dann* auf die Form

$$\mathbf{M}_{(0)} = \frac{D}{dt}(\boldsymbol{\Theta}_{(0)}\cdot\boldsymbol{\omega}),$$

wenn

entweder $\mathbf{r}_M = \mathbf{0}$ (d.h. $\mathbf{H}_{(0)} = \mathbf{H}_M$)

oder $\mathbf{v}_0 = \mathbf{0}$ *und* $\frac{D}{dt}\mathbf{v}_0 = \mathbf{0}$

oder $\mathbf{v}_0 = \mathbf{0}$ *und* $\frac{D}{dt}\mathbf{v}_0$ parallel $\mathbf{r}_M$

ist.

Wegen dieses Sachverhaltes ist es – soweit nicht ein Ausnahmefall gegeben ist – meist vorteilhafter, den Drall auf den Massen-Mittelpunkt zu beziehen.

Anmerkung:

Wir können den Drallsatz auch für Bezugspunkte aufstellen, die gegenüber dem Raum beliebig bewegt sind. Es treten dann ebenfalls Zusatzglieder auf, die von der Bewegung des Bezugspunktes herrühren. Die Umrechnung des Dralles und seiner Zeitableitung ist leicht durchzuführen. Man zerlegt dazu den Ortsvektor vom festen Raumpunkt 0 zum Massen-Mittelpunkt M in einen Ortsvektor von 0 zum bewegten Bezugspunkt und in einen Ortsvektor von diesem Bezugspunkt zum Massen-Mittelpunkt M.

Die Richtung des auf den Massen-Mittelpunkt M bezogenen Dralles $\mathbf{H}_{(M)}$ stimmt im allgemeinen nicht mit der Richtung von $\boldsymbol{\omega}$ überein, wie wir aus Satz 5.10 unmittelbar ablesen können. Die beiden Richtungen fallen nur dann zusammen, wenn

$\boldsymbol{\Theta}\cdot\boldsymbol{\omega}$ parallel zu $\boldsymbol{\omega}$,

d.h.

$$\left\{\sum_i\sum_k \theta_{ik}\,\mathbf{e}_i\mathbf{e}_k\right\}\cdot\left(\sum_l \omega_l\mathbf{e}_l\right) = \lambda\,\omega_i\mathbf{e}_i \qquad (\lambda \text{ beliebig}),$$

wird. Diese Bedingung führt auf das lineare Gleichungssystem

$$\sum_k (\theta_{ik} - \lambda\,\delta_{ik})\,\omega_k = 0,$$

das nur eine Lösung hat, wenn

$$\boxed{\det[\theta_{ik} - \lambda\,\delta_{ik}] = 0}$$

wird. Auf dieselbe Bedingung waren wir bei der Ermittlung der Hauptachsen des Massen-Trägheitstensors gestoßen. Deshalb stellen wir fest:

Satz 5.13: Die Richtung des auf den Massen-Mittelpunkt M bezogenen Dralles $\mathbf{H}_{(M)}$ und der Winkelgeschwindigkeit $\boldsymbol{\omega}$ stimmen nur überein, wenn die Richtung von $\boldsymbol{\omega}$ mit einer der Hauptachsen des Massen-Trägheitstensors zusammenfällt.

Eine ähnliche Untersuchung (mit etwas anderem Ergebnis) können wir auch für den auf einen festen Raumpunkt 0 bezogenen Drall $\mathbf{H}_{(0)}$ durchführen. Wir verzichten jedoch hier darauf.

Für den Übergang zu einem andern Bezugssystem gelten die allgemeinen Überlegungen, die wir in Kapitel 4 angestellt haben. Impuls- und Drallsatz bleiben demnach formal unverändert, wenn wir zu einem andern Bezugssystem übergehen. Wir haben lediglich zu beachten, welche Kräfte wir zusätzlich in Rechnung zu stellen haben, wenn wir das Bezugssystem wechseln. Für ein *körperfestes Bezugssystem*, in dem der Körper ruht (vgl. Satz 4.13, Abschnitt 4.5), gehen Impuls- und Drallsatz in die *Gleichgewichtsbedingungen*

$$\mathbf{F} - \frac{D}{dt}(m\,\mathbf{v}_M) = \mathbf{0}$$

$$\mathbf{M}_{(M)} - \frac{D}{dt}\mathbf{H}_{(M)} = \mathbf{0}$$

über, die das *stereo-kinetische* Problem auf ein *stereo-statisches* überführen.

Impuls- und Drallsatz ergeben zusammen *sechs skalare Gleichungen.* Sie reichen für einen ungebundenen starren Körper (Freiheitsgrad $\lambda = 6$) aus, um

(A) bei gegebenen eingeprägten Kräften den Bewegungsablauf zu ermitteln oder

(B) bei bekanntem Bewegungsablauf die auf den Körper einwirkenden resultierenden Kräfte zu berechnen.

Ist die Bewegung des Körpers kinematischen Bindungen unterworfen ($\lambda < 6$), so lassen sich die ihnen entsprechenden Reaktionen unter Heranziehung der betreffenden kinematischen Bedingungen aus den Bewegungsgleichungen eliminieren. Das Gleichungssystem reduziert sich dann dementsprechend.

5.4. Energiesatz für starre Körper

Für *starre Körper* zerfällt der allgemeine Energiesatz, weil die Formänderungsarbeit verschwindet, in zwei Teile, wie wir bereits in Band II, Abschnitt 1.6 festgestellt haben, und zwar

1. in die aus dem *Energiesatz der Mechanik* folgende Aussage (vgl. Satz 1.7)

$$DA = DE \qquad \begin{array}{l} A = \text{Arbeit aller äußeren Kräfte} \\ E = \text{kinetische Energie}, \end{array}$$

2. in die aus dem 1. *Hauptsatz der Thermodynamik* folgende Aussage

$$DQ = DU \qquad \begin{array}{l} Q = \text{Energiezufuhr in anderer Form (z. B. als Wärme)} \\ U = \text{innere Energie}. \end{array}$$

Uns interessieren hier nur der Energiesatz der Mechanik und die daraus zu ziehenden Folgerungen.

Für das Differential DA der *Arbeit der äußeren Kräfte* erhalten wir bei der Bewegung *starrer Körper*

$$DA = \int_V d\mathbf{F} \cdot \mathbf{v}\, dt = \int_V d\mathbf{F} \cdot [\mathbf{v}_M + \boldsymbol{\omega} \times (\mathbf{r} - \mathbf{r}_M)]\, dt.$$

Vertauschen wir nach dem Ausmultiplizieren der Klammer im zweiten Summanden (Spatprodukt!) die Reihenfolge der Faktoren, so folgt

$$DA = \mathbf{F} \cdot \underbrace{\mathbf{v}_M\, dt}_{D\mathbf{r}_M} + \underbrace{\boldsymbol{\omega}\, dt}_{D\boldsymbol{\varphi}} \cdot \underbrace{\int_V (\mathbf{r} - \mathbf{r}_M) \times d\mathbf{F}}_{\mathbf{M}_{(M)}}.$$

Eine analoge additive Aufspaltung der Arbeit der äußeren Kräfte ergibt sich auch, wenn wir den Geschwindigkeitszustand des starren Körpers in der Form

$$\mathbf{v} = \mathbf{v}_{\bar{0}} + \boldsymbol{\omega} \times (\mathbf{r} - \mathbf{r}_{\bar{0}})$$

darstellen (vgl. Satz 5.1). Es gilt also

Satz 5.14: Die *Arbeit der äußeren Kräfte* läßt sich bei *starren Körpern* aufspalten in

$$\begin{aligned} DA &= \mathbf{F} \cdot D\mathbf{r}_M + \mathbf{M}_{(M)} \cdot D\boldsymbol{\varphi} \\ &= DA_{tr} + DA_{rot}, \end{aligned}$$

d.h. in einen Anteil DA_{tr}, der mit der Translation des Körpers mit

$$D\mathbf{r}_{tr} = D\mathbf{r}_M$$

zusammenhängt, und in einen Anteil DA_{rot}, der von der Rotation des Körpers um den Massen-Mittelpunkt M mit

$$D\mathbf{r}_{rot} = D\boldsymbol{\varphi} \times (\mathbf{r} - \mathbf{r}_M)$$

herrührt. Analog können wir auch stets aufspalten in

$$DA = \mathbf{F} \cdot D\mathbf{r}_{\bar{0}} + \mathbf{M}_{(\bar{0})} \cdot D\boldsymbol{\varphi}.$$

Wenn nicht besondere Gründe vorliegen, werden wir stets von der in Satz 5.14 zuerst angesprochenen Aufspaltungsmöglichkeit Gebrauch machen und deshalb die Bezeichnungen DA_{tr} und DA_{rot} dafür reservieren. Im übrigen ist der so definierte Anteil DA_{tr} mit der in Definition 1.13 eingeführten Arbeit DA_M identisch, die der Verschiebung des Massen-Mittelpunktes formal zugeordnet und auch für deformierbare Körper definiert ist (bei diesen aber im allgemeinen nicht einer wirklich geleisteten Arbeit entspricht!).

Die *kinetische Energie* (vgl. Definition 1.12) können wir bei starren Körpern in der Form

$$E = \frac{1}{2} \int_V \mathbf{v} \cdot \mathbf{v} \, dm = \frac{1}{2} \int_V \{\mathbf{v}_M + \boldsymbol{\omega} \times (\mathbf{r} - \mathbf{r}_M)\} \cdot \{\mathbf{v}_M + \boldsymbol{\omega} \times (\mathbf{r} - \mathbf{r}_M)\} \, dm$$

darstellen. Multiplizieren wir den Integranden aus, so erhalten wir

$$E = \underbrace{\frac{1}{2} \int_V \mathbf{v}_M \cdot \mathbf{v}_M \, dm}_{E_{tr}} + \underbrace{\int_V \mathbf{v}_M \cdot [\boldsymbol{\omega} \times (\mathbf{r} - \mathbf{r}_M)] \, dm}_{0} + \underbrace{\frac{1}{2} \int_V [\boldsymbol{\omega} \times (\mathbf{r} - \mathbf{r}_M)] \cdot [\boldsymbol{\omega} \times (\mathbf{r} - \mathbf{r}_M)] \, dm}_{E_{rot}}$$

Das mittlere Glied der rechten Seite verschwindet, weil

$$\int_V \mathbf{v}_M \cdot [\omega \times (\mathbf{r} - \mathbf{r}_M)] \, dm = \mathbf{v}_M \cdot \left[\boldsymbol{\omega} \times \int_V (\mathbf{r} - \mathbf{r}_M) \, dm\right] = 0$$

ist. Darum erhalten wir – nach Auswertung des Integrales für E_{rot} –

Satz 5.15: Die *kinetische Energies eines starren Körpers* läßt sich aufspalten in

$$E = E_{tr} + E_{rot},$$

wobei

$$E_{tr} = \frac{1}{2} \int_V \mathbf{v}_M \cdot \mathbf{v}_M \, dm = \frac{1}{2} m v_M^2$$

die aus der *Translationsbewegung* mit $\mathbf{v}_M$ herrührende Energie und

$$E_{rot} = \frac{1}{2}\int_V [\boldsymbol{\omega} \times (\mathbf{r} - \mathbf{r}_M)] \cdot [\boldsymbol{\omega} \times (\mathbf{r} - \mathbf{r}_M)]\, dm$$

$$= \frac{1}{2}\{\omega_x \theta_{xx} \omega_x + \omega_x \theta_{xy} \omega_y + \omega_x \theta_{xz} \omega_z$$

$$+ \omega_y \theta_{yx} \omega_x + \omega_y \theta_{yy} \omega_y + \omega_y \theta_{yz} \omega_z$$

$$+ \omega_z \theta_{zx} \omega_x + \omega_z \theta_{zy} \omega_y + \omega_z \theta_{zz} \omega_z\}$$

$$= \frac{1}{2}\sum_i \sum_k \omega_i \theta_{ik} \omega_k = \frac{1}{2}\boldsymbol{\omega} \cdot \boldsymbol{\Theta} \cdot \boldsymbol{\omega}$$

die der *Rotation* mit der *Winkelgeschwindigkeit* $\boldsymbol{\omega}$ um M zugeordnete Energie ist. Bezogen auf Hauptachsen des Massen-Trägheitstensors nimmt E_{rot} die Form

$$E_{rot} = \frac{1}{2}\{\theta_1 \omega_1^2 + \theta_2 \omega_2^2 + \theta_3 \omega_3^2\}$$

an.

Anzumerken ist hierzu noch, daß der aus der Translationsbewegung herrührende Anteil E_{tr} mit der durch die Definition 1.13 eingeführten Energie E_M, die der Geschwindigkeit des Massen-Mittelpunktes formal zugeordnet wurde, identisch ist. Stellen wir den Geschwindigkeitszustand des starren Körpers in der Form

$$\mathbf{v} = \mathbf{v}_{\bar{0}} + \boldsymbol{\omega} \times (\mathbf{r} - \mathbf{r}_{\bar{0}})$$

dar, so erhalten wir

$$E = \frac{1}{2} m\, v_{\bar{0}}^2 + m\, \mathbf{v}_{\bar{0}} \cdot [\boldsymbol{\omega} \times (\mathbf{r} - \mathbf{r}_{\bar{0}})] + \frac{1}{2} \boldsymbol{\omega} \cdot \boldsymbol{\Theta}_{(\bar{0})} \cdot \boldsymbol{\omega}.$$

Das mittlere Glied verschwindet bei dieser Darstellung nur in einigen Sonderfällen, die wir hier nicht alle erörtern wollen. Der wichtigste davon ist der Fall der *reinen Rotation* um $\bar{0}$, bei dem zugleich auch der erste Term verschwindet. Damit diese Terme auch bei der Betrachtung der Änderungen von E verschwinden, muß freilich neben $\mathbf{v}_{\bar{0}} = \mathbf{0}$ auch $\frac{D}{dt}\mathbf{v}_{\bar{0}} = \mathbf{0}$ werden (Bewegung um einen festen Punkt bzw. eine feste Achse).

Aus den vorstehenden Überlegungen folgt, daß wir den Energiesatz für starre Körper allgemein in der Form

$$DA_{tr} + DA_{rot} = DE_{tr} + DE_{rot}$$

schreiben können. Nun gilt aber nach Satz 1.8 unabhängig davon ganz allgemein

$$DA_M^{(a)} = DE_M,$$

wobei für *starre* Körper

$$DA_M^{(a)} \equiv DA_{tr} \quad \text{und} \quad DE_M \equiv DE_{tr}$$

ist. Deshalb folgt

Satz 5.16: Für *starre Körper* läßt sich der *Energiesatz der Mechanik* aufspalten

a) in einen *Energiesatz für die Translationsbewegung* mit $\mathbf{v}_M$:

$$\mathbf{F} \cdot D\mathbf{r}_M = DA_{tr} = DE_{tr} = D\left(\frac{1}{2} m v_M^2\right),$$

b) in einen *Energiesatz für die Rotationsbewegung* mit $\boldsymbol{\omega}$ um M:

$$\mathbf{M}_{(M)} \cdot D\boldsymbol{\varphi} = DA_{rot} = DE_{rot} = D\left(\frac{1}{2}\boldsymbol{\omega} \cdot \theta \cdot \boldsymbol{\omega}\right).$$

Für starre Körper, die kinematisch so gebunden sind, daß sie nur *Rotationen um einen raumfesten Punkt* 0 ausführen können (der Sonderfall der Rotation um eine raumfeste Achse ist darin mit eingeschlossen), können wir ergänzen:

Satz 5.17: *Rotiert* ein *starrer Körper* um einen *raumfesten Punkt* 0, so läßt sich der Energiesatz der Mechanik in die Form

$$\mathbf{M}_{(0)} \cdot D\boldsymbol{\varphi} = D \quad \frac{1}{2}\boldsymbol{\omega} \cdot \boldsymbol{\Theta}_{(0)} \cdot \boldsymbol{\omega}$$

überführen, wobei $\boldsymbol{\Theta}_{(0)}$ der Massen-Trägheitstensor bezogen auf 0 ist.

5.5. Kinetik der Systeme von starren Körpern

Bei den bisherigen Betrachtungen sind wir stillschweigend immer davon ausgegangen, daß wir die Bewegung eines einzelnen starren Körpers betrachten, der allerdings gewissen kinematischen Bindungen an die als ruhend angenommene Umgebung unterliegen kann, so daß neben den eingeprägten Kräften auch die Reaktionen dieser kinematischen Bindungen zu berücksichtigen sind. In vielen Fällen haben wir es jedoch bei technischen Problemen mit Systemen von starren Körpern zu tun, bei denen auch kinematische Bindungen zwischen den Teilen des Systems bzw. die ihnen entsprechenden Verbindungsreaktionen in Betracht zu ziehen sind.

Bei der Behandlung solcher Probleme können wir so vorgehen, daß wir zunächst alle Bindungen lösen (*Befreiungsprinzip*!) und die entsprechenden Reaktionen als unbekannte äußere Kräfte einführen. Nachträglich eliminieren wir dann diese Reaktionen unter Heranziehung der betreffenden kinematischen Bedingungen und erhalten dann ein System von Bewegungsgleichungen, dessen Gleichungsanzahl dem Freiheitsgrad des Systems entspricht. Wir können auch auf die Elimination der Reaktionen verzichten. Dann erhalten wir ein erweitertes Gleichungssystem, bestehend aus den Bewegungsgleichungen für die einzelnen freien Körper und aus den kinematischen Bedingungen, das ausreicht, den Bewegungsablauf und die unbekannten Reaktionen zu ermitteln. Diese Hinweise mögen hier genügen. Im übrigen werden wir noch in Kapitel 10 näher darauf eingehen, wie sich die Behandlung von Systemen starrer Körper weiter systematisieren läßt.

Fragen:

1. Wie läßt sich der Geschwindigkeitszustand eines starren Körpers allgemein darstellen?
2. Welche Bedingungen müssen erfüllt sein, damit zwei Geschwindigkeitszustände eines starren Körpers äquivalent sind?
3. Wie sind die Massen-Trägheitsmomente definiert?
4. Durch welche Eigenschaften sind die Hauptachsen des Massen-Trägheitstensors charakterisiert?
5. Wie ändern sich die Massen-Trägheitsmomente bei einer Drehung des Bezugssystems um eine Achse? Wie transformieren sich die Massen-Trägheitsmomente bei einer Parallel-Verschiebung des ursprünglich zentrischen Bezugssystems?
6. Wie lassen sich die Bewegungsgröße und der Drall eines starren Körpers beschreiben?
7. Welche Unterschiede ergeben sich, wenn der Drallsatz für starre Körper einmal auf den Massen-Mittelpunkt, zum andern auf einen raumfesten Punkt 0 bezogen wird?
8. In welchen Sonderfällen läßt sich der auf einen raumfesten Punkt 0 bezogene Drallsatz für starre Körper auf die Form $\mathbf{M}_{(0)} = \frac{D}{dt}(\mathbf{\Theta}_{(0)} \cdot \boldsymbol{\omega})$ reduzieren?
9. Unter welchen Bedingungen stimmen die Richtungen der Winkelgeschwindigkeit $\boldsymbol{\omega}$ und des Dralles überein?
10. Welche Form nimmt der Energiesatz für starre Körper an?

6. Ebene Bewegung starrer Körper

6.1. Kinematik der ebenen Bewegung starrer Körper

6.1.1. Allgemeines

Kennzeichnend für die *ebene Bewegung* eines *starren Körpers* ist:

1. Es existiert *eine* Ebene, die *Bewegungsebene*, mit der Eigenschaft, daß senkrecht zu ihr alle Verschiebungen, Geschwindigkeiten und Beschleunigungen identisch Null sind.
2. Die Verschiebungs-, Geschwindigkeits- und Beschleunigungszustände sind in allen zur Bewegungsebene parallelen Ebenen kongruent.

Im Hinblick auf die zweite Feststellung brauchen wir alle kinematischen Größen nur in der *Bewegungsebene* zu beschreiben, die wir zweckmäßig mit einer Koordinaten-Ebene, etwa der Ebene z = 0 eines kartesischen oder eines Zylinder-Koordinatensystems, zusammenfallen lassen (Abb. 6.1). Dann erhalten wir für den *Ortsvektor in der Bewegungsebene:*

$$\begin{aligned}\mathbf{r}(t) &= x(t)\,\mathbf{e}_x + y(t)\,\mathbf{e}_y\\ &= r(t)\,\mathbf{e}_r(\varphi(t)).\end{aligned}$$

Daraus ergibt sich für die *Differentiale der Verschiebungen* (in allen Ebenen):

$$\begin{aligned}D\mathbf{r} &= Dx\,\mathbf{e}_x + Dy\,\mathbf{e}_y\\ &= Dr\,\mathbf{e}_r + r\,D\varphi\,\mathbf{e}_\varphi.\end{aligned}$$

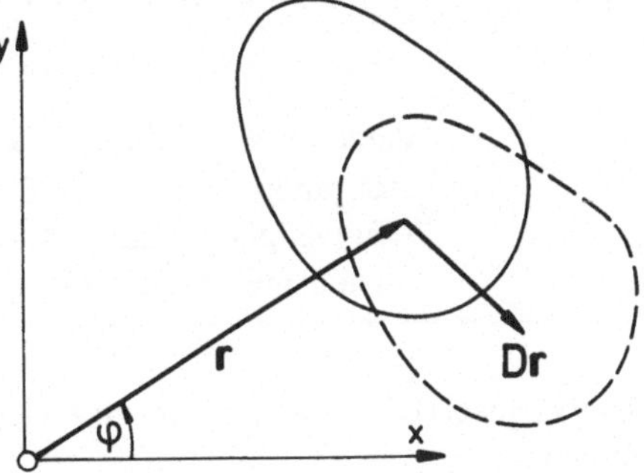

Abb. 6.1

Bei den folgenden allgemeinen Betrachtungen zur Beschreibung des ebenen Geschwindigkeits- und Beschleunigungszustandes beschränken wir uns der Einfachheit halber auf kartesische Koordinatensysteme.

6.1.2. Geschwindigkeitszustand

Wir gehen aus von der allgemeinen Darstellung des Geschwindigkeitszustandes *starrer Körper*

$$\mathbf{v} = \mathbf{v}_{\bar{0}} + \boldsymbol{\omega} \times (\mathbf{r} - \mathbf{r}_{\bar{0}}),$$

die sich für *ebene Bewegungen* jedoch dadurch vereinfacht, daß allgemein

$$\mathbf{v} = v_x \mathbf{e}_x + v_y \mathbf{e}_y$$
$$\boldsymbol{\omega} = \omega \mathbf{e}_z$$

gesetzt werden kann (Abb. 6.2).

Das führt auf

$$v_x = v_{\bar{0}x} - \omega (y - y_{\bar{0}})$$
$$v_y = v_{\bar{0}y} + \omega (x - x_{\bar{0}}).$$

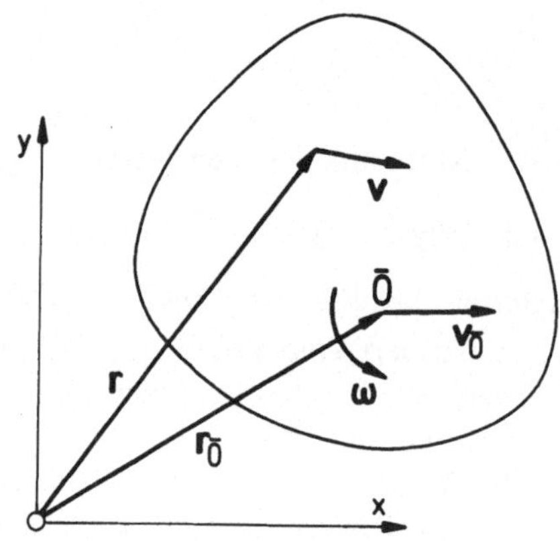

Abb. 6.2

Wir behaupten nun

Satz 6.1: Jeder *ebene Geschwindigkeitszustand eines starren Körpers* ist bei $\boldsymbol{\omega} \neq \mathbf{0}$ als *reine Rotation*, d. h. in der Form

$$\mathbf{v} = \mathbf{v}_{\bar{0}} + \boldsymbol{\omega} \times (\mathbf{r} - \mathbf{r}_{\bar{0}}) = \boldsymbol{\omega} \times (\mathbf{r} - \mathbf{r}_P)$$

darstellbar. Die Lage der momentanen Drehachse, deren Durchstoßpunkt durch die Bewegungsebene als *Momentanpol der Geschwindigkeit* (kurz: *Geschwindigkeitspol* P) bezeichnet wird, ist im allgemeinen zeitabhängig.

Den Nachweis führen wir, indem wir zeigen, daß bei $\boldsymbol{\omega} \neq \mathbf{0}$ stets ein Punkt P existiert, für den

$$\mathbf{v}_P = \mathbf{v}_{\bar{0}} + \boldsymbol{\omega} \times (\mathbf{r}_P - \mathbf{r}_{\bar{0}}) = \mathbf{0}$$

ist. $\mathbf{r}_P$ können wir bestimmen, indem wir diese Gleichung mit $\boldsymbol{\omega}$ von links vektoriell multiplizieren. Das ergibt

$$\begin{aligned}\mathbf{0} &= \boldsymbol{\omega} \times \mathbf{v}_{\bar{0}} + \boldsymbol{\omega} \times [\boldsymbol{\omega} \times (\mathbf{r}_P - \mathbf{r}_{\bar{0}})] \\ &= \boldsymbol{\omega} \times \mathbf{v}_{\bar{0}} + \underbrace{[\boldsymbol{\omega} \cdot (\mathbf{r}_P - \mathbf{r}_{\bar{0}})]}_{0} \boldsymbol{\omega} - \boldsymbol{\omega} \cdot \boldsymbol{\omega} (\mathbf{r}_P - \mathbf{r}_{\bar{0}}).\end{aligned}$$

Diese Gleichung ist bei $\boldsymbol{\omega} \neq \mathbf{0}$ eindeutig nach $\mathbf{r}_P$ auflösbar. Damit ist Satz 6.1 bewiesen.

Zugleich folgt daraus

Satz 6.2: Für den *Momentanpol* P *der Geschwindigkeit* (*Geschwindigkeitspol*) der ebenen Bewegung eines starren Körpers gilt

$$\mathbf{r}_P = \mathbf{r}_{\bar{0}} + \frac{1}{\omega^2}\,[\boldsymbol{\omega} \times \mathbf{v}_{\bar{0}}],$$

d.h.

$$x_P = x_{\bar{0}} - \frac{v_{\bar{0}y}}{\omega}$$

$$y_P = y_{\bar{0}} + \frac{v_{\bar{0}x}}{\omega}.$$

Anmerkung:

Dieses Ergebnis können wir auch aus den allgemeinen Beziehungen für v_x und v_y ableiten, indem wir $v_x = v_y = 0$ setzen.

Aus Satz 6.2 lesen wir ab, daß der Geschwindigkeitspol auf einer durch $\bar{0}$ gehenden Geraden senkrecht zu $\mathbf{v}_{\bar{0}}$ liegt. Diesen Sachverhalt können wir in verschiedener Weise nutzen, um den Geschwindigkeitspol graphisch zu bestimmen.

1. Beispiel:

Gegeben seien die Geschwindigkeiten $\mathbf{v}_1$ und $\mathbf{v}_2$ der Körperpunkte *1* und *2* (Abb. 6.3a). Diese Geschwindigkeiten können nicht beliebig vorgegeben werden.

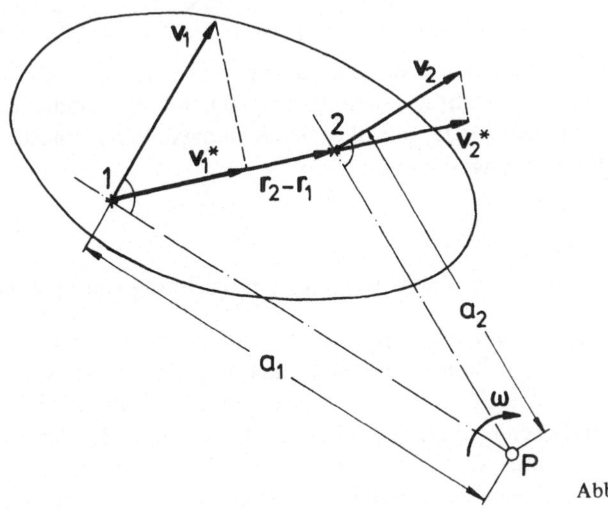

Abb. 6.3a)

Ihre Projektionen v_1^* bzw. v_2^* auf die Gerade $\overline{12}$ müssen gleich groß sein, da der Abstand der Punkte unveränderlich ist. Wir können diese Bedingung in der Form

$$\mathbf{v}_1 \cdot (\mathbf{r}_2 - \mathbf{r}_1) = \mathbf{v}_2 \cdot (\mathbf{r}_2 - \mathbf{r}_1)$$

schreiben. Den Geschwindigkeitspol P finden wir als Schnittpunkt der beiden Normalen zu den Geschwindigkeiten $\mathbf{v}_1$ bzw. $\mathbf{v}_2$ durch die Punkte *1* bzw. *2*. Für den Betrag der Winkelgeschwindigkeit gilt

$$|\omega| = \frac{|\mathbf{v}_1|}{a_1} = \frac{|\mathbf{v}_2|}{a_2}.$$

2. Beispiel:

Gegeben seien – als Sonderfall des 1. Beispiels – die Geschwindigkeiten $\mathbf{v}_1$ und $\mathbf{v}_2$, die beide senkrecht zur Geraden $\overline{12}$ sein sollen (Abb. 6.3b). In diesem Falle können die Beträge von $\mathbf{v}_1$ und $\mathbf{v}_2$ beliebig sein, da stets

$$\mathbf{v}_1 \cdot (\mathbf{r}_2 - \mathbf{r}_1) = 0 = \mathbf{v}_2 \cdot (\mathbf{r}_2 - \mathbf{r}_1)$$

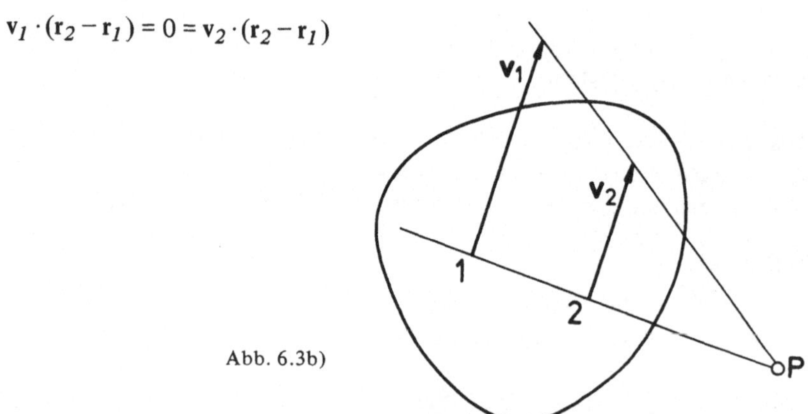

Abb. 6.3b)

ist. Wir finden in diesem Falle den Geschwindigkeitspol P als Schnittpunkt der Geraden $\overline{12}$ (die senkrecht zu $\mathbf{v}_1$ und zu $\mathbf{v}_2$ ist) und der Geraden durch die Spitzen der Geschwindigkeitspfeile, die die Geschwindigkeiten graphisch repräsentieren, aufgrund der Bedingung, daß

$$\frac{|\mathbf{v}_1|}{a_1} = \frac{|\mathbf{v}_2|}{a_2} = |\omega|$$

sein muß. Das gilt auch dann, wenn $\mathbf{v}_2$ der Richtung von $\mathbf{v}_1$ entgegengesetzt ist.

Sind die Lage des Geschwindigkeitspoles und die Geschwindigkeit eines Körperpunktes bekannt, so können wir in Umkehrung der beiden vorhergehenden Beispiele leicht die Geschwindigkeit weiterer Punkte ermitteln. Kennen wir bereits die Geschwindigkeiten zweier Punkte, so finden wir die Geschwindigkeit eines dritten Punktes (und weiterer) – auch ohne vorherige Ermittlung des Geschwindigkeitspoles – durch eine Reihe von einfachen graphischen Konstruktionen.

Die erste Konstruktion (Abb. 6.4a) benutzt die sogenannte F'-*Figur* der um $\frac{\pi}{2}$ im Drehsinn von ω oder entgegengesetzt *geklappten Geschwindigkeiten* $\mathbf{v}'_i$. Für sie gilt

Satz 6.3: Die von den Endpunkten der um $\frac{\pi}{2}$ *geklappten Geschwindigkeiten* $\mathbf{v}'_i$ aufgespannte F'-*Figur* ist der von den Verbindungsgeraden der zugehörigen Körperpunkte gebildeten *Ausgangsfigur* geometrisch ähnlich.

Der Beweis dieses nicht nur für Dreiecksfiguren geltenden Satzes ergibt sich unmittelbar aus den *Strahlensätzen*, d.h. aus den Sätzen über Strahlenbüschel, die von Parallelen geschnitten werden, in Verbindung mit der Aussage

$$\frac{|\mathbf{v}_1|}{a_1} = \frac{|\mathbf{v}_2|}{a_2} = \frac{|\mathbf{v}_3|}{a_3} = \frac{|\mathbf{v}_i|}{a_i} = |\omega|.$$

Wir können jedoch auch zeigen, daß die von den ungeklappten Geschwindigkeiten $\mathbf{v}_i$ gebildete F''-*Figur* der Ausgangsfigur geometrisch ähnlich ist (vgl. Abb. 6.4b). Für sie gilt

Satz 6.4: Satz von Burmester Die von den Endpunkten der Geschwindigkeitspfeile $\mathbf{v}_i$ aufgespannte F''-*Figur* ist der von den Verbindungsgeraden der zugehörigen Körperpunkte gebildeten *Ausgangsfigur* geometrisch ähnlich.

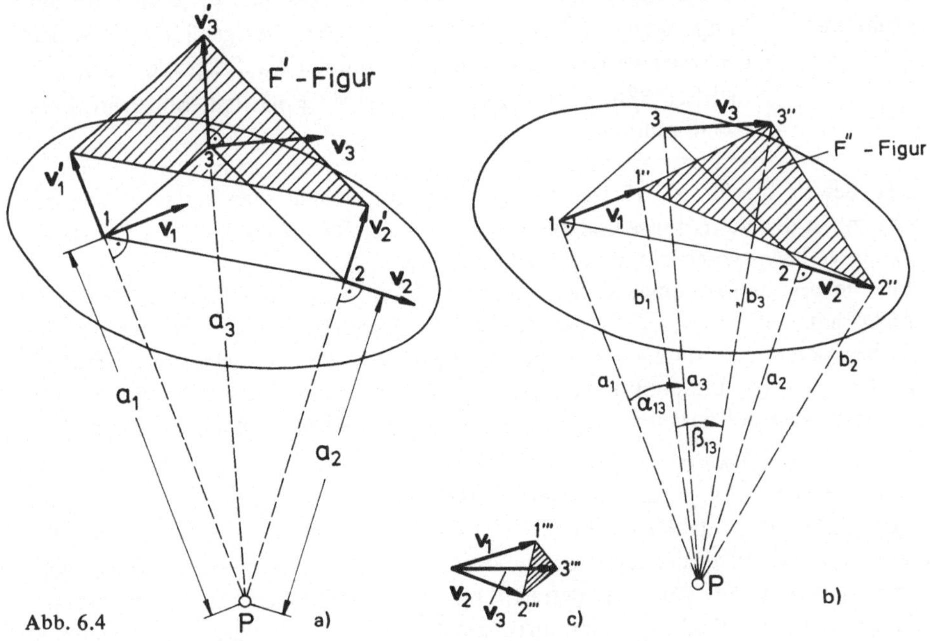

Abb. 6.4

Der Beweis ist hier etwas umständlicher. Zunächst folgt aus der Ähnlichkeit der von den Seiten a_i, b_i und $|v_i|$ gebildeten Dreiecke, daß

$$\frac{a_i}{b_i} = \frac{a_k}{b_k} \quad \text{bzw.} \quad \frac{a_i}{a_k} = \frac{b_i}{b_k}$$

ist. Ferner gilt

$$\alpha_{ik} = \beta_{ik},$$

weil sich diese Winkel als Summe von übereinstimmenden Summanden angeben lassen, z. B.:

α_{13} = Winkel zwischen a_1 und b_1 plus Winkel zwischen b_1 und a_3
β_{13} = Winkel zwischen b_1 und a_3 plus Winkel zwischen a_3 und b_3.

Die Winkel zwischen a_i und b_i sind jedoch wegen der Ähnlichkeit der Dreiecke gleich. Somit folgt allgemein die Gleichheit von α_{ik} und β_{ik}. Daraus ergibt sich zunächst, daß die von den Punkten i, k, P aufgespannten Dreiecke denen, die von i'', k'' und P gebildet werden, geometrisch ähnlich sind. Von da aus können wir aber weiter schließen, daß die Dreiecke i, k, l den Dreiecken i'', k'', l'' ähnlich sein müssen.

Eine dritte Beziehung liefert (vgl. Abb. 6.4c)

Satz 6.5: Satz von Mehmke Tragen wir die Geschwindigkeiten $\mathbf{v}_i$ der Punkte i in einem Geschwindigkeitsplan von einem Punkte aus auf, so ist die von den Endpunkten i''' der Geschwindigkeitspfeile gebildete F'''-*Figur* der *Ausgangsfigur*, die von den Punkten i aufgespannt wird, geometrisch ähnlich und gegenüber der Ausgangsfigur um $\frac{\pi}{2}$ im Sinne von $\boldsymbol{\omega}$ gedreht.

Der Beweis hierfür ist wiederum leicht erbracht, indem man einerseits von der Gleichheit der Verhältnisse und andererseits von der Gleichheit der Winkel zwischen $\mathbf{v}_i$ und $\mathbf{v}_k$ bzw. zwischen a_i und a_k Gebrauch macht.

Für die praktischen Anwendungen eignet sich am besten der Satz 6.3, da die F'-*Figur* am einfachsten durch das Ziehen von Parallelen zu konstruieren ist. Im übrigen kann man durch eine geeignete Wahl des Geschwindigkeitsmaßstabes erreichen, daß die Endpunkte *aller* geklappten Geschwindigkeitspfeile mit dem Geschwindigkeitspol zusammenfallen, die F'-*Figur* also zu einem Punkt degeneriert.

Der *Geschwindigkeitspol* P wandert im allgemeinen während des Bewegungsablaufes. Seine *Bahn* in der *raumfesten Bewegungsebene* bezeichnen wir als *Spurkurve* oder auch als *Rastpolbahn* bzw. *Polhodie*. Seine *relative Bahn gegenüber einem körperfesten Bezugssystem* nennen wir *Polkurve* oder auch *Gangpolbahn* bzw. *Herpolhodie*. Aus der Betrachtung des Bewegungsablaufes – momentan fallen jeweils ein Punkt der Spurkurve und ein Punkt der Polkurve zusammen und die Geschwindigkeit des Körpers gegenüber dem Raum ist in diesem Punkt jeweils momentan Null – können wir schließen, daß in jedem beliebigen Zeitintervall die Wanderwege des Geschwindigkeitspoles längs der raumfesten Spurkurve und längs der körperfesten Polkurve gleich lang sein müssen. Daraus folgt

---

Satz 6.6: Jede *ebene Bewegung eines starren Körpers* ist als *Abrollen* der körperfesten *Polkurve* (*Herpolhodie*) auf der raumfesten *Spurkurve* (*Polhodie*) darstellbar.

Beispiel: (Abb. 6.5)

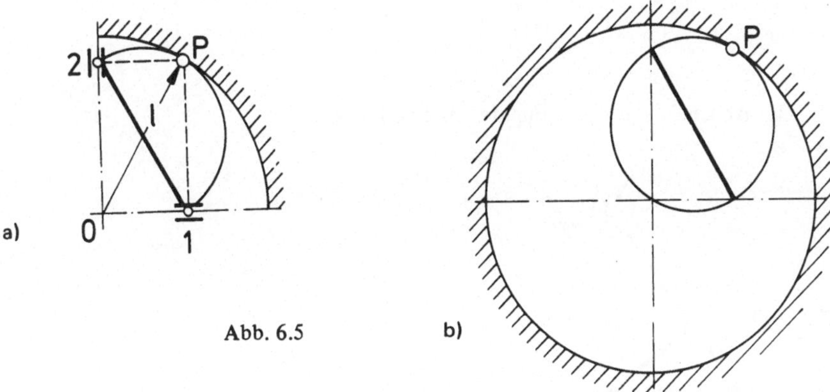

Abb. 6.5

Für den längs zweier zueinander senkrechten Geraden geführten Stab (z. B. für eine herabgleitende Leiter (vgl. Abb. 6.5a) ist die *Polkurve* der Halbkreis über der Stablänge l, weil der Geschwindigkeitspol P in jeder Lage Scheitelpunkt eines rechtwinkligen Dreiecks über der Hypothenuse mit der Stablänge l ist (Kreis des *Thales*). Zum andern ist die *Spurkurve* ein Viertelkreis um 0 mit l, weil stets

$$\overline{0\mathrm{P}} = \sqrt{(\overline{1\mathrm{P}})^2 + (\overline{2\mathrm{P}})^2} = l$$

ist. Aus diesem Sachverhalt folgt, daß wir die gleiche Bewegung auch durch das Abrollen eines Kreises (Durchmesser l) im Innern eines Kreises mit dem doppelten Durchmesser realisieren können (vgl. Abb. 6.5b). Von solchen Überlegungen macht man im Rahmen der Getriebetechnik Gebrauch.

Für kantige Körper können Spurkurve und Polkurve unstetig werden, wie das in Abb. 6.6 dargestellte Beispiel zeigt. Beide Kurven bestehen hier nur aus diskreten Punkten.

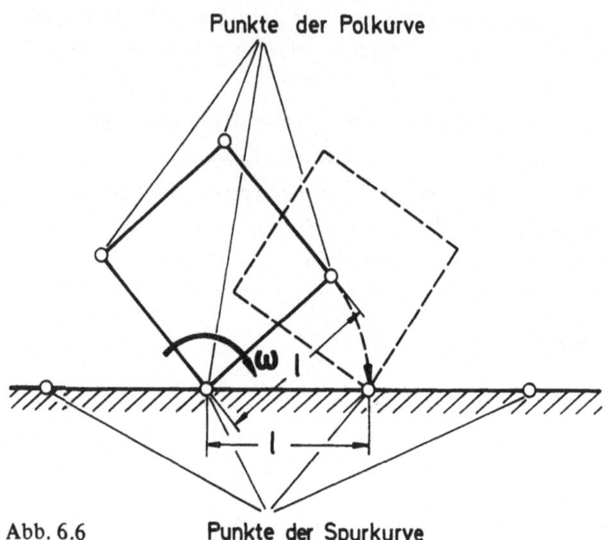

Abb. 6.6

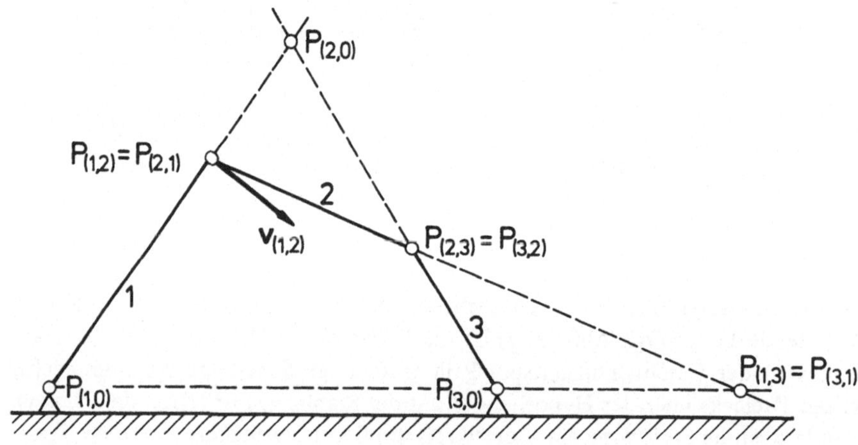

Abb. 6.7

Bei *ebenen Systemen starrer Körper* können wir unterscheiden:

a) Geschwindigkeitspole der (Absolut-) Bewegung gegenüber dem Raum (*Hauptpole*): $P_{(i,\,0)}$,

b) Geschwindigkeitspole der Relativ-Bewegung zwischen den Körpern des Systems (*Nebenpole*): $P_{(i,\,k)} = P_{(k,\,i)}$.

In Abb. 6.7 ist beispielsweise der Punkt $P_{(2,\,1)} = P_{(1,\,2)}$ der Geschwindigkeitspol der Relativ-Bewegung des Körpers *2* gegenüber *1* (bzw. *1* gegenüber *2*), weil in diesem Punkt die Relativgeschwindigkeit der beiden Körper verschwindet. Für die Lage der Geschwindigkeitspole gilt der

---

Satz 6.7: Bei *ebenen Systemen starrer Körper* liegen die drei einander zugeordneten Geschwindigkeitspole

$P_{(i,k)}, P_{(k,l)}, P_{(l,i)}$ $(i \neq k \neq l \neq i)$

jeweils auf einer Geraden.

Den Beweis führen wir leicht an Hand des Beispieles, das in Abb. 6.7 skizziert ist. Aus der Tatsache, daß im Punkt $P_{(1,2)}$ die Körper *1* und *2* die gleiche Geschwindigkeit gegenüber dem Raume haben, folgt z. B., daß die Geschwindigkeitspole $P_{(1,0)}$ und $P_{(2,0)}$ auf einer Geraden durch $P_{(1,2)}$ liegen müssen, die senkrecht auf der Geschwindigkeit dieses Punktes steht. Diese Feststellung läßt sich dann leicht zur Aussage des Satzes 6.7 verallgemeinern.

Bewegungszustände starrer Körper lassen sich additiv *überlagern*. Davon wird bei der technischen Realisierung vorgegebener Bewegungen, z. B. bei der Werkzeug- oder Werkstückbewegung in der Fertigungstechnik, vielfach in der Weise Gebrauch gemacht, daß man der Grundbewegung (des Werkzeug- oder Werkstück-Trägers) eine Zusatzbewegung (des Werkzeuges oder Werkstückes) überlagert. Auch bei andern technischen Problemen bietet sich die Aufspaltung der resultierenden Bewegung in verschiedene Teilbewegungen an, z. B. bei Relativbewegungen gegenüber einem Fahrzeug oder einem Rotor. Dabei tritt häufig die Frage auf, wie sich der Bewegungszustand ändert, wenn einer gegebenen Bewegung eine Translation oder Rotation überlagert wird.

Wir betrachten zuerst die *Überlagerung einer Translation* (Abb. 6.8). Die Ausgangsbewegung sei in der Form

$$\mathbf{v} = \boldsymbol{\omega} \times (\mathbf{r} - \mathbf{r}_P)$$

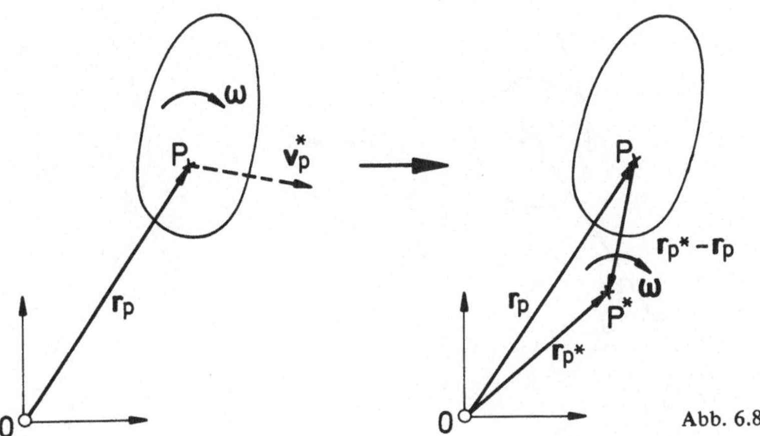

Abb. 6.8

gegeben bzw. dargestellt. Überlagert werde nun eine reine Translation mit der Geschwindigkeit

$$\mathbf{v}_{\bar{0}} = \mathbf{v}_p^*.$$

Wir erhalten dann als resultierende Bewegung

$$\begin{aligned}\mathbf{v}^* &= \mathbf{v}_p^* + \mathbf{v}\\ &= \mathbf{v}_p^* + \boldsymbol{\omega} \times (\mathbf{r} - \mathbf{r}_p).\end{aligned}$$

Diese können wir wiederum als reine Rotation in der Form

$$\mathbf{v}^* = \boldsymbol{\omega} \times (\mathbf{r} - \mathbf{r}_p^*)$$

darstellen mit

$$\mathbf{r}_p^* = \mathbf{r}_p + \frac{1}{\omega^2}(\boldsymbol{\omega} \times \mathbf{v}_p^*)$$

nach Satz 6.2. Die Überlagerung einer Translation bedeutet also eine Verschiebung des Geschwindigkeitspoles senkrecht zu $\mathbf{v}_p^*$ um

$$|\mathbf{r}_p^* - \mathbf{r}_p| = \frac{|\mathbf{v}_p^*|}{|\boldsymbol{\omega}|}.$$

Die *Überlagerung einer Rotation* mit der Winkelgeschwindigkeit $\boldsymbol{\Omega}$ um 0 (Abb. 6.9) führt auf

$$\begin{aligned}\mathbf{v}^* &= \boldsymbol{\omega} \times (\mathbf{r} - \mathbf{r}_p) + \boldsymbol{\Omega} \times \mathbf{r}\\ &= \underbrace{\boldsymbol{\Omega} \times \mathbf{r}_p}_{\mathbf{v}_p^*} + (\boldsymbol{\omega} + \boldsymbol{\Omega}) \times (\mathbf{r} - \mathbf{r}_p)\\ &= (\boldsymbol{\omega} + \boldsymbol{\Omega}) \times (\mathbf{r} - \mathbf{r}_p^*)\end{aligned}$$

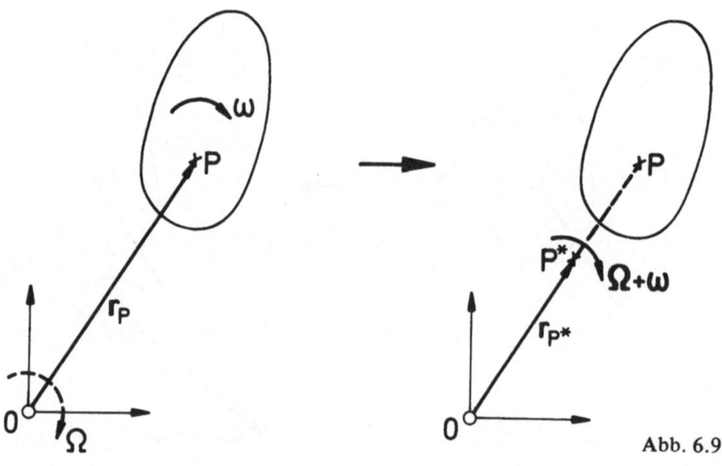

Abb. 6.9

mit

$$\mathbf{r}_p^* = \mathbf{r}_p + \frac{(\boldsymbol{\omega} + \boldsymbol{\Omega}) \times (\boldsymbol{\Omega} \times \mathbf{r}_p)}{(\omega + \Omega)^2}$$

$$= \left(1 - \frac{\Omega}{\omega + \Omega}\right) \mathbf{r}_p .$$

Der Geschwindigkeitspol verlagert sich also dabei auf der durch $\mathbf{r}_p$ gegebenen Geraden, und zwar nach 0 hin, wenn ω und Ω gleiches Vorzeichen haben, von 0 weg bei verschiedenen Vorzeichen von ω und Ω. Im *Sonderfall*

$$\boldsymbol{\Omega} = - \boldsymbol{\omega}$$

entsteht eine *reine Translation* mit

$$\mathbf{v}^* = \boldsymbol{\Omega} \times \mathbf{r}_p = - \boldsymbol{\omega} \times \mathbf{r}_p .$$

Wir können also die Translationsbewegung als resultierende Bewegung eines *Drehpaares* betrachten. Dies ist die duale Aussage zu dem entsprechenden Satz der Stereo-Statik, daß das Moment eines Kräftepaares unabhängig vom Bezugspunkt ist.

6.1.3. Beschleunigungszustand

Wir gehen von der Darstellung des Geschwindigkeitszustandes in der Form

$$\mathbf{v} = \mathbf{v}_{\bar{0}} + \boldsymbol{\omega} \times (\mathbf{r} - \mathbf{r}_{\bar{0}})$$

aus und erhalten durch substantielle Differentiation nach der Zeit (vgl. Band I, Satz 5.5)

$$\dot{\mathbf{v}} = \dot{\mathbf{v}}_{\bar{0}} + \dot{\boldsymbol{\omega}} \times (\mathbf{r} - \mathbf{r}_{\bar{0}}) + \boldsymbol{\omega} \times (\mathbf{v} - \mathbf{v}_{\bar{0}})$$

$$= \dot{\mathbf{v}}_{\bar{0}} + \dot{\boldsymbol{\omega}} \times (\mathbf{r} - \mathbf{r}_{\bar{0}}) + \boldsymbol{\omega} \times [\boldsymbol{\omega} \times (\mathbf{r} - \mathbf{r}_{\bar{0}})].$$

Unter Beachtung, daß bei *ebenen Bewegungen* $\boldsymbol{\omega}$ senkrecht zur Bewegungsebene ist, können wir dafür auch

$$\boxed{\dot{\mathbf{v}} = \dot{\mathbf{v}}_{\bar{0}} + \dot{\boldsymbol{\omega}} \times (\mathbf{r} - \mathbf{r}_{\bar{0}}) - \omega^2 (\mathbf{r} - \mathbf{r}_{\bar{0}})}$$

schreiben. Das ist die *allgemeine Darstellungsform des Beschleunigungszustandes der ebenen Bewegung starrer Körper*.

Wir behaupten nun

Satz 6.8: Bei der *ebenen Bewegung starrer Körper* existiert – abgesehen von reinen Translationen mit $\boldsymbol{\omega} = \mathbf{0}$ *und* $\dot{\boldsymbol{\omega}} = \mathbf{0}$ – ein *Beschleunigungspol* B, der momentan beschleunigungsfrei ist. Deshalb ist der Beschleunigungszustand auch in der Form

$$\dot{\mathbf{v}} = \dot{\boldsymbol{\omega}} \times (\mathbf{r} - \mathbf{r}_B) - \omega^2 (\mathbf{r} - \mathbf{r}_B)$$

zu beschreiben, sofern keine *reine Translation* mit

$$\dot{\mathbf{v}} = \dot{\mathbf{v}}_{\bar{0}}$$

vorliegt.

Zum Beweis dieses Satzes gehen wir wieder so vor, daß wir die Existenz eines Punktes B nachweisen, der beschleunigungsfrei ist, für den also

$$\dot{\mathbf{v}}_B = \mathbf{0} = \dot{\mathbf{v}}_{\bar{0}} + \dot{\boldsymbol{\omega}} \times (\mathbf{r}_B - \mathbf{r}_{\bar{0}}) - \omega^2 (\mathbf{r}_B - \mathbf{r}_{\bar{0}})$$

gilt. Dazu multiplizieren wir diese Bedingung mit $\dot{\boldsymbol{\omega}}$ vektoriell von links und erhalten

$$\begin{aligned} \mathbf{0} &= \dot{\boldsymbol{\omega}} \times \dot{\mathbf{v}}_{\bar{0}} + \dot{\boldsymbol{\omega}} \times [\dot{\boldsymbol{\omega}} \times (\mathbf{r}_B - \mathbf{r}_{\bar{0}})] - \omega^2 \dot{\boldsymbol{\omega}} \times (\mathbf{r}_B - \mathbf{r}_{\bar{0}}) \\ &= \dot{\boldsymbol{\omega}} \times \dot{\mathbf{v}}_{\bar{0}} - (\dot{\omega})^2 (\mathbf{r}_B - \mathbf{r}_{\bar{0}}) - \omega^2 [\omega^2 (\mathbf{r}_B - \mathbf{r}_{\bar{0}}) - \dot{\mathbf{v}}_{\bar{0}}] \\ &= \dot{\boldsymbol{\omega}} \times \dot{\mathbf{v}}_{\bar{0}} + \omega^2 \dot{\mathbf{v}}_{\bar{0}} - [(\dot{\omega})^2 + \omega^4] (\mathbf{r}_B - \mathbf{r}_{\bar{0}}), \end{aligned}$$

d. h.

$$\boxed{\mathbf{r}_B = \mathbf{r}_{\bar{0}} + \frac{1}{(\dot{\omega})^2 + \omega^4} \{\dot{\boldsymbol{\omega}} \times \dot{\mathbf{v}}_{\bar{0}} + \omega^2 \dot{\mathbf{v}}_{\bar{0}}\}.}$$

Damit ist die Existenz eines *Beschleunigungspoles* bewiesen unter der Voraussetzung, daß zumindest $\boldsymbol{\omega}$ oder $\dot{\boldsymbol{\omega}}$ verschieden von Null ist. Der Beschleunigungspol B ist im allgemeinen verschieden vom Geschwindigkeitspol. Eine Ausnahme bildet die Rotation um eine feste Achse.
Die Kenntnis des Beschleunigungspoles kann bedeutsam sein, wenn es z. B. darum geht, empfindliche Teile eines starren Körpers (z. B. Meßgeräte in einem Träger-Körper) vor großen Beschleunigungen zu bewahren.

6.2. Grundgleichungen der ebenen Bewegung starrer Körper

Wir benutzen ein *kartesisches raumfestes Koordinatensystem.* Mit

$$v_z = 0 \quad \text{und} \quad \omega_x = \omega_y = 0 \quad (\omega_z = \omega)$$

erhalten wir:

Impulssatz:

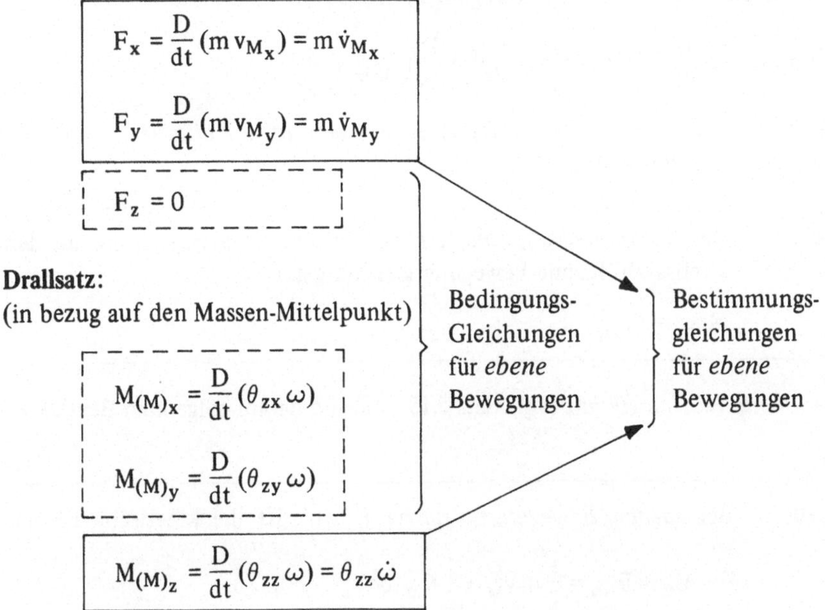

Aus diesen Beziehungen lesen wir ab, daß *ungebundene ebene Bewegungen* nur möglich sind, wenn

1. die eingeprägten Kräfte sich auf ein ebenes Kräftesystem reduzieren lassen, dessen Kräfte-Ebene den Massen-Mittelpunkt enthält,
2. die Achse senkrecht zur Bewegungsebene (= Kräfte-Ebene) eine Hauptachse des Massen-Trägheitstensors ist und
3. die Anfangsbedingungen für den Geschwindigkeitszustand den Bedingungen für eine ebene Bewegung genügen.

Wird die ebene Bewegung durch entsprechende kinematische Bindungen *erzwungen*, so stellen die in dem vorstehenden Gleichungssystem als *Bedingungsgleichungen* gekennzeichneten Beziehungen die Relationen dar, aus denen die auftretenden *Reaktionen* zu ermitteln sind.

Anmerkung:

Wir werden später (in Kapitel 7) noch sehen, daß ungebundene *stabile* Rotationen nicht nur erfordern, daß die Rotation um eine Hauptachse erfolgt, sondern daß das zugehörige Massen-Trägheitsmoment zugleich auch entweder das maximale oder das minimale Massen-Trägheitsmoment ist: $\theta_{zz} = \theta_1$ oder $\theta_{zz} = \theta_3$.

Beziehen wir den Drall auf einen festen Raumpunkt 0, so können wir die z-Komponente des Drallsatzes bei ebenen Bewegungen in der Form

$$M_{(0)_z} = m \frac{D}{dt} \{x_M v_{0_y} - y_M v_{0_x}\} + \frac{D}{dt} (\theta_{(0)_{zz}} \omega)$$

schreiben (vgl. Satz 5.12). Für Bewegungen um eine *feste Achse* ($v_{0_x} = v_{0_y} = 0$) reduziert sich diese Beziehung auf

---

Satz 6.9: Bei *Rotationen um eine feste Achse* 0 vereinfacht sich die aus dem Drallsatz folgende Bewegungsgleichung auf

$$M_{(0)_z} = \theta_{(0)_{zz}} \dot{\omega}.$$

Für die *kinetische Energie* gilt (vgl. Satz 5.15 und die darauf folgenden Bemerkungen)

Satz 6.10: Bei *ebenen Bewegungen starrer Körper* ist die kinetische Energie

$$E = E_{tr} + E_{rot} = \frac{1}{2} m v_M^2 + \frac{1}{2} \theta_{zz} \omega^2.$$

Bei *Rotationen um eine feste Achse* 0 läßt sich dieser Ausdruck zu

$$E = \frac{1}{2} \theta_{(0)_{zz}} \omega^2$$

reduzieren.

Da wir bei den Momenten der Kräfte wie bei den Massen-Trägheitsmomenten in den Bewegungsgleichungen jeweils nur die Momente in bezug auf die z-Achse benötigen, lassen wir im folgenden den Index z fort und schreiben einfach $M_{(M)}$ anstatt $M_{(M)_z}$ bzw. θ anstelle von θ_{zz} usw.

6.3. Bewegungen um eine feste Achse

Der Freiheitsgrad des Körpers beträgt in diesem Falle nur noch $\lambda = 1$. Deshalb genügt die Einführung *einer* Lagekoordinate. Dafür bietet sich etwa der Winkel φ entsprechend Abb. 6.10 an. Das Bewegungsgesetz des Körpers leiten wir am einfachsten aus dem auf 0 bezogenen *Drallsatz*

$$\boxed{M_{(0)} = \theta_{(0)} \dot{\omega}}$$

bzw. aus dem *Energiesatz*

$$\int_{\varphi_1}^{\varphi_2} M_{(0)}\, D\varphi = \frac{1}{2}\,\theta_{(0)}\,\omega_2^2 - \frac{1}{2}\,\theta_{(0)}\,\omega_1^2$$

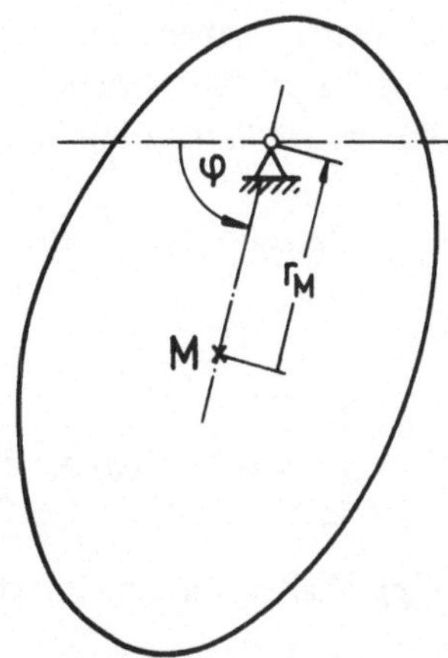

Abb. 6.10

ab. Zur Ermittlung der Lagerreaktionen ziehen wir den *Impulssatz* bzw. den auf M bezogenen *Drallsatz* heran.

1. Beispiel: Stabpendel (Abb. 6.11)

Ein homogener Stab mit konstantem Querschnitt sei in 0 reibungsfrei drehbar gelagert.

Gegeben seien: l, m, $\theta = \frac{1}{12}\,m\,l^2$,

Anfangsbedingungen für t = 0: $\varphi = \varphi_0$
$\dot{\varphi} = 0.$

Gesucht sind: Schnittgrößen N, Q, M,
Lagerreaktionen A_N, A_Q.

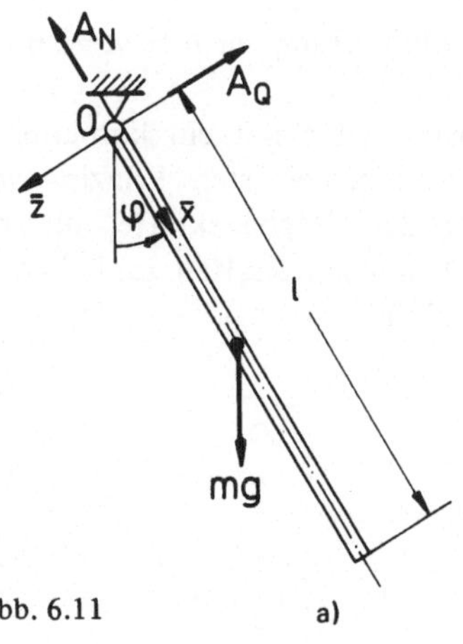

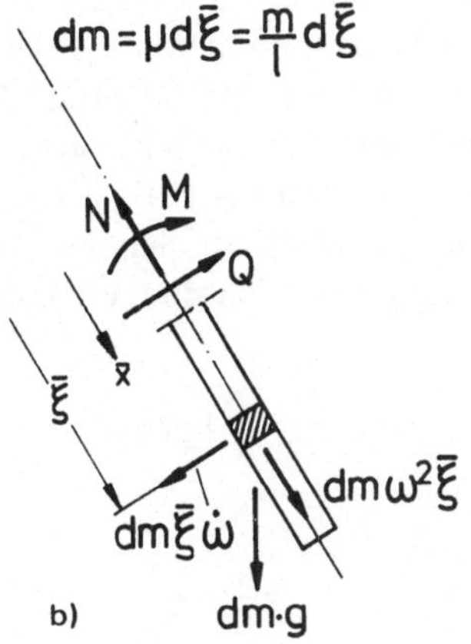

Abb. 6.11 a) b)

Wir führen neben dem raumfesten (unüberstrichenen) Koordinatensystem ein körperfestes (überstrichenes) Koordinatensystem ein. $\dot{\omega}(\varphi)$ ermitteln wir mit Hilfe des *Drallsatzes* um 0. Er liefert (vgl. Abb. 6.11a)

$$\theta_{(0)}\,\dot{\omega} = -\,mg\,\frac{l}{2}\sin\varphi \quad \text{mit} \quad \theta_{(0)} = \theta + m\left(\frac{l}{2}\right)^2 = \frac{1}{3}\,m\,l^2,$$

d.h.

$$\boxed{\dot{\omega}(\varphi) = \ddot{\varphi}(\varphi) = -\frac{3}{2}\frac{g}{l}\sin\varphi.}$$

$\omega(\varphi)$ erhalten wir am einfachsten aus dem *Energiesatz*

$$\frac{1}{2}\,\theta_{(0)}\,\omega^2 = mg\,\frac{l}{2}\,\{\cos\varphi_0 - \cos\varphi\},$$

d.h.

$$\boxed{\omega(\varphi) = \dot{\varphi}(\varphi) = \pm\sqrt{3\,\frac{g}{l}\,\{\cos\varphi_0 - \cos\varphi\}}.}$$

Der Stab führt Schwingungen um die Gleichgewichtslage $\varphi = 0$ aus. Die Ausschläge φ sind unter den gegebenen Anfangsbedingungen auf den Bereich $|\varphi| \leqslant |\varphi_0|$ beschränkt. Wollen wir die Ausschläge φ in Abhängigkeit von der Zeit erhalten, so ermitteln wir zunächst

$$t = t_0 + \int_{\varphi_0}^{\varphi} \frac{D\varphi}{\omega(\varphi)} = t(\varphi).$$

Dies führt auf ein elliptisches Integral, auf dessen Auswertung wir hier verzichten. Die Umkehrfunktion von $t(\varphi)$ liefert dann $\varphi(t)$.

Zur Ermittlung der *Schnittgrößen* gehen wir zweckmäßig auf ein körperfestes System über (entspricht der Anwendung des verallgemeinerten Prinzips von *d'Alembert* (Satz 4.13)). Unter Berücksichtigung der Trägheitskräfte, die bei diesem Übergang zu den im Ausgangssystem vorhandenen Kräften zusätzlich in Rechnung zu stellen sind, erhalten wir (vgl. Abb. 6.11b)

$$N(\bar{x}, \varphi) = \int_{\bar{x}}^{l} \{g\cos\varphi + \omega^2\bar{\xi}\}\,\frac{m}{l}\,d\bar{\xi}$$

$$= \frac{1}{2}\,mg\left\{\left[5 - 2\frac{\bar{x}}{l} - 3\left(\frac{\bar{x}}{l}\right)^2\right]\cos\varphi - 3\left[1 - \left(\frac{\bar{x}}{l}\right)^2\right]\cos\varphi_0\right\}$$

$$Q(\bar{x}, \varphi) = \int_{\bar{x}}^{l} \{g \sin\varphi + \dot{\omega}\bar{\xi}\} \frac{m}{l} d\bar{\xi} = \frac{1}{4} mg \left[1 - 4\frac{\bar{x}}{l} + 3\left(\frac{\bar{x}}{l}\right)^2\right] \sin\varphi$$

$$M(\bar{x}, \varphi) = -\int_{\bar{x}}^{l} \{g \sin\varphi + \dot{\omega}\bar{\xi}\} (\bar{\xi} - \bar{x}) \frac{m}{l} d\bar{\xi} = \frac{1}{4} mg\, l \left[1 - \frac{\bar{x}}{l}\right]^2 \frac{\bar{x}}{l} \sin\varphi.$$

Das größte Biegemoment tritt auf, wo $Q = 0$ ist, das ist bei $\frac{\bar{x}}{l} = \frac{1}{3}$. Das gilt unabhängig von φ_0, also beispielsweise auch für einen aus der senkrechten Stellung $\left(\varphi_0 = \frac{\pi}{2}\right)$ umfallenden Stab. Das erklärt, warum man bei umfallenden Schornsteinen (etwa nach einer Sprengung) beobachtet, daß diese ungefähr in ein Drittel der Höhe noch einmal brechen.

Die Lagerreaktionen ergeben sich aus den Schnittgrößen für $\bar{x} = 0$ zu

$$A_N = N(0, \varphi) = \frac{1}{2} mg\,[5 \cos\varphi - 3 \cos\varphi_0]$$

$$A_Q = Q(0, \varphi) = \frac{1}{4} mg \sin\varphi.$$

2. Beispiel: Windwerk

Wir betrachten das in Abb. 6.12 skizzierte Windwerk. Gegeben seien

System-Parameter: $m, \Theta_1, \Theta_2,$
$r_0, r_1, r_2,$

Antriebs-Moment: M.

Gesucht wird die Winkelbeschleunigung $\dot{\omega}_1$ der Trommel *1*.

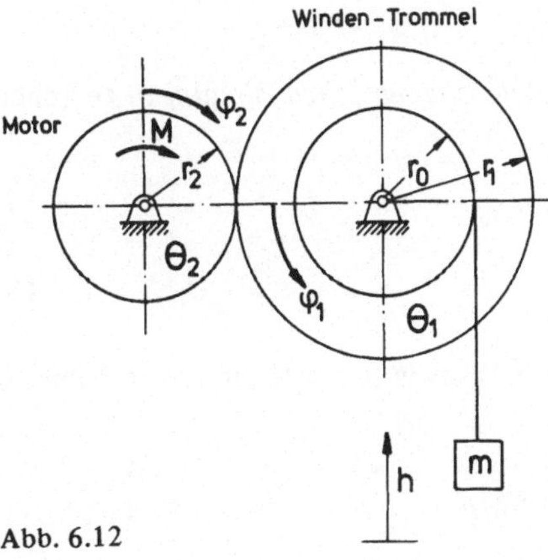

Abb. 6.12

Wir zerlegen das System – in Gedanken – in seine Teile, indem wir die kinematischen Bindungen zwischen seinen Teilen lösen (Befreiungsprinzip!) und schreiben für jedes Teil den *Drall-* bzw. *Impulssatz* an.

Masse: Impulssatz (Abb. 6.13a)

$$m\ddot{h} = S - mg \rightarrow S = m(g + \ddot{h}). \tag{1}$$

Winden-Trommel: Drallsatz (Abb. 6.13b)

$$\theta_1 \dot{\omega}_1 = F r_1 - S r_o. \tag{2}$$

Motor: Drallsatz (Abb. 6.13c)

$$\theta_2 \dot{\omega}_2 = M - F r_2 \rightarrow F = \frac{1}{r_2}(M - \theta_2 \dot{\omega}_2). \tag{3}$$

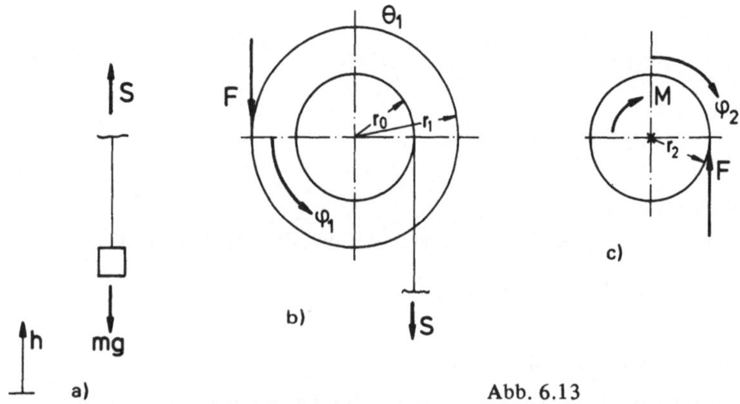

Abb. 6.13

Hinzu kommen die Beziehungen, die sich aus den *kinematischen Bindungen* zwischen den Teilen des Systems ergeben, nämlich

$$\dot{h} = \omega_1 r_0 \rightarrow \ddot{h} = \dot{\omega}_1 r_0 \tag{4}$$

$$\omega_2 r_2 = \omega_1 r_1 \rightarrow \dot{\omega}_2 = \dot{\omega}_1 \frac{r_1}{r_2}. \tag{5}$$

Setzen wir nun (4) in (1) und danach (1) in (2) sowie ferner (5) in (3) und danach (3) in (2) ein, so erhalten wir

$$\left\{\theta_1 + \theta_2\left(\frac{r_1}{r_2}\right)^2 + m r_0^2\right\} \dot{\omega}_1 = M \frac{r_1}{r_2} - mg r_0.$$

Hierin können wir

$$\theta_1 + \theta_2 \left(\frac{r_1}{r_2}\right)^2 + m r_0^2 = \theta_{(1)\text{red}}$$

als das auf die Achse *1* reduzierte Massen-Trägheitsmoment des Systems

und

$$M \frac{r_1}{r_2} - m g r_0 = M_{(1)\text{red}}$$

als das auf die Achse *1* reduzierte resultierende Moment der an dem System angreifenden eingeprägten Kräfte

bezeichnen.

Anmerkung:

Wir können das System auch in anderer Weise reduzieren, z. B. auf ein um die Achse *2* rotierendes System oder auf eine Ersatz-Masse, deren Bewegung durch die Koordinate h festgelegt ist. Auf die allgemeine systematische Vorgehensweise bei der Behandlung solcher mechanischer Systeme kommen wir in Kapitel 10 zurück.

6.4. Allgemeine ebene Bewegung starrer Körper

Je nach dem Freiheitsgrad λ des Körpers bzw. des Systems erhalten wir λ *Bewegungsgleichungen*, die den Bewegungsablauf bestimmen. Die überzähligen $3 - \lambda$ Bewegungsgleichungen können wir aus dem allgemeinen System der Bestimmungsgleichungen für die ebene Bewegung (vgl. Abschnitt 6.2) unter Heranziehung der kinematischen Bindungen eliminieren. Wir benötigen sie jedoch, wenn wir nachträglich die Reaktionen der kinematischen Bindungen ermitteln wollen. Methodisch gehen wir bei allgemeinen ebenen Bewegungen vielfach so vor, daß wir – implizit – uns ein körperfestes Koordinatensystem eingeführt denken bzw. auf das Prinzip von d'Alembert zurückgreifen (vgl. Abschnitt 4.5), daß wir also zu den im Ausgangssystem gegebenen, eingeprägten Kräften die entsprechenden Trägheitskräfte und ihre Momente hinzufügen und damit das stereo-kinetische Problem auf ein stereostatisches Problem zurückführen.

1. Beispiel: Walze (Scheibe) auf einer schiefen Ebene (Abb. 6.14)

Gegeben seien System-Parameter: $m, R, \theta = \frac{1}{2} m R^2, \alpha,$

Reibungs-Koeffizienten: $\mu_0, \mu,$

Anfangsbedingungen für $t = 0$: $x = 0, \ \dot{x} = 0,$

$\varphi = 0, \ \dot{\varphi} = 0.$

Ob sich ein reines Rollen der Walze (Freiheitsgrad $\lambda = 1$) einstellt, wobei die Walze längs der Berührungsgeraden mit der schiefen Ebene haftet, oder ob auch ein Gleiten eintritt (der Freiheitsgrad ist dann $\lambda = 2$), können wir nicht von vornherein sagen. Wir gehen zweckmäßig so vor, daß wir jeweils eine dieser beiden Möglichkeiten annehmen und nachprüfen, ob sich ein Widerspruch ergibt.

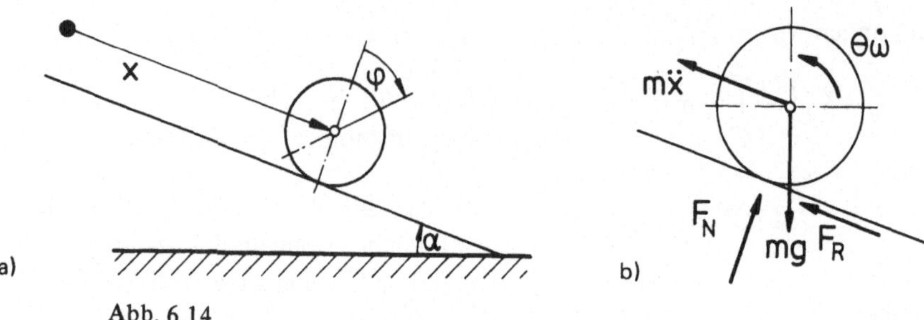

Abb. 6.14

1. Annahme: reines Rollen (Haften)

Die *Gleichgewichtsbedingung* für die Momente (unter Einschluß der Momente der Trägheitskräfte) bezogen auf die Berührungsgerade (in diesem Falle zugleich Geschwindigkeitspol P) ergibt

$$\theta \dot{\omega} + m\ddot{x}\,R - mg\,R \sin\alpha = 0. \tag{1}$$

Hierzu kommt die *Rollbedingung*

$$\omega R = \dot{x} \rightarrow \dot{\omega} R = \ddot{x}. \tag{2}$$

Setzen wir (2) in (1) ein, so folgt

$$\underbrace{(\theta + mR^2)}_{\frac{3}{2}mR^2}\,\dot{\omega} - mg \sin\alpha = 0,$$

d.h.

$$\boxed{\dot{\omega} = \frac{2}{3}\frac{g}{R}\sin\alpha, \qquad \ddot{x} = \frac{2}{3}\,g \sin\alpha.}$$

Anmerkung:

In diesem Sonderfall läßt sich die Dralländerung auf die Form $\theta_{(0)}\,\dot{\omega}$ reduzieren, weil beim Rollen für die Punkte der Berührungsgeraden (Geschwindigkeitspol P) die Geschwindigkeit $\mathbf{v}_P = \mathbf{0}$ ist und die Beschleunigung $\dot{\mathbf{v}}_P$ auf den Massen-Mittelpunkt hin gerichtet ist (siehe letzter Sonderfall des Satzes 5.12). Die Reduktion auf diese Form ist schon nicht mehr möglich, wenn der Massen-Mittelpunkt der Walze außerhalb des Volumen-Mittelpunktes liegt (inhomogener Werkstoff) oder wenn die Walze unrund ist.

Rollen ist nur möglich, wenn die *Haftbedingung*

$$F_R \leqslant \mu_0 F_N$$

erfüllt ist. F_R ermitteln wir am einfachsten aus der Momenten-Gleichgewichtsbedingung in bezug auf den Massen-Mittelpunkt:

$$F_R\,R - \theta\dot{\omega} = 0.$$

Daraus folgt

$$F_R = \frac{1}{3} mg \sin\alpha.$$

Mit

$$F_N = mg \cos\alpha$$

lautet also die *Haftbedingung*

$$\frac{1}{3} mg \sin\alpha \leqslant \mu_0 \, mg \cos\alpha$$

oder

$$\boxed{\tan\alpha \leqslant 3\,\mu_0 .}$$

Ist diese Bedingung verletzt, dann muß *Gleiten* eintreten. Wir wollen aber unabhängig davon untersuchen, ob nicht auch in andern Fällen ein Gleiten der Walze möglich ist. Deshalb untersuchen wir nun die

2. Annahme: Gleiten

Da in diesem Falle der Freiheitsgrad $\lambda = 2$ ist, erhalten wir auch 2 Bewegungsgleichungen, nämlich aus der

Kräfte-Gleichgewichtsbedingung in x-Richtung:

$$m\ddot{x} + F_R - mg \sin\alpha = 0 \tag{1}$$

und aus der

Momenten-Gleichgewichtsbedingung um M:

$$\theta\dot{\omega} - F_R R = 0. \tag{2}$$

Hierzu kommt noch das *Reibungsgesetz* für Gleiten:

$$F_R = \mu F_N = \mu mg \cos\alpha. \tag{3}$$

Einsetzen von (3) in (1) bzw. (2) ergibt

$$\boxed{\begin{aligned} \ddot{x} &= g \sin\alpha \left\{1 - \frac{\mu}{\tan\alpha}\right\} \\ \dot{\omega} &= 2\mu \frac{g}{R} \cos\alpha. \end{aligned}}$$

Gleitreibung kann nur auftreten, solange

$$\dot{x} > \omega R$$

ist. Unter unseren Anfangsbedingungen gilt

$$\dot{x} = g \sin\alpha \left\{1 - \frac{\mu}{\tan\alpha}\right\} t \to \sim t$$

$$\omega = 2\mu \frac{g}{R} \cos\alpha\, t \qquad \to \sim t.$$

Deshalb ist die Bedingung für Gleitreibung zeitunabhängig, und aus

$$g \sin\alpha \left\{1 - \frac{\mu}{\tan\alpha}\right\} > 2\mu g \cos\alpha$$

folgt die *Gleitbedingung*

$$\boxed{\tan\alpha > 3\mu.}$$

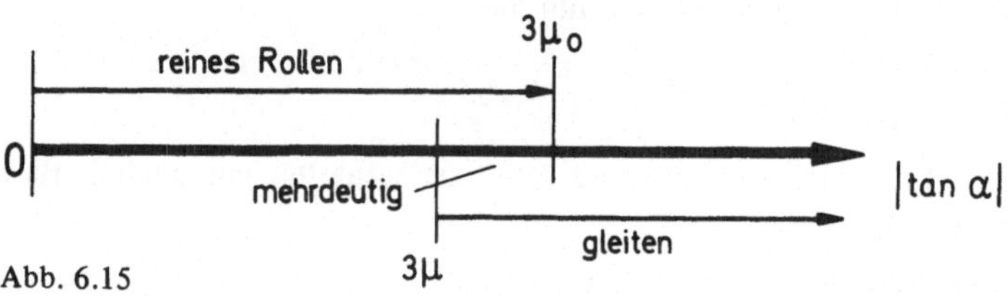

Abb. 6.15

Damit ergibt sich der in Abb. 6.15 dargestellte Sachverhalt (vgl. 1. Beispiel in Abschnitt 3.3.2), nämlich

a) daß $\mu \leqslant \mu_0$ sein muß, damit keine Widersprüche auftreten,
b) daß bei $\mu < \mu_0$ in dem Bereich

$$3\mu < \tan\alpha \leqslant 3\mu_0$$

die Lösung mehrdeutig ist.

Anzumerken ist noch, daß in diesem mehrdeutigen Bereich bei Gleiten $\ddot{x}$ größer wird als bei Rollen, denn des ist

$$g \sin\alpha \left\{1 - \frac{\mu}{\tan\alpha}\right\} > \frac{2}{3} g \sin\alpha \quad \text{für} \quad \tan\alpha > 3\mu.$$

2. Beispiel:

Beim Aufsetzen eines Flugzeuges auf der Landebahn müssen die Räder des Fahrgestelles durch Reibung am Boden beschleunigt werden, bis sie rollen. Wir nehmen vereinfachend an, daß das Flugzeug während dieser Zeit eine *konstante Geschwindigkeit* v beibehalte. Wir wollen diesen Vorgang für ein einzelnes Rad untersuchen

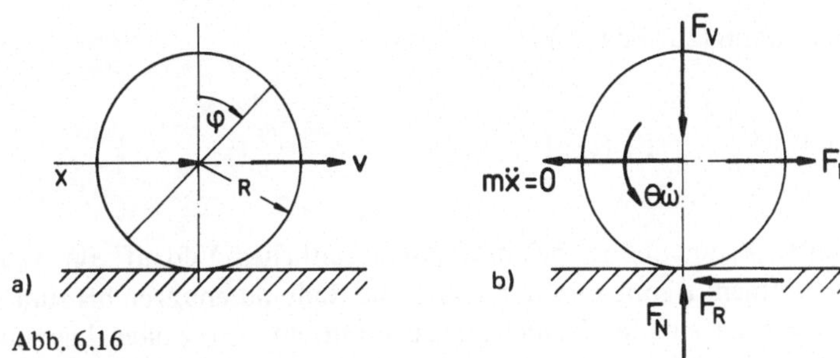

Abb. 6.16

(Abb. 6.16). Der Freiheitsgrad des Systems ist $\lambda = 2$, sofern wir die Translationsgeschwindigkeit v prinzipiell als veränderlich betrachten.

Gegeben seien

System-Parameter:	m, θ, R,
Landegeschwindigkeit:	$v = \text{konst.}$,
Vertikallast:	$F_V(t)$,
Gleitreibungs-Koeffizient:	μ,
Anfangsbedingungen für $t = 0$:	$x = 0, \ \dot{x} = v$,
	$\varphi = 0, \ \dot{\varphi} = 0$.

Aus Gleichgewichtsbetrachtungen (unter Einschluß der Trägheitskräfte) folgt zunächst

$$\theta\dot{\omega} - F_R(t)\,R = 0. \tag{1}$$

Die *zweite Bewegungsgleichung* ist

$$\dot{x} = v = \text{konst.} \rightarrow \ddot{x} = 0. \tag{2}$$

Aus ihr ergibt sich

$$F_H(t) = F_R(t).$$

Hinzu tritt dann noch das *Reibungsgesetz*

$$F_R(t) = \mu F_N(t) = \mu F_V(t). \tag{3}$$

Setzen wir (3) in (1) ein, so erhalten wir

$$\dot{\omega}(t) = \mu \frac{F_V(t)\,R}{\theta},$$

d.h.

$$\omega(t) = \frac{\mu R}{\theta} \int_0^t F_V(t)\,dt.$$

Rollen tritt ein, wenn (zur Zeit t_1)

$$v = \omega_1 R = \frac{\mu R^2}{\theta} \int_0^{t_1} F_V(t)\, dt$$

wird. Aus dieser Bedingung ist bei bekanntem zeitlichen Verlauf von $F_V(t)$ die Zeit t_1 zu bestimmen. Damit sind dann auch die Radumdrehungen bis zum Rollen oder die Gleitstrecke auf der Landebahn zu ermitteln. Wir wollen hier noch ergänzend die *Reibarbeit* berechnen. Für sie gilt

$$A_R = \int_0^{t_1} F_R(t)\,[v - \omega(t)\, R]\, dt.$$

Nun ist

$$\int_0^{t_1} F_R(t)\, \omega(t)\, R\, dt = E_{rot}(t_1)$$

die in die Rotation des Rades hineingesteckte Energie. Wir erhalten somit im nächsten Schritt

$$A_R + E_{rot} = \int_0^{t_1} \mu F_V(t)\, v\, dt = \mu v \int_0^{t_1} F_V(t)\, dt$$

$$= \mu \omega_1 R \int_0^{t_1} F_V(t)\, dt = \theta \omega_1^2 = 2\, E_{rot}.$$

Daraus folgt

$$A_R = E_{rot},$$

und zwar unabhängig davon, wie der Zeitverlauf $F_V(t)$ aussehen mag. Das gilt im übrigen auch noch dann, wenn $\mu = \mu(t)$ wird.

3. Beispiel: Fallender Stab auf rauher Unterlage (Abb. 6.17).
Gegeben seien

Stab-Parameter:	$m, l, \theta = \frac{1}{12} m l^2$,
Reibungs-Koeffizienten:	$\mu_0 = 0{,}2,\ \mu = 0{,}18$,
Anfangsbedingungen für t = 0:	$x = y = 0,\ \varphi = 0.$

Zwischen den Lagekoordinaten besteht die kinematische Bindung

$$y = \frac{l}{2}(1 - \cos\varphi) \rightarrow \dot{y} = \frac{l}{2}\dot{\varphi}\sin\varphi \rightarrow \ddot{y} = \frac{l}{2}[(\dot{\varphi})^2\cos\varphi + \ddot{\varphi}\sin\varphi]. \quad (1)$$

Die *Bewegungsgleichungen* folgen aus den Gleichgewichtsbedingungen

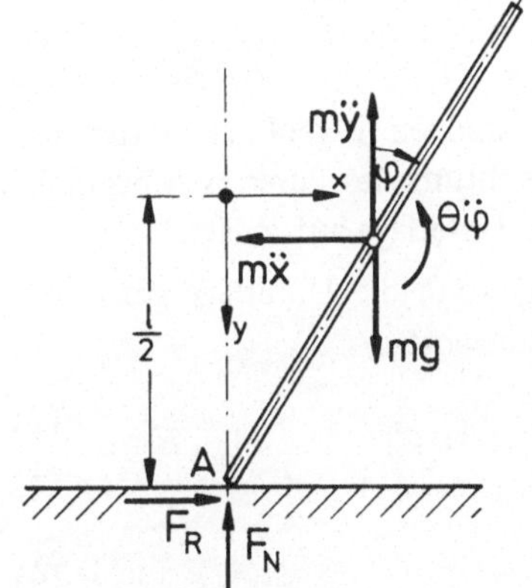

$$m\ddot{x} - F_R = 0 \quad (2)$$

$$m\ddot{y} + F_N - mg = 0 \quad (3)$$

$$\theta\ddot{\varphi} - F_N\frac{l}{2}\sin\varphi + F_R\frac{l}{2}\cos\varphi = 0. \quad (4)$$

Abb. 6.17

Beim Umfallen auf rauher Unterlage tritt zuerst stets Haften auf. Die Bewegung des Stabes ist eine Drehung um den Punkt A. Für diesen Bewegungsabschnitt besteht noch die zusätzliche kinematische Bindung

$$x = \frac{l}{2}\sin\varphi \rightarrow \dot{x} = \frac{l}{2}\dot{\varphi}\cos\varphi \rightarrow \ddot{x} = \frac{l}{2}[-(\dot{\varphi})^2\sin\varphi + \ddot{\varphi}\cos\varphi]. \quad (5)$$

Aus den Gleichungen (1) bis (5) folgt

$$\ddot{\varphi} = \frac{d}{d\varphi}\left(\frac{\dot{\varphi}^2}{2}\right) = \frac{3g}{2l}\sin\varphi \quad (6)$$

und nach Integration unter Berücksichtigung der Anfangsbedingungen

$$\dot{\varphi} = \sqrt{\frac{6g}{l}}\cdot\sin\frac{\varphi}{2}. \quad (7)$$

Im Punkt A tritt Gleiten auf, wenn die Haftbedingung $F_R \leqslant \mu_0 F_N$ nicht mehr erfüllt ist, d.h. wenn

$$3(3\cos\varphi - 2)\sin\varphi = \mu_0(1 - 6\cos\varphi + 9\cos^2\varphi) \quad (8)$$

wird. Das ergibt $\varphi_0 \approx 15{,}52°$. Danach tritt Gleiten auf. Dabei gelten die Gleichungen (1) bis (4) und das Reibungsgesetz

$$|F_R| = \mu F_N. \quad (9)$$

Daraus ergibt sich das gekoppelte System der *Bewegungsgleichungen* in x und φ

$$m\frac{l}{2}\,[(\dot{\varphi})^2\cos\varphi + \ddot{\varphi}\sin\varphi] + \frac{m}{\mu}\ddot{x} = mg \tag{3}$$

$$\theta\,\ddot{\varphi} - \frac{m}{\mu}\frac{l}{2}(\sin\varphi - \mu\cos\varphi)\,\ddot{x} = 0\,. \tag{4}$$

Ihre numerische Integration zeigt, daß im weiteren Verlauf der Bewegung der Punkt A sich zunächst nach links bewegt. In der Lage $\varphi_1 \approx 67{,}72^\circ$, $x_1 \approx 0{,}376\,l$ wird die Geschwindigkeit des Punktes A zu Null. Dann tritt für einen Augenblick Haften auf, und es folgt gleich danach eine Umkehr der Gleitrichtung des Punktes A bis in die Lage $\varphi_2 = 90^\circ$, $x_2 \approx 0{,}447\,l$, in der der Stab auf die Unterlage aufschlägt.

Das Gleichungssystem vereinfacht sich wesentlich, wenn die Unterlage *glatt* (*reibungsfrei*) ist. Dann wird $F_R = 0$ und wir erhalten zunächst

$$\ddot{x} = 0 \tag{2}$$

$$m\ddot{y} + F_N - mg = 0 \tag{3}$$

$$\theta\ddot{\varphi} - F_N\frac{l}{2}\sin\varphi = 0. \tag{4}$$

(4) geht mit F_N aus (3) über in

$$\theta\ddot{\varphi} - m(g - \ddot{y})\frac{l}{2}\sin\varphi = 0$$

und daraus folgt schließlich mit

$$\ddot{y} = \frac{l}{2}\,\{(\dot{\varphi})^2\cos\varphi + \ddot{\varphi}\sin\varphi\}$$

die *Bewegungsgleichung*

$$\boxed{\theta\ddot{\varphi} + \frac{1}{4}m\,l^2\,\{(\dot{\varphi})^2\sin\varphi\cos\varphi + \ddot{\varphi}\sin^2\varphi\} - mg\frac{l}{2}\sin\varphi = 0.}$$

Ein erstes Integral dieser Bewegungsgleichung erhalten wir mit Hilfe von *Energiebetrachtungen*, da infolge Reibungsfreiheit das System konservativ ist. Der Energiesatz liefert

$$mg\,y = \frac{1}{2}m(\dot{y})^2 + \frac{1}{2}\theta\,(\dot{\varphi})^2.$$

Mit

$$y = \frac{l}{2}(1 - \cos\varphi)$$

und

$$\dot{y} = \frac{l}{2} \sin\varphi\, \dot{\varphi}$$

sowie

$$\theta = \frac{1}{12} m\, l^2$$

wird daraus

$$mg \frac{l}{2} (1 - \cos\varphi) = \frac{1}{2} \frac{m\, l^2}{4} (\dot{\varphi})^2 \sin^2\varphi + \frac{1}{2} \frac{m\, l^2}{12} (\dot{\varphi})^2 ,$$

d.h.

$$\dot{\varphi} = 2 \sqrt{\frac{g}{l}} \sqrt{\frac{1 - \cos\varphi}{\frac{1}{3} + \sin^2\varphi}}$$

und damit

$$\dot{y} = \sqrt{g\, l} \sqrt{\frac{1 - \cos\varphi}{\frac{1}{3} + \sin^2\varphi}} \sin\varphi.$$

Fragen:

1. Auf welche Form läßt sich der ebene Geschwindigkeitszustand eines starren Körpers im allgemeinen reduzieren? (Ausnahme?)
2. Was ist der Geschwindigkeitspol der ebenen Bewegung eines starren Körpers, und wie finden wir ihn?
3. Welche graphischen Verfahren stehen uns zur Verfügung, um bei gegebenen Geschwindigkeiten zweier Punkte eines starren Körpers die Geschwindigkeit eines beliebigen anderen Punktes zu ermitteln?
4. Welche Bedeutung haben Polkurve und Spurkurve?
5. Welche Auswirkungen hat
   a) die Überlagerung einer Rotation,
   b) die Überlagerung einer Translation
   auf den ebenen Geschwindigkeitszustand eines starren Körpers?
6. Wie ist der ebene Beschleunigungszustand eines starren Körpers darstellbar? Was ist der Beschleunigungspol?
7. Unter welchen Bedingungen ist eine freie Rotation eines starren Körpers möglich?
8. Welche Form nehmen Drall- und Energiesatz bei der Rotation eines starren Körpers um eine feste Achse an?
9. Welche Trägheitswirkungen haben wir nach dem Prinzip von *d'Alembert* bei der allgemeinen ebenen Bewegung eines starren Körpers zu berücksichtigen?

7. Räumliche Bewegung starrer Körper

7.1. Kinematik der räumlichen Bewegung starrer Körper

7.1.1. Geschwindigkeitszustand

Wir gehen davon aus, daß nach Satz 5.1 jeder *Geschwindigkeitszustand eines starren Körpers* in der Form

$$\mathbf{v} = \mathbf{v}_{\bar{0}} + \omega \times (\mathbf{r} - \mathbf{r}_{\bar{0}})$$

darstellbar ist und wollen nun untersuchen, ob sich diese Darstellung auch für allgemeine räumliche Bewegungen etwa in ähnlicher Weise reduzieren läßt, wie dies bei ebenen Bewegungen möglich ist, die sich nach Satz 6.1 stets als reine Rotationen um den Geschwindigkeitspol beschreiben lassen. Dabei haben wir allerdings zu beachten, daß im Unterschied zu ebenen Bewegungen bei räumlichen Bewegungen nicht mehr vorausgesetzt werden kann, daß $\mathbf{v}_{\bar{0}}$ und $\boldsymbol{\omega}$ stets senkrecht zueinander seien. Deshalb zerlegen wir im ersten Schritt $\mathbf{v}_{\bar{0}}$ (Abb. 7.1)

a) in eine Komponenten in *Richtung* $\mathbf{e}_\omega$ von $\boldsymbol{\omega}$:

$$\mathbf{v}_\omega^* = \frac{\mathbf{v}_{\bar{0}} \cdot \boldsymbol{\omega}}{\omega^2} \boldsymbol{\omega} = (\mathbf{v}_{\bar{0}} \cdot \mathbf{e}_\omega)\, \mathbf{e}_\omega ,$$

b) in eine Komponente *senkrecht* zu $\mathbf{e}_\omega$:

$$\mathbf{v}_\omega^{**} = \mathbf{v}_{\bar{0}} - \mathbf{v}_\omega^* .$$

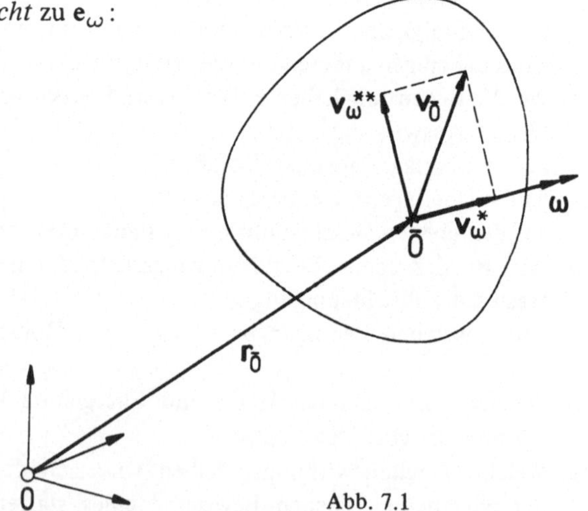

Abb. 7.1

Mit dieser Zerlegung erhalten wir zunächst die folgende Beschreibung des Geschwindigkeitszustandes:

$$\mathbf{v} = \mathbf{v}_\omega^* + \mathbf{v}_\omega^{**} + \boldsymbol{\omega} \times (\mathbf{r} - \mathbf{r}_{\bar{0}}).$$

Die beiden letzten Terme beschreiben, da $\mathbf{v}_\omega^{**}$ senkrecht zu $\boldsymbol{\omega}$ ist, einen *ebenen Geschwindigkeitszustand*, den wir nach Satz 6.1 auch als *reine Rotation* um eine durch den Punkt $\mathbf{r}_\omega$ gehende Achse darstellen können:

$$\mathbf{v}_\omega^{**} + \boldsymbol{\omega} \times (\mathbf{r} - \mathbf{r}_{\bar{0}}) = \boldsymbol{\omega} \times (\mathbf{r} - \mathbf{r}_\omega).$$

Dieser Rotation ist die zu $\boldsymbol{\omega}$ parallele Translation $\mathbf{v}_\omega^*$ überlagert. Wir können mithin die allgemeine räumliche Bewegung eines starren Körpers als eine *Schraubenbewegung* deuten bzw. auf eine *Schraubenbewegung* reduzieren (Abb. 7.2). Die *momentane Schraubenachse* (auch *Zentralachse des Geschwindigkeitszustandes des starren Körpers* genannt) finden wir aufgrund der Überlegung, daß für alle Punkte dieser Achse

$$\boldsymbol{\omega} \times \mathbf{v}(\mathbf{r}_\omega) = \boldsymbol{\omega} \times \underbrace{(\mathbf{v}_\omega^* + \mathbf{v}_\omega^{**})}_{\mathbf{v}_{\bar{0}}} + \boldsymbol{\omega} \times [\boldsymbol{\omega} \times (\mathbf{r}_\omega - \mathbf{r}_{\bar{0}})] = \mathbf{0}$$

sein muß (vgl. Beweis zu Satz 6.1). Das führt auf

$$\mathbf{r}_\omega = \mathbf{r}_{\bar{0}} + \frac{\boldsymbol{\omega} \times \mathbf{v}_{\bar{0}}}{\omega^2} + \lambda\, \mathbf{e}_\omega,$$

wobei der Parameter λ beliebige Zahlenwerte annehmen kann (Gleichung einer *Geraden* in Parameter-Darstellung).

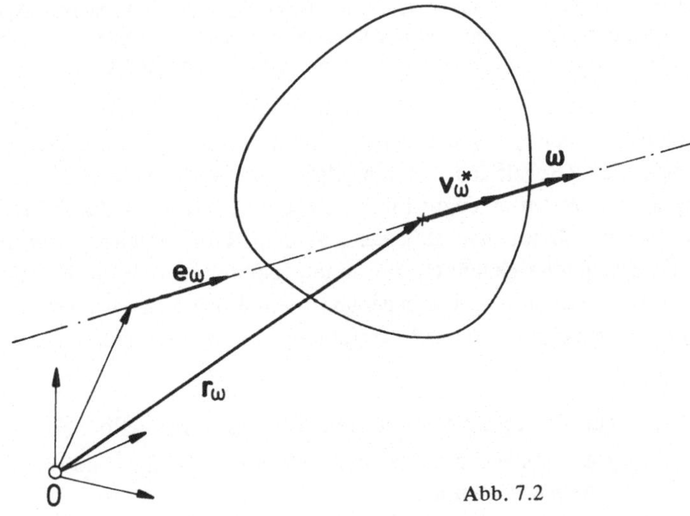

Abb. 7.2

Das Ergebnis unserer vorstehenden Betrachtungen fassen wir zusammen in

---

Satz 7.1: Jeder *Geschwindigkeitszustand eines starren Körpers* ist bei $\boldsymbol{\omega} \neq 0$ als *Schraubenbewegung*, d.h. in der Form

$$\mathbf{v} = \mathbf{v}_\omega^* + \boldsymbol{\omega} \times (\mathbf{r} - \mathbf{r}_\omega)$$

darstellbar, wobei $\mathbf{r}_\omega$ einen beliebigen Punkt der *momentanen Schraubenachse* (*Zentralachse des Geschwindigkeitszustandes*) bezeichnet, deren Lage im allgemeinen zeitabhängig ist.
Ausgehend von der allgemeinen Darstellungsform des Geschwindigkeitszustandes eines starren Körpers

$$\mathbf{v} = \mathbf{v}_{\bar{0}} + \boldsymbol{\omega} \times (\mathbf{r} - \mathbf{r}_{\bar{0}})$$

ist

$$\mathbf{v}_\omega^* = \frac{\mathbf{v}_{\bar{0}} \cdot \boldsymbol{\omega}}{\omega^2}\, \boldsymbol{\omega} = (\mathbf{v}_{\bar{0}} \cdot \mathbf{e}_\omega)\, \mathbf{e}_\omega$$

$$\mathbf{r}_\omega = \mathbf{r}_{\bar{0}} + \frac{\boldsymbol{\omega} \times \mathbf{v}_{\bar{0}}}{\omega^2} + \lambda \mathbf{e}_\omega$$

mit λ als freiem Parameter.

Anmerkung:

Der Satz 7.1 ist die duale Aussage zur Aussage b des Satzes 4.23 in Band I, der die Reduktion allgemeiner räumlicher Kräftesysteme zum Gegenstand hat. Auf die Dualität der einander entsprechenden Sätze der Stereo-Dynamik und der Stereo-Kinematik haben wir schon im Zusammenhang mit Satz 5.2 hingewiesen. Aus dieser Dualität ergibt sicher ferner, daß wir den Geschwindigkeitszustand eines starren Körpers stets auch als Überlagerung zweier Rotationen um zwei im allgemeinen *windschiefe Achsen* darstellen können (Aussage c des Satzes 4.23 in Band I).

Die im Ablauf der Bewegung sich verlagernde *momentane Schraubenachse* erzeugt zwei *Regelflächen* (Regelfläche ist die allgemeine Bezeichnung für die durch die Bewegung einer *Geraden* erzeugte Fläche). Die eine davon ist durch die Bewegung der momentanen Schraubenachse gegenüber dem Raum erzeugt (*raumfeste Regelfläche*, auch *Spurfläche* genannt), die andere entsteht durch die Relativbewegung der momentanen Schraubenachse gegenüber dem Körper (*körperfeste Regelfläche*, auch *Polfläche* genannt). Aus der Verfolgung des Bewegungsablaufes ergibt sich

---

Satz 7.2: Jede Bewegung eines starren Körpers ist darstellbar als Überlagerung

a) eines *Abwälzens* der *körperfesten Regelfläche* auf der *raumfesten Regelfläche* und

b) eines *Gleitens* mit der *Geschwindigkeit* $\mathbf{v}_\omega^*$ in Richtung der momentanen Berührungsgeraden zwischen raumfester und körperfester Regelfläche, d.h. in Richtung der *momentanen Schraubenachse*.

Technisch wichtige Sonderfälle sind solche Bewegungen, bei denen $\mathbf{v}_\omega^*$ stets Null ist. Sie sind konstruktiv als *reine Abwälzbewegungen* realisierbar. Eine besondere Untergruppe bilden die *Bewegungen um einen festen Punkt*. In diesem Falle werden die raumfeste und die körperfeste Regelfläche zu *Kegelflächen* (erzeugt durch Gerade, die durch einen festen Punkt und durch eine – geschlossene oder offene – Kurve gehen). Man bezeichnet dann (Abb. 7.3)

die *raumfeste Regelfläche* als *Spurkegel* (oder auch als *Rastpolkegel* bzw. *Polhodiekegel*),

die *körperfeste Regelfläche* als *Polkegel* (oder auch als *Gangpolkegel* bzw. *Herpolhodiekegel*).

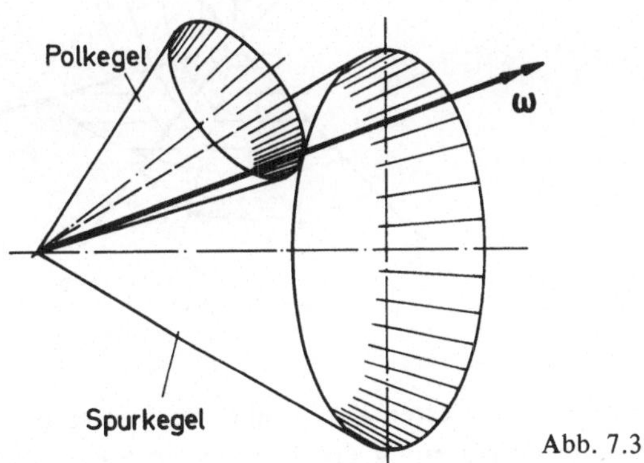

Abb. 7.3

Für *Systeme starrer Körper* gilt in Verallgemeinerung von Satz 6.7

Satz 7.3: Bei *Systemen starrer Körper* haben die drei *einander zugeordneten momentanen Schraubenachsen*

$$\mathbf{e}_{\omega(i,k)}, \mathbf{e}_{\omega(k,l)}, \mathbf{e}_{\omega(l,i)} \qquad (i \neq k \neq l \neq i)$$

mindestens eine *gemeinsame Normale*.

Bei ebenen Bewegungen haben wir untersucht, wie sich der Geschwindigkeitspol verlagert, wenn eine Translation oder Rotation der gegebenen Bewegung überlagert wird. Wir können diese Überlegungen auch auf allgemeine Bewegungen starrer Körper ausdehnen und etwa danach fragen, wie sich die Lage der momentanen Schraubenachse $\mathbf{e}_\omega$ und die Geschwindigkeit $\mathbf{v}_\omega^*$ bei Überlagerung einer Translation bzw. Rotation ändern. Wir verzichten hier darauf, dies im einzelnen zu erörtern, und begnügen uns mit den Hinweisen, daß die Antwort auf diese und ähnliche Fragen

a) entweder aus der *Anschauung* des Problems unter Verwendung bereits bekannter Ergebnisse über die Zerlegung und Zusammensetzung von Geschwindigkeitszuständen zu ermitteln ist oder

b) *formal* mit Hilfe des allgemeinen Äquivalenzsatzes für Geschwindigkeiten (Satz 5.2) gewonnen werden kann.

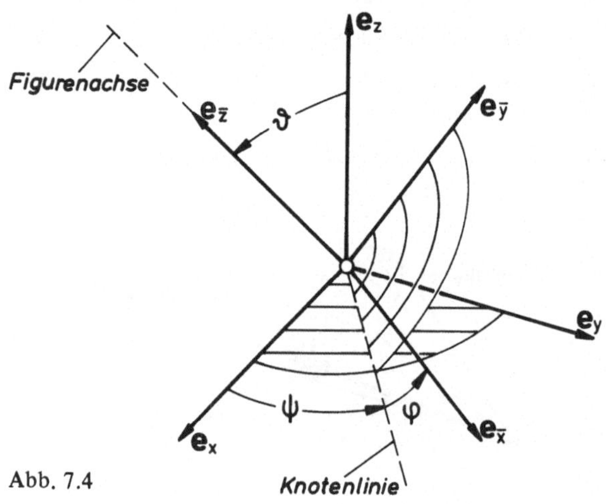

Abb. 7.4

Bei Bewegungen um einen festen Punkt, aber auch in einigen anderen Fällen kann es nützlich sein, die Orientierung des Körpers im Raum mit Hilfe der *Euler*schen Winkel ψ, ϑ, φ zu beschreiben (Abb. 7.4), die die Verdrehung eines körperfesten Systems von Bezugsrichtungen $e_{\bar{x}}$, $e_{\bar{y}}$, $e_{\bar{z}}$ gegenüber einer raumfesten Basis e_x, e_y, e_z eindeutig festlegen (vgl. Band I, Abschnitt 5.2). Hierbei bezeichnet

ψ den *Präzessionswinkel*, der die Drehung der Knotenlinie um die raumfeste Achse e_z angibt,

ϑ den *Nutationswinkel*, der die Drehung um die *Knotenlinie*, d. h. den Winkel zwischen e_z und $e_{\bar{z}}$, festlegt, und

φ den *Eigenrotationswinkel*, der die Drehung um die körperfeste Achse $e_{\bar{z}}$ (sogenannte *Figurenachse*) beschreibt.

Die Bezeichnungen der Winkel usw. stammen aus der *Kreiseltheorie*. Für den Zusammenhang zwischen der *Basis-Transformation*

$$e_{\bar{i}} = \sum_k A_{\bar{i}k}\, e_k \quad \text{bzw.} \quad [e_{\bar{i}}] = [A_{\bar{i}k}] \cdot [e_k]$$

(vgl. Satz 4.1) und den *Euler*schen *Winkeln* gilt

Satz 7.4: Drücken wir die *Basis-Transformation*

$$\mathbf{e}_{\bar{i}} = \sum_k A_{\bar{i}k}\,\mathbf{e}_k \quad \text{bzw.} \quad [\mathbf{e}_{\bar{i}}] = [A_{\bar{i}k}] \cdot [\mathbf{e}_k]$$

zwischen der überstrichenen körperfesten Basis $\mathbf{e}_{\bar{i}}$ und der raumfesten Basis $\mathbf{e}_k$ mit Hilfe der *Euler*schen *Winkel* aus, so können wir die *Transformations-Matrix* $[A_{\bar{i}k}]$ multiplikativ in drei aufeinanderfolgende Drehungen aufspalten, nämlich

1. Drehung ψ um $\mathbf{e}_z$ mit der *Transformations-Matrix*

$$\begin{bmatrix} A_{\alpha k} \\ (\psi) \end{bmatrix} = \begin{bmatrix} \cos\psi & \sin\psi & 0 \\ -\sin\psi & \cos\psi & 0 \\ 0 & 0 & 1 \end{bmatrix},$$

2. Drehung ϑ um *Knotenlinie* mit der *Transformations-Matrix*

$$\begin{bmatrix} A_{\beta\alpha} \\ (\vartheta) \end{bmatrix} = \begin{bmatrix} 1 & 0 & 0 \\ 0 & \cos\vartheta & \sin\vartheta \\ 0 & -\sin\vartheta & \cos\vartheta \end{bmatrix},$$

3. Drehung φ um $\mathbf{e}_{\bar{z}}$ mit der *Transformations-Matrix*

$$\begin{bmatrix} A_{\bar{i}\beta} \\ (\varphi) \end{bmatrix} = \begin{bmatrix} \cos\varphi & \sin\varphi & 0 \\ -\sin\varphi & \cos\varphi & 0 \\ 0 & 0 & 1 \end{bmatrix}.$$

Für die *Gesamt-Transformation* gilt

$$[A_{\bar{i}k}] = \begin{bmatrix} A_{\bar{i}\beta} \\ (\varphi) \end{bmatrix} \cdot \begin{bmatrix} A_{\beta\alpha} \\ (\vartheta) \end{bmatrix} \cdot \begin{bmatrix} A_{\alpha k} \\ (\psi) \end{bmatrix},$$

d.h.

$$A_{\bar{i}k} = \sum_\beta \sum_\alpha \underset{(\varphi)}{A_{\bar{i}\beta}}\,\underset{(\vartheta)}{A_{\beta\alpha}}\,\underset{(\psi)}{A_{\alpha k}}\,.$$

Für den Zusammenhang zwischen den Zahlenwerten $\omega_{\bar{i}}$ bzw. ω_k der Winkelgeschwindigkeit $\boldsymbol{\omega}$, mit der die überstrichene Basis gegenüber der unüberstrichenen rotiert, und den zeitlichen Ableitungen der *Euler*schen *Winkel* (im unüberstrichenen System) folgt

Satz 7.5: Für die Transformation der *zeitlichen Ableitungen der Eulerschen Winkel* in die Zahlenwerte $\omega_{\bar{i}}$ bzw. ω_k der Winkelgeschwindigkeit des Körpers gegenüber dem Raum gelten die Beziehungen

$$\begin{bmatrix} \omega_{\bar{x}} \\ \omega_{\bar{y}} \\ \omega_{\bar{z}} \end{bmatrix} = \begin{bmatrix} \sin\vartheta\sin\varphi & \cos\varphi & 0 \\ \sin\vartheta\cos\varphi & -\sin\varphi & 0 \\ \cos\vartheta & 0 & 1 \end{bmatrix} \cdot \begin{bmatrix} \dot{\psi} \\ \dot{\vartheta} \\ \dot{\varphi} \end{bmatrix}$$

bzw.

$$\begin{bmatrix} \omega_x \\ \omega_y \\ \omega_z \end{bmatrix} = \begin{bmatrix} 0 & \cos\psi & \sin\vartheta\sin\psi \\ 0 & \sin\psi & -\sin\vartheta\cos\psi \\ 1 & 0 & \cos\vartheta \end{bmatrix} \cdot \begin{bmatrix} \dot{\psi} \\ \dot{\vartheta} \\ \dot{\varphi} \end{bmatrix}.$$

Bei bekannter Winkelgeschwindigkeit $\boldsymbol{\omega}$ lassen sich die vorstehenden Gleichungen, die auch als *kinematische Euler-Gleichungen* bezeichnet werden, integrieren, um die zeitabhängige Orientierung des Körpers – repräsentiert durch ψ, ϑ, φ – zu ermitteln. Das ist jedoch in vielen Fällen eine recht schwierige Aufgabe.

7.1.2. Beschleunigungszustand

Aus der allgemeinen Darstellung des Geschwindigkeitszustandes in der Form

$$\mathbf{v} = \mathbf{v}_{\bar{0}} + \boldsymbol{\omega} \times (\mathbf{r} - \mathbf{r}_{\bar{0}})$$

erhalten wir durch zeitliche Ableitung (vgl. Band I, Satz 5.5)

$$\dot{\mathbf{v}} = \mathbf{a} = \dot{\mathbf{v}}_{\bar{0}} + \dot{\boldsymbol{\omega}} \times (\mathbf{r} - \mathbf{r}_{\bar{0}}) + \boldsymbol{\omega} \times [\boldsymbol{\omega} \times (\mathbf{r} - \mathbf{r}_{\bar{0}})].$$

Diese Beziehung läßt sich im allgemeinen nicht weiter vereinfachen, weil $\dot{\mathbf{v}}_{\bar{0}}$, $\boldsymbol{\omega}$ und $\dot{\boldsymbol{\omega}}$ beliebige Richtungen haben können im Gegensatz zur ebenen Bewegung starrer Körper, die dadurch gekennzeichnet ist, daß $\boldsymbol{\omega}$ und $\dot{\boldsymbol{\omega}}$ stets senkrecht zu $\mathbf{v}_{\bar{0}}$ und $\mathbf{r}$ sind. Deshalb gibt es bei der räumlichen Bewegung im allgemeinen Falle keinen Körperpunkt, der beschleunigungsfrei ist. Doch gibt es Ausnahmen. Eine solche ist die Bewegung um einen festen Punkt $\bar{0}$, bei der der Fixpunkt, für den $\dot{\mathbf{v}}_{\bar{0}} = \mathbf{0}$ und $\mathbf{r} = \mathbf{r}_{\bar{0}}$ gilt, nicht nur momentan, sondern dauernd beschleunigungsfrei ist.

7.2. Bewegungen starrer Körper um einen festen Punkt

7.2.1. Grundgleichungen

Bei der Bewegung eines starren Körpers um einen festen Punkt 0 ist der Freiheitsgrad $\lambda = 3$. Der Geschwindigkeitszustand ist vollständig beschrieben, wenn wir die Winkelgeschwindigkeit $\boldsymbol{\omega}$ um 0 angeben. Der Zusammenhang zwischen Bewegungsablauf und eingeprägten Kräften wird durch den auf 0 bezogenen Drallsatz bestimmt, der nach Satz 5.12 in diesem Fall die folgende Form annimmt:

Satz 7.6: *Drallsatz* für *starre Körper* bei Bewegungen um einen *festen Punkt* 0

$$\mathbf{M}_{(0)} = \frac{D}{dt}\mathbf{H}_{(0)} = \frac{D}{dt}(\boldsymbol{\Theta}_{(0)} \cdot \boldsymbol{\omega}).$$

Um die Veränderlichkeit der Massen-Trägheitsmomente gegenüber einem raumfesten Bezugssystem zu eliminieren, ist es im allgemeinen vorteilhaft, zu einem (überstrichenen) körperfesten Bezugssystem überzugehen (Abb. 7.5). Dafür gilt nach Satz 4.6 (mit $\boldsymbol{\Omega}_{\bar{0}} = \boldsymbol{\omega}$)

$$\mathbf{M}_{(0)} = \frac{\bar{D}}{dt}\mathbf{H}_{(0)} + \boldsymbol{\omega} \times \mathbf{H}_{(0)}.$$

$\mathbf{H}_{(0)}$ ist hierbei nach wie vor der Drall des Körpers gegenüber dem Raum und nicht etwa der Drall gegenüber dem körperfesten Bezugssystem, der ja identisch 0 ist. Im überstrichenen, körperfesten System sind die Massen-Trägheitsmomente und damit auch die Lage ihrer Hauptachsen zeitlich unveränderlich. In der auf die körperfesten Hauptachsen $\mathbf{e}_{\bar{i}}$ bezogenen Darstellung des Dralles

$$\mathbf{H}_{(0)} = \theta_{(0)_{\bar{1}}}\,\omega_{\bar{1}}\,\mathbf{e}_{\bar{1}} + \theta_{(0)_{\bar{2}}}\,\omega_{\bar{2}}\,\mathbf{e}_{\bar{2}} + \theta_{(0)_{\bar{3}}}\,\omega_{\bar{3}}\,\mathbf{e}_{\bar{3}}$$

sind deshalb die $\theta_{(0)_{\bar{i}}}$ konstant. Gehen wir damit in den Drallsatz, so folgt

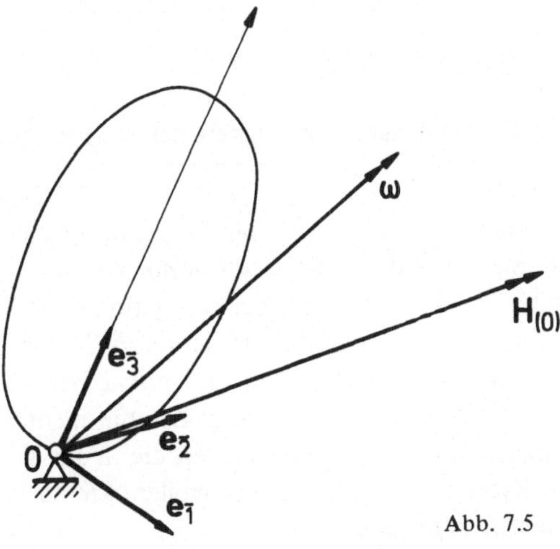

Abb. 7.5

Satz 7.7: Eulersche Gleichungen

Bei *Bewegungen starrer Körper um einen festen Punkt* 0 läßt sich der *Drallsatz* in die *Euler*schen *Gleichungen*

$$M_{(0)\bar{1}} = \theta_{(0)\bar{1}}\,\dot{\omega}_{\bar{1}} - [\theta_{(0)\bar{2}} - \theta_{(0)\bar{3}}]\,\omega_{\bar{2}}\,\omega_{\bar{3}}$$

$$M_{(0)\bar{2}} = \theta_{(0)\bar{2}}\,\dot{\omega}_{\bar{2}} - [\theta_{(0)\bar{3}} - \theta_{(0)\bar{1}}]\,\omega_{\bar{3}}\,\omega_{\bar{1}}$$

$$M_{(0)\bar{3}} = \theta_{(0)\bar{3}}\,\dot{\omega}_{\bar{3}} - [\theta_{(0)\bar{1}} - \theta_{(0)\bar{2}}]\,\omega_{\bar{1}}\,\omega_{\bar{2}}$$

überführen. Dabei stellt $\boldsymbol{\omega}$ die Winkelgeschwindigkeit des Körpers gegenüber dem Raum dar. Die Gleichungen sind auf eine Basis $\mathbf{e}_{\bar{i}}$ bezogen, die mit den *körperfesten Hauptachsen* des Massen-Trägheitstensors (bezogen auf Achsen durch 0) zusammenfällt.

Die aus der kinematischen Bindung des Körpers an den festen Punkt 0 resultierenden *Reaktionen* sind aus dem auf 0 bezogenen Drallsatz bzw. den *Euler*schen *Gleichungen* nicht zu ermitteln. Dazu sind der auf den Massen-Mittelpunkt bezogene Drallsatz bzw. der Impulssatz heranzuziehen. Bei geführten Bewegungen um einen festen Punkt werden wir gelegentlich auch andere – der Bewegung angepaßte – Bezugssysteme benutzen.

Für die Darstellung der *kinetischen Energie* ergibt sich aufgrund der in Zusammenhang mit Satz 5.15 durchgeführten Betrachtungen

---

Satz 7.8:

Bei *Bewegungen starrer Körper um einen festen Punkt* 0 läßt sich die *kinetische Energie* unter Verwendung einer Basis $\mathbf{e}_{\bar{i}}$, die mit den *Hauptachsen* des Massen-Trägheitstensors zusammenfällt, in folgender Form darstellen:

$$E = \frac{1}{2}\,\{\theta_{(0)\bar{1}}\,\omega_{\bar{1}}^2 + \theta_{(0)\bar{2}}\,\omega_{\bar{2}}^2 + \theta_{(0)\bar{3}}\,\omega_{\bar{3}}^2\}.$$

$\boldsymbol{\omega}$ ist die Winkelgeschwindigkeit des Körpers gegenüber dem Raum.

Vielfach bezeichnet man die hier betrachteten Bewegungen starrer Körper um einen festen Punkt zusammenfassend als *Kreiselbewegungen*, weil gerade in den sogenannten Kreiselgeräten, die beispielsweise der Navigation von See-, Luft- und Raumfahrzeugen dienen, sich zahlreiche technische Beispiele für solche Bewegungen finden. Wir kennen jedoch auch viele andere technische Beispiele für starre Körper, die um einen festen Punkt rotieren, die man gemeinhin nicht als Kreisel anspricht. Doch auch dafür übernimmt man im allgemeinen die in der Kreiseltheorie üblichen Bezeichnungen wie Kreiselmoment usw. Das wollen wir bei den im folgenden zu behandelnden Beispielen auch tun.

7.2.2. Beispiele für Bewegungen starrer Körper um einen festen Punkt

Zur Vereinfachung der Schreibweise lassen wir bei den folgenden Beispielen die Überstreichung der Indices bei den körperfesten (bzw. mit der Figurenachse rotierenden) Koordinatensystemen und den darauf bezogenen Größen fallen, da Mißverständnisse kaum zu befürchten sind. Ferner weichen wir in der Bezeichnungsweise vielfach von der Regel ab, daß bei den Massen-Hauptträgheitsmomenten jeweils $\theta_1 \geqslant \theta_2 \geqslant \theta_3$ sein solle. Wir werden vielmehr im allgemeinen die 3-Achse mit der sogenannten *Figurenachse* identifizieren, unabhängig davon, ob θ_3 das größte oder das kleinste Massen-Trägheitsmoment ist.

7.2.2.1. Der momentenfreie Kreisel

Wir betrachten einen Körper, der in seinem *Massen-Mittelpunkt* M allseitig *drehbar gelagert* sein möge (Abb. 7.6). 0 und M fallen dann zusammen. Infolgedessen gilt auch für die Massen-Hauptträgheitsmomente

$$\theta_{(0)_i} = \theta_i.$$

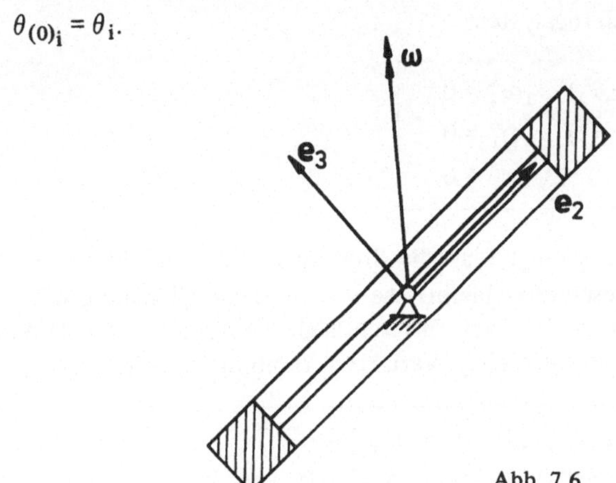

Abb. 7.6

In einem homogenen Schwerefeld – andere Felder und sonstige äußere Kräfte lassen wir außer Betracht – verschwindet das resultierende Moment der äußeren Kräfte bezüglich 0. Wir sprechen deshalb von einem *momentenfreien Kreisel*. Der Drall eines solchen Kreisels ist wegen $\mathbf{M}_{(0)} = \mathbf{0}$ konstant:

$$\mathbf{H}_{(0)} = \mathbf{H} = \mathbf{konst.}$$

Fällt die Winkelgeschwindigkeit $\boldsymbol{\omega}$ mit einer der Hauptachsen $\mathbf{e}_i$ des Kreisels zusammen, so stimmt die Richtung des Dralles $\mathbf{H}$ mit der Richtung von $\boldsymbol{\omega}$ überein. Der *momentenfreie Kreisel* führt in diesem Falle – und nur in diesem Falle – *permanente Drehungen* aus, bei denen $\boldsymbol{\omega}$ nach Betrag und Richtung (sowohl gegenüber dem Raum wie gegenüber dem Körper) konstant ist.

Wir wollen nun untersuchen, wie sich die permanenten Drehungen eines momentenfreien Kreisels bei *kleinen Störungen* verhalten. Dazu setzen wir – im Sinne der *Störungsrechnung*

$$\boldsymbol{\omega}(t) = \boldsymbol{\omega}_0 + \epsilon\, \boldsymbol{\omega}^*(t) \quad \text{mit} \quad \epsilon \ll 1.$$

Dabei entspricht $\boldsymbol{\omega}_0$ einer permanenten Drehung, beispielsweise

$$\boldsymbol{\omega}_0 = \omega_0\, \mathbf{e}_3.$$

In diesem Falle nehmen die *Euler*schen *Gleichungen* (Satz 7.7) die folgende Form an:

$$\begin{aligned}
&\theta_1 \epsilon\, \dot{\omega}_1^* - (\theta_2 - \theta_3)\, \epsilon\, \omega_2^* (\omega_0 + \epsilon\, \omega_3^*) = 0\\
&\theta_2 \epsilon\, \dot{\omega}_2^* - (\theta_3 - \theta_1)\, (\omega_0 + \epsilon\, \omega_3^*)\, \epsilon\, \omega_1^* = 0\\
&\theta_3 \epsilon\, \dot{\omega}_3^* - (\theta_1 - \theta_2)\, \epsilon^2\, \omega_1^* \omega_2^* = 0.
\end{aligned}$$

Vernachlässigen wir nun die in ϵ quadratischen Glieder gegenüber den linearen, so entsteht folgendes Gleichungssystem

$$\boxed{\begin{aligned}
&\theta_1 \dot{\omega}_1^* - (\theta_2 - \theta_3)\, \omega_0 \omega_2^* = 0\\
&\theta_2 \dot{\omega}_2^* - (\theta_3 - \theta_1)\, \omega_0 \omega_1^* = 0\\
&\theta_3 \dot{\omega}_3^* \qquad\qquad\qquad\quad = 0.
\end{aligned}}$$

Aus der letzten Gleichung folgt, daß die Störung von ω_0 auf die Größe der Anfangsstörung $\epsilon\, \omega_3^*(0)$ beschränkt bleibt. Die beiden ersten Gleichungen überführen wir – durch Elimation – in zwei Differentialgleichungen zweiter Ordnung, in denen jeweils nur noch eine abhängige Variable vorkommt:

$$\boxed{\begin{aligned}
&\theta_1 \theta_2 \ddot{\omega}_1^* + (\theta_3 - \theta_1)(\theta_3 - \theta_2)\, \omega_0^2 \omega_1^* = 0\\
&\theta_1 \theta_2 \ddot{\omega}_2^* + (\theta_3 - \theta_2)(\theta_3 - \theta_1)\, \omega_0^2 \omega_2^* = 0.
\end{aligned}}$$

Ist

$$(\theta_3 - \theta_1)(\theta_3 - \theta_2) > 0,$$

d. h. ist θ_3 das größte oder das kleinste Massen-Trägheitsmoment, so entstehen oszillierende Lösungen für ω_1^* bzw. ω_2^*. Die Störung bleibt also in diesem Falle beschränkt. Ist hingegen

$$(\theta_3 - \theta_1)(\theta_3 - \theta_2) \leqslant 0,$$

so entstehen zeitlich unbeschränkt anwachsende Lösungen für ω_1^* bzw. ω_2^*. Wir folgern daraus

---

Satz 7.9: *Permanente Drehungen eines momentenfreien Kreisels* sind nur möglich, wenn die Winkelgeschwindigkeit $\boldsymbol{\omega}$ mit einer der *Massen-Hauptträgheitsachsen* zusammenfällt. Sie sind nur *stabil*, wenn die Rotation um die Achse des größten bzw. kleinsten Hauptträgheitsmomentes erfolgt.

---

1. Anmerkung:

Dieser Satz gilt auch für momentenfreie Rotationen um einen festen Punkt 0, der *nicht* mit dem Massen-Mittelpunkt M zusammenfällt. Die Hauptträgheitsmomente sind dann auf Achsen durch 0 zu beziehen. Fällt 0 nicht mit M zusammen, so treten Lager-Reaktionen auf, die im Falle 0 = M verschwinden. Im Falle 0 = M ist deshalb der Kreisel nicht nur *momentenfrei*, sondern auch *kräftefrei* (genauer: es verschwindet dann auch die Resultierende der äußeren Kräfte).

2. Anmerkung:

Wird θ_3 – etwa durch Verlagerung von Massen – während der Drehung verändert, so bleibt beim momentenfreien Kreisel der Drall konstant:

$$\theta_3 \omega_3 = H = \text{konst.} \rightarrow \omega_3 \sim \frac{1}{\theta_3}.$$

Die kinetische Energie ändert sich hingegen, denn es gilt

$$E = \frac{1}{2} \theta_3 \omega_3^2 = \frac{1}{2} H \omega_3 = \frac{1}{2} \frac{H^2}{\theta_3}.$$

Diese Energieänderung wird durch die Arbeit der (inneren oder äußeren) Kräfte bewirkt, die zur Änderung von θ_3 erforderlich sind.

3. Anmerkung:

Aus dem in der 2. Anmerkung erläuterten Sachverhalt können wir noch folgern:
Wird einem momentenfreien Kreisel kinetische Energie entzogen, so hat das ein Anwachsen von θ_3 zur Folge. Deshalb können in diesem Falle Drehungen um die Achse des kleinsten Hauptträgheitsmomentes (3-Achse) mit der Zeit instabil werden. Ein Entzug kinetischer Energie ohne Einwirkung eines äußeren Momentes findet beispielsweise statt, wenn im Kreisel gedämpfte Eigenschwingungen auftreten.

Bei der Untersuchung allgemeinerer Bewegungen *momentenfreier Kreisel* wollen wir uns auf *symmetrische Kreisel* beschränken. Ihre *Symmetrieachse*, die den Index 3 erhalten soll, bezeichnen wir als *Figurenachse*. Wir nennen

Kreisel mit $\theta_3 > \theta_1 = \theta_2$: *abgeplattete Kreisel*,
Kreisel mit $\theta_3 < \theta_1 = \theta_2$: *schlanke Kreisel.*

Wir gehen vorerst wiederum davon aus, daß der *Massen-Mittelpunkt* M und der *raumfeste Punkt* 0 identisch seien. Das *raumfeste Koordinatensystem* sei so festgelegt, daß die z-Richtung mit der Richtung des *konstanten* Dralles zusammenfalle (Abb. 7.7). Der Vektor der Winkelgeschwindigkeit $\boldsymbol{\omega}$ falle *momentan* in die 3,2-

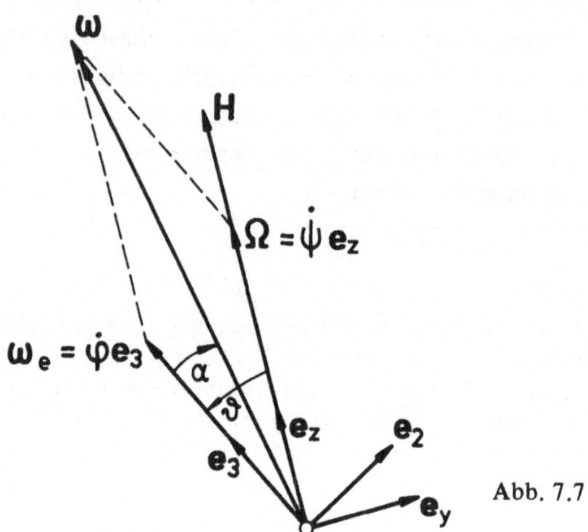

Abb. 7.7

Ebene. Hinsichtlich der *Euler*schen *Winkel* (vgl. Abb. 7.4) bedeutet das, daß wir in dem betrachteten Augenblick den Eigenrotationswinkel φ gleich Null setzen. Dies ist keine Einschränkung der Allgemeinheit, weil der Kreisel als symmetrisch in bezug auf die 3-Achse vorausgesetzt ist.

Für den Drall **H** erhalten wir mit dieser Festsetzung des Koordinatensystems (mit $\theta_2 = \theta_1$)

$$\begin{aligned} H_1 &= \theta_1 \omega_1 = 0 \\ H_2 &= \theta_1 \omega_2 = H \sin \vartheta \\ H_3 &= \theta_3 \omega_3 = H \cos \vartheta . \end{aligned}$$

Andererseits gilt nach Satz 7.5 zwischen den Winkelgeschwindigkeiten $\omega_1 = \omega_{\bar{x}}$, $\omega_2 = \omega_{\bar{y}}$, $\omega_3 = \omega_{\bar{z}}$ und den zeitlichen Ableitungen der *Euler*schen *Winkel* (mit $\varphi = 0$)

$$\begin{aligned} \omega_1 &= \dot{\psi} \sin \vartheta \sin \varphi + \dot{\vartheta} \cos \varphi = \dot{\vartheta} \\ \omega_2 &= \dot{\psi} \sin \vartheta \cos \varphi - \dot{\vartheta} \sin \varphi = \dot{\psi} \sin \vartheta \\ \omega_3 &= \dot{\psi} \cos \vartheta + \dot{\varphi} . \end{aligned}$$

Setzen wir das in die Ausdrücke für den Drall ein, so erhalten wir folgendes Gleichungssystem

$$\begin{aligned} \theta_1 \omega_1 &= \theta_1 \dot{\vartheta} &&= 0 \\ \theta_2 \omega_2 &= \theta_1 \dot{\psi} \sin \vartheta &&= H \sin \vartheta \\ \theta_3 \omega_3 &= \theta_3 (\dot{\psi} \cos \vartheta + \dot{\varphi}) &&= H \cos \vartheta . \end{aligned}$$

Aus diesem Gleichungssystem folgt unmittelbar

$$\dot{\vartheta} = 0, \qquad \text{d.h.} \qquad \boxed{\vartheta = \text{konst.},}$$

ferner

$$\dot{\omega}_2 = \dot{\omega}_3 = 0, \qquad \text{d.h.} \qquad \boxed{\alpha = \text{konst.}}$$

Dies bedeutet, daß die *Figurenachse* und die *momentane Drehachse* gemeinsam – ohne ihre Lage zueinander und zur Drallachse zu ändern – um die Drallachse mit der *Präzessions-Winkelgeschwindigkeit*

$$\mathbf{\Omega} = \dot{\psi}\, \mathbf{e}_z$$

rotieren. Für $\dot{\psi}$ leiten wir aus dem obigen Gleichungssystem ab

$$\boxed{\dot{\psi} = \frac{H}{\theta_1} = \frac{\theta_3}{\theta_1 - \theta_3} \frac{\dot{\varphi}}{\cos\vartheta}\,.}$$

Für den Zusammenhang zwischen ω_3 und $\dot{\varphi}$ ergibt sich damit schließlich

$$\boxed{\omega_3 = \frac{\theta_1}{\theta_1 - \theta_3} \dot{\varphi}.}$$

Diesen Sachverhalt fassen wir noch einmal zusammen in

Satz 7.10: Bei einem *momentenfreien symmetrischen Kreisel* rotieren Figurenachse und momentane Drehachse mit der Winkelgeschwindigkeit

$$\dot{\psi} = \frac{\theta_3}{\theta_1 - \theta_3} \frac{\dot{\varphi}}{\cos\vartheta} = \frac{H}{\theta_1}$$

um die raumfeste Drallachse, wobei

$$\dot{\varphi} = \omega_e = \omega_3 - \cos\vartheta\, \dot{\psi} = \frac{\theta_1 - \theta_3}{\theta_1} \omega_3$$

die Eigenrotations-Winkelgeschwindigkeit um die Figurenachse (3-Achse) ist.

Anmerkung:

Dieser Satz gilt auch für momentenfreie Rotationen eines symmetrischen Kreisels um einen festen Punkt 0, der *nicht* mit M zusammenfällt (vgl. 1. Anmerkung zu Satz 7.9).

Veranschaulichen wir uns die Kreiselbewegung als ein *Abwälzen* des *Polkegels* auf dem *Spurkegel* (vgl. Satz 7.2 und anschließende Bemerkungen), so haben wir zu unterscheiden zwischen *schlanken* und *abgeplatteten* Kreiseln. Für *schlanke Kreisel* gilt das in Abb. 7.8a skizzierte Bild. ω_e hat das gleiche Vorzeichen wie

momentane Drehachse
H Drallachse (raumfest)
Figurenachse
Spurkegel
ω
Polkegel
Ω = ψ̇e z
α
ωe = φ̇e3
ϑ
e3
e2
a)
0
Schlanker Kreisel

Drallachse (raumfest)
H
momentane Drehachse
Spurkegel
Ω = ψ̇ez
Polkegel
ω
ϑ
α
e2
abgeplatteter Kreisel
e3
ωe = φ̇e3
b)
Figurenachse

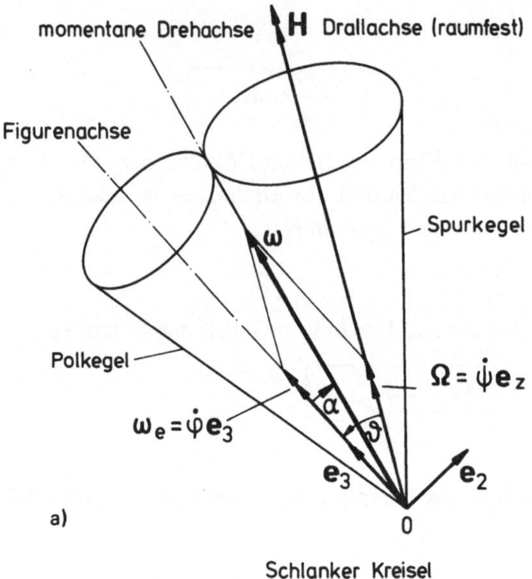

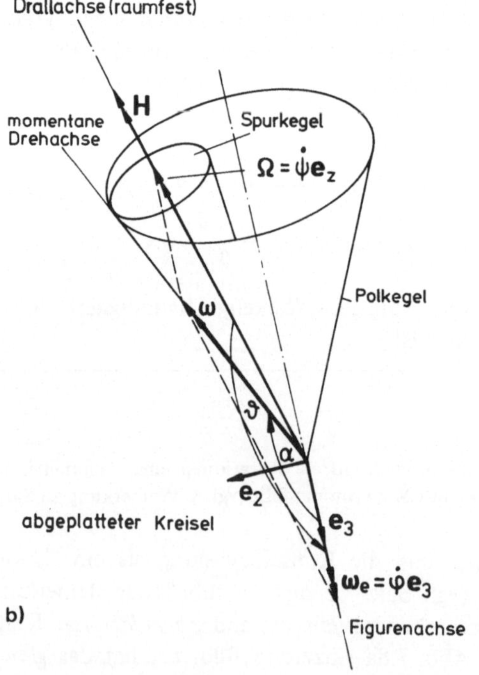

Abb. 7.8

ω_3, und es ist $\vartheta < \frac{\pi}{2}$. Der Polkegel rollt auf der Außenseite des Spurkegels ab. Bei *abgeplattetem Kreisel* ergibt sich das in Abb. 7.8b skizzierte Bild. ω_e ist ω_3 entgegengerichtet, $\vartheta > \frac{\pi}{2}$. Der Polkegel umschließt den Spurkegel, wälzt sich also mit seiner Innenseite auf der Außenseite des Spurkegels ab. Die Richtung der Figurenachse ist dabei jeweils so festgelegt, daß die durch $\dot{\varphi}$ gekennzeichnete Eigenrotation stets positiv ist.

1. Anmerkung:

Die Bewegung eines momentenfreien Kreisels läßt sich nach *Poinsot* (1777–1859) auch in anderer Weise geometrisch veranschaulichen, nämlich als Abwälzen des sogenannten Energie-Ellipsoides an einer (invarianten) Tangential-Ebene. Wir verzichten hier darauf, auf diese Zusammenhänge näher einzugehen.

2. Anmerkung:

Die Rotation der Figurenachse um die raumfeste Drallachse stellte sich in unseren Betrachtungen als eine *Präzessions*bewegung dar. Bei der Untersuchung der allgemeinen Bewegung eines *nicht*-momentenfreien Kreisels bedeutet die Wanderung der Figurenachse um die dann nicht mehr raumfeste Drallachse eine *Nutation*. Deshalb nennt man häufig auch die hier betrachtete Bewegung der Figurenachse eines momentenfreien Kegels eine *Nutationsbewegung*, obwohl für sie hier die zeitliche Änderung des *Präzessions*winkels ψ maßgebend ist.

7.2.2.2. Die reguläre Präzession des schweren symmetrischen Kreisels

Wir betrachten einen in bezug auf seine *Figurenachse* (3-Achse) symmetrischen Kreisel in einem *homogenen Schwerefeld* (Abb. 7.9).
Der Kreisel habe die *Eigenrotations-Winkelgeschwindigkeit*

$$\boldsymbol{\omega}_e = \omega_e \mathbf{e}_3 = \dot{\varphi} \mathbf{e}_3 .$$

Wir wollen untersuchen, ob es reguläre *Präzessionsbewegungen* gibt, bei denen die Figurenachse mit einer konstanten *Präzessions-Winkelgeschwindigkeit*

$$\boldsymbol{\Omega} = \Omega \mathbf{e}_z = \dot{\psi} \mathbf{e}_z$$

auf einem Kegelmantel, d.h. mit $\vartheta = \text{konst.}$, um die raumfeste Achse $\mathbf{e}_z$ wandert. Wir gehen dabei so vor, daß wir zunächst die allgemeinen *Bewegungsgleichungen des schweren symmetrischen Kreisels* aufstellen und danach prüfen, ob und unter welchen Bedingungen eine reguläre Präzession möglich ist. Das Bezugssystem legen wir wiederum – ohne Beeinträchtigung der Allgemeinheit – so fest, daß im betrachteten Zeitpunkt die 1- und 2-Achse die in der Abb. 7.9 skizzierte Orientierung haben (entsprechend $\varphi = 0$).
Mit den auf Hauptachsen durch den Punkt 0 bezogenen Massenträgheitsmomenten

$$\theta_{(0)_1} = \theta_{(0)_2} = \theta_1 + m\, r_M^2$$
$$\theta_{(0)_3} = \theta_3$$

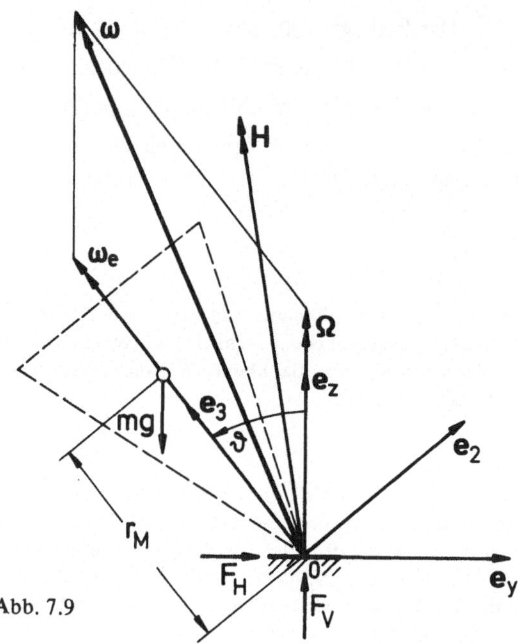

Abb. 7.9

liefern die *Euler*schen *Gleichungen*

$$
\begin{aligned}
M_{(0)_1} &= mg\, r_M \sin\vartheta = \theta_{(0)_1}\dot\omega_1 - [\theta_{(0)_2} - \theta_{(0)_3}]\,\omega_2\omega_3 \\
&= [\theta_1 + m\, r_M^2]\,\{\dot\omega_1 - \omega_2\omega_3\} + \theta_3\omega_2\omega_3 \\
M_{(0)_2} &= 0 \qquad = \theta_{(0)_2}\dot\omega_2 - [\theta_{(0)_3} - \theta_{(0)_1}]\,\omega_3\omega_1 \\
&= [\theta_1 + m\, r_M^2]\,\{\dot\omega_2 + \omega_3\omega_1\} - \theta_3\omega_3\omega_1 \\
M_{(0)_3} &= 0 \qquad = \theta_{(0)_3}\dot\omega_3 - [\theta_{(0)_1} - \theta_{(0)_2}]\,\omega_1\omega_2 = \theta_3\dot\omega_3 .
\end{aligned}
$$

Aus der letzten Gleichung folgt unmittelbar

$$\boxed{\omega_3 = \text{konst.}}$$

Zwischen den Winkelgeschwindigkeiten ω_i und ihren Ableitungen $\dot\omega_i$ einerseits und den zeitlichen Ableitungen der *Euler*schen *Winkel* andererseits bestehen nach Satz 7.5 (unter Berücksichtigung von $\varphi = 0$) die folgenden Beziehungen

$$
\begin{aligned}
\omega_1 &= \dot\vartheta & \dot\omega_1 &= \dot\psi\,\dot\varphi \sin\vartheta + \ddot\vartheta \\
\omega_2 &= \sin\vartheta\,\dot\psi & \dot\omega_2 &= \dot\psi\,\dot\vartheta\cos\vartheta + \ddot\psi\sin\vartheta - \dot\varphi\,\dot\vartheta \\
\omega_3 &= \cos\vartheta\,\dot\psi + \dot\varphi & (\dot\omega_3 &= -\dot\vartheta\,\dot\psi\sin\vartheta + \ddot\psi\cos\vartheta + \ddot\varphi = 0)
\end{aligned}
$$

Setzen wir diese Ausdrücke in die ersten beiden *Euler*schen *Gleichungen* ein und drücken wir dabei $\dot\varphi$ durch

$$\dot\varphi = \omega_3 - \dot\psi\cos\vartheta$$

aus (was wegen ω_3 = konst. naheliegt), so entsteht das folgende Gleichungssystem

$$\begin{aligned} mg\,r_M \sin\vartheta &= [\theta_1 + m\,r_M^2]\,\{\ddot\vartheta + \dot\psi \sin\vartheta\,[\omega_3 - \dot\psi\cos\vartheta] - \dot\psi\,\omega_3 \sin\vartheta + \theta_3\,\dot\psi\,\omega_3 \sin\vartheta \\ &= [\theta_1 + m\,r_M^2]\,\{\ddot\vartheta - (\dot\psi)^2 \sin\vartheta\cos\vartheta\} + \theta_3\,\dot\psi\,\omega_3 \sin\vartheta \qquad (1) \\ 0 &= [\theta_1 + m\,r_M^2]\,\{\ddot\psi \sin\vartheta + \dot\psi\,\dot\vartheta\cos\vartheta - \dot\vartheta[\omega_3 - \dot\psi\cos\vartheta] + \dot\vartheta\,\omega_3\} - \theta_3\,\dot\vartheta\,\omega_3 \\ &= [\theta_1 + m\,r_M^2]\,\{\ddot\psi\sin\vartheta + 2\,\dot\psi\,\dot\vartheta\cos\vartheta\} - \theta_3\,\dot\vartheta\,\psi_3 . \qquad (2) \end{aligned}$$

Für eine *reguläre Präzessionsbewegung* muß nun

$$\vartheta = \text{konst.}, \quad \text{d.h.} \quad \dot\vartheta = 0,\ \ \ddot\vartheta = 0,$$

und

$$\dot\psi = \Omega = \text{konst.}$$

sein. Gehen wir mit dieser Forderung in die obige Gleichung (1), so folgt daraus die Bedingung

$$mg\,r_M \sin\vartheta = \sin\vartheta\,\{-[\theta_1 + m\,r_M^2]\cos\vartheta\,\Omega^2 + \theta_3\,\omega_3\,\Omega\}$$

oder nach Umordnung

$$\boxed{\{\Omega^2\,[\theta_1 + m\,r_M^2]\cos\vartheta - \Omega\,\theta_3\omega_3 + mg\,r_M\}\sin\vartheta = 0.} \qquad (1^*)$$

Gleichung (2) ist für die reguläre Präzession wegen $\dot\vartheta = 0$ und $\ddot\psi = 0$ identisch erfüllt.

Anmerkung:

Haben wir von vorneherein nur die reguläre Präzession im Auge, so finden wir die vorstehende Gleichung (1*) einfacher, wenn wir die Dralländerung des Kreisels auf ein mit der Präzessions-Winkelgeschwindigkeit $\boldsymbol{\Omega}$ rotierendes Bezugssystem beziehen. Von diesem aus betrachtet bleibt nämlich der Drall unverändert. Deshalb folgt

$$\mathbf{M}_0 = \underbrace{\frac{\bar{D}}{dt}\mathbf{H}_{(0)}}_{0} + \boldsymbol{\Omega}\times\mathbf{H}_{(0)} = \boldsymbol{\Omega}\times\mathbf{H}_{(0)}.$$

Mit

$$\boldsymbol{\Omega} = \Omega\sin\vartheta\,\mathbf{e}_2 + \Omega\cos\vartheta\,\mathbf{e}_3$$

und

$$\mathbf{H}_{(0)} = [\theta_1 + m\,r_M^2]\,\underbrace{\Omega\sin\vartheta}_{\omega_2}\,\mathbf{e}_2 + \theta_3\,\underbrace{\{\dot\varphi + \Omega\cos\vartheta\}}_{\omega_3}\,\mathbf{e}_3$$

ergibt sich dann unmittelbar Gleichung (1*).

Die Gleichung (1*) gibt an, wie die Winkelgeschwindigkeit Ω der *regulären Präzession* mit dem zugehörigen Winkel ϑ in Abhängigkeit von den Systemparametern

(θ_i, m, r_M, ω_3) verknüpft ist. Wir können diese Bedingungsgleichung für eine reguläre Präzession als eine quadratische Gleichung für

$$\Omega = \Omega(\vartheta; \theta_i, m, r_M, \omega_3)$$

auffassen. Bei ihrer Lösung sind verschiedene Fälle zu unterscheiden.

Sonderfälle:

1. Sonderfall: $\sin\vartheta = 0 \rightarrow \vartheta = \begin{cases} 0 \\ \pi . \end{cases}$

In diesen trivialen Fällen, bei denen die Figurenachse in die Lotrechte fällt (sog. *schlafender Kreisel*), kann Ω beliebige Werte ($\Omega \lesseqgtr 0$) annehmen. Zu untersuchen bleibt, welche Bewegungszustände stabil sind. Wir stellen diese Untersuchung vorerst zurück.

2. Sonderfall: $\cos\vartheta = 0 \rightarrow \vartheta = \dfrac{\pi}{2}$.

In diesem Sonderfall degeneriert die quadratische Gleichung zu einer linearen mit der Lösung

$$\boxed{\frac{\Omega}{\omega_3} = \frac{m g r_M}{\theta_3 \omega_3^2} .}$$

Allgemeine Fälle:

Wir setzen jetzt voraus

$$\sin\vartheta \neq 0, \qquad \cos\vartheta \neq 0.$$

Dann erhalten wir für Ω jeweils zwei Lösungen

$$\boxed{\begin{gathered} \frac{\Omega}{\omega_3} = \frac{1}{2\xi\cos\vartheta}\left\{1 \pm \sqrt{1 - 4\xi\cos\vartheta\frac{m g r_M}{\theta_3\omega_3^2}}\right\} \\ \text{mit } \xi = \frac{\theta_1 + m r_M^2}{\theta_3} = \frac{\theta_{(0)1}}{\theta_{(0)3}} . \end{gathered}}$$

Reelle Lösungen für Ω existieren nur für

$$4\xi\cos\vartheta\frac{m g r_M}{\theta_3\omega_3^2} \leqslant 1,$$

d. h. für

$$\omega_3^2 \geqslant 4\,\xi \cos\vartheta \frac{m g r_M}{\theta_3} = \omega_{3\,gr}^2(\vartheta).$$

Für den *hängenden Kreisel* ($\vartheta > \frac{\pi}{2}$, $\cos\vartheta < 0$) ist diese Bedingung immer erfüllt. Für den *stehenden Kreisel* ($\vartheta < \frac{\pi}{2}$, $\cos\vartheta > 0$) markiert jedoch die obige Ungleichung eine untere Grenze, die $|\omega_3|$ übersteigen muß, damit eine reguläre Präzession möglich ist. Im *Grenzfall*

$$\omega_3^2 = \omega_{3\,gr}^2 > 0$$

erhalten wir die *Doppelwurzel*

$$\frac{\Omega}{\omega_3} = \frac{\theta_3}{2\,[\theta_1 + m r_M^2] \cos\vartheta} = \frac{2 m g r_M}{\theta_3 \omega_3^2}.$$

Anmerkung:

Man kann die Winkelgeschwindigkeit Ω der regulären Präzession auch ins Verhältnis zur Winkelgeschwindigkeit der Eigenrotation $\omega_e = \dot{\varphi}$ setzen, also $\frac{\Omega}{\omega_e}$ angeben. Obwohl dies zunächst physikalisch sinnvoller erscheint, ist das Ergebnis doch weniger durchsichtig.

Für *schnelle Kreisel*, d. h. für

$$\frac{\omega_3^2}{|\omega_{3\,gr}^2|} \gg 1 \quad ,$$

erhalten wir durch Reihenentwicklung der Wurzel als gute *Näherungslösung*:

langsame Präzession: (wie 2. Sonderfall)

$$\frac{\Omega}{\omega_3} \approx \frac{m g r_M}{\theta_3 \omega_3^2},$$

also $\Omega \sim \frac{1}{\omega_3}$,

schnelle Präzession:

$$\frac{\Omega}{\omega_3} \approx \frac{\theta_3}{[\theta_1 + m r_M^2] \cos\vartheta},$$

also $\Omega \sim \omega_3$.

Die *langsame* Präzession des schnellen Kreisels ist näherungsweise unabhängig von ϑ. Deshalb kann ϑ beliebig vorgegeben werden. In Abhängigkeit von den Anfangsbedingungen überlagert sich allerdings dieser langsamen Präzession des schnellen Kreisels im allgemeinen eine *Nutation*, die freilich meistens kaum wahrnehmbar ist und sich lediglich in einem *Zittern* der Figurenachse äußert. Man spricht dann von einer *pseudoregulären Präzession* im Gegensatz zur regulären Präzession (ohne Nutation), die sich nur bei genau passenden Anfangsbedingungen Ω, ϑ einstellt. Im übrigen lassen sich bei schnellen Kreiseln Präzessions- und Nutationsbewegung näherungsweise getrennt ermitteln.

Die *schnelle* Präzession ist versuchsmäßig schwer zu realisieren. Meist stellt sich eine Bewegung ein, die der Überlagerung einer langsamen Präzession mit großer *Nutation* entspricht, deren Winkelgeschwindigkeit ja für schnelle Kreisel mit der schnellen Präzession übereinstimmt, wie ein Vergleich des obigen Ergebnisses mit Satz 7.10 (einschließlich der zugehörigen 2. Anmerkung) zeigt.

Anmerkung:

Die vorstehenden Betrachtungen lassen sich analog auf die reguläre Präzession von Kreiseln übertragen, bei denen der Massen-Mittelpunkt in Ruhe bleibt, dafür aber der Fußpunkt sich reibungsfrei auf einer Kreisbahn um die Vertikale bewegt. Wir haben dann nur $\theta_{(0)1}$ durch θ_1 zu ersetzen (Abb. 7.10).

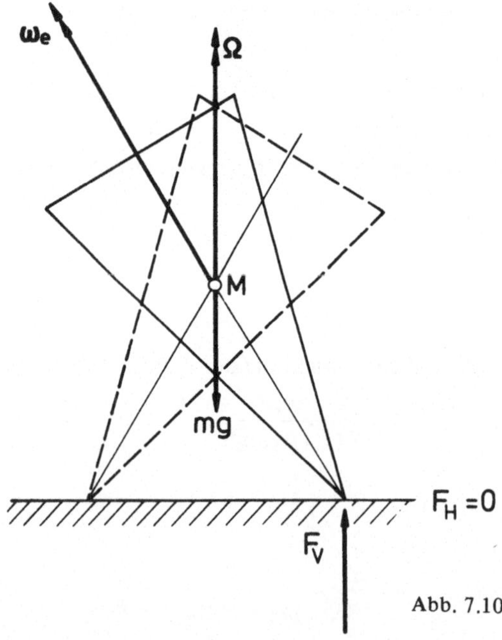

Abb. 7.10

Abschließend wollen wir noch die *kinetische Stabilität des aufrechten schlafenden Kreisels* untersuchen. Die Bedingung, daß eine *reguläre Präzession* für $\vartheta \to 0$ ($\cos\vartheta \to 1$) nur möglich ist, wenn

$$\omega_3^2 \geqslant \frac{4\,mg\,r_M\,[\theta_1 + mr_M^2]}{\theta_3^2} = \omega_{3\,gr}^2(0)$$

ist, läßt bereits vermuten, daß der *schlafende Kreisel* für $|\omega_3| < \omega_{3\,gr}(0)$ *instabil* wird. Eine exakte Antwort können wir allerdings erst geben, wenn wir das Verhalten des schlafenden Kreisels bei kleinen Störungen allgemein untersuchen. Dazu greifen wir auf die allgemeinen Bewegungsgleichungen (1) und (2) zurück und fragen, wie der schlafende Kreisel ($\vartheta = 0$) sich verhält, wenn ihm durch eine Störung eine kleine Nutations-Winkelgeschwindigkeit $\dot{\vartheta}_0$ aufgezwungen wird. Dabei beschränken wir uns auf kleine Werte von ϑ, für die wir näherungsweise

$$\sin\vartheta \approx \vartheta \quad \text{und} \quad \cos\vartheta \approx 1$$

setzen können. Dann nehmen die allgemeinen Bewegungsgleichungen die folgende Form an

$$\text{mg}\,r_M\,\vartheta = [\theta_1 + m\,r_M^2]\,\{\ddot{\vartheta} - \vartheta(\dot{\psi})^2\} + \theta_3\vartheta\dot{\psi}\omega_3 \tag{1}$$

$$0 = [\theta_1 + m\,r_M^2]\,\{\vartheta\ddot{\psi} + 2\,\dot{\psi}\,\dot{\vartheta}\} - \theta_3\dot{\vartheta}\,\omega_3 . \tag{2}$$

Multiplizieren wir die zweite Gleichung mit ϑ, so erhalten wir

$$0 = [\theta_1 + m\,r_M^2]\,\{\vartheta^2\,\ddot{\psi} + 2\,\dot{\psi}\,\vartheta\,\dot{\vartheta}\} - \theta_3\,\vartheta\,\dot{\vartheta}\,\omega_3$$

$$= [\theta_1 + m\,r_M^2]\,(\vartheta^2\,\dot{\psi})^{\cdot} - \frac{1}{2}\theta_3\omega_3(\vartheta^2)^{\cdot}.$$

Die Integration dieser Gleichung ergibt unter Berücksichtigung der Anfangsbedingung $\vartheta(0) = 0$

$$0 = [\theta_1 + m\,r_M^2]\,\vartheta^2\,\dot{\psi} - \frac{1}{2}\theta_3\omega_3\vartheta^2 ,$$

d. h.

$$\dot{\psi} = \frac{1}{2}\frac{\theta_3}{\theta_1 + m\,r_M^2}\,\omega_3 .$$

Setzen wir das in (1) ein, so folgt

$$\text{mg}\,r_M\,\vartheta = [\theta_1 + m\,r_M^2]\left\{\ddot{\vartheta} - \frac{1}{4}\left[\frac{\theta_3\omega_3}{\theta_1 + m\,r_M^2}\right]^2\vartheta\right\} + \frac{1}{2}\frac{\theta_3^2\omega_3^2}{\theta_1 + m\,r_M^2}$$

oder nach Umordnung

$$\boxed{\ddot{\vartheta} + \underbrace{\left\{\frac{1}{4}\left[\frac{\theta_3\omega_3}{\theta_1 + m\,r_M^2}\right]^2 - \frac{\text{mg}\,r_M}{\theta_1 + m\,r_M^2}\right\}}_{\nu^2}\vartheta = 0.}$$

Diese Differentialgleichung für ϑ hat nur dann unter den gegebenen Anfangsbedingungen *beschränkte Lösungen*,

$$\nu^2 > 0, \quad \text{d.h.} \quad \boxed{\omega_3^2 > \frac{4\,\mathrm{mg\,r_M}\,[\theta_1 + \mathrm{m\,r_M^2}]}{\theta_3^2} = \omega_{3\,\mathrm{gr}}^2(0)}$$

ist. Damit ist nachgewiesen, daß der *schlafende Kreisel* nur für

$$|\omega_3| > \omega_{3\,\mathrm{gr}}(0)$$

kinetisch stabil ist.

Anmerkung:

Wir können das vorstehende Ergebnis auch formal mit der Methode der Störungsrechnung untersuchen, indem wir

$$\vartheta(t) = \epsilon\, f(t) \qquad (\epsilon \ll 1)$$

setzen. Zur Vereinfachung haben wir hier $|\vartheta(t)|$ als sehr klein angenommen, ohne das in der Schreibweise besonders zum Ausdruck zu bringen und zu präzisieren. Das Ergebnis ist davon nicht beeinflußt.

7.2.2.3. Geführte Kreiselbewegungen

Bei den bisher betrachteten Beispielen waren die eingeprägten Kräfte gegeben, und es wurden die zugehörigen Bewegungen des Kreisels gesucht. Das Gegenstück dazu sind die Fälle, in denen bei gegebenem Bewegungsablauf die zugehörigen Kräfte gesucht werden. Wir betrachten hierzu drei Beispiele.

1. Beispiel: Kollergang (Abb. 7.11)

Gegeben sei die konstante Winkelgeschwindigkeit Ω, mit der sich die Mahlwalze um die zentrale vertikale Achse 2 bewegt. Aus der *Rollbedingung*

$$\Omega R = \omega_e r$$

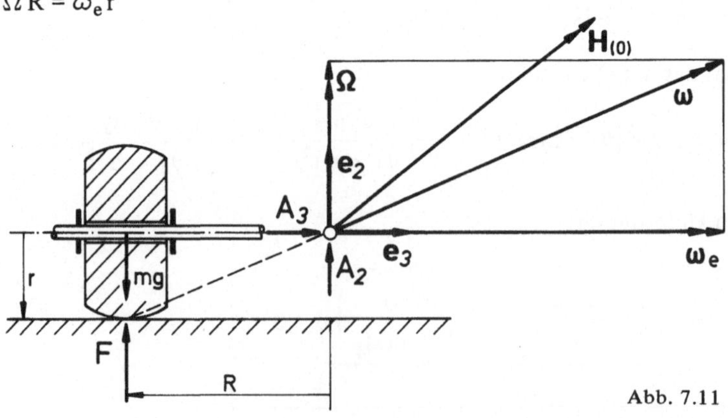

Abb. 7.11

folgt

$$\omega_e = \Omega \frac{R}{r}.$$

Die Achse der resultierenden Winkelgeschwindigkeit

$$\boldsymbol{\omega} = \boldsymbol{\Omega} + \boldsymbol{\omega}_e = \Omega\,\mathbf{e}_2 + \omega_e\,\mathbf{e}_3$$

geht durch den Berührungspunkt der Walze mit dem Mahlboden. In einem mit $\boldsymbol{\Omega}$ rotierenden Bezugssystem ändert sich der Drall $\mathbf{H}_{(0)}$ der Walze nicht. Es gilt also

$$\mathbf{M}_{(0)} = \boldsymbol{\Omega} \times \mathbf{H}_{(0)}.$$

Aus dieser vektoriellen Gleichung folgen die drei skalaren Gleichungen

$$M_{(0)_1} = F\,R - mg\,R = \Omega\,\theta_3\,\omega_e$$

$$M_{(0)_2} = M_{(0)_3} = 0.$$

Aus der ersten Gleichung entnehmen wir (mit $\omega_e = \Omega \frac{R}{r}$)

$$F = mg + \theta_3 \frac{\Omega^2}{r}.$$

Der zweite Term gibt die Erhöhung der Mahlkraft infolge der Kreiselwirkung der Mahlwalze an.
Durch Anwendung des Impulssatzes in 3-Richtung sowie des Drallsatzes in bezug auf den Massen-Mittelpunkt M finden wir ferner

$$A_3 = m\,\Omega^2 R$$

$$A_2 = -\theta_3 \frac{\Omega^2}{r}.$$

2. Beispiel: Unwucht eines starren Rotors (Abb. 7.12)

Wir betrachten einen zu seiner Figurenachse $\mathbf{e}_3$ symmetrischen Rotor, der um eine exzentrische, raumfeste Achse $\mathbf{e}_z$ mit $\boldsymbol{\Omega}$ rotiert. Lagerung, Welle und Rotor seien dabei als starr angenommen. Zur Vereinfachung sei vorausgesetzt, daß sich Figurenachse und Drehachse in einem Punkt 0 unter dem Winkel ϑ schneiden mögen. Die Exzentrizität des Massen-Mittelpunktes sei e. Wir suchen die Lager-Reaktionen A und B.
Bei der Beschreibung der Änderung des Dralles $\mathbf{H}_{(0)}$ gehen wir wiederum von einem mit $\boldsymbol{\Omega}$ rotierenden Bezugssystem aus, in dem der Drall $\mathbf{H}_{(0)}$ sich nicht ändert. Mit

$$\boldsymbol{\Omega} = -\Omega \sin\vartheta\,\mathbf{e}_2 + \Omega \cos\vartheta\,\mathbf{e}_3$$

und

$$\mathbf{H}_{(0)} = -\left\{\theta_1 + m\left(\frac{e}{\sin\vartheta}\right)^2\right\} \Omega \sin\vartheta\,\mathbf{e}_2 + \theta_3\,\Omega \cos\vartheta\,\mathbf{e}_3$$

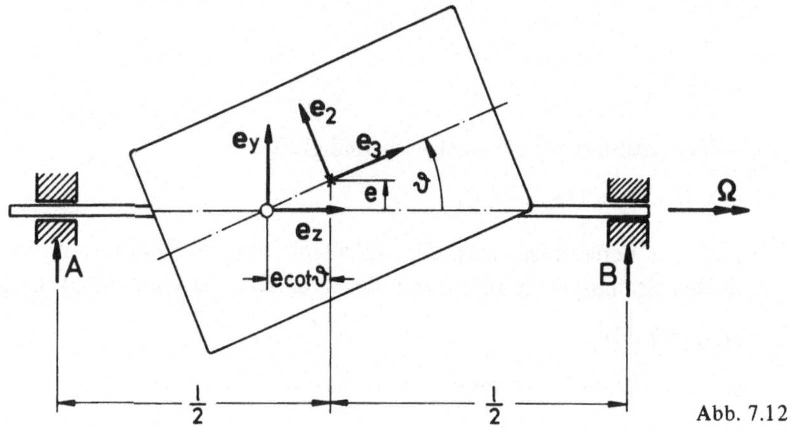

Abb. 7.12

folgt aus

$$\mathbf{M}_{(0)} = \mathbf{\Omega} \times \mathbf{H}_{(0)}$$

die Beziehung

$$-B\left(\frac{l}{2} + e \cot \vartheta\right) + A\left(\frac{l}{2} - e \cot \vartheta\right)$$

$$= -\theta_3 \Omega^2 \sin \vartheta \cos \vartheta + \left[\theta_1 + m\left(\frac{e}{\sin \vartheta}\right)^2\right] \Omega^2 \sin \vartheta \cos \vartheta$$

oder

$$(A - B)\frac{l}{2} - (A + B)\, e \cot \vartheta = \left[\theta_1 + m\left(\frac{e}{\sin \vartheta}\right)^2 - \theta_3\right] \Omega^2 \sin \vartheta \cos \vartheta .$$

Andrerseits liefert der *Impulssatz*

$$A + B = -m\,\Omega^2 e .$$

Aus diesen beiden Gleichungen sind die mit $\mathbf{\Omega}$ umlaufenden *Lager-Reaktionen* zu errechnen. Wir erhalten nach kurzer Zwischenrechnung

$$\left.\begin{matrix} A \\ B \end{matrix}\right\} = -\frac{1}{2} m\,\Omega^2 e \left\{1 \mp \frac{\theta_1 - \theta_3}{m l e} \sin 2\vartheta\right\}.$$

Umgekehrt können wir bei gemessenen Lager-Reaktionen die Größe e und ϑ bestimmen und durch einen entsprechenden Massen-Ausgleich den Rotor auswuchten.

Im allgemeinen Falle der Unwucht liegen A und B nicht in einer Ebene. Die Betrachtungen sind dann entsprechend zu erweitern.

7.2.2.4. Das rollende Rad

Wir betrachten (Abb. 7.13) ein auf einer horizontalen Ebene rollendes *Rad* ($\theta_3 = 2\theta_1$). Seine *Eigenrotations-Winkelgeschwindigkeit* ω_e und damit seine *Fortschritts-Geschwindigkeit*

$$v = \omega_e r$$

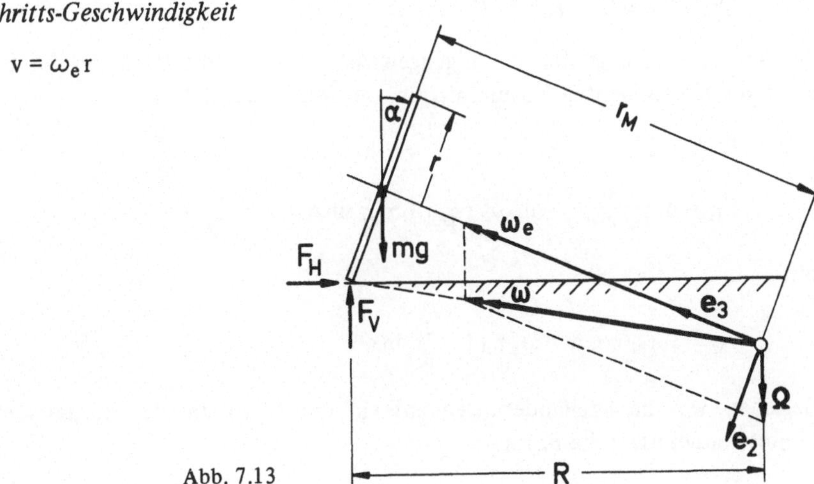

Abb. 7.13

sei gegeben und konstant. Wir suchen den Zusammenhang zwischen der Neigung α der Scheibe gegen die Vertikale und dem Radius R der Kreisbahn, die sich aufgrund dieser Neigung bei einer stationären Bewegung, die einer regulären Präzession entspricht, einstellt. Wir können diesen Vorgang als eine Bewegung um einen festen Punkt 0 betrachten, wobei die Lage dieses Punktes freilich vorerst unbekannt ist. Die resultierende Winkelgeschwindigkeit $\boldsymbol{\omega}$, deren Achse durch den Punkt 0 und den Fußpunkt des Rades geht, setzt sich zusammen aus der Eigenrotations-Winkelgeschwindigkeit

$$\boldsymbol{\omega}_e = \omega_e \mathbf{e}_3$$

und der Winkelgeschwindigkeit um die vertikale Achse durch 0

$$\boldsymbol{\Omega} = \Omega \cos\alpha\, \mathbf{e}_2 - \Omega \sin\alpha\, \mathbf{e}_3 .$$

Ω erhalten wir aus der *Rollbedingung*

$$\omega_e r = \Omega R.$$

Die resultierende Winkelgeschwindigkeit ist deshalb

$$\boldsymbol{\omega} = \omega_e \frac{r}{R} \cos\alpha\, \mathbf{e}_2 + \omega_e \left(1 - \frac{r}{R} \sin\alpha\right) \mathbf{e}_3 .$$

Für den Drall des rollenden Rades ergibt sich somit

$$\mathbf{H}_{(0)} = \{\theta_1 + m r_M^2\}\, \omega_e \frac{r}{R} \cos\alpha\, \mathbf{e}_2 + \theta_3 \omega_e \left(1 - \frac{r}{R}\sin\alpha\right)\mathbf{e}_3$$

mit

$$r_M = \frac{R}{\cos\alpha}\left(1 - \frac{r}{R}\sin\alpha\right).$$

Als äußere Kräfte greifen das Eigengewicht mg sowie die Reaktion der Führung mit ihren Komponenten F_V und F_H an. Der *Impulssatz* liefert

$$F_V = mg$$

$$F_H = m \frac{v_M^2}{r_M \cos\alpha} = m\,\omega_e^2\, r \frac{r}{R}\left(1 - \frac{r}{R}\sin\alpha\right)$$

mit

$$v_M = \Omega\, r_M \cos\alpha = \omega_e\, r \left(1 - \frac{r}{R}\sin\alpha\right).$$

Beziehen wir die Dralländerungen auf ein mit $\boldsymbol{\Omega}$ rotierendes Bezugssystem, so nimmt der *Drallsatz* die Form

$$\mathbf{M}_{(0)} = \boldsymbol{\Omega} \times \mathbf{H}_{(0)}$$

an, da in diesem Bezugssystem der Drall unverändert bleibt. Daraus ergibt sich für die Dralländerung in 1-Richtung

$$\underbrace{m g r \sin\alpha + F_H\left(R\tan\alpha - \frac{r}{\cos\alpha}\right)}_{M_{(0)_1}}$$

$$= \underbrace{\omega_e \frac{r}{R}\cos\alpha}_{\Omega_2}\ \underbrace{\theta_3\omega_e\left(1 - \frac{r}{R}\sin\alpha\right)}_{H_{(0)_3}} - \underbrace{\left(-\omega_e \frac{r}{R}\sin\alpha\right)}_{\Omega_3}\ \underbrace{\{\theta_1 + m_M^2\}\,\omega_e \frac{r}{R}\cos\alpha}_{H_{(0)_2}}.$$

Setzen wir F_H, r_M, $\theta_1 = \frac{1}{2}\theta_3$ in diese Gleichung ein und fassen entsprechend zusammen, so folgt daraus

$$\tan\alpha = \frac{\omega_e^2 r}{g}\frac{r}{R}\Big\{\underbrace{1 - \frac{r}{R}\sin\alpha}_{\text{Einfluß der Fliehkraft}} + \underbrace{\frac{\theta_3}{m r^2}\left(1 - \frac{1}{2}\frac{r}{R}\sin\alpha\right)}_{\text{Einfluß der Kreiselwirkung}}\Big\}.$$

Der Quotient $\frac{\theta_3}{m\,r^2}$ hängt von der Massenverteilung ab, und zwar gilt für

homogene Vollscheibe: $\frac{\theta_3}{m\,r^2} = \frac{1}{2}$,

Reifen (Ring): $\frac{\theta_3}{m\,r^2} \approx 1$.

Setzen wir den den Gegebenheiten entsprechenden Zahlenwert oben ein, so erhalten wir eine Beziehung, die für gegebenes ω_e und r zu einem vorgegebenen Neigungswinkel α den zugehörigen Bahnradius R festgelegt bzw. den zu einem vorgegebenen R entsprechenden Winkel α.
Für *kleine Neigungswinkel* α können wir

$$\tan\alpha \approx \sin\alpha \approx \alpha$$

setzen und erhalten dann

$$\alpha \approx \frac{\frac{\omega_e^2 r}{g}\,\frac{r}{R}\left[1 + \frac{\theta_3}{m r^2}\right]}{1 + \frac{\omega_e^2 r}{g}\left(\frac{r}{R}\right)^2 \left[1 + \frac{1}{2}\,\frac{\theta_3}{m r^2}\right]}.$$

Diese Beziehung ordnet jedem Wert $\frac{r}{R}$ eindeutig einen Wert α zu. Das gilt auch für die Umkehr, da die nach $\frac{r}{R}$ aufgelöste quadratische Gleichung jeweils nur eine positive Wurzel hat.
Für $\alpha \to 0$ geht $R \to \infty$, d.h. wir bekommen – wie zu erwarten – das geradeaus laufende Rad unabhängig von ω_e. Es ergibt sich dann jedoch die Frage, unter welchen Bedingungen diese Bewegung *stabil* ist, kleine Störungen also auch nur kleine Abweichungen bedingen. Wir verzichten hier darauf, diese Störungsrechnung durchzuführen und teilen nur das Ergebnis mit. Danach ist der *Geradeauslauf* eines Rades *stabil*, solange

$$\boxed{\frac{\omega_e^2 r}{g}\,\frac{\theta_3}{\theta_1}\left[1 + \frac{\theta_3}{m\,r^2}\right] = \frac{\omega_e^2 r}{g}\,2\left[1 + \frac{\theta_3}{m\,r^2}\right] > 1}$$

ist. Dies bedeutet für

homogene Vollscheibe $\left(\frac{\theta_3}{m\,r^2} = \frac{1}{2}\right)$: $\quad 3\,\frac{\omega_e^2 r}{g} > 1$,

Reifen $\left(\frac{\theta_3}{m\,r^2} \approx 1\right)$: $\quad 4\,\frac{\omega_e^2 r}{g} > 1$.

Noch eine andere Frage läßt sich unmittelbar an unsere Untersuchungen anschließen.

Damit das Rad nicht *ausrutscht*, muß

$$F_H \leqslant \mu_0 F_V,$$

d.h.

$$\frac{\omega_e^2 r}{g} \frac{r}{R} \left(1 - \frac{r}{R} \sin\alpha\right) \leqslant \mu_0$$

bzw.

$$\tan\alpha \leqslant \mu_0 \left\{1 + \frac{\theta_3}{m r^2} \frac{1 - \frac{1}{2} \frac{r}{R} \sin\alpha}{1 - \frac{r}{R} \sin\alpha}\right\}$$

sein.

Abschließend sei noch auf folgendes hingewiesen. Nur wenn der Punkt 0 in der Bahnebene liegt, also auch die resultierende Winkelgeschwindigkeit $\boldsymbol{\omega}$ in diese Ebene fällt, liegt eine *reine Abwälzbewegung* des Rades auf der Bahnebene vor. Andernfalls enthält $\boldsymbol{\omega}$ auch eine vertikale Komponente, und der *Abwälzbewegung* (in praxi verbunden mit Rollreibung) ist dann auch eine *Bohrbewegung* (verbunden mit *Bohrreibung*) überlagert. Im *Sonderfall der reinen Abwälzbewegung* muß

$$\sin\alpha = \frac{r}{R}$$

sein, d.h.

$$\tan\alpha = \frac{\omega_e^2 r}{g} \sin\alpha \left\{\cos^2\alpha + \frac{1}{2} \frac{\theta_3}{m r^2} (1 + \cos^2\alpha)\right\}.$$

Neben der trivialen Lösung $\alpha = 0$ (Geradeauslauf) gibt es jeweils noch genau eine von Null verschiedene Lösung für α (und damit auch für $\frac{r}{R}$), die der Bedingung des reinen Abwälzens genügt.

7.3. Allgemeine Bewegungen starrer Körper

7.3.1. Grundgleichungen

Bei allgemeinen Bewegungen starrer Körper, die also weder ebene Bewegungen noch Bewegungen um einen festen Punkt sind, gehen wir im allgemeinen so vor, daß wir die Bewegung aufteilen in eine Translationsbewegung entsprechend der Bewegung des Massen-Mittelpunktes M und in eine Rotation um M. Die Bewegung des Massen-Mittelpunktes wird bestimmt durch den

Massen-Mittelpunktsatz:
(vgl. Satz 1.3)

$$\mathbf{F} = \frac{D}{dt}(m\,\mathbf{v}_M) = m\,\dot{\mathbf{v}}_M\,.$$

Zur Berechnung der Rotationsbewegung um M verwenden wir den auf den bewegten Massen-Mittelpunkt M bezogenen

Drallsatz:
(vgl. Satz 5.15)

$$\mathbf{M}_{(M)} = \frac{D}{dt}\mathbf{H}_{(M)} = \frac{D}{dt}(\boldsymbol{\Theta} \cdot \boldsymbol{\omega}).$$

Durch Übergang zu einem körperfesten Bezugssystem mit M als Bezugspunkt und mit den Hauptachsen $\mathbf{e}_{\bar{i}}$ des Massen-Trägheitsmomentes als Bezugsrichtungen folgt analog wie bei Bewegungen um einen festen Punkt (vgl. Satz 7.7):

Satz 7.11: Eulersche Gleichungen

Bei *allgemeinen Bewegungen starrer Körper* läßt sich der auf den mitbewegten Massen-Mittelpunkt M bezogene *Drallsatz* in die *Euler*schen *Gleichungen*

$$M_{(M)\bar{1}} = \theta_{\bar{1}}\dot{\omega}_{\bar{1}} - (\theta_{\bar{2}} - \theta_{\bar{3}})\,\omega_{\bar{2}}\omega_{\bar{3}}$$
$$M_{(M)\bar{2}} = \theta_{\bar{2}}\dot{\omega}_{\bar{2}} - (\theta_{\bar{3}} - \theta_{\bar{1}})\,\omega_{\bar{3}}\omega_{\bar{1}}$$
$$M_{(M)\bar{3}} = \theta_{\bar{3}}\dot{\omega}_{\bar{3}} - (\theta_{\bar{1}} - \theta_{\bar{2}})\,\omega_{\bar{1}}\omega_{\bar{2}}$$

überführen. Dabei stellt $\boldsymbol{\omega}$ die Winkelgeschwindigkeit des Körpers gegenüber dem Raum dar. Die Gleichungen sind auf eine Basis bezogen, die mit den körperfesten Hauptachsen des Massen-Trägheitsmomentes zusammenfällt.

In vielen Fällen verwendet man jedoch den Drallsatz auch in anderen Fassungen, sofern sich dies als vorteilhaft erweist. Für die Anwendung des Energiesatzes sei auf Abschnitt 5.4 und insbesondere auf die Sätze 5.15 und 5.16 verwiesen. Dort ist bereits alles Notwendige gesagt.

Die Berechnung allgemeiner Bewegungen starrer Körper kann sehr mühsam werden. Relativ einfach liegen die Dinge noch, wenn der Bewegungsablauf vollständig bekannt ist, es sich also um vollständig *geführte Bewegungen* handelt. Es lassen sich dann die zugehörigen resultierenden Kräfte und Momente (bei entsprechenden Gegebenheiten auch die einzelnen Teilkräfte des Kräftesystems) aus Impuls- und Drallsatz ermitteln. In den anderen Fällen kann freilich schon allein das Aufstellen der Bewegungsgleichungen Schwierigkeiten bereiten, insbesondere, wenn es sich um Systeme von mehreren starren Körpern handelt. Hierbei erweisen sich jedoch die Methoden der analytischen Mechanik, deren Elemente wir in Kapitel 10 noch entwickeln wollen, als wichtige Hilfe. Große Schwierigkeiten kann auch die Integration der Bewegungsgleichungen verursachen. Vielfach ist diese Integration nur noch numerisch zu bewältigen.

Es gibt jedoch einige Klassen von Sonderproblemen, zu deren Lösung besondere Methoden entwickelt wurden. Eine wichtige Sonderklasse bilden z.B. die Schwingungsprobleme, wobei wir in diesem Zusammenhang Systeme mit höherem Freiheitsgrad meinen. Auf die Schwingungsprobleme werden wir in Band IV näher eingehen. Hier wollen wir nur noch in aller Kürze eine andere Klasse von Sonderproblemen ansprechen, die ebenfalls eine große technische Bedeutung hat: die *Kreiselgeräte*. Darauf wollen wir im folgenden Abschnitt kurz eingehen.

7.3.2. Elemente der Theorie der Kreiselgeräte

7.3.2.1. Grundlagen

Kreiselgeräte finden vielfach als *Navigationsgeräte* – insbesondere bei See-, Luft- und Raum-Fahrzeugen – Einsatz, um *Richtungen* oder *Richtungsänderungen* anzuzeigen. In ihrer Grundform bestehen sie aus einem symmetrischen *Rotor*, dem eigentlichen *Kreisel*, der drehbar in einem *Kreiselgehäuse* gelagert ist und um seine *Figurenachse* (die Achse des maximalen Haupt-Trägheitsmomentes) gegenüber diesem mit konstanter Winkelgeschwindigkeit, der *Eigenrotationswinkelgeschwindigkeit* $\boldsymbol{\omega}_e$, rotiert. Für die Aufrechterhaltung dieser Eigenrotation sorgt ein entsprechender Antrieb. Die Lagerung des Gehäuses gegenüber dem Fahrzeug richtet sich nach der jeweiligen Aufgabe des Kreiselgerätes. Bei vielen Geräten bildet ein entsprechend beweglicher *Rahmen* das Zwischenglied zwischen Kreisel und Fahrzeug. Bei anderen Geräten ist das Kreiselgehäuse *schwimmend* gelagert.
Die Lagerung des Kreisels ist im allgemeinen so gestaltet, daß reine Translationsbewegungen des Kreiselgerätes – auch beschleunigte – möglichst ohne Einfluß auf die Anzeige des Kreiselgerätes bleiben. Wir lassen sie deshalb hier außer Betracht. Die *resultierende Winkelgeschwindigkeit* spalten wir auf in

$$\boldsymbol{\omega} = \boldsymbol{\omega}_e + \boldsymbol{\Omega},$$

wobei

$\boldsymbol{\omega}_e$ die konstante Eigenrotations-Winkelgeschwindigkeit des Kreisels gegenüber dem Gehäuse und

$\boldsymbol{\Omega}$ die Winkelgeschwindigkeit des Gehäuses

ist.
Wir setzen voraus, daß der Massen-Mittelpunkt M des Kreisels mit dem Massen-Mittelpunkt des Gehäuses zusammenfalle und daß die *Figuren-Achse des Kreisels* zugleich *Hauptachse des Gehäuses* sei. Das erlaubt uns, für den Kreisel und sein Gehäuse ein gemeinsames, *mit dem Gehäuse fest verbundenes Bezugssystem* einzuführen, dessen Bezugspunkt der Massen-Mittelpunkt M ist, dessen 3-Achse mit der Figurenachse zusammenfällt und dessen 1- und 2-Achse die entsprechenden Hauptachsen des Gehäuses sind, die aufgrund der vorausgesetzten Symmetrie des Kreisels dann auch in jedem Falle Hauptachsen des Kreisels sind. Dieses Bezugssystem rotiert mit $\boldsymbol{\Omega}$. Wir erhalten dann folgende Darstellung für die *Winkelgeschwindigkeit* und den *Drall* des *Kreisels* sowie des *Gehäuses* gegenüber dem Raum:

Kreisel: $\boldsymbol{\omega} = \boldsymbol{\omega}_e + \boldsymbol{\Omega} = \Omega_1 \mathbf{e}_1 + \Omega_2 \mathbf{e}_2 + (\Omega + \omega_e) \mathbf{e}_3$

$$\mathbf{H}_K = \underbrace{\theta_{K_1} \Omega_1 \mathbf{e}_1 + \theta_{K_2} \Omega_2 \mathbf{e}_2 + \theta_{K_3} \Omega_3 \mathbf{e}_3}_{\mathbf{H}_K^*} + \underbrace{\theta_{K_3} \omega_e \mathbf{e}_3}_{\mathbf{H}_e},$$

Gehäuse:

$$\boldsymbol{\Omega} = \Omega_1 \mathbf{e}_1 + \Omega_2 \mathbf{e}_2 + \Omega_3 \mathbf{e}_3$$

$$\mathbf{H}_G = \theta_{G_1} \Omega_1 \mathbf{e}_1 + \theta_{G_2} \Omega_2 \mathbf{e}_2 + \theta_{G_3} \Omega_3 \mathbf{e}_3 .$$

Für die Bewegung von Kreisel *und* Gehäuse liefert der Drallsatz bezüglich M

$$\mathbf{M}_{(M)} = \frac{\bar{D}}{dt} \{\mathbf{H}_e + \mathbf{H}_K^* + \mathbf{H}_G\} + \boldsymbol{\Omega} \times \{\mathbf{H}_e + \mathbf{H}_K^* + \mathbf{H}_G\}.$$

$\mathbf{M}_M$ ist hierbei das von außen am Gehäuse angreifende Moment. Beachten wir nun, daß

$$\frac{\bar{D}}{dt} \mathbf{H}_e = \mathbf{0}$$

ist, und fassen wir $\mathbf{H}_K^*$ und $\mathbf{H}_G$ zusammen zu

$$\begin{aligned} \mathbf{H}^* &= \mathbf{H}_K^* + \mathbf{H}_G \\ &= (\theta_{K_1} + \theta_{G_1}) \Omega_1 \mathbf{e}_1 + (\theta_{K_2} + \theta_{G_2}) \Omega_2 \mathbf{e}_2 + (\theta_{K_3} + \theta_{G_3}) \Omega_3 \mathbf{e}_3, \end{aligned}$$

so erhalten wir die *Grundgleichung der Kreiselgeräte*

$$\boxed{\mathbf{M}_{(M)} - \boldsymbol{\Omega} \times \mathbf{H}_e = \frac{\bar{D}}{dt} \mathbf{H}^* + \boldsymbol{\Omega} \times \mathbf{H}^* = \frac{D}{dt} \mathbf{H}^*.}$$

In dieser Gleichung stellt

$$\mathbf{M}_K = - \boldsymbol{\Omega} \times \mathbf{H}_e \qquad \text{das } \textit{Kreiselmoment}$$

dar. Addieren wir dieses Kreiselmoment – wie in obiger Gleichung geschehen – zu dem Moment der äußeren Kräfte, so können wir dann den Drallsatz in gewohnter Weise benutzen, um die Bewegung des Gehäuses einschließlich des darin *ruhenden* Kreisels zu beschreiben.

Bei der Durchführung der Berechnung der Kreiselbewegungen sind in vielen Fällen Vereinfachungen möglich, die im wesentlichen daraus resultieren, daß in aller Regel

$$|\mathbf{H}^*| \ll |\mathbf{H}_e|$$

ist, weil im allgemeinen

$$|\boldsymbol{\Omega}| \ll |\boldsymbol{\omega}_e|$$

ist. Das bedeutet, daß die Richtung des Dralles praktisch mit der Figurenachse zusammenfällt. Was wir im Einzelfall vernachlässigen können, richtet sich nach den jeweiligen Gegebenheiten. Ist z. B. $\mathbf{M}_{(M)} = 0$, so können wir näherungsweise (wegen $|\boldsymbol{\Omega} \times \mathbf{H}^*| \ll |\boldsymbol{\Omega} \times \mathbf{H}_e|$)

$$-\boldsymbol{\Omega} \times \mathbf{H}_e = \frac{\bar{D}}{dt}\mathbf{H}^*$$

setzen. Dürfen wir hingegen $\frac{\bar{D}}{dt}\mathbf{H}^* = \mathbf{0}$ annehmen, so folgt näherungsweise

$$\mathbf{M}_{(M)} - \boldsymbol{\Omega} \times \mathbf{H}_e = \mathbf{0}.$$

Abschließend noch eine allgemeine Bemerkung. Wir können die Grundgleichung der Kreiselgeräte als (formales) Beispiel für eine Mechanik betrachten, in der das Boltzmann-Axiom nicht gilt. In der Beziehung zwischen dem äußeren Moment $\mathbf{M}_{(M)}$ und der Änderung des Dralles $\mathbf{H}^*$ tritt ein Zusatzglied auf, das sonst in der Formulierung des Drallsatzes fehlt.

7.3.2.2. Zwei Beispiele

1. Beispiel: Prinzip des Wendezeigers

Der *Wendezeiger* dient zur Anzeige von *Richtungsänderungen* des Fahrzeuges um die Vertikale. In der Prinzipsskizze (Abb. 7.14) ist zur vereinfachten Darstellung das Gehäuse des Kreisels fortgelassen. Wir betrachten den Gleichgewichtszustand des Gerätes, auf den es sich bei $\boldsymbol{\Omega} = \Omega_1 \mathbf{e}_1 = \mathbf{konst}$. einstellt. Es ist dann

$$\frac{\bar{D}}{dt}\mathbf{H}^* = \mathbf{0}.$$

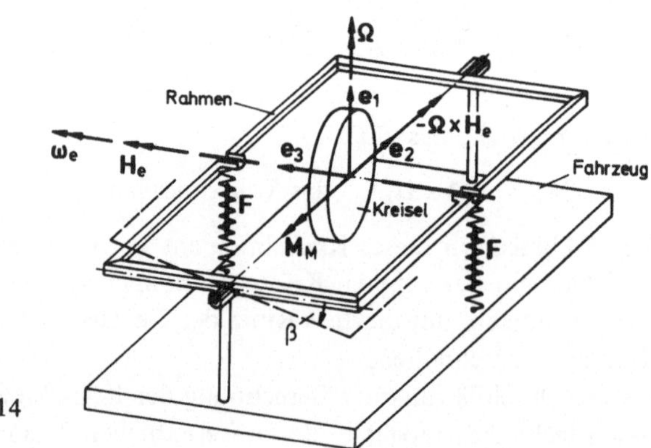

Abb. 7.14

Wir können deshalb unter Vernachlässigung von $\boldsymbol{\Omega} \times \mathbf{H}^*$ von der Gleichung

$$\mathbf{M}_{(M)} - \boldsymbol{\Omega} \times \mathbf{H}_e = \mathbf{0}$$

ausgehen. Dem *Kreiselmoment*

$$-\boldsymbol{\Omega} \times \mathbf{H}_e = \Omega H_e \mathbf{e}_2$$

wirkt das von den *Federkräften* herrührende Moment $\mathbf{M}_{(M)}$ entgegen. Bei linearer Feder-Charakteristik wird (für kleine Winkel β)

$$\beta \sim \Omega .$$

Wird das Kreiselgehäuse *schwimmend* so gelagert, daß es frei um die 2-Achse rotieren kann, zugleich aber eine *viskose Dämpfung*

$$\mathbf{M}_{(M)} \sim \dot{\beta}$$

der Drehung entgegenwirkt, dann wird

$$\dot{\beta} \sim \Omega .$$

Wir erhalten dann einen *integrierenden Wendezeiger*, der

$$\beta - \beta_0 = \int_{t_0}^{t} \Omega \, dt$$

anzeigt.

Im Rahmen unserer Prinzipdarstellung spielt es keine Rolle, ob die Figurenachse in Fahrtrichtung oder quer dazu angeordnet ist. Die prinzipielle Wirkung ist davon unabhängig. Berücksichtigt man jedoch, daß das Fahrzeug möglicherweise auch Drehungen um horizontale Achsen ausführen kann, so kommen zusätzliche Aspekte ins Spiel, die für die technische Ausgestaltung des Wendezeigers von großer Bedeutung sind. Sie führen dazu, daß man im allgemeinen die Figurenachse senkrecht zur Fahrtrichtung anordnet.

2. Beispiel: Prinzip des Kreiselkompasses

Beim Kreiselkompaß (Deklinationskreisel) ist das Kreiselgehäuse *schwimmend* (oder als Pendel) so gelagert, daß es sich frei um die 1-Achse drehen kann. Die schwimmende Lagerung ist gleichzeitig so ausgestaltet, daß in der Gleichgewichtslage (ohne Kreiselwirkung) die 2,3-Ebene horizontal liegt (Abb. 7.15a). Auslenkungen aus dieser Gleichgewichtslage führen zu entsprechenden Rückstellmomenten.

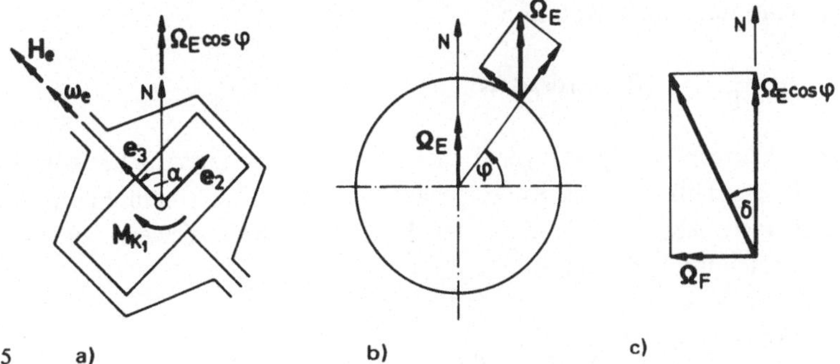

Abb. 7.15 a) b) c)

Wir betrachten zunächst einen *ortsfesten Kreiselkompaß*, dessen Aufstellungsort durch die geographische Breite gekennzeichnet sei; auf die geographische Länge kommt es nicht an. Die *Figurenachse* des Kreisels sei durch eine Drehung um die 1-Achse mit dem Winkel α gegenüber der Nordrichtung in der horizontalen 2,3-Ebene ausgelenkt. Wir denken uns die Figurenachse in dieser Lage festgehalten. Infolge der *Erdrotation* mit der Winkelgeschwindigkeit

$$\mathbf{\Omega}_E = \Omega_E \sin\varphi\, \mathbf{e}_1 + \Omega_E \cos\varphi \sin\alpha\, \mathbf{e}_2 + \Omega_E \cos\varphi \cos\alpha\, \mathbf{e}_3$$

und des Eigendralles des Kreisels

$$\mathbf{H}_e = \theta_{K_3} \omega_e \mathbf{e}_3$$

entsteht ein *Kreiselmoment*

$$\mathbf{M}_K = - \mathbf{\Omega}_E \times \mathbf{H}_e = - \Omega_E \cos\varphi \sin\alpha\, H_e \mathbf{e}_1 + \Omega_E \sin\varphi\, H_e\, \mathbf{e}_2 .$$

Das Moment

$$M_{K_1} = - \Omega_E \cos\varphi \sin\alpha\, H_e$$

ist das sogenannte *Richtmoment*, das als *Rückstellmoment* (d. h. der Drehung α entgegenwirkend) den Kreisel auf seine nach *Norden* gerichtete *Gleichgewichtslage* auszurichten sucht. An den Polen ($\cos\varphi = 0$) versagt der Kreiselkompaß wegen des Verschwindens der Richtwirkung.
Das Moment

$$M_{K_2} = \Omega_E \sin\varphi\, H_e$$

muß von der Lagerung des Kreisels aufgenommen werden. Bei nachgiebiger Lagerung (wie sie stets vorhanden ist) bewirkt dieses Moment, daß sich die Figurenachse des Kreisels etwas gegen die Horizontale neigt.
Bei frei beweglichem Kreisel führt die Figurenachse *Schwingungen um die Gleichgewichtslage* (*Präzessions-* und *Nutationsbewegungen*) aus, die sich mit Hilfe der *Grundgleichungen der Kreiselgeräte* (vgl. Abschnitt 7.3.2.1) untersuchen lassen. Wir verzichten hier auf die Durchführung dieser Untersuchungen.
Bewegt sich das *Fahrzeug* mit der Geschwindigkeit v auf der *Erdoberfläche*, so entsteht eine zusätzliche Rotation

$$\Omega_F = \frac{v}{R} \qquad (R = \text{Erdradius}).$$

Ω_F liegt senkrecht zur jeweiligen Fahrtrichtung. Diese zusätzliche Rotation überträgt sich ebenfalls auf das Kreiselgehäuse und führt zu einem *Fahrtfehler*. Auf Nordkurs (vgl. Abb. 7.15c) führt der Fahrtfehler beispielsweise zu einer westlichen Abweichung δ, für die

$$\tan\delta = \frac{\Omega_F}{\Omega \cos\varphi} = \frac{v}{R\, \Omega_E \cos\varphi} \qquad \text{gilt.}$$

Beschleunigte Fahrzeugbewegungen führen im allgemeinen zu Störungen der Gleichgewichtslage und regen den Kreisel zu Anzeigefehlern und Schwingungen an. Bei der technischen Ausgestaltung des Kreiselkompasses versucht man, diese Fehler möglichst klein zu machen. Überlegungen in dieser Richtung haben u.a. dazu geführt, daß der Kreiselkompaß heute im allgemeinen als Zwei- oder als Drei-Kreisel-Kompaß ausgeführt wird mit bestimmter gegenseitiger Orientierung der Figurenachsen. Ferner werden die Nachgiebigkeit der Lagerung sowie die Dämpfung so abgestimmt, daß die Auswirkungen solcher Störungen möglichst klein bleiben.

Fragen:

1. Auf welche Form läßt sich der Geschwindigkeitszustand eines starren Körpers stets reduzieren?
2. Unter welcher Bedingung läßt sich die Bewegung eines starren Körpers als reine Abwälzbewegung realisieren?
3. Warum sind Bewegungen eines starren Körpers um einen festen Punkt stets als Abwälzbewegungen darstellbar und welche Form nehmen in diesem Fall die sich aufeinander abwälzenden Flächen an?
4. Wie sind die *Eulerschen Winkel* definiert?
5. Welche Form nimmt der Drallsatz bei der Bewegung eines starren Körpers um einen festen Punkt allgemein an? Wie hängen die *Eulerschen Gleichungen* damit zusammen? Was besagen sie, auf welche Basis sind sie bezogen?
6. In welcher Form läßt sich die kinetische Energie eines starren Körpers bei Bewegungen um einen festen Punkt darstellen?
7. Was können wir über den Drall eines momentenfreien Kreisels aussagen? In welcher Weise lassen sich die Bewegungen der Figurenachse eines momentenfreien Kreisels als Abwälzbewegungen repräsentieren?
8. Welche permanenten Drehungen eines momentenfreien Kreisels sind möglich, welche davon sind stabil?
9. Wie sind reguläre Präzessionsbewegungen eines schweren symmetrischen Kreisels definiert? Unter welchen Bedingungen sind sie möglich? Gibt es Fälle, bei denen für eine gegebene Massenverteilung des Kreisels und eine gegebene Eigenrotation keine regulären Präzessionsbewegungen möglich sind?
10. Was versteht man unter einem schlafenden Kreisel? Unter welcher Bedingung ist der schlafende Kreisel stabil?
11. Welche allgemeine Form nimmt der auf den bewegten Massen-Mittelpunkt bezogene Drallsatz für starre Körper an? Wie gewinnen wir daraus die *Eulerschen Gleichungen*? Was besagen sie, auf welche Basis sind sie bezogen?
12. Wie lautet die Grundgleichung der Kreiselgeräte?
13. Nach welchem Prinzip arbeitet ein Wendezeiger?
14. Nach welchem Prinzip arbeitet ein Kreiselkompaß? Wo versagt der Kreiselkompaß?

8. Elementare Theorie des Stoßes

8.1. Allgemeines

Wir betrachten die Bewegung zweier – als starr angenommener – Körper, die zu irgendeinem Zeitpunkt t_0 aufeinandertreffen (Abb. 8.1). Es sei der

Geschwindigkeitszustand der Körper unmittelbar vor der Berührung:

$\mathbf{v}_{10}, \boldsymbol{\omega}_{10},$

$\mathbf{v}_{20}, \boldsymbol{\omega}_{20},$

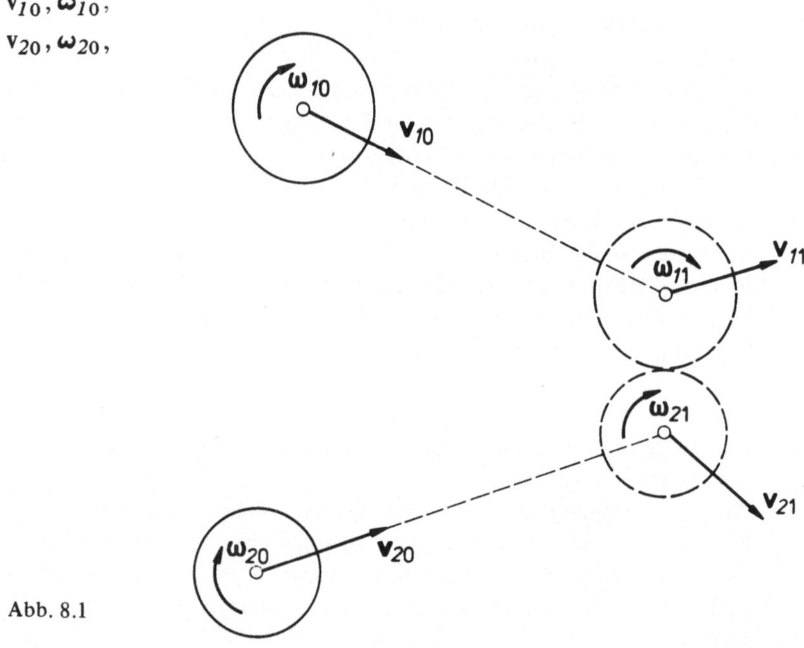

Abb. 8.1

wobei $\mathbf{v}_i$ die Geschwindigkeit der Massen-Mittelpunkte und ω_i die Winkelgeschwindigkeit der Körper ($i = 1, 2$) bezeichnet. Bei *starren* Körpern müßte sich im Augenblick des Zusammentreffens der Geschwindigkeitszustand der Körper sprunghaft ändern. Aber auch bei *deformierbaren* Körpern, mit denen wir es in Wirklichkeit immer zu tun haben, erfolgen – sofern die Deformationen klein bleiben – die Änderungen des Geschwindigkeitszustandes in sehr kurzer Zeit. Wir bezeichnen solche Vorgänge als *Stoß*.

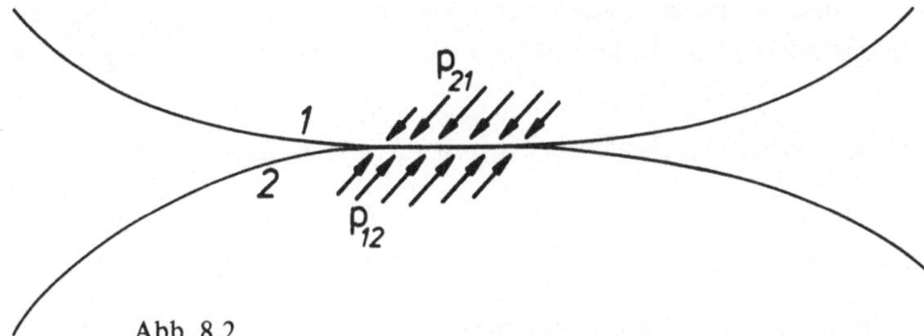

Abb. 8.2

Während des Stoßvorganges ($t_0 \leqslant t \leqslant t_1$) wirken zwischen den beiden sich berührenden Körpern *flächenhaft verteilt angreifende Kräfte*, für die das *Gegenwirkungsprinzip* gilt (Abb. 8.2)

$$\mathbf{p}_{12}(t) = -\mathbf{p}_{21}(t) \qquad (t_0 \leqslant t \leqslant t_1)$$

bzw.

$$\int_A \mathbf{p}_{12}\, dA = \mathbf{F}_{12} = -\mathbf{F}_{21} = -\int_A \mathbf{p}_{21}\, dA.$$

Deshalb gilt auch für den *Impulsaustausch* zwischen den Körpern das *Gegenwirkungsprinzip*

$$\mathbf{J}_{12} = \int_{t_0}^{t_1} \mathbf{F}_{12}\, dt = -\int_{t_0}^{t_1} \mathbf{F}_{21}\, dt = -\mathbf{J}_{21}.$$

In diesen Beziehungen bezeichnet jeweils der erste Index den Körper, auf den die Kraft einwirkt, der zweite Index den Körper, von dem die Einwirkung ausgeht. Als Folgerung aus dem Gegenwirkungsprinzip für den Impulsaustausch ergibt sich

---

Satz 8.1: Beim Stoß zwischen zwei ungebundenen Körpern bleiben die vektorielle Summe der beiden Bewegungsgrößen und die vektorielle Summe der beiden Dralle (bezogen auf den gleichen raumfesten Punkt) unverändert.

Die Größe der zwischen den beiden Körpern wirkenden Kräfte und damit auch die Größe des Impulsaustausches hängen – neben dem Geschwindigkeitszustand der beiden Körper vor dem Stoß – wesentlich von den Material-Eigenschaften der beiden Körper (Elastizitätsmodul, Fließgrenze usw.) ab. Wir können deshalb über den Stoßvorgang selbst keine Aussage machen, wenn wir die Körper als vollkommen starr betrachten. Wir dürfen sie höchstens als *quasi-starr* annehmen, d.h. ihre Deformationen als verschwindend klein ansehen. Für den Zustand nach dem Stoß fällt diese Einschränkung wieder weg. Wir nehmen deshalb an, daß wir den Geschwindigkeitszustand nach dem Stoß wieder als Starrkörperbewegung beschreiben dürfen:

Geschwindigkeitszustand der Körper unmittelbar nach dem Stoß:

$$\mathbf{v}_{11}, \boldsymbol{\omega}_{11},$$
$$\mathbf{v}_{21}, \boldsymbol{\omega}_{21}.$$

Da die Änderungen des Geschwindigkeitszustandes endlich sind, ist auch der ausgetauschte Impuls eine endliche Größe. Weil aber die Stoßdauer sehr klein ist, werden die Kräfte sehr groß. Eine genaue Analyse der zeitabhängigen Spannungsverteilung in der Berührungsfläche und der Deformationen der Körper führt auf Probleme der *Wellenausbreitung* und gestaltet sich sehr schwierig. Wir verzichten hier darauf und treffen statt dessen eine Reihe von *Annahmen*, die zu einer *elementaren Theorie des Stoßes* führen, nämlich:

a) Die *Körper* seien während des Stoßes als *quasi-starr* zu betrachten,
b) die *Stoßdauer* sei *verschwindend klein*.

Aus den Annahmen a) und b) folgt zunächst, daß wir die zwischen den Körpern wirkenden Kräfte am *unverformten Körper* ansetzen und Lageänderungen der Körper während der Stoßdauer vernachlässigen können. Daraus folgt weiter, daß wir die Berührung zwischen den Körpern im allgemeinen als *punktförmig* annehmen und die flächenhaft verteilt wirkenden Kräfte zwischen den Körpern zu resultierenden *Einzelkräften* zusammenfassen dürfen, die dem *Berührungspunkt* zuzuordnen sind.

Anmerkung:

Der Ausnahmefall, daß die als quasi-starr betrachteten Körper eine gemeinsame endliche *Berührungsfläche* besitzen, erfordert gesonderte Betrachtungen, die wir hier übergehen.

Die gemeinsame Flächennormale im Berührungspunkt nennen wir *Stoß-Normale* (Abb. 8.3). Sie ist eindeutig definiert, wenn wenigstens *eine* Körperoberfläche im Berührungspunkt regulär ist, also dort weder eine Ecke noch eine Kante besitzt.

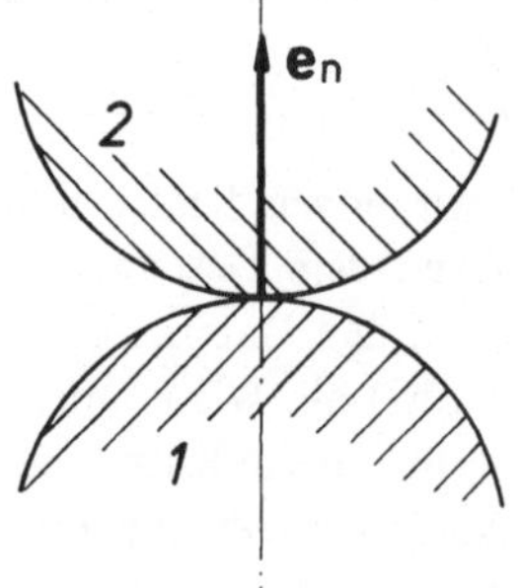

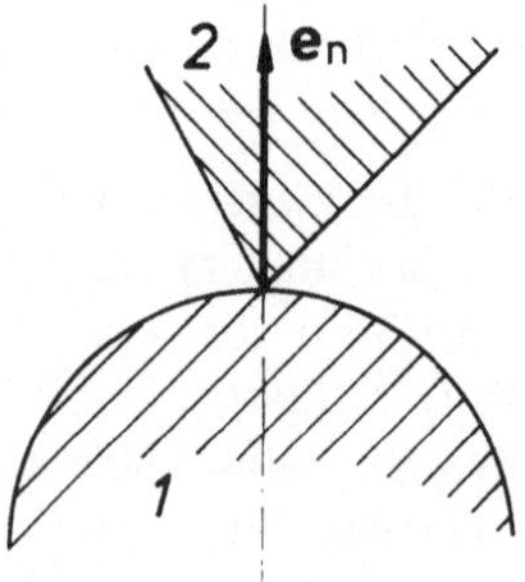

Abb. 8.3

Als *positive Richtung* der Stoß-Normalen $\mathbf{e}_n$ nehmen wir die Richtung der äußeren *Flächen-Normalen des Körpers 1* (bzw. die Richtung der inneren Flächen-Normalen des Körpers *2*) an.

Der Beschreibung des Impulsaustausches legen wir dementsprechend stets den vom Körper *1* auf den Körper *2* übertragenen Impuls zugrunde und bezeichnen diesen *Stoßimpuls* mit $\mathbf{J}$, so daß also

$$\mathbf{J} = \int_{t_0}^{t_1} \mathbf{F}_{21}\,dt = -\int_{t_0}^{t_1} \mathbf{F}_{12}\,dt$$

gilt. Wir können diesen Impuls zerlegen in

Normalstoß $\mathbf{J}_n = (\mathbf{J} \cdot \mathbf{e}_n)\,\mathbf{e}_n$

und

Tangentialstoß $\mathbf{J}_t = \mathbf{J} - \mathbf{J}_n$.

Bei *Reibungsfreiheit* ist

$$\mathbf{J}_t = \mathbf{0}.$$

Die Richtung des Stoßimpulses fällt in diesem Falle mit der Stoß-Normalen zusammen, und es wird

$$\mathbf{J} = J\,\mathbf{e}_n.$$

Bei einem *zentralen Stoß* geht die Wirkungslinie des Stoßimpulses durch den Massen-Mittelpunkt des betreffenden Körpers. Andernfalls haben wir einen *exzentrischen Stoß.*

In manchen Fällen ist der auf einen Körper übertragene Stoßimpuls durch eine entsprechende Steuerung des Stoßvorganges vorgegeben. Wir sprechen in diesem Sonderfall, bei dem die *dynamischen Bedingungen* vorgegeben sind, von einem *Anstoß mit gegebenem Impuls*. Ein analoger Fall liegt vor, wenn die Änderung der Bewegungsgröße und des Dralles durch *kinematische Bedingungen* festgelegt ist.

Im allgemeinen ergibt sich jedoch der Impulsaustausch zwischen den beiden am Stoßvorgang beteiligten Körpern erst aus den *Stoßbedingungen* zwischen den Körpern. Diese werden charakterisiert durch:

1. Materialeigenschaften der Körper,
2. Gestalt und Massenverteilung der Körper,
3. Reibungsverhältnisse an der Stoßstelle,
4. Relativbewegung (Geschwindigkeitszustand) der Körper vor dem Stoß.

Gehen wir bei der Betrachtung von Stoßvorgängen zu einem andern Bezugssystem über, so ändert sich der Impulsaustausch zwischen den Körpern nicht, da er auf flächenhaft verteilt angreifende Kräfte zurückgeht. Der Energieaustausch hängt hingegen vom jeweiligen Bezugssystem ab. Wir werden das an einem Beispiel am Ende des Abschnittes 8.2.2 zeigen.

8.2. Zentraler Stoß

8.2.1. Zentraler Anstoß eines Körpers

Ein *zentraler Anstoß* eines Körpers, d.h. ein Anstoß, bei dem der *resultierende Stoßimpuls* auf den *Massen-Mittelpunkt* des Körpers gerichtet ist, ist nur möglich, wenn (Abb. 8.4a)

1. der Reibungskegel um die Stoß-Normale den Massen-Mittelpunkt des Körpers einschließt,
2. die Wirkungslinie der auf den angestoßenen Körper einwirkenden Kraft ständig innerhalb des Reibungskegels liegt.

Bei *Reibungsfreiheit* muß die Stoß-Normale durch den Massen-Mittelpunkt gehen (Abb. 8.4b). Wir gehen davon aus, daß diese Voraussetzungen stets eingehalten sind.

Bei einem zentralen Anstoß ändert sich die *Rotation* des Körpers nicht. Wir brauchen deshalb nur die Bewegung des Massen-Mittelpunktes zu verfolgen. Für die Änderung der *Bewegungsgröße* während des Anstoßes gilt aufgrund des *Impulssatzes*

$$\mathbf{J} = \Delta\mathbf{B} = m\,\mathbf{v}_1 - m\,\mathbf{v}_0 .$$

Daraus folgt

$$\mathbf{v}_1 = \mathbf{v}_0 + \frac{\mathbf{J}}{m}.$$

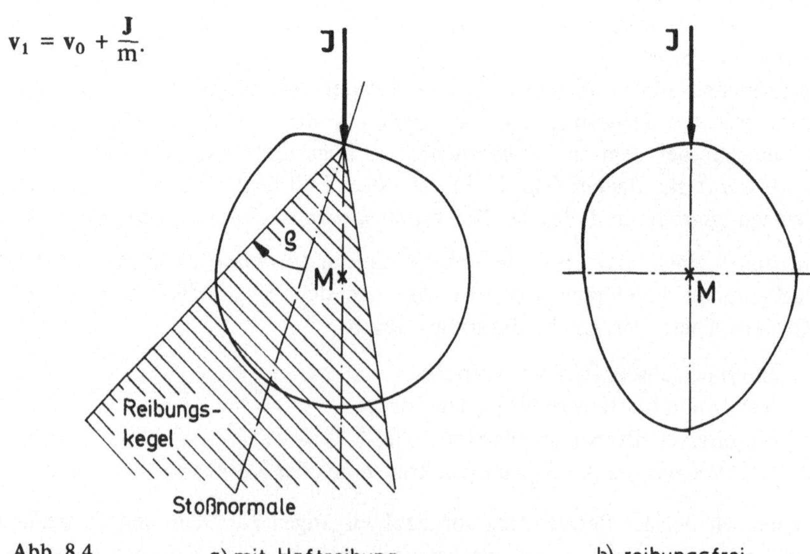

Abb. 8.4 a) mit Haftreibung b) reibungsfrei

Anstelle von **J** kann in manchen Fällen auch aufgrund kinematischer Bedingungen die Änderung der Bewegungsgröße vorgegeben sein. Das läuft auf das gleiche Problem hinaus.

Beispiel (Abb. 8.5)

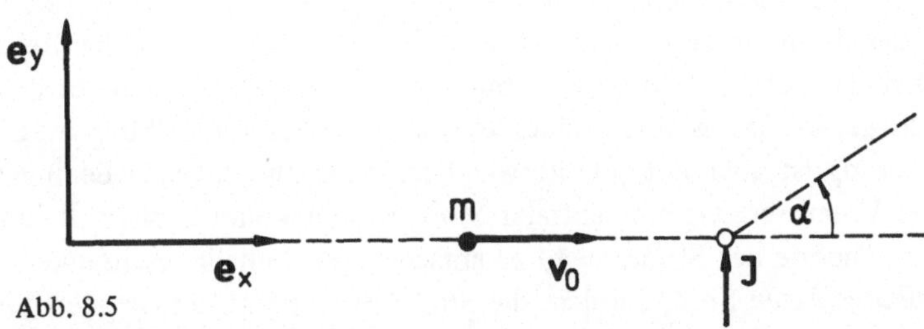

Abb. 8.5

Gegeben: 1. $\mathbf{v}_0 = v_0 \mathbf{e}_x$,

2. Ablenkungswinkel α infolge Anstoß senkrecht zu $\mathbf{v}_0$.

Gesucht: $\mathbf{J} = J\,\mathbf{e}_y$.

Aus

$$\mathbf{v}_1 = \mathbf{v}_0 + \frac{\mathbf{J}}{m}$$

folgen die beiden skalaren Gleichungen

$$v_{1x} = v_0$$

$$v_{1y} = \frac{J}{m}.$$

Aus der Bedingung

$$\frac{v_{1y}}{v_{1x}} = \tan\alpha$$

erhalten wir

$$J = m\,v_0 \tan\alpha.$$

8.2.2. Zentraler Stoß zwischen zwei Körpern

Damit ein zentraler Stoß zwischen zwei Körpern überhaupt möglich ist, muß

1. der *Berührungspunkt* zwischen den beiden Körpern auf der Geraden liegen, die durch die beiden Massen-Mittelpunkte geht.

Bei *Reibungsfreiheit* gehört als weitere Voraussetzung dazu, daß

2. die *Stoß-Normale* mit dieser Geraden durch die beiden Massen-Mittelpunkte zusammenfällt (vgl. Abb. 8.6).

Ein zentraler Stoß ist im Rahmen der elementaren Theorie des Stoßes auch denkbar, wenn wir die zweite Voraussetzung durch die Forderung ersetzen, daß die durch die beiden Massen-Mittelpunkte und die Berührungsstelle gehende Gerade innerhalb des Reibungskegels um die Stoß-Normale liegen und die Relativ-Geschwindigkeit an der Berührungsstelle senkrecht zu dieser Geraden vor dem Stoß Null sein möge, so daß während eines zentralen Stoßes Haftreibung möglich ist. Diese Forderung ist aber nur eine notwendige, keine hinreichende Bedingung. Ob unter dieser Voraussetzung ein zentraler Stoß zustandekommt, ist im Rahmen der elementaren Theorie des Stoßes nicht zu entscheiden. Deshalb beschränken wir uns auf den *reibungsfreien* Stoß, bei dem die Stoß-Normale mit der Geraden durch die beiden Massen-Mittelpunkte zusammenfällt und die Stoßbedingungen eindeutig sind.

Bei einem *zentralen (reibungsfreien) Stoß* bleiben

a) die Geschwindigkeiten der Massen-Mittelpunkte senkrecht zur Stoß-Normalen und

b) der Drall und damit auch die Winkelgeschwindigkeiten der Körper

unverändert. Zur Vereinfachung setzen wir deshalb, ohne die Allgemeinheit der Betrachtungen einzuschränken (Abb. 8.6)

$$\mathbf{v}_{10} = v_{10}\,\mathbf{e}_n$$
$$\mathbf{v}_{20} = v_{20}\,\mathbf{e}_n$$
$$\boldsymbol{\omega}_{10} = \boldsymbol{\omega}_{20} = \mathbf{0}.$$

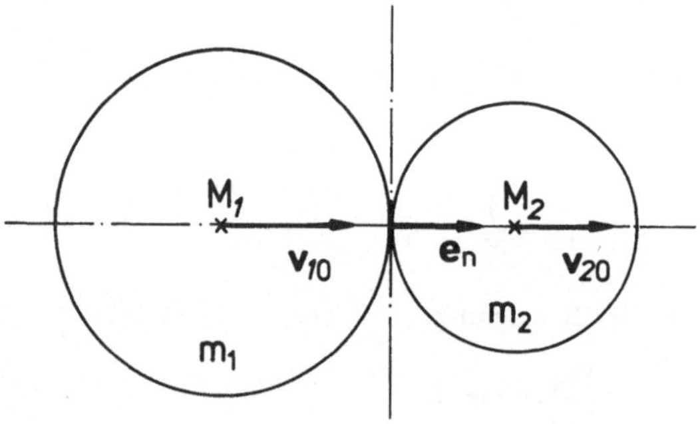

Abb. 8.6

Die *Relativ-Geschwindigkeit* vor dem Stoß ist dann

$$\mathbf{v}_{10} - \mathbf{v}_{20} = (v_{10} - v_{20})\,\mathbf{e}_n$$

mit

$$v_{10} - v_{20} = \Delta v_0 > 0.$$

Wir können den Stoß in zwei Zeitabschnitte zerlegen, und zwar in

a) *Deformationsperiode:* $t_0 \leqslant t \leqslant t^*$,

b) *Restitutionsperiode:* $t^* \leqslant t \leqslant t_1$.

Am Ende der *Deformationsperiode*, d.h. zum Zeitpunkt t^*, haben beide Massen-Mittelpunkte die gleiche Geschwindigkeit $\mathbf{v}^*$. Die – sonst als vernachlässigbar klein zu betrachtenden – Deformationen der Körper haben zu diesem Zeitpunkt ihr Maximum erreicht, zugleich ist der Abstand der beiden Massen-Mittelpunkte zum Minimum geworden. Der in der *Deformationsperiode* ausgetauschte Impuls J_D ist zu bestimmen aus dem Impuls-Erhaltungssatz 8.1, der

$$(m_1 + m_2)\, v^* = m_1 v_{10} + m_2 v_{20}$$

liefert, und aus der Änderung der Bewegungsgrößen der beiden Körper, für die

$$\begin{aligned} J_D &= m_2 (v^* - v_{20}) \\ &= -m_1 (v^* - v_{10}) \end{aligned}$$

gilt. Wir erhalten

$$v^* = \frac{m_1 v_{10} + m_2 v_{20}}{m_1 + m_2}$$

und

$$\begin{aligned} J_D &= \frac{m_1 m_2}{m_1 + m_2} (v_{10} - v_{20}) \\ &= \frac{m_1 m_2}{m_1 + m_2} \Delta v_0 . \end{aligned}$$

In der *Restitutionsperiode* gehen die Formänderungen der beiden Körper (ganz, teilweise oder gar nicht) wieder zurück. Für den dabei stattfindenden weiteren Impulsaustausch J_R setzt die *elementare Theorie des Stoßes*

$$\boxed{J_R = \epsilon J_D}$$

an und geht dabei von der *Annahme* aus, daß die *Stoßzahl* ϵ im wesentlichen nur von den *Materialeigenschaften* der am Stoß beteiligten Körper, also von der sogenannten *Werkstoffpaarung*, nicht aber von den übrigen Stoßbedingungen (vgl. Abschnitt 8.1) abhänge. Das gilt aber sicher nur mit starken Einschränkungen. Die Stoßzahl ϵ kann in den Grenzen

$$\boxed{0 < \epsilon < 1}$$

liegen. Die (ideellen) Grenzfälle bedeuten:

$\epsilon = 1$: *vollkommen elastischer (verlustfreier) Stoß*,
$\epsilon = 0$: *vollkommen inelastischer Stoß*.

Beim *vollkommen elastischen (verlustfreien) Stoß* gehen in der *Restitutionsperiode* die in der *Deformationsperiode* aufgetretenen Deformationen der beiden Körper wieder *vollständig* zurück, und die in den Deformationen gespeicherte Energie wird wieder zurückgewonnen. Infolgedessen ist auch der Impulsaustausch J_R in der Restitutionsperiode in diesem Falle gleich dem Impulsaustausch J_D in der Deformationsperiode. Dieser Fall ist allerdings nur ein hypothetischer Fall. In Wirklichkeit bleiben auch bei einem vollständig elastischen Verhalten der beiden am Stoß beteiligten Körper Spannungs- bzw. Deformations-Wellen in den Körpern zurück, die erst mit der Zeit infolge der stets vorhandenen inneren Werkstoff-Dämpfung verschwinden. Dies bedeutet jedoch, daß selbst bei vollständig elastischen Körpern der Stoß nie ganz verlustfrei verläuft und deshalb stets $\epsilon < 1$ ausfällt. Beim *vollkommen inelastischen Stoß* ist der Stoß mit dem Ende der Deformationsperiode abgeschlossen. Eine Restitutionsperiode mit einem weiteren Impulsaustausch existiert nicht. Auch dieser Grenzfall hat hypothetischen Charakter, da eine gewisse Rest-Elastizität stets vorhanden ist.
Als Anhalt für die zu erwartenden *Stoßzahlen* ϵ kann unter normalen Gegebenheiten, d.h. bei kompakten, handlichen Körpern und für Stoßgeschwindigkeiten $v_{10} - v_{20} < 5\ \text{ms}^{-1}$, etwa gelten:

Tabelle 8.1
Stoßzahlen ϵ (Anhaltswerte)

Stoßpartner	ϵ
Holz – Holz	0,5
Stahl – Stahl	0,8
Elfenbein – Elfenbein	0,89
Glas – Glas	0,95.

Der Impulssatz liefert für die *Restitutionsperiode*

$$J_R = \epsilon J_D = m_2(v_{21} - v^*)$$
$$= -m_1(v_{11} - v^*).$$

Daraus erhalten wir durch Einsetzen der bereits für J_D und v^* gefundenen Beziehungen

$$v_{11} = v_{10} - (1+\epsilon)\frac{m_2}{m_1 + m_2}\Delta v_0$$

$$v_{21} = v_{20} + (1+\epsilon)\frac{m_1}{m_1 + m_2}\Delta v_0 .$$

Bilden wir

$$v_{21} - v_{11} = \Delta v_1 ,$$

so ergibt sich

$$\Delta v_1 = \epsilon\,\Delta v_0 \qquad \text{bzw.} \qquad \epsilon = \frac{\Delta v_1}{\Delta v_0}.$$

Wir finden also die Stoßzahl ϵ auch in dem Verhältnis der Differenz-Geschwindigkeit nach dem Stoß zur Differenz-Geschwindigkeit vor dem Stoß wieder.
Der *Energieverlust* ΔE während des Stoßes ist

$$\Delta E = \frac{1}{2}\,[m_1 v_{10}^2 + m_2 v_{20}^2] - \frac{1}{2}\,[m_1 v_{11}^2 + m_2 v_{21}^2].$$

Setzen wir darin ein, was wir für v_{11} und v_{21} gefunden haben, so folgt

$$\Delta E = \frac{1}{2}\,(1-\epsilon^2)\,\frac{m_1 m_2}{m_1 + m_2}\,(\Delta v_0)^2.$$

Einige wichtige *Sonderfälle* sind:

Fall 1: $m_1 = m_2 = m$:

$$\left.\begin{matrix} v_{11} \\ v_{21} \end{matrix}\right\} = \frac{1}{2}\,(v_{10} + v_{20}) \mp \epsilon\,\frac{1}{2}\,\Delta v_0\,,$$

d.h. bei

$$\epsilon \to 0: \; v_{11} = v_{21} = \frac{1}{2}\,(v_{10} + v_{20})$$

$$\epsilon \to 1: \; v_{11} = v_{20},\; v_{21} = v_{10}\,,$$

$$\Delta E = \frac{1}{4}\,(1-\epsilon^2)\,m\,(\Delta v_0)^2.$$

Fall 2: $m_2 \to \infty$, $v_2 \to 0$ (*feste Wand*)

$m_1 = m$, $v_1 = v$:

$$v_1 = -\epsilon\,v_0$$

$$\Delta E = \frac{1}{2}\,(1-\epsilon^2)\,m\,v_0^2.$$

Fall 3: $\epsilon \to 1$ (*vollkommen elastischer Stoß*):

$$v_{11} = v_{10} - 2\,\frac{m_2}{m_1 + m_2}\,\Delta v_0$$

$$v_{21} = v_{20} + 2\,\frac{m_1}{m_1 + m_2}\,\Delta v_0$$

$$\Delta E = 0.$$

Fall 4: $\epsilon \to 0$ (*vollkommen unelastischer Stoß*):

$$v_{11} = v_{21} = v^* = \frac{m_1 v_{10} + m_2 v_{20}}{m_1 + m_2}$$

$$\Delta E = \frac{1}{2} \frac{m_1 m_2}{m_1 + m_2} (\Delta v_0)^2 .$$

Zwei einfache *Beispiele für zentrale Stoßvorgänge* sind:

1. Rücksprunghöhe eines Balles (Abb. 8.7)

Wird der Ball aus einer Höhe H_0 fallengelassen, so ist seine Auftreffgeschwindigkeit auf den Boden

$$v_0 = \sqrt{2 g H_0} .$$

Die *Rücksprunggeschwindigkeit* ist (nach Fall 2)

$$v_1 = -\epsilon v_0 .$$

Daraus folgt für die *Rücksprunghöhe*

$$H_1 = \frac{v_1^2}{2g} = \epsilon^2 H_0 .$$

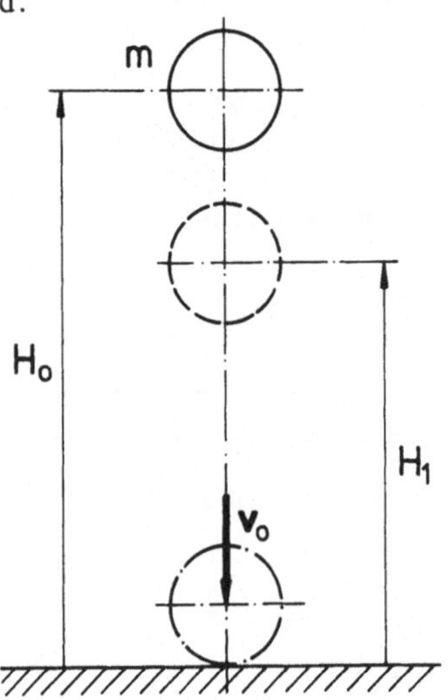

Abb. 8.7

Der Rücksprungsversuch kann umgekehrt leicht zur Ermittlung der Stoßzahl ϵ benutzt werden; denn es ist

$$\epsilon = \sqrt{\frac{H_1}{H_0}} .$$

2. Schmiede-Fallhammer (Abb. 8.8)

Der Hammer-Bär (Masse m_1) trifft mit der Geschwindigkeit v_{10} auf das Schmiedestück. Der Schlag kann als vollkommen inelastisch angenommen werden ($\epsilon \to 0$). Der Beitrag, den die Gewichtskräfte und die Reaktionen der elastischen Auflager während der Stoßdauer zum Gesamt-Impuls des Systems leisten, kann vernachlässigt werden, da die Stoßdauer sehr klein und die genannten Kräfte begrenzt sind. Für die gemeinsame Geschwindigkeit v^* von Schabotte, Schmiedestück und Bär ergibt sich nach Fall 4 (mit m_2 als Summe der Masse von Schmiedestück und Schabotte)

$$v^* = \frac{m_1}{m_1 + m_2} v_{10} = \frac{v_{10}}{1 + \frac{m_2}{m_1}} .$$

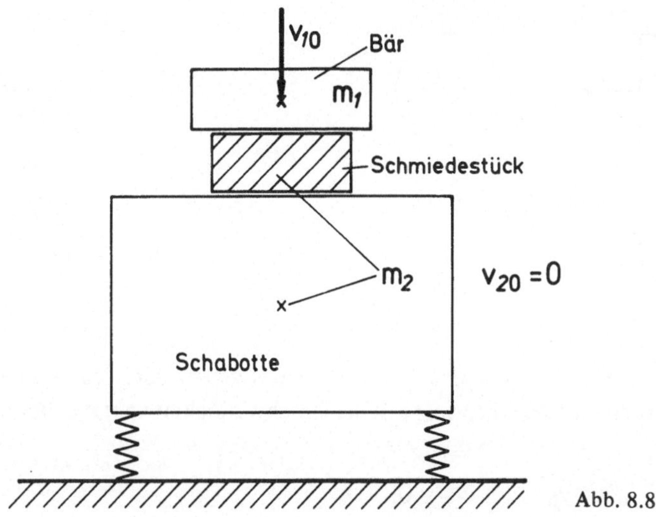

Abb. 8.8

Die in *Formänderungsarbeit* W umgesetzte Energie ist mit dem Verlust an kinetischer Energie gleichzusetzen, also

$$W = \Delta E = \frac{1}{2} \frac{m_1 m_2}{m_1 + m_2} v_{10}^2 .$$

Setzen wir diese Arbeit in Beziehung zur kinetischen Energie des Bären vor dem Schlag, so erhalten wir den sogenannten *Schlagwirkungsgrad*

$$\eta_S = \frac{\Delta E}{\frac{1}{2} m_1 v_{10}^2} = \frac{1}{1 + \frac{m_1}{m_2}} .$$

Damit v^* möglichst klein und η_S möglichst groß wird, ist das Verhältnis $\frac{m_2}{m_1}$ möglichst groß zu machen.

Abschließend kommen wir noch einmal auf eine allgemeine Bemerkung am Ende des Abschnittes 8.1 zurück, die sich auf die *Abhängigkeit des Energieaustausches vom Bezugssystem* bezieht. Wir wollen diese Bemerkung an einem einfachen Beispiel demonstrieren.

Zwei Körper ($m_1 = m_2 = m$) stoßen in einem (unüberstrichenen) Bezugssystem mit den Geschwindigkeiten $v_{10} = -v_{20} = v_0$ aufeinander (Abb. 8.9a). Für den *Energieaustausch* gilt (vgl. Fall 1 mit $\Delta v_0 = 2 v_0$)

$$E_{10} - E_{11} = E_{20} - E_{21} = (1 - \epsilon^2) \frac{1}{2} m v_0^2$$

$$\Delta E = E_{10} + E_{20} - (E_{11} + E_{22}) = (1 - \epsilon^2) m v_0^2 .$$

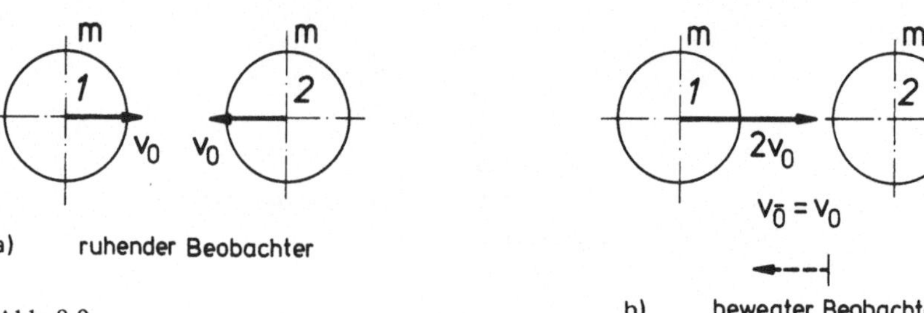

Abb. 8.9

Gehen wir zu einem überstrichenen Bezugssystem über, das sich gegenüber dem unüberstrichenen gleichförmig mit der Geschwindigkeit $v_{\bar{0}} = v_{20}$ bewegt (Abb. 8.9b), so folgt

$$\bar{v}_{10} = 2\,v_0, \qquad \bar{v}_{20} = 0,$$
$$\bar{E}_{10} = 2\,m\,v_0^2, \quad \bar{E}_{20} = 0,$$

$$\bar{v}_{11} = (1-\epsilon)\,v_0, \; \bar{v}_{21} = (1+\epsilon)\,v_0$$

$$\bar{E}_{11} = (1-\epsilon)^2\,\frac{1}{2}\,m\,v_0^2, \; \bar{E}_{21} = (1+\epsilon)^2\,\frac{1}{2}\,m\,v_0^2$$

$$\bar{E}_{10} - \bar{E}_{11} = [4-(1-\epsilon)^2]\,\frac{1}{2}\,m\,v_0^2, \quad \bar{E}_{20} - \bar{E}_{21} = -(1+\epsilon)^2\,\frac{1}{2}\,m\,v_0^2$$

$$\Delta\bar{E} = \bar{E}_{10} + \bar{E}_{20} - (\bar{E}_{11} + \bar{E}_{21}) = (1-\epsilon^2)\,m\,v_0^2.$$

Nur der Verlust an kinetischer Energie, der sich in Formänderungsarbeit umsetzt, bleibt also beim Übergang zu einem andern Bezugssystem unverändert, nicht aber die jeweilige Differenz der kinetischen Energie der einzelnen Körper vor und nach dem Stoß.

8.3. Allgemeinere Stoßvorgänge

Bei den allgemeineren Stoßvorgängen können wir zunächst einige Sonderfälle vorwegnehmen. Diese sind:

1. *exzentrischer Anstoß eines Körpers* mit gegebenem Impuls bzw. mit vorgegebener Änderung der Bewegungsgröße,
2. *exzentrischer, reibungsfreier Stoß zwischen zwei Körpern,*
3. *ebener Stoß zwischen zwei Körpern mit Reibung bei zentraler Stoß-Normaler.*

Die sonstigen allgemeineren Stoßprobleme sind meistens sehr komplex und vielfach auch im Rahmen der elementaren Theorie des Stoßes nicht eindeutig lösbar. Deshalb lassen wir es mit einigen Anmerkungen dazu bewenden.

8.3.1. Exzentrischer Anstoß eines Körpers

Wir gehen davon aus, daß der auf den Körper ausgeübte Impuls und sein Moment bzw. die Änderung der Bewegungsgröße und des Dralles des Körpers gegeben sind. Ob der gegebene oder erforderliche Impuls unter den betreffenden Bedingungen (Stoßnormale, Reibungsverhältnisse usw.) überhaupt auf den Körper übertragen werden kann, ist im Einzelfall in bekannter Weise nachzuprüfen.
Für einen *freien Körper* liefern Impuls- und Drallsatz (Abb. 8.10)

$$\mathbf{J} = m(\mathbf{v}_1 - \mathbf{v}_0)$$
$$(\mathbf{r}_J - \mathbf{r}_M) \times \mathbf{J} = \mathbf{H}_1 - \mathbf{H}_0$$
bzw.
$$\mathbf{r}_J \times \mathbf{J} = \mathbf{H}_{(0)_1} - \mathbf{H}_{(0)_0},$$

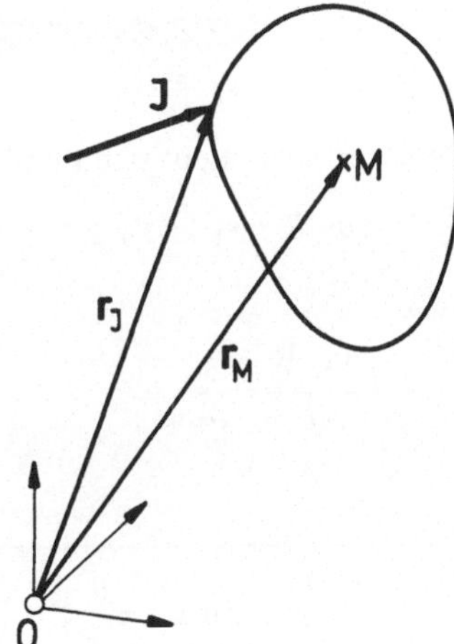

Abb. 8.10

wobei

- $\mathbf{v}$ die Geschwindigkeit des Massen-Mittelpunktes M,
- $\mathbf{H}$ den Drall um den Massen-Mittelpunkt,
- $\mathbf{H}_{(0)}$ den Drall in Bezug auf den raumfesten Punkt 0

bezeichnet. Wir können diese Beziehungen auch auf solche Fälle anwenden, bei denen neben der Stoßkraft noch andere eingeprägte Kräfte oder Reaktionen auf den Körper einwirken, deren Impuls aber wegen der sehr kleinen Stoßdauer neben dem Stoßimpuls vernachlässigt werden darf.

Beispiel (Abb. 8.11)

Eine auf einer horizontalen Unterlage ruhende *homogene Kugel* werde durch einen horizontal gerichteten Impuls (in einer Meridian-Ebene) angestoßen. Impuls- und Drallsatz ergeben

$$J = m v_1 \quad \rightarrow \quad v_1 = \frac{J}{m}$$

$$r_J J = \theta \omega_1 \quad \rightarrow \quad \omega_1 = \frac{J r_J}{\theta}.$$

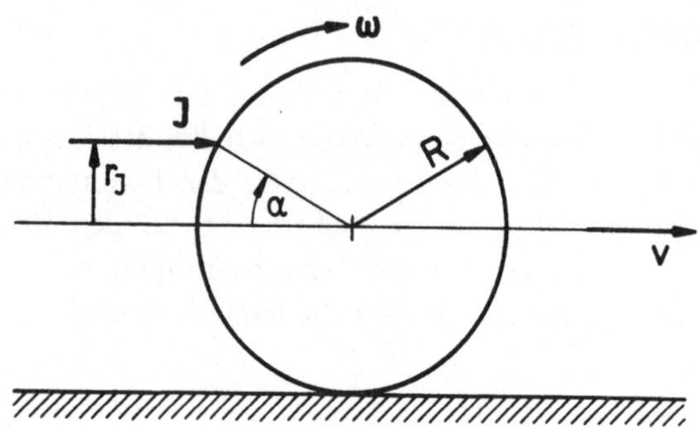

Abb. 8.11

Reines *Rollen* ergibt sich unmittelbar nach dem Stoß nur, wenn

$$\omega_1 R = v_1 \,,$$

d.h.

$$\frac{J\, r_J\, R}{\theta} = \frac{J}{m}$$

bzw.

$$\boxed{\frac{r_J}{R} = \sin\alpha = \frac{\theta}{m R^2} = \frac{2}{5}, \quad \text{d.h.}\ \alpha = 23{,}5^\circ}$$

wird. Ein solcher Anstoß ist nur möglich, wenn der *Haftreibungs-Koeffizient*

$$\mu_0 \geqslant \tan\alpha = 0{,}435$$

ist.

Anmerkung:

Für einen *homogenen Zylinder* $\left(\theta = \frac{1}{2}\, m R^2\right)$ lauten die entsprechenden Ergebnisse

$$\frac{r_J}{R} = \sin\alpha = \frac{1}{2}$$

$$\alpha = 30^\circ$$

$$\mu_0 \geqslant 0{,}577.$$

Bei *kinematischen Bindungen* treten im allgemeinen Reaktions-Impulse bzw. -Impulsmomente auf. Sie verschwinden nur dann, wenn die kinematischen Bindungen auf die durch den Stoß hervorgerufenen Änderungen des Bewegungszustandes ohne Einfluß sind, d.h. wenn bei Befreiung von den betreffenden Bindun-

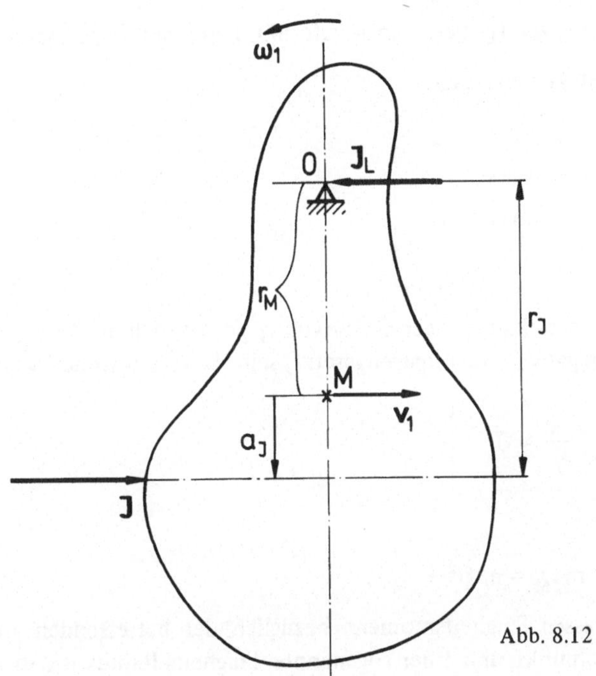

Abb. 8.12

gen sich dieselben Änderungen des Bewegungszustandes ergeben würden wie mit den Bindungen. Dies galt beispielsweise bei dem vorhergehenden Beispiel, wo Änderungen der Horizontal-Geschwindigkeit und der Rotation um den Massen-Mittelpunkt durch die Bindung der Kugel an eine horizontale Unterlage nicht behindert sind.

Wir betrachten nun ein *Beispiel*, bei dem im allgemeinen mit einem *Reaktions-Impuls* zu rechnen ist. Ein Körper sei in einem Punkt 0, der in einer der Hauptachsen-Ebenen des Körpers liegen möge, drehbar gelagert und werde in dieser Ebene mit einem Impuls J senkrecht zur Geraden 0–M angestoßen (Abb. 8.12). In diesem Falle ist die Wirkungslinie des zu erwartenden Reaktions-Impulses J_L parallel zu der Wirkungslinie von J. Wir setzen versuchsweise den Richtungssinn von J_L so an, wie in der Abb. 8.12 angegeben. Der *Drallsatz* bezüglich einer zur Zeichenebene (Hauptachsen-Ebene) senkrechten Achse durch 0 liefert

$$\theta_{(0)}\omega_1 = r_J\, J\,,$$

d.h.

$$\omega_1 = \frac{J\, r_J}{\theta_{(0)}}.$$

Dabei bezeichnet $\theta_{(0)}$ das Massen-Trägheitsmoment des Körpers bezüglich dieser Achse.

Den *Reaktions-Impuls* J_L bestimmen wir mit Hilfe des *Impulssatzes*. Er ergibt

$$J - J_L = m v_1 = m \omega_1 r_M,$$

d.h.

$$\boxed{\begin{aligned} J_L &= J - m\omega_1 r_M \\ &= J\left\{1 - \frac{m r_J r_M}{\theta_{(0)}}\right\}. \end{aligned}}$$

Der *Reaktions-Impuls* kann je nach Größe von r_J positiv (d.h. in der angenommenen Richtung) oder negativ (d.h. entgegengesetzt) sein. Er verschwindet, wenn

$$\boxed{1 - \frac{m r_J r_M}{\theta_{(0)}} = 0}$$

wird. Setzen wir

$$\theta_{(0)} = \theta + m r_M^2 = m\{i^2 + r_M^2\},$$

wobei θ das Massen-Trägheitsmoment bezüglich der betreffenden Achse durch den Massen-Mittelpunkt und i der sogenannte Trägheits-Radius ist, so können wir die Bedingung für das *Verschwinden des Reaktions-Impulses* auch in der Form

$$\boxed{\frac{r_J}{r_M} = 1 + \frac{\theta}{m r_M^2} = 1 + \left(\frac{i}{r_M}\right)^2}$$

schreiben. Man nennt den Punkt, der auf der Geraden 0–M diesen Abstand r_J von 0 hat, das *Stoßzentrum* des so gelagerten Körpers. Ein auf das Stoßzentrum gerichteter Anstoß ruft also *keinen* Reaktions-Impuls hervor.

Wir können das Problem auch umkehren und danach fragen, in welchem Punkt 0 ein Körper gelagert werden muß, damit bei einer gegebenen Anstoß-Richtung das Lager stoßfrei bleibt. Setzen wir

$$r_J = r_M + a_J,$$

so erhalten wir aus der obigen Gleichung für r_J bei Auflösung nach r_M die Antwort

$$\boxed{r_M = \frac{i^2}{a_J}.}$$

Aus der Beziehung

$$\boxed{r_M a_J = i^2}$$

entnehmen wir ferner, daß die Rollen von Lagerung und Stoßzentrum *vertauschbar* sind. Wird das Lager in das zugehörige Stoßzentrum verlegt, so wird der vorherige Lagerpunkt nun zu dem entsprechenden Stoßzentrum.

Die Frage nach einer stoßfreien Lagerung bei stoßartiger Beanspruchung hat mannigfache technische Bedeutung. Genannt seien hier nur die stoßfreie Lagerung von Schlagwerkzeugen oder von empfindlichen Elementen bei Meßgeräten.

8.3.2. Exzentrischer, reibungsfreier Stoß zwischen zwei Körpern

Aufgrund der vorausgesetzten *Reibungsfreiheit* fällt die Wirkungslinie des zwischen den Körpern stattfindenden Impulsaustausches mit der *Stoß-Normalen* zusammen (Abb. 8.13).

Für den *Geschwindigkeitszustand der Körper vor dem Stoß* gilt:

Körper *1*:

$$\mathbf{v}_{10} = \mathbf{v}_{1_n0} + \mathbf{v}_{1_t0}; \; \boldsymbol{\omega}_{10},$$

Körper *2*:

$$\mathbf{v}_{20} = \mathbf{v}_{2_n0} + \mathbf{v}_{2_t0}; \; \boldsymbol{\omega}_{20}.$$

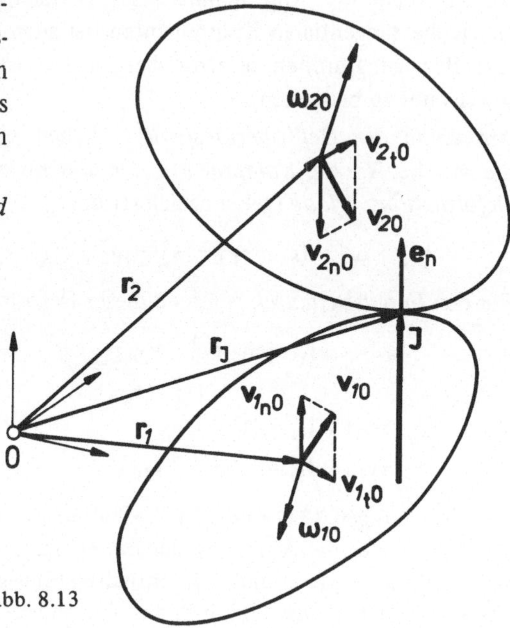

Abb. 8.13

Damit ein Stoß überhaupt zustandekommt, muß die Differenz der in die Richtung der Stoß-Normalen fallenden Komponenten der Geschwindigkeiten am *Berührungspunkt* positiv sein, d. h.

$$\{\mathbf{v}_{10} + \boldsymbol{\omega}_{10} \times (\mathbf{r}_J - \mathbf{r}_1) - [\mathbf{v}_{20} + \boldsymbol{\omega}_{20} \times (\mathbf{r}_J - \mathbf{r}_2)]\} \cdot \mathbf{e}_n = \Delta v_{n0} > 0.$$

Den Stoßvorgang können wir wie beim zentralen Stoß in eine *Deformationsperiode* und in eine *Restitutionsperiode* aufteilen.

Für den gesamten *Impulsaustausch* gilt

$$\mathbf{J} = (J_D + J_R)\,\mathbf{e}_n = (1 + \epsilon)\,J_D\,\mathbf{e}_n.$$

Da der Impulsaustausch aufgrund der vorausgesetzten Reibungsfreiheit keine tangentiale Komponente – d. h. senkrecht zur Stoßnormalen – enthält, erfahren die tangentialen Komponenten der Geschwindigkeiten der Massen-Mittelpunkte durch den Stoß keine Änderung. Deshalb ist

$$v_{1_t 1} = v_{1_t 0}$$
$$v_{2_t 1} = v_{2_t 0}.$$

Auf die Größe dieser tangentialen Komponenten kommt es deshalb ganz allgemein beim reibungsfreien Stoß nicht an. Wir können sie bei den Betrachtungen Null setzen, ohne die Allgemeinheit der Betrachtungen einzuschränken. Im übrigen fallen die tangentialen Komponenten bei allen zu bildenden Differenzen zwischen den Bewegungsgrößen ohnehin heraus. Das ist bei den folgenden Betrachtungen jeweils mit zu bedenken.

Am *Ende der Deformationsperiode* haben beide Körper *am Berührungspunkt* die gleiche *Normal-Komponente der Geschwindigkeit*, d.h. es ist am Ende der *Deformationsperiode* (gekennzeichnet durch *)

$$\{\mathbf{v}_1^* + \boldsymbol{\omega}_1^* \times (\mathbf{r}_J - \mathbf{r}_1) - [\mathbf{v}_2^* + \boldsymbol{\omega}_2^* \times (\mathbf{r}_J - \mathbf{r}_2)]\} \cdot \mathbf{e}_n = 0. \tag{1}$$

Für den *Impulsaustausch* während dieser Deformationsperiode gilt

$$\mathbf{J}_D = m_2 (\mathbf{v}_2^* - \mathbf{v}_{20}) \tag{2a}$$
$$= - m_1 (\mathbf{v}_1^* - \mathbf{v}_{10}) \tag{2b}$$
$$(\mathbf{r}_J - \mathbf{r}_2) \times \mathbf{J}_D = \mathbf{H}_2^* - \mathbf{H}_{20} \tag{3a}$$
$$(\mathbf{r}_J - \mathbf{r}_1) \times \mathbf{J}_D = -(\mathbf{H}_1^* - \mathbf{H}_{10}). \tag{3b}$$

Die Gleichungen (2a) und (2b) enthalten nur *eine* wesentliche skalare Gleichung, nämlich die für die Änderung der Bewegungsgröße in Richtung der Stoß-Normalen. Die Gleichungen (3a) und (3b) enthalten hingegen jeweils *drei* skalare Gleichungen. Insgesamt stehen uns also mit den Gleichungen (1) bis (3) 9 *skalare Gleichungen* für die 9 *skalaren Unbekannten* der 5 vektoriellen Größen

$$\left.\begin{matrix} \mathbf{v}_{1_n}^* \\ \mathbf{v}_{2_n}^* \\ \mathbf{J}_D \end{matrix}\right\} \text{je 1} \qquad \left.\begin{matrix} \boldsymbol{\omega}_1^* \\ \boldsymbol{\omega}_2^* \end{matrix}\right\} \text{je 3}$$

zur Verfügung. Daraus können wir $\mathbf{J}_D$ berechnen. Für den *gesamten Stoßvorgang* folgt dann bei bekannter Stoßzahl ϵ

$$\mathbf{J} = (1 + \epsilon) \mathbf{J}_D = m_2 (\mathbf{v}_{21} - \mathbf{v}_{20}) \tag{4a}$$
$$= - m_1 (\mathbf{v}_{11} - \mathbf{v}_{10}) \tag{4b}$$
$$(\mathbf{r}_J - \mathbf{r}_2) \times \mathbf{J} = (1 + \epsilon)(\mathbf{r}_J - \mathbf{r}_2) \times \mathbf{J}_D = \mathbf{H}_{21} - \mathbf{H}_{20} \tag{5a}$$
$$(\mathbf{r}_J - \mathbf{r}_1) \times \mathbf{J} = (1 + \epsilon)(\mathbf{r}_J - \mathbf{r}_1) \times \mathbf{J}_D = \mathbf{H}_{11} - \mathbf{H}_{10}\,. \tag{5b}$$

Aus diesen Gleichungen können wir – nach Berechnung von $\mathbf{J}_D$ –

$$\mathbf{v}_{11},\ \boldsymbol{\omega}_{11};\ \mathbf{v}_{21},\ \boldsymbol{\omega}_{21}$$

ermitteln. Der Stoßvorgang ist somit eindeutig bestimmt. Als spezielles Resultat erhalten wir im übrigen

$$\boxed{\frac{\Delta v_{n1}}{\Delta v_{n0}} = \epsilon.}$$

Die *Stoßzahl* ϵ spiegelt sich also – analog zum zentralen Stoß – im Verhältnis der in die Richtung der Stoß-Normalen fallenden Differenzgeschwindigkeiten am Berührungspunkt nach und vor dem Stoß wieder.

Ein *ebenes Stoßproblem* liegt vor, wenn die *Geschwindigkeitszustände beider Körper vor und nach dem Stoß eben* sind. Die dazu notwendigen und hinreichenden Bedingungen sind den Abschnitten 6.1.1 und 6.2 zu entnehmen. Für ebene Stoßprobleme vereinfacht sich das Gleichungssystem wesentlich, da sich die aus dem Drallsatz folgenden Gleichungen (3a), (3b), (5a), (5b) jeweils auf *eine* skalare Gleichung reduzieren.

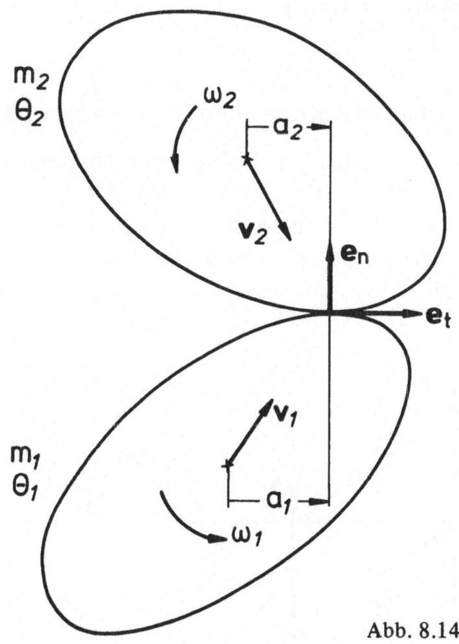

Abb. 8.14

Benützen wir die in der Abb. 8.13 bzw. 8.14 angegebenen Bezeichnungen, so erhalten wir für den *Geschwindigkeitszustand nach dem Stoß*:

$$v_{1_{n}1} = v_{1_{n}0} - (1+\epsilon)\frac{m_2}{M}\Delta v_{n0}$$

$$\omega_{11} = \omega_{10} - (1+\epsilon)\frac{m_2}{M}\frac{m_1 a_1^2}{\theta_1}\frac{\Delta v_{n0}}{a_1}$$

$$v_{2_{n}1} = v_{2_{n}0} + (1+\epsilon)\frac{m_1}{M}\Delta v_{n0}$$

$$\omega_{21} = \omega_{20} + (1+\epsilon)\frac{m_1}{M}\frac{m_2 a_2^2}{\theta_2}\frac{\Delta v_{n0}}{a_2}$$

mit

$$\Delta v_{n0} = v_{1_{n}0} + \omega_{10} a_1 - (v_{2_{n}0} + \omega_{20} a_2)$$

$$M = m_1\left\{1 + \frac{m_2 a_2^2}{\theta_2}\right\} + m_2\left\{1 + \frac{m_1 a_1^2}{\theta_1}\right\}.$$

Für den ausgetauschten *Impuls* ergibt sich

$$J = (1+\epsilon)\frac{m_1 m_2}{M}\Delta v_{n0}.$$

8.3.3. Ebener Stoß zwischen zwei Körpern mit Reibung bei zentraler Stoß-Normalen

Wir setzen bei dem zu betrachtenden Stoßvorgang einschränkend voraus, daß es sich um ein *ebenes Stoßproblem* mit *zentraler Stoß-Normalen* handeln möge, d.h. daß für beide Körper vor und nach dem Stoß ein ebener Geschwindigkeitszustand mit gleicher Bewegungsebene vorliege und die Stoß-Normale durch beide Massen-Mittelpunkte gehe (Abb. 8.15). Entgegen den bisherigen Voraussetzungen lassen

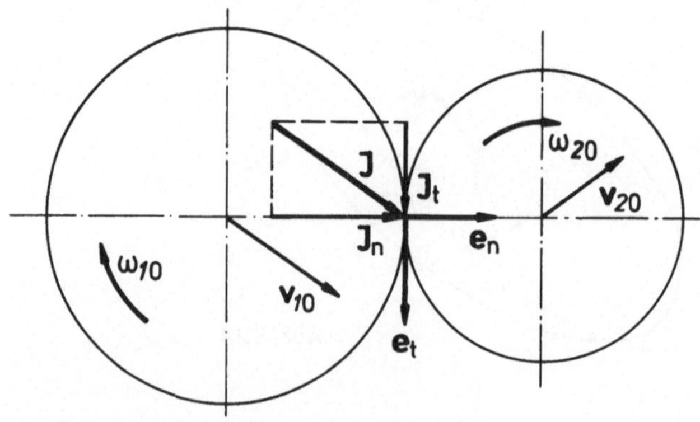

Abb. 8.15

wir jedoch jetzt eine *tangentiale* – auf *Reibung* beruhende – Komponente des Impulsaustausches zu, der wir das *Coulomb*sche Reibungsgesetz (Satz 3.1) zugrunde legen. Eine tangentiale Stoßkomponente tritt allerdings unter unseren Voraussetzungen (zentrale Stoß-Normale) nur auf, wenn *vor dem Stoß* die *relative Tangential-Geschwindigkeit* der beiden Körper am Berührungspunkt *von Null verschieden* ist. Andernfalls gibt es nur eine Normal-Komponente des Impulsaustausches und damit einen *zentralen Stoß.*

Wir betrachten die Wirkungen der *Normal-Komponente* und der *Tangential-Komponente* des *Impulsaustausches* zunächst einmal getrennt für sich und stellen fest:

1. Die *Normal-Komponente des Impulsaustausches* (der *Normal-Stoß*) entspricht unter den hier getroffenen Voraussetzungen (zentrale Stoß-Normale) stets einem *zentralen Stoß*, der nur eine Änderung der normalen Komponenten $\mathbf{v}_{i_n}$ der Geschwindigkeiten der Massen-Mittelpunkte zur Folge hat.
2. Die *Tangential-Komponente des Impulsaustausches* (der *Tangential-Stoß*) wirkt unter den hier getroffenen Voraussetzungen nur auf die tangentialen Komponenten $\mathbf{v}_{i_t}$ der Geschwindigkeiten der Massen-Mittelpunkte und auf die Winkelgeschwindigkeiten $\boldsymbol{\omega}_i$ der beiden Körper ein.

Die *Wirkungen* des Normal-Stoßes und des Tangential-Stoßes lassen sich also unter den hier getroffenen Voraussetzungen – wenigstens im Rahmen der elementaren Theorie des Stoßes – trennen. Dennoch bleibt der auf Reibung beruhende *Tangential-Stoß* durch das *Reibungsgesetz* an den Verlauf des *Normal-Stoßes* gebunden (Ausnahme: vollkommen rauhe Oberflächen). Dies haben wir bei der folgenden Analyse des hier vorliegenden Stoßproblems zu beachten.

Für den *Normal-Stoß* können wir die Ergebnisse der Untersuchung des *zentralen Stoßes* unmittelbar übernehmen. Wir haben nur jeweils die betreffenden Größen ($\mathbf{J}$, $\mathbf{v}$ usw.) mit dem Index n zu versehen.

Bei der Beschreibung des *Tangential-Stoßes* haben wir zunächst zu unterscheiden:

a) eine *Gleitperiode* ($t_0 \leqslant t \leqslant t^{**}$), an deren *Ende* die beiden Körper *am Berührungspunkt* die *gleiche Tangential-Geschwindigkeit* haben,
b) eine *Haftperiode* ($t^{**} \leqslant t \leqslant t_1$), in der die beiden Körper am Berührungspunkt aneinander haften.

Wir können ferner unterscheiden:

eine *Deformationsperiode* des Tangential-Stoßes, an deren Ende die Deformation infolge der tangentialen Kräfte ihr Maximum erreicht, und
eine *Restitutionsperiode* des Tangential-Stoßes.

Die letztere Unterscheidung bekommt nur Bedeutung, wenn eine Haftperiode überhaupt auftritt, was nicht immer der Fall ist, wie wir noch sehen werden.

Während der *Gleitperiode* findet der *Angleich der Tangential-Geschwindigkeiten* der beiden Körper am Berührungspunkt statt. Der zum Ausgleich erforderliche tangentiale Impuls sei $\mathbf{J}_t^{**}$. Größe und Richtungssinn von $\mathbf{J}_t^{**}$ lassen sich berechnen, wenn

1. Gestalt und Massenverteilung der beiden Körper und
2. die Lage und die Geschwindigkeitszustände der beiden Körper vor dem Stoß

bekannt sind. Die Deformationen der beiden Körper unter der Wirkung der tangentialen Kräfte können wir dabei vernachlässigen.

Die Größe des in der *Gleitperiode* überhaupt übertragbaren Impulses ist durch das *Reibungsgesetz* begrenzt. Ein vollständiger Ausgleich der Tangential-Geschwindigkeiten am Berührungspunkt und damit ein Eintreten in die *Haftperiode* ist deshalb überhaupt nur möglich, wenn für den zum Angleich erforderlichen tangentialen Impuls

$$\boxed{|\mathbf{J}_t^{**}| \leqslant \mu\, J_n}$$

gilt. Andernfalls gibt es nur eine Gleitperiode, und der in ihr übertragene tangentiale Impuls ist

$$\boxed{|\mathbf{J}_t| = \mu\, J_n.}$$

Tritt eine *Haftperiode* ein, so kann die unter der Wirkung der tangentialen Kräfte gespeicherte Formänderungsenergie möglicherweise wieder in einer *Restitutionsperiode* – unter einem Zurückgehen der Deformationen – in einen weiteren Impuls umgesetzt werden. Die Größe des gesamten tangentialen Impulsaustausches ist allerdings in diesem Falle nicht mehr eindeutig zu erfassen, und zwar aufgrund folgender Überlegungen:

1. Die *Deformationsperiode* beginnt mit der Gleitperiode. Sie kann bereits in der Gleitperiode enden, kann sich aber auch in die *Haftperiode* hinein fortsetzen, sofern die Tangentialkräfte in der Haftperiode noch weiter anwachsen. Das hängt wesentlich vom zeitlichen Ablauf des Normal-Stoßes ab.
2. Der in der *Restitutionsperiode* zusätzlich zu gewinnende tangentiale Impuls ist selbst bei vollständig elastischen Deformationen kleiner als der in der Deformationsperiode übertragene Impuls, weil ein Teil der Energie in der *Gleitperiode* durch Reibung verlorengeht. Zu gewinnen ist nur der Impulsaustausch der Restitutionsperiode, der in die *Haftperiode* fällt.

Aus diesen Gründen läßt sich beim Auftreten einer Gleit- und einer Haftperiode im Rahmen der elementaren Theorie des Stoßes der gesamte tangentiale Impulsaustausch nur einschranken, aber nicht eindeutig erfassen.

Auf gesicherteren Boden kommen wir erst wieder, wenn die Oberfläche der Körper am Berührungspunkt als *vollkommen rauh* ($\mu \to \infty$) betrachtet werden darf. In diesem Falle tritt – unabhängig vom Verlauf des Normal-Stoßes – sofort *Haften* ein. Die Gleitperiode verschwindet, und den *Tangential-Stoß* der Haftperiode können wir – wie beim Normal-Stoß – einteilen in eine *Deformationsperiode*

(Impulsaustausch J_{t_D}) und in eine *Restitutionsperiode* mit dem Impulsaustausch

$$J_{t_R} = \epsilon_t J_{t_D}.$$

Für den *gesamten Impulsaustausch* können wir in diesem Falle somit

$$J_t = (1 + \epsilon_t) J_{t_D} = (1 + \epsilon_t) J_t^{**}$$

setzen.

In der nachstehenden *Tabelle 8.2* sind die verschiedenen Möglichkeiten, die sich für den Ablauf des Tangentialstoßes ergeben, noch einmal zusammengestellt.

Der Fall Nr. 0 ist in dieser Tabelle nur noch einmal zur vollständigen Übersicht angeführt.

Tabelle 8.2

Fall Nr.	Gleitreibungs-Koeffizient	Merkmal	Tangential-Stoß	Bedingung
0	$\mu = 0$	reibungsfrei	$J_t = 0$	–
1	$\mu \neq 0$	nur Gleitperiode	$\lvert J_t \rvert = \mu J_n$	$\lvert J_t^{**} \rvert \geqslant \mu J_n$
2		Gleit- und Haftperiode	$J_t = J_t^{**}(1 + \alpha)$ $0 \leqslant \alpha < \epsilon_t$	$\lvert J_t^{**} \rvert < \mu J_n$
3	$\mu \to \infty$	vollkommen rauh, nur Haftperiode	$J_t = (1 + \epsilon_t) J_t^{**}$	–

J_t^{**} = erforderlicher Tangential-Stoß zum Angleich der Tangential-Geschwindigkeiten am Berührungspunkt

Die Auswirkungen des Tangential-Stoßes auf den gesamten Stoß-Vorgang wollen wir an zwei einfachen Beispielen untersuchen.

1. Beispiel (Abb. 8.16)

Eine *homogene Kugel* ($\theta = \frac{2}{5} m r^2$) treffe senkrecht mit der Geschwindigkeit v_0 auf eine *feste Wand*. Die Winkelgeschwindigkeit der Kugel vor dem Stoß sei ω_0. Die Stoßzahl ϵ_n des Normal-Stoßes und der Reibungskoeffizient seien gegeben.

Für den *Normal-Stoß* gilt

$$J_n = (1 + \epsilon_n) m v_0$$

$$v_{n1} = \epsilon_n v_0.$$

Für den *Tangential-Stoß* gilt zunächst allgemein

$$v_{t1} = \frac{J_t}{m}$$

$$\omega_1 = \omega_0 - \frac{J_t \cdot r}{\theta}.$$

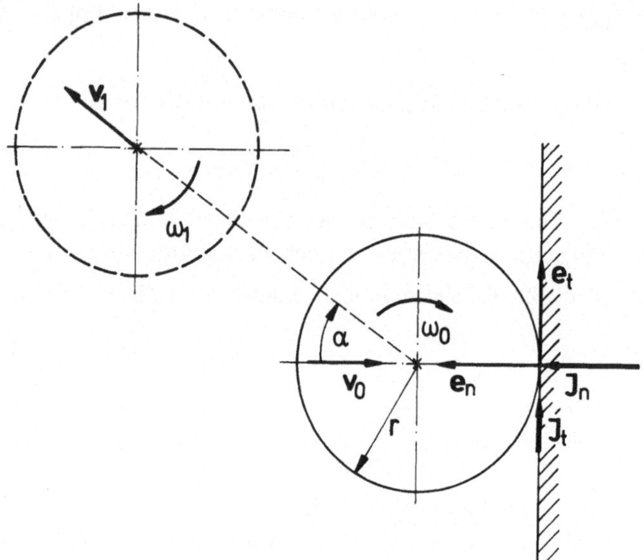

Abb. 8.16

Unbekannt ist noch die Größe J_t des tangentialen Impulsaustausches. Zur Ermittlung von J_t müssen wir untersuchen, ob neben der *Gleitperiode* noch eine *Haftperiode* auftritt. Das Ende der Gleitperiode ($t = t^{**}$) tritt ein, wenn am Berührungspunkt die Tangential-Geschwindigkeit der Kugel verschwindet, also

$$v_t^{**} - \omega^{**} r = 0$$

wird. Den dazu erforderlichen Impuls J_t^{**} finden wir, indem wir in diese Bedingung die aus Impuls- und Drallsatz folgenden Beziehungen

$$v_t^{**} = \frac{J_t^{**}}{m}$$

$$\omega^{**} = \omega_0 - \frac{J_t^{**}\, r}{\theta}$$

einsetzen. Das ergibt zunächst

$$\frac{J_t^{**}}{m} - \left\{\omega_0 - \frac{J_t^{**}\, r}{\theta}\right\} r = 0,$$

und daraus folgt

$$\boxed{J_t^{**} = \frac{m\,\omega_0\, r}{1 + \frac{m\, r^2}{\theta}} = \frac{2}{7}\, m\,\omega_0\, r.}$$

Für den weiteren Berechnungsgang müssen wir nun unterscheiden:

1. Ist

$$J_t^{**} \geqslant \mu J_n ,$$

d.h.

$$\omega_0 \geqslant \frac{7}{2} \mu (1 + \epsilon_n) \frac{v_0}{r} ,$$

so tritt nur eine *Gleitperiode* auf (*Fall 1* von Tabelle 8.2), und es wird

$$J_t = \mu J_n = \mu (1 + \epsilon_n) m v_0$$

$$v_{t1} = \frac{J_t}{m} = \mu (1 + \epsilon_n) v_0$$

$$\tan \alpha = \frac{v_{t1}}{v_{n1}} = \mu \frac{1 + \epsilon_n}{\epsilon_n} > 2 \mu$$

$$\omega_1 = \omega_0 - \frac{5}{2} \mu (1 + \epsilon_n) \frac{v_0}{r} .$$

2. Ist

$$J_t^{**} < \mu J_n ,$$

d.h.

$$\omega_0 < \frac{7}{2} \mu (1 + \epsilon_n) \frac{v_0}{r} ,$$

so tritt auch eine *Haftperiode* auf (*Fall 2* von Tabelle 8.2). Unbestimmt bleibt im Rahmen der elementaren Theorie, ob und wieweit in dieser Haftperiode auch eine Restitution stattfindet. Wir nehmen hier an, daß eine solche Restitutionsperiode nicht existiere, der Tangential-Stoß also mit dem Haftbeginn beendet sei ($\alpha = 0$). Dann folgt

$$J_t = J_t^{**} = \frac{2}{7} m \omega_0 r$$

$$v_{t1} = \frac{2}{7} \omega_0 r < \mu (1 + \epsilon_n) v_0$$

$$\tan \alpha = \frac{v_{t1}}{v_{n1}} = \frac{\frac{2}{7} \omega_0 r}{\epsilon_n v_0} < \mu \frac{1 + \epsilon_n}{\epsilon_n}$$

$$\omega_1 = \frac{2}{7} \omega_0 .$$

Bei *vollkommen elastischem Normal-Stoß* ($\epsilon_n = 1$) wird der *maximale Ablenkwinkel*

$$\tan \alpha = 2 \mu .$$

Um ihn zu erzielen, muß

$$\omega_0 \geqslant 7\,\mu\,\frac{v_0}{r}$$

sein. Ist der *Normal-Stoß nicht vollkommen elastisch* ($\epsilon_n < 1$), so wird der maximal erreichbare Ablenkwinkel größer (bei $\epsilon_n = 0$: $\tan\alpha \to \infty$).

2. Beispiel (Abb. 8.17)

Eine *homogene Kugel* ($\theta = \frac{2}{5}\,m\,r^2$), deren Oberfläche als *vollkommen rauh* (*Fall 3* in Tabelle 8.2) zu betrachten ist, treffe rotationsfrei ($\omega_0 = 0$) mit der Geschwindigkeit v_0 unter dem Winkel α_0 auf eine *feste Wand*. Der Stoß (*Normal- und Tangential-Stoß*) erfolge *vollständig elastisch*.

Anmerkung:

Für die Durchführung der nachfolgenden Rechnung ist zu beachten, daß $\mathbf{e}_t$ hier – entsprechend der Richtung von $\mathbf{J}_t$ – anders orientiert ist als im vorhergehenden Beispiel.

Für den *Normal-Stoß* gilt

$$J_n = (1 + \epsilon_n)\,m\,v_{n0} = 2\,m\,v_0\,\cos\alpha_0$$

$$v_{n1} = \epsilon_n\,v_{n0} = v_0\,\cos\alpha_0\,.$$

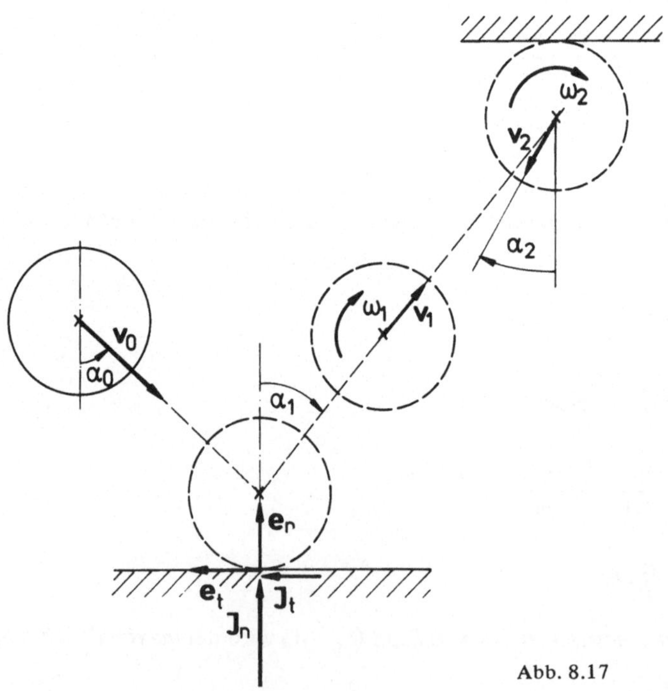

Abb. 8.17

Für den *Tangential-Stoß* erhalten wir

$$J_t = (1 + \epsilon_t)\, J_t^{**} = 2\, J_t^{**}.$$

$J_t^{**} = J_{t_D}$ ermitteln wir aus der Bedingung, daß am Ende der *Deformationsperiode*

$$v_t^{**} + \omega^{**}\, r = 0$$

sein muß. Mit

$$v_t^{**} = -\, v_0 \sin\alpha_0 + \frac{J_t^{**}}{m}$$

und

$$\omega^{**} = \frac{J_t^{**}\, r}{\theta}$$

erhalten wir

$$J_t^{**} = \frac{m\, v_0 \sin\alpha_0}{1 + \dfrac{m\, r^2}{\theta}} = \frac{2}{7}\, m\, v_0 \sin\alpha_0 .$$

Damit wird

$$v_{t1} = -\, v_0 \sin\alpha_0 + \frac{J_t}{m} = -\, v_0 \sin\alpha_0 + 2\,\frac{J_t^{**}}{m} = -\frac{3}{7}\, v_0 \sin\alpha_0$$

$$\omega_1 = \frac{J_t\, r}{\theta} = 2\,\frac{J_t^{**}\, r}{\theta} = \frac{10}{7}\,\frac{v_0}{r} \sin\alpha_0$$

$$\tan\alpha_1 = \frac{-\, v_{t1}}{v_{n1}} = \frac{3}{7} \tan\alpha_0 .$$

Der Ausfallwinkel α_1 wird also kleiner als der Einfallwinkel α_0.
Stößt die Kugel nach dem Rückprall, wie in Abb. 8.17 angedeutet, gegen eine *zweite feste Wand*, die zur ersten *parallel* ist, so kehrt sich bei diesem Stoß die Bewegung um, wie leicht nachzurechnen ist. Man erhält

$$v_{t2} = \frac{31}{49}\, v_0 \sin\alpha_0$$

$$\omega_2 = -\frac{60}{49}\,\frac{v_0}{r} \sin\alpha_0 .$$

Dieses – zunächst überraschende – Verhalten kann man tatsächlich – angenähert – beobachten, wenn man einen Werkstoff für die Kugel wählt, bei dem der Reibungskoeffizient μ *sehr* groß wird. Solche Werkstoffe sind im Zusammenhang mit der Raumfahrt entwickelt worden.

8.3.4. Einige ergänzende Bemerkungen zu allgemeinen Stoßvorgängen

Bei Stoßvorgängen, die sich nicht in die vorstehend behandelten Sonderfälle einreihen lassen, müssen wir im allgemeinen damit rechnen,

1. daß die Wirkungen von *Normal-* und *Tangential-Stoß* sich nicht mehr entkoppeln lassen, weil *beide* Komponenten auf die *relative Normal-Geschwindigkeit* und die *relative Tangential-Geschwindigkeit* der Körper am Berührungspunkt einwirken,
2. daß die *relative Tangential-Geschwindigkeit* am Berührungspunkt während des Stoßvorganges nicht nur ihren *Betrag*, sondern auch ihre *Richtung* ändert.

Ohne eine zeitliche Analyse des Stoßvorganges, die die elementare Theorie des Stoßes nicht zu liefern vermag, ist deshalb im allgemeinen der Impulsaustausch bei solchen allgemeinen Stoßproblemen nicht zu berechnen. Ausnahmen bilden lediglich einige weitere Sonderfälle, bei denen wir mit Überlegungen analog zu denen, die wir im Abschnitt 8.3.3 angestellt haben, weiterkommen. Zu diesen Sonderfällen gehören beispielsweise

a) der *exzentrische ebene Stoß mit Reibung* (insbesondere der Stoß eines Körpers gegen eine *feste Wand*; Abb. 8.18a),
b) der *zentrale Stoß* mit *Bohr-Reibung* (insbesondere beim Stoß eines Körpers gegen eine *feste Wand*; Abb. 8.18b).

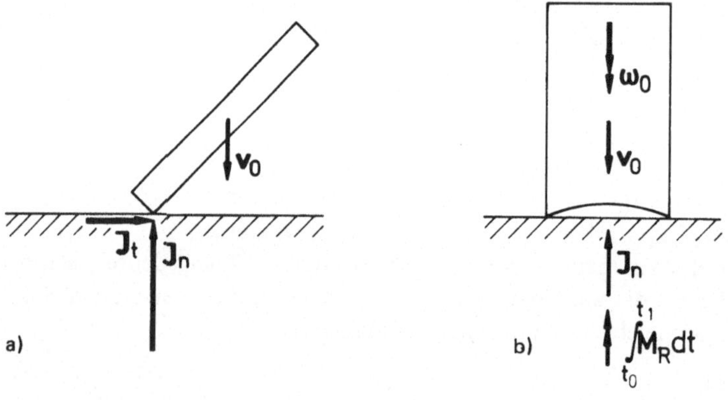

Abb. 8.18

Zu eindeutigen Aussagen kommen wir allerdings auch in diesen Fällen lediglich (analog zu den Ergebnissen des Abschnittes 8.2.5), wenn entweder *nur* eine *Gleitperiode* oder *nur* eine *Haftperiode* auftritt.

Fragen:

1. Warum ändert sich die vektorielle Summe der Bewegungsgrößen bzw. der Dralle zweier gegeneinander stoßender (ungebundener) Körper nicht?
2. Was bezeichnen wir als Stoß-Normale?
3. Welche Annahmen treffen wir in der elementaren Theorie des Stoßes?
4. Was ist ein zentraler Anstoß eines Körpers? Wie ändert sich der Geschwindigkeitszustand eines Körpers bei einem zentralen Anstoß?
5. Was ist ein zentraler Stoß zwischen zwei Körpern? Unter welchen Bedingungen kommt er zustande?
6. Welche Bedeutung hat die Deformationsperiode bzw. die Restitutionsperiode im Ablauf eines zentralen Stoßes? Wodurch ist insbesondere das Ende der Deformationsperiode charakterisiert?
7. Wie ist die Stoßzahl ϵ definiert? Wie kann ich sie beispielsweise experimentell bestimmen? Welche Werte nimmt ϵ beim vollkommen elastischen bzw. vollkommen inelastischen Stoß an? Was gilt für den Energieverlust in diesen Grenzfällen?
8. Welche Aussagen lassen sich über den Tangential-Stoß in Abhängigkeit von den Reibungsverhältnissen im Berührungspunkt machen?
9. Wodurch ist das Ende der Deformationsperiode bei einem reibungsfreien exzentrischen Stoß charakterisiert? Welche Überlegungen führen zur Berechnung des gesamten Impulsaustausches bei einem solchen Stoß?
10. Welche Wirkungen haben Normal- bzw. Tangential-Stoß beim reibungsbehafteten Stoß mit zentraler Stoß-Normalen auf den Geschwindigkeitszustand der am Stoß beteiligten Körper?
11. Was kennzeichnet beim Tangential-Stoß die Gleit- bzw. die Haftperiode? In welchen Fällen tritt nur eine Gleitperiode, in welchen nur eine Haftperiode ein?
12. In welchen Fällen allein spielt für den Tangential-Stoß die Unterscheidung einer Deformations- und einer Restitutionsperiode eine Rolle?

9. Das Prinzip der virtuellen Arbeit

9.1. Das Prinzip der virtuellen Verschiebungen

Bei der Betrachtung der Bewegung von – starren oder deformierbaren – Körpern haben wir die unter der Wirkung der eingeprägten Kräfte und unter der Berücksichtigung der kinematischen Bindungen eintretenden *realen (aktuellen) Verschiebungen* der Körperpunkte verfolgt, deren *substantielles Differential*

$$D\mathbf{r} = \mathbf{v}\,dt$$

ist. Wir gehen nun dazu über, auch (gedachte) *virtuelle Verschiebungen* $\delta\mathbf{r}$ einzuführen, die wie folgt definiert sind:

Definition 9.1: Prinzip der virtuellen Verschiebung	Eine *virtuelle Verschiebung* $\delta\mathbf{r}$ eines Körperpunktes ist eine *gedachte, bei festgehaltener Zeit ausgeführte, mit den kinematischen Bindungen verträgliche, hinreichend kleine (differentielle) Verschiebung,* bei der sich die auf den Körper einwirkenden Kräfte, die Temperatur der Körperelemente usw. nicht ändern. Mathematisch betrachtet stellen die virtuellen Verschiebungen eine *Variation des Verschiebungszustandes* des Körpers bei *festgehaltener Zeit* dar.

Anmerkung:

Die Einführung *virtueller Verschiebungen* stellt einen neuen gedanklichen Schritt, einen eigenständigen neuen Denkansatz dar, der durch die bisherige (gedankliche) Vorgehensweise nicht impliziert ist. Deshalb sprechen wir vom *Prinzip der virtuellen Verschiebungen.* Entsprechend der mathematischen Deutung als *Variationsprinzip* benutzen wir auch das Variationszeichen δ zur Bezeichnung der virtuellen Verschiebungen.

Sind die *kinematischen Bindungen zeitunabhängig* (*skleronom*), so bilden die *realen* (aktuellen) Verschiebungen aus rein geometrischer Sicht eine *Untergruppe* der *virtuellen* Verschiebungen. Zu beachten bleibt dabei jedoch, daß – kinematisch betrachtet – die realen Verschiebungen stets einem Zeitintervall zugeordnet sind, während die virtuellen Verschiebungen bei festgehaltener Zeit ausgeführt zu denken sind. Daraus folgt auch, daß bei *zeitabhängigen (rheonomen) kinematischen Bindungen* die *realen* Verschiebungen – geometrisch betrachtet – im allgemeinen keine Untergruppe der *virtuellen* Verschiebungen bilden.

Ferner ist zu beachten, daß bei virtuellen Verschiebungen die an dem Körper angreifenden Kräfte usw. als unveränderlich zu betrachten sind, während bei realen Verschiebungen sich die Kräfte usw. durchaus in Abhängigkeit von den Verschiebungen (und natürlich auch von der Zeit) ändern können, möglicherweise sogar unstetig (z. B. beim Verlassen einer Führung).

Bei *starren Körpern* lassen sich die virtuellen Verschiebungen der Körperpunkte auf eine *virtuelle Translation* und eine *virtuelle Rotation* zurückführen (vgl. Abschnitt 5.1):

$$\delta \mathbf{r} = \delta \mathbf{r}_{\bar{0}} + \delta \boldsymbol{\varphi} \times (\mathbf{r} - \mathbf{r}_{\bar{0}}).$$

Translation und Rotation müssen natürlich mit den kinematischen Bindungen verträglich sein.

Bei *Systemen von starren Körpern*, die wir in Kapitel 10 noch eingehender erörtern werden, ist die Lage der einzelnen Körper unter Berücksichtigung der kinematischen Bindungen – sofern sie holonom sind – durch insgesamt λ Zahlenangaben (auch *generalisierte Koordinaten* q_i des Systems genannt) eindeutig festzulegen entsprechend dem Freiheitsgrad λ des Systems. Infolgedessen sind auch die virtuellen Verschiebungen der einzelnen Körperpunkte auf die virtuellen Änderungen dieser λ Zahlenangaben zurückzuführen. Das führt auf

$$\delta \mathbf{r} = \sum_i \frac{\partial \mathbf{r}}{\partial q_i} \delta q_i .$$

Dies gilt im übrigen auch für Systeme mit nicht-holonomen Bindungen.

Bei *deformierbaren Körpern* setzen wir in der Regel voraus, daß die *virtuellen* (mit den kinematischen Bindungen verträglichen) *Verschiebungen* zugleich in dem Sinne *kompatibel* sind, daß der Zusammenhang des Körpers bei den virtuellen Verschiebungen gewahrt bleibt (stetiges, zumindest bereichsweise differenzierbares Verschiebungsfeld). Doch werden für bestimmte Zwecke auch andere virtuelle Verschiebungsfelder zugelassen.

9.2. Das Prinzip der virtuellen Arbeit in der Stereo-Statik

Wir betrachten zunächst einen *kinematisch ungebundenen starren Körper*. Die an diesem Körper angreifenden (eingeprägten) *Kräfte* $\mathbf{F}_i$ – wir beschränken uns hier der Einfachheit halber auf Einzelkräfte als Resultierende von flächenhaft oder volumenhaft angreifenden Kräften – mögen ein Gleichgewichtssystem bilden (Abb. 9.1). Flächenhaft und volumenhaft angreifende Momente schließen wir hier und im folgenden wie stets aus (*Boltzmann*-Axiom). Bei einer *virtuellen Verschiebung* des Körpers, die durch

$$\delta \mathbf{r} = \delta \mathbf{r}_{\bar{0}} + \delta \boldsymbol{\varphi} \times (\mathbf{r} - \mathbf{r}_{\bar{0}})$$

zu beschreiben ist, verrichten die einzelnen Kräfte $\mathbf{F}_i$ die *virtuelle Arbeit*

$$\begin{aligned} \delta A_i &= \mathbf{F}_i \cdot \delta \mathbf{r}_i \\ &= \mathbf{F}_i \cdot [\delta \mathbf{r}_{\bar{0}} + \delta \boldsymbol{\varphi} \times (\mathbf{r}_i - \mathbf{r}_{\bar{0}})]. \end{aligned}$$

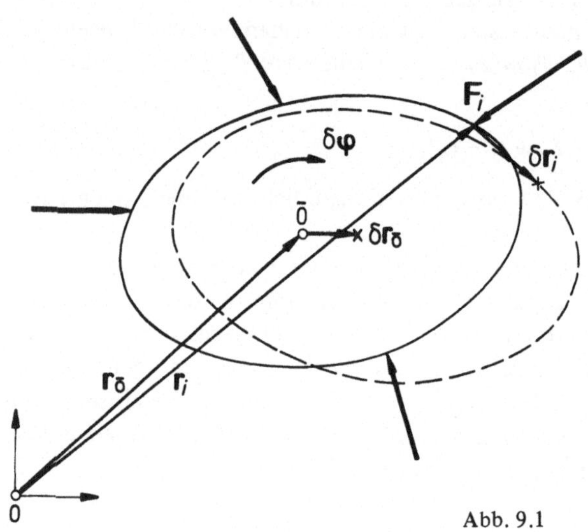

Abb. 9.1

Anmerkung:

Wir sprechen hier abkürzend von den *virtuellen Verschiebungen eines Körpers*, statt von den *virtuellen Verschiebungen der Körperpunkte* infolge einer *virtuellen Lageänderung* (manchmal auch *virtuelle Verrückung* genannt) *des Körpers*. Da Mißverständnisse wohl kaum zu befürchten sind, bleiben wir im folgenden bei dieser Bezeichnung.

Für die *virtuelle Arbeit des gesamten Kräftesystems* gilt

$$\begin{aligned} \delta A &= \sum_i \delta A_i \\ &= \sum_i \{\mathbf{F}_i \cdot [\delta \mathbf{r}_{\bar{0}} + \delta \boldsymbol{\varphi} \times (\mathbf{r}_i - \mathbf{r}_{\bar{0}})]\} \\ &= \sum_i \{\mathbf{F}_i \cdot \delta \mathbf{r}_{\bar{0}}\} + \sum_i \{\mathbf{F}_i \cdot [\delta \boldsymbol{\varphi} \times (\mathbf{r}_i - \mathbf{r}_{\bar{0}})]\} \\ &= \left\{\sum_i \mathbf{F}_i\right\} \cdot \delta \mathbf{r}_{\bar{0}} + \delta \boldsymbol{\varphi} \cdot \left\{\sum_i (\mathbf{r}_i - \mathbf{r}_{\bar{0}}) \times \mathbf{F}_i\right\}. \end{aligned}$$

Da für ein *Gleichgewichtssystem*

$$\sum_i \mathbf{F}_i = \mathbf{0}$$

und

$$\sum_i \mathbf{M}_{i(\bar{0})} = \sum_i (\mathbf{r}_i - \mathbf{r}_{\bar{0}}) \times \mathbf{F}_i = \mathbf{0}$$

ist, folgt also

Satz 9.1: Bilden die an einem *starren Körper* angreifenden Kräfte $\mathbf{F}_i$ ein *Gleichgewichtssystem*, so verschwindet bei einer *virtuellen Verschiebung* die resultierende *virtuelle Arbeit* dieses Kräftesystems:

$$\delta A = \sum_i \delta A_i = 0.$$

Anmerkung:

Etwa angreifende *Momente* (singuläre Kräftepaare) schließen wir hier und im folgenden stets dadurch mit ein, daß wir sie uns durch äquivalente *reguläre Kräftepaare* realisiert denken.

Die Umkehr dieses Satzes lautet:

Satz 9.2: Prinzip der virtuellen Arbeit in der Stereo-Statik (Fassung A) Verschwindet die resultierende *virtuelle Arbeit* δA eines an einem *starren Körper* angreifenden Kräftesystems $\mathbf{F}_i$ für *jede beliebige virtuelle Verschiebung*, so bilden die Kräfte $\mathbf{F}_i$ ein *Gleichgewichtssystem.*

Wir können den Satz 9.2 anstelle des Grundgesetzes der Mechanik zur axiomatischen Grundlage der Stereo-Statik machen. Dazu erinnern wir uns, daß aus dem *Grundgesetz der Mechanik* als *notwendige und hinreichende Gleichgewichtsbedingungen für den starren Körper*

$$\sum_i \mathbf{F}_i = \mathbf{0}, \quad \sum_i \mathbf{M}_{i(\bar{0})} = \mathbf{0}$$

abzuleiten sind (vgl. Band I, Abschnitt 6.4). Dieselben Bedingungen folgen aber auch aus Satz 9.2 in Umkehrung des Beweises zu Satz 9.1 bei Einführung *beliebiger* virtueller Verschiebungen $\delta\mathbf{r}_{\bar{0}}$, $\delta\boldsymbol{\varphi}$. Wir können deshalb die Grundaussagen der Stereo-Statik äquivalent mit Hilfe des *Prinzips der virtuellen Arbeit* formulieren, wobei dann Satz 9.2 *axiomatische Bedeutung* erhält.

Überlegungen in dieser Richtung gehen schon auf die Schule von *Aristoteles* zurück. Dort wurde als *goldene Regel* für Hebeeinrichtungen der Satz *Kraft mal Kraftweg gleich Last mal Lastweg* formuliert. Die systematische Ausgestaltung des Prinzips der virtuellen Arbeit und seine Ausdehnung auf die *Stereo-Kinetik*, auf die wir in Abschnitt 9.5 noch zu sprechen kommen, geht im wesentlichen auf *Johann Bernoulli* (1667–1748) und auf *Lagrange* (1736–1813) zurück.
Den Satz 9.2 können wir unmittelbar auch auf solche starren Körper anwenden, die kinematischen Bindungen unterliegen, aber noch mindestens den Freiheitsgrad $\lambda = 1$ besitzen:

$$1 \leqslant \lambda < 6.$$

Wir haben hier nur zu beachten, daß die jetzt noch zulässigen virtuellen Verschiebungen den kinematischen Bindungen genügen müssen. Gerade diese Einschränkung führt jedoch dazu, daß die aus den kinematischen Bindungen resultierenden *Reaktionen* $\mathbf{F}_k^{(r)}$ bei der Ermittlung der virtuellen Arbeit überhaupt herausfallen. Denn es gilt (vgl. Band I, Satz 8.1)

Satz 9.3: Die virtuelle Arbeit einer *Reaktion* $\mathbf{F}_k^{(r)}$ ist stets Null:

$$\mathbf{F}_k^{(r)} \cdot \delta \mathbf{r}_k = 0.$$

Dieser für zeitunabhängige und zeitabhängige kinematische Bindungen geltende Sachverhalt macht das Prinzip gerade für solche Systeme starrer Körper (einzelne starre Körper eingeschlossen) besonders wirkungsvoll, die kinematischen Bindungen unterliegen. Denn aufgrund dieses Sachverhaltes vereinfacht sich Satz 9.2 auf

---

Satz 9.4: Prinzip der virtuellen Arbeit in der Stereo-Statik (Fassung B)

Verschwindet die resultierende *virtuelle Arbeit* der an einem System starrer Körper angreifenden *eingeprägten Kräfte* $\mathbf{F}_i^{(e)}$ für jede beliebige virtuelle Verschiebung des Systems, d. h. ist

$$\delta A^{(e)} = \sum_i \{\mathbf{F}_i^{(e)} \cdot \delta \mathbf{r}_i\} = 0,$$

so ist das System im Gleichgewicht, d. h. die eingeprägten Kräfte $\mathbf{F}_i^{(e)}$ bilden mit den Reaktionen $\mathbf{F}_k^{(r)}$ ein Gleichgewichtssystem.

Die Anwendungsmöglichkeiten des Satzes 9.4 umfassen (einzelne starre Körper jeweils eingeschlossen)

1. die Ermittlung unbekannter eingeprägter Kräfte in einem Gleichgewichtssystem,
2. die Festlegung einzelner System-Parameter zur Erfüllung der Gleichgewichtsbedingungen,

3. die Ermittlung von Reaktionen in einem Gleichgewichtssystem, in dem man unter Anwendung des Befreiungsprinzips die betreffenden kinematischen Bindungen löst und sie durch unbekannte eingeprägte Kräfte ersetzt,
4. die Ermittlung der Gleichgewichtslagen von beweglichen Systemen.

Anmerkung:

Mathematisch betrachtet führt das *Prinzip der virtuellen Arbeit* auf ein *Variationsproblem*: Die Arbeit der an dem System angreifenden (eingeprägten) Kräfte soll bei allen zugelassenen *Variationen des Verschiebungszustandes* im Gleichgewichtszustand verschwinden. Daraus lassen sich die Gleichgewichtsbedingungen für mechanische Systeme herleiten.

9.3. Beispiele für die Anwendungen des Prinzips der virtuellen Arbeit in der Stereo-Statik

9.3.1. Ermittlung unbekannter eingeprägter Kräfte in einem Gleichgewichtssystem

Als einfaches *Beispiel* wählen wir zunächst einen *Flaschenzug* (Abb. 9.2). Wir suchen die zum Heben des Gewichtes G erforderliche *Seilkraft* F. Zwischen den virtuellen Verschiebungen δh und δf der Kraftangriffspunkte besteht die Beziehung

$$\delta f = 4\,\delta h.$$

Das Prinzip der virtuellen Arbeit liefert deshalb als Gleichgewichtsbedingung

$$\delta A^{(e)} = -G\,\delta h + F\,\delta f = \{-G + 4F\}\,\delta h = 0,$$

und daraus folgt, da δh beliebig gewählt werden kann

$$F = \frac{1}{4} G.$$

Dasselbe Ergebnis können wir natürlich auch aus einer Kräfte-Gleichgewichtsbetrachtung gewinnen, indem wir durch einen gedachten Schnitt die untere Flasche freimachen und beachten, daß wir durch einen solchen Schnitt vier Seilstränge durchtrennen, in denen jeweils die Seilkraft F herrscht.

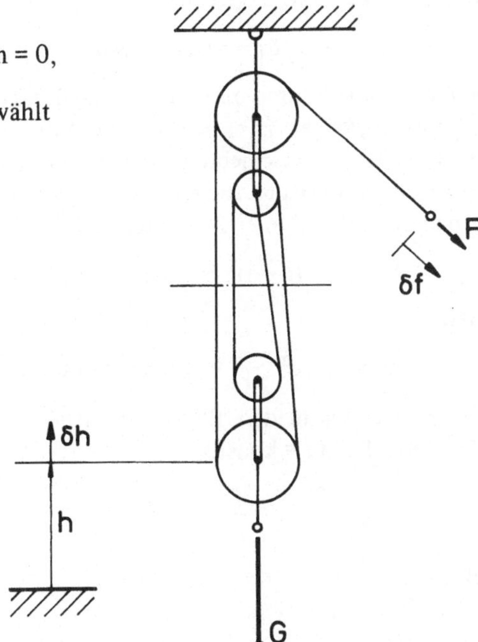

Abb. 9.2

Als *zweites Beispiel* betrachten wir eine gewichtsbelastete *Seilabspannung*, die das Gewicht G_0 trägt (Abb. 9.3). Gegeben seien die Spannweite l sowie die Längen a und b der Seilabschnitte und damit auch die Winkel α und β. Wir suchen die erforderlichen *Spanngewichte* G_1 und G_2, die das System im Gleichgewicht halten. Wir können die Längen a und b (bzw. α und β) als die q_i ($i = 1, 2$) dieses Systems ansprechen, die unabhängig voneinander variiert werden können. Das System hat also den Freiheitsgrad $\lambda = 2$.

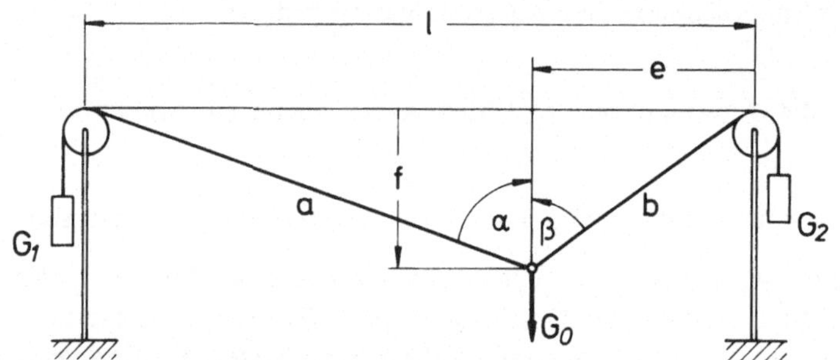

Abb. 9.3

Für die virtuelle Arbeit der an diesem System angreifenden Kräfte gilt im Falle des Gleichgewichts allgemein

$$\delta A^{(e)} = G_0\,\delta f - G_1\,\delta a - G_2\,\delta b = 0,$$

wobei δf noch durch δa und δb ausgedrückt werden kann. Um G_1 und G_2 zu bestimmen, genügen zwei geeignet gewählte, *spezielle* virtuelle Verschiebungen. Als erste virtuelle Verschiebung wählen wir eine solche, die einer *vertikalen Verschiebung* des Angriffspunktes von G_0 entspricht. In diesem Falle bleibt e = konst. Wir erhalten deshalb (unter Benutzung der Methoden der Differentialrechnung) aus

$$a^2 = f^2 + (l - e)^2 \rightarrow 2\,a\,\delta a = 2\,f\,\delta f$$

bzw.

$$b^2 = f^2 + e^2 \qquad \rightarrow 2\,b\,\delta b = 2\,f\,\delta f.$$

Setzen wir das in den allgemeinen Ausdruck für die virtuelle Arbeit ein, so folgt für diesen Fall (e = konst.)

$$\left\{G_0 - \frac{f}{a}\,G_1 - \frac{f}{b}\,G_2\right\}\delta f = 0,$$

also

$$G_0 = \frac{f}{a}\,G_1 + \frac{f}{b}\,G_2 = \cos\alpha\,G_1 + \cos\beta\,G_2. \tag{1}$$

Als zweite virtuelle Verschiebung des Systems wählen wir eine solche, die zu einer *horizontalen Verschiebung* des Angriffspunktes von G_0 führt. In diesem Falle bleibt f = konst., während e veränderlich ist. Wir erhalten dafür

$$\begin{aligned} \delta f &= 0 \\ 2a\,\delta a &= -2(l-e)\,\delta e \\ 2b\,\delta b &= 2e\,\delta e, \end{aligned}$$

also

$$-\frac{a}{l-e}\,\delta a = \frac{b}{e}\,\delta b.$$

Setzen wir das wiederum in den allgemeinen Ausdruck für die virtuelle Arbeit ein, so ergibt das in diesem Falle

$$-\left\{G_1 - G_2\,\frac{e}{b}\,\frac{a}{l-e}\right\}\delta a = 0,$$

d. h.

$$\begin{aligned} 0 &= G_1\,\frac{l-e}{a} - G_2\,\frac{e}{b} \\ &= G_1\,\sin\alpha - G_2\,\sin\beta. \end{aligned} \tag{2}$$

Aus (1) und (2) sind G_1 und G_2 zu berechnen:

$$G_1 = G_0\,\frac{1}{\cos\alpha\left(1+\dfrac{\tan\alpha}{\tan\beta}\right)}$$

$$G_2 = G_0\,\frac{1}{\cos\beta\left(1+\dfrac{\tan\beta}{\tan\alpha}\right)}.$$

Wir können als spezielle virtuelle Verschiebungen auch solche wählen, bei denen einmal $\delta b = 0$, $\delta a \neq 0$ und im andern Falle $\delta a = 0$, $\delta b \neq 0$ ist. Dann erhalten wir jeweils *eine* Gleichung für *eine* Unbekannte (G_1 bzw. G_2). Im übrigen können wir die vorstehenden Ergebnisse natürlich auch wieder mit Hilfe von Kräfte-Gleichgewichtsbetrachtungen ermitteln.

9.3.2. Festlegung freier System-Parameter für ein Gleichgewichtssystem

Wir suchen für das in Abb. 9.4 skizzierte System bei gegebenen Werten für G_1, G_2, α_1 und unter der Voraussetzung von Reibungsfreiheit den Neigungswinkel α_2, unter dem das System im Gleichgewicht ist. Unter Beachtung, daß

$$\delta f_2 = -\delta f_1$$

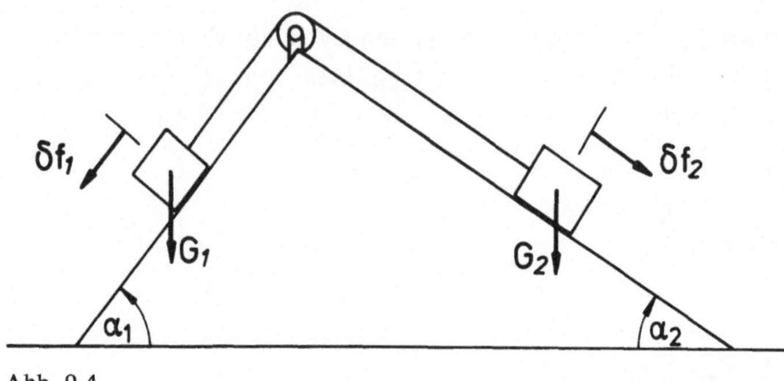

Abb. 9.4

ist, finden wir mit Hilfe des Prinzips der virtuellen Arbeit als Gleichgewichtsbedingung

$$\begin{aligned}\delta A^{(e)} &= 0 = G_1 \sin\alpha_1 \, \delta f_1 + G_2 \sin\alpha_2 \, \delta f_2 \\ &= \{G_1 \sin\alpha_1 - G_2 \sin\alpha_2\} \, \delta f_1 ,\end{aligned}$$

also

$$\sin\alpha_2 = \frac{G_1}{G_2} \sin\alpha_1 .$$

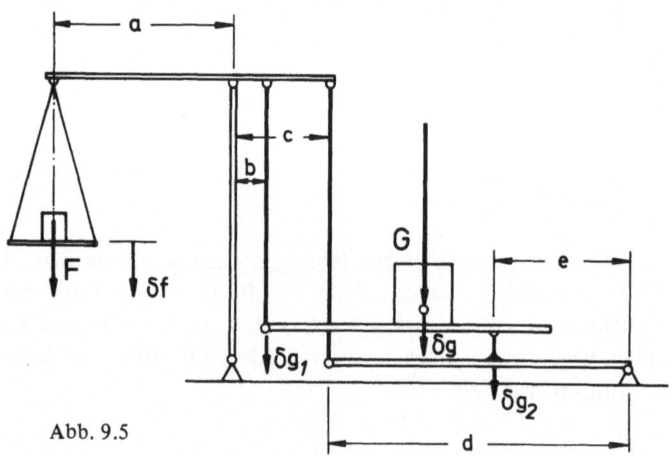

Abb. 9.5

Als weiteres Beispiel betrachten wir die in Abb. 9.5 skizzierte *Brückenwaage.* Wir fragen danach, wie die Hebelarm-Verhältnisse abgestimmt werden müssen, damit wir unabhängig von der Stellung der Last ein Verhältnis von Meß-Gewicht F zur Last G gleich 1 : 10 erhalten (*Dezimalwaage*).

Aus den Hebelarm-Verhältnissen leiten wir für die virtuellen Verschiebungen der beiden Auflagerpunkte des Wägetisches ab

$$\delta g_1 = -\frac{b}{a}\,\delta f$$

$$\delta g_2 = -\frac{c}{a}\frac{e}{d}\,\delta f.$$

Die virtuelle Verschiebung δg der Last wird nur dann unabhängig von der Stellung, wenn

$$\delta g_1 = \delta g_2 = \delta g$$

wird, also

$$\frac{b}{a} = \frac{c}{a}\frac{e}{d}, \quad \text{d.h.} \quad \frac{c}{b}\frac{e}{d} = 1.$$

Mit

$$\delta g = -\frac{b}{a}\,\delta f$$

folgern wir dann weiter mit Hilfe des Prinzips der virtuellen Arbeit

$$\delta A^{(e)} = 0 = F\,\delta f + G\,\delta g$$
$$= \quad F - \frac{b}{a}G \quad \delta f,$$

also

$$\frac{F}{G} = \frac{b}{a}.$$

Es muß somit

$$\boxed{\frac{b}{a} = \frac{1}{10} \quad \text{und} \quad \frac{c}{b}\frac{e}{d} = 1}$$

gemacht werden, wenn

$$F : G = 1 : 10$$

unabhängig von der Laststellung sein soll.

Wir können das Prinzip der virtuellen Arbeit auch einsetzen, um etwa für die in Abb. 9.6 skizzierte Anordnung den Verlauf der Führung für das Gegengewicht F so zu ermitteln, daß die Klappe (Gewicht G) in jeder Stellung im Gleichgewicht ist. In diesem Falle sind nicht einzelne Parameter zu bestimmen, sondern eine Funktion. Der Gedankengang ist dabei aber grundsätzlich der gleiche. Er sei hier nur angedeutet. Das Prinzip der virtuellen Arbeit liefert als Gleichgewichtsbedingung

$$\delta A^{(e)} = 0 = -G\frac{l}{2}\sin\varphi\,\delta\varphi + F\sin\alpha\,\delta f.$$

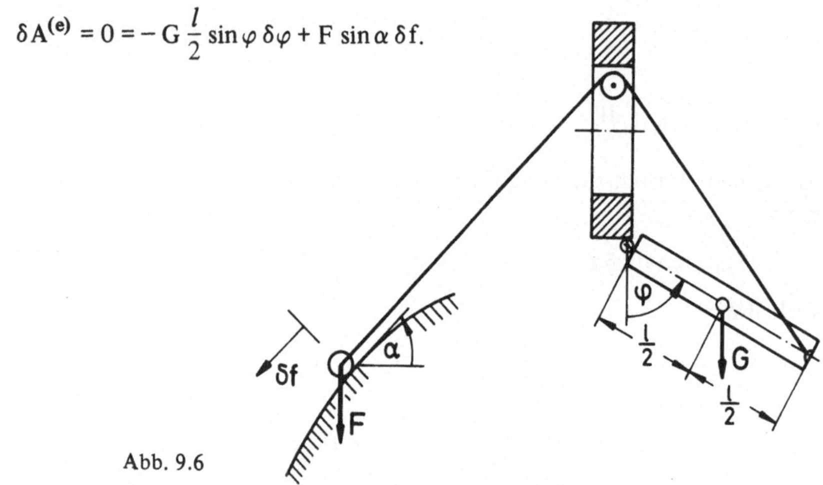

Abb. 9.6

Andrerseits läßt sich δf in Abhängigkeit von $\delta\varphi$ und den gegebenen System-Parametern ausdrücken. Damit ist der Führungsverlauf zu bestimmen.

9.3.3. Ermittlung von Reaktionen in einem Gleichgewichtssystem

Wenn wir die von einer kinematischen Bindung verursachte Reaktion mit Hilfe des Prinzips der virtuellen Arbeit ermitteln wollen, so müssen wir zuvor die betreffende kinematische Bindung lösen und statt ihrer die entsprechende Reaktion als unbekannte eingeprägte Kraft einführen (*Befreiungsprinzip*).

Anmerkung:

Mathematisch betrachtet entspricht diese Vorgehensweise der Einarbeitung einer *Nebenbedingung* in das Variationsproblem, auf das das Prinzip der virtuellen Arbeiten führt.

Als *Beispiel* betrachten wir den zweifach gelagerten Stab entsprechend Abb. 9.7a. Um die rechte Auflagerreaktion B zu ermitteln, lösen wir die entsprechende kinematische Bindung und führen B als unbekannte eingeprägte Kraft ein (Abb. 9.7b). Das Prinzip der virtuellen Arbeit führt dann auf

$$\delta A^{(e)} = 0 = \{F\,l_1 - B\,l\}\,\delta\varphi,$$

d. h.

$$B = F\frac{l_1}{l}.$$

Um die Schnittgrößen zu ermitteln, denken wir uns den Stab durchgeschnitten (Abb. 9.7c).

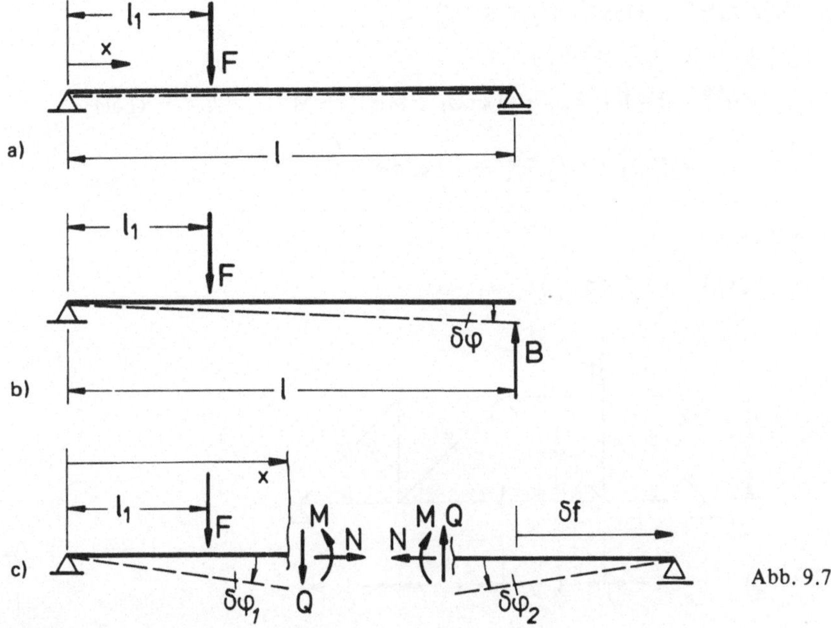

Abb. 9.7

Anmerkung:

Wir können die Bindungen auch einzeln lösen, indem wir *nacheinander* an der Schnittstelle

a) eine Längsverschieblichkeit (→ N),

b) ein Gelenk (→ M),

c) eine Querverschieblichkeit (→ Q)

einführen.

Durch spezielle Wahl der durch δf, $\delta\varphi_1$, $\delta\varphi_2$ charakterisierten virtuellen Verschiebungen finden wir:

1. *Normalkraft* $N(x) \quad (0 < x < l)$

$$\delta\varphi_1 = \delta\varphi_2 = 0, \quad \delta f \neq 0,$$

$$\delta A^{(e)} = -N\,\delta f = 0 \rightarrow N(x) = 0.$$

2. *Biegemoment* $M(x) \quad (l_1 \leqslant x \leqslant l)$

$$\delta f = 0, \quad x\,\delta\varphi_1 = (l - x)\,\delta\varphi_2,$$

$$\delta A^{(e)} = 0 = F\,l_1\,\delta\varphi_1 + Q\,x\,\delta\varphi_1 - M\,\delta\varphi_1 - M\,\delta\varphi_2 - Q(l - x)\,\delta\varphi_2$$

$$= \left\{F\,l_1 - M\,\frac{l}{l-x}\right\}\delta\varphi_1 \rightarrow M(x) = F\,\frac{l_1}{l}\,(l - x);$$

analog:

$$M(x) \quad (0 \leqslant x \leqslant l_1).$$

3. Querkraft $Q(x) \quad (l_1 < x < l)$

$$\delta f = 0, \quad \delta\varphi_1 = -\delta\varphi_2,$$

$$\delta A^{(e)} = 0 = F\, l_1\, \delta\varphi_1 + Q\, x\, \delta\varphi_1 - M\, \delta\varphi_1 - M\, \delta\varphi_2 - Q(l-x)\, \delta\varphi_2$$

$$= \{F\, l_1 + Q\, l\}\, \delta\varphi_1 \rightarrow Q(x) = -F\frac{l_1}{l};$$

analog:

$Q(x) \quad (0 < x < l_1).$

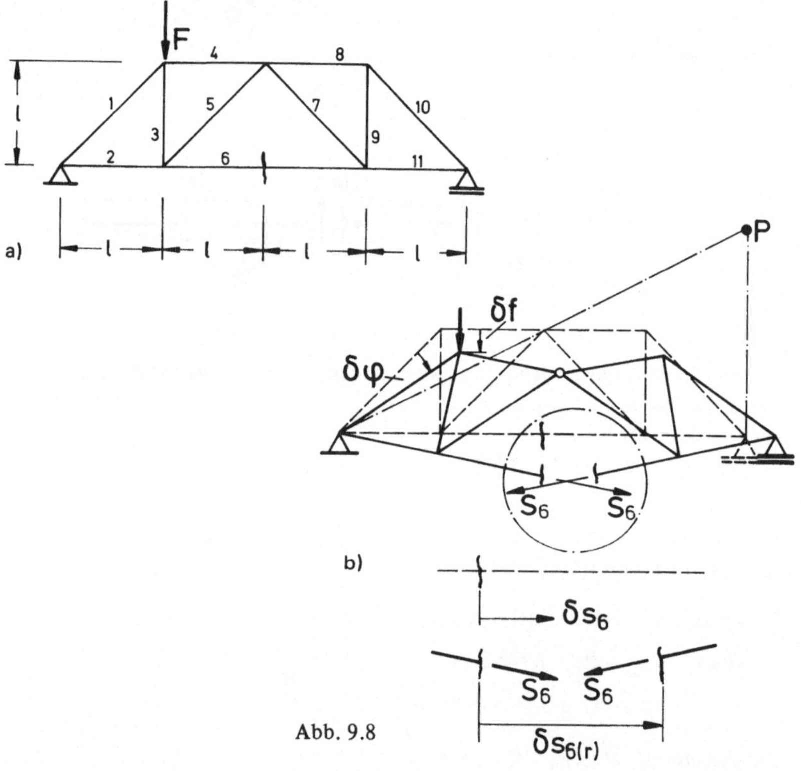

Abb. 9.8

Als *zweites Beispiel* betrachten wir das in Abb. 9.8 skizzierte *Fachwerk*. Wir wollen die Stabkraft S_6 bestimmen. Dazu schneiden wir in Gedanken diesen Stab und finden mit Hilfe des Prinzips der virtuellen Arbeiten

$$\delta A^{(e)} = 0 = F\, \delta f - S_6\,(\delta s_{6(l)} + \delta s_{6(r)})$$

$$= \{F \cdot l - S_6\,(0 + 2\,l)\}\, \delta\varphi \rightarrow S_6 = \frac{F}{2}.$$

Als *letztes Beispiel* dieses Abschnittes wollen wir für das in Abb. 9.9 skizzierte System die auf *Haftreibung* beruhende horizontale Auflagerreaktion A_R ermitteln. Obwohl wir keine formschlüssige Bindung zu lösen haben, um den Fußpunkt des Stabes verschieben zu können, haben wir doch das Haften als kinematische Bindung und A_R als *Reaktion* zu betrachten.

Anmerkung:

Es wäre darum falsch, bei der virtuellen Verschiebung um δa die Kraft A_R als *Gleitreibungskraft* zu behandeln.

Mit

$$\begin{aligned}\delta f &= -\frac{1}{2}\delta h\\ &= -\frac{1}{2}\delta\sqrt{l^2-a^2} = \frac{1}{2}\frac{a}{\sqrt{l^2-a^2}}\delta a = \frac{1}{2}\frac{a}{h}\delta a\end{aligned}$$

liefert das Prinzip der virtuellen Arbeit

$$\begin{aligned}\delta A^{(e)} &= 0 = G\,\delta f - A_R\,\delta a\\ &= \left\{G\frac{1}{2}\frac{a}{h} - A_R\right\}\delta a.\end{aligned}$$

Wir erhalten also

$$A_R = \frac{1}{2}\frac{a}{h}G.$$

A_R muß der Haftbedingung

$$A_R \leqslant \mu_0 A_N = \mu_0 G = \tan\rho_0 G$$

genügen. Es muß also

$$\frac{1}{2}\frac{a}{h} = \frac{1}{2}\tan\alpha \leqslant \tan\rho_0$$

sein.

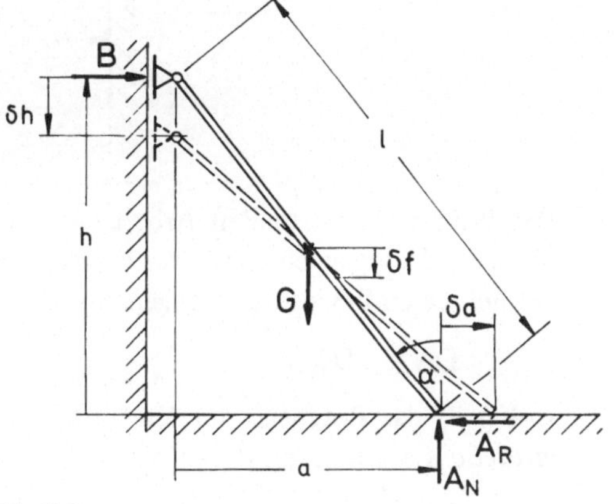

Abb. 9.9

Aus den vorstehenden Beispielen folgt, daß das Prinzip der virtuellen Arbeiten sich hervorragend dazu eignet, jeweils *eine* (äußere oder innere) Reaktion zu berechnen, indem man gerade die entsprechende kinematische Bindung löst.

9.3.4. Ermittlung von Gleichgewichtslagen bei beweglichen Systemen

Wir suchen die *Gleichgewichtslage* eines Brettes, das in der in Abb. 9.10 skizzierten Weise reibungsfrei gelagert ist. Für die Lage des Schwerpunktes M lesen wir aus Abb. 9.10 ab

$$h = \left\{\frac{l}{2} - \frac{e}{\cos\alpha}\right\}\sin\alpha = h(\alpha).$$

Das Prinzip der virtuellen Arbeit liefert für die Gleichgewichtslage die Bedingung

$$\delta A^{(e)} = - G\,\delta h = 0,$$

d.h. wegen G = konst.

$$\delta h = \left\{ \frac{l}{2} \cos\alpha - \frac{e}{\cos^2\alpha} \right\} \delta\alpha = 0.$$

Für die Gleichgewichtslage erhalten wir somit

$$\cos\alpha = \sqrt[3]{\frac{2e}{l}}.$$

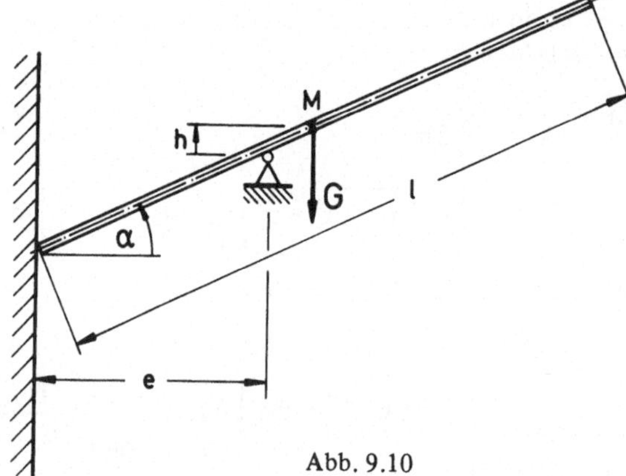

Abb. 9.10

Das Prinzip der virtuellen Arbeit bietet uns auch die Möglichkeit zu untersuchen, ob die Gleichgewichtslage *stabil oder nicht stabil* ist. Für *konservative Systeme* gilt bei realen Bewegungen allgemein (vgl. Abschnitt 9.4)

$$DA = - D\Phi,$$

wobei Φ das Potential der Kräfte bezeichnet. Entsprechend erhalten wir für die *virtuelle Änderung des Potentials*

$$\delta\Phi = - \delta A^{(e)}.$$

In Satz 1.12 haben wir festgestellt, daß die Art des Gleichgewichtes davon abhängt, ob in der Gleichgewichtslage Φ zum Minimum (stabil) oder Maximum (labil) wird bzw. nur einen stationären Wert (indifferent) annimmt. Wir stellen das mit Hilfe einer Reihenentwicklung in der Umgebung der Gleichgewichtslage fest. Sie ergibt, sofern die virtuellen Verschiebungen auf *eine* unabhängige Variable q zurückzuführen sind (vgl. Abschnitt 9.1)

$$\Delta\Phi = \frac{d\Phi}{dq}\,\delta q + \frac{1}{2}\,\frac{d^2\Phi}{dq^2}\,(\delta q)^2 + \ldots$$

Maßgebend für die Art des Gleichgewichtes ist also die *zweite Variation*

$$\delta^2\Phi = \frac{1}{2}\,\frac{d^2\Phi}{dq^2}\,(\delta q)^2.$$

Hängen die virtuellen Verschiebungen von mehreren unabhängigen Variablen ab, so ist der Ausdruck für $\delta^2\Phi$ entsprechend zu erweitern. Zusammenfassend können wir feststellen

---

Satz 9.5: Die *Gleichgewichtslage eines konservativen Systems,* die durch

$$\delta\Phi = 0$$

gekennzeichnet ist, ist

stabil für $\delta^2\Phi > 0$,
labil für $\delta^2\Phi < 0$.
Der Fall $\delta^2\Phi = 0$ erfordert weitergehende Untersuchungen.

Wenden wir Satz 9.5 auf unser Beispiel an, so folgt

$$\begin{aligned}\delta^2\Phi &= -\delta^2 A^{(e)} = G\,\delta^2 h = G\,\frac{1}{2}\,\frac{d^2h}{d\alpha^2}\,(\delta\alpha)^2\\ &= -G\,\frac{1}{2}\left\{\frac{l}{2} + \frac{2e}{\cos^3\alpha}\right\}\sin\alpha\,(\delta\alpha)^2 < 0.\end{aligned}$$

Das Gleichgewicht ist also labil.

Als *zweites Beispiel* betrachten wir zwei Walzen oder Räder (Radien: $r_2 = \frac{r_1}{2}$; Massen: m_i) im homogen angenommenen Schwerefeld der Erde, die in der in Abb. 9.11 skizzierten Weise miteinander gekoppelt sind und jeweils eine Exzentrizität e_i des Massen-Mittelpunktes (M_i) aufweisen. Ihre Orientierung in der Ausgangslage ist ebenfalls der Abb. 9.11 zu entnehmen. Für das Potential der Gewichtskräfte erhalten wir

$$\Phi(\alpha) = m_1 g e_1 \cos\alpha + m_2 g e_2 \cos 2\alpha.$$

Aus der Gleichgewichtsbedingung

$$\begin{aligned}\delta\Phi = \frac{d\Phi}{d\alpha}\,\delta\alpha = 0 &= -g\,\{m_1 e_1 \sin\alpha + 2 m_2 e_2 \sin 2\alpha\}\,\delta\alpha\\ &= -g\,\{m_1 e_1 + 4 m_2 e_2 \cos\alpha\}\sin\alpha\,\delta\alpha\end{aligned}$$

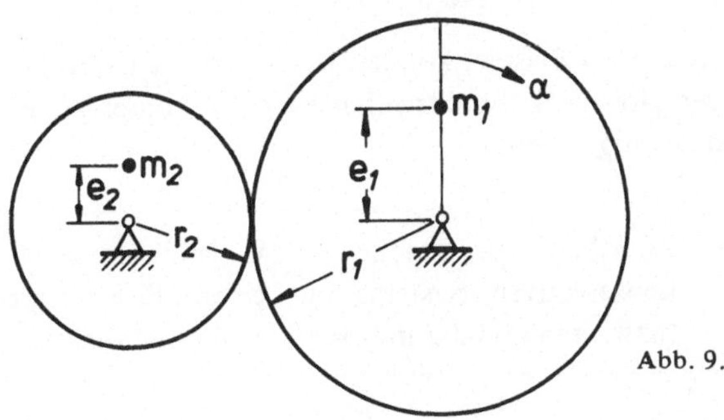

Abb. 9.11

lesen wir ab, daß in dem Bereich $0 \leqslant \alpha < 2\pi$ folgende Gleichgewichtslagen möglich sind:

1. $\alpha = 0$,
2. $\alpha = \pi$,
3. $\cos\alpha = -\dfrac{m_1 e_1}{4 m_2 e_2} = -\xi$, sofern $\xi < 1$ (2 Lösungen).

Zur Untersuchung der Stabilität des Gleichgewichtes bilden wir (auf einen konstanten Faktor kommt es nicht an)

$$\begin{aligned}\frac{2}{g}\delta^2\Phi &= \frac{1}{g}\frac{d^2\Phi}{d\alpha^2}(\delta\alpha)^2\\ &= \{4 m_2 e_2 \sin^2\alpha - [m_1 e_1 + 4 m_2 e_2 \cos\alpha]\cos\alpha\}(\delta\alpha)^2\\ &= 4 m_2 e_2 \Bigg\{\underbrace{[\sin^2\alpha - \cos^2\alpha]}_{1-2\cos^2\alpha} - \underbrace{\frac{m_1 e_1}{4 m_2 e_2}}_{\xi}\cos\alpha\Bigg\}(\delta\alpha)^2 .\end{aligned}$$

Daraus lesen wir ab:

1. $\alpha = 0$: $\delta^2\Phi < 0$ → *labil*,
2. $\alpha = \pi$: $\delta^2\Phi \begin{cases} <0 & \text{für } \xi < 1 \\ =0 & \text{für } \xi = 1 \\ >0 & \text{für } \xi > 1 \end{cases}$ → *labil*; → *stabil* (wegen $\delta^3\Phi = 0$, $\delta^4\Phi > 0$); → *stabil*,
3. $\cos\alpha = -\xi$: $(\xi < 1)$: $\delta^2\Phi > 0$ → *stabil*.

Es ergeben sich also die folgenden Gleichgewichtslagen:

$\xi < 1$: $\alpha = 0$ → *labil*
$\cos\alpha = -\xi$ → *stabil* (2 Lösungen)
$\alpha = \pi$ → *labil*,

$\xi = 1$: $\alpha = 0$ → *labil*
$\alpha = \pi$ → *stabil*

$\xi > 1$: $\alpha = 0$ → *labil*
$\alpha = \pi$ → *stabil*.

Aus dem vorliegenden Beispiel können wir – unter entsprechender Verallgemeinerung – für das globale Stabilitätsverhalten eines konservativen Systems noch die folgende Feststellung ableiten:

Satz 9.6: Zwischen zwei stabilen (bzw. labilen) Gleichgewichtslagen eines konservativen Systems mit einem Freiheitsgrad muß eine labile (bzw. stabile) oder indifferente Gleichgewichtslage liegen.

9.4. Das Prinzip der virtuellen Arbeit in der Statik deformierbarer Körper

Bei der Statik deformierbarer Körper müssen wir – unter Anwendung des Schnittprinzips – auf die Betrachtung der *Körperelemente* zurückgreifen. Die Anwendung des *Prinzips der virtuellen Arbeit* führt dann im Falle des Gleichgewichtes auf die Aussage

$$\delta A^{(e)} = \int_V d\mathbf{F}^{(e)} \cdot \delta \mathbf{r} = 0,$$

wobei das Integral über alle Körperelemente zu erstrecken ist. Im Gegensatz zur Stereo-Statik gehören hierbei die flächenhaft verteilt angreifenden inneren Kräfte (die Spannungen) zu den eingeprägten Kräften. Die Auswertung dieses Integrals (vgl. hierzu Band II, Abschnitt 1.5, insbesondere Satz 1.21) und die Umkehr der vorstehenden Aussage führen auf

---

Satz 9.7: Ist für einen *deformierbaren Körper* für jede beliebige *virtuelle Verschiebung*

$$\delta A^{(e)} = \delta A_A^{(a)} + \delta A_V - \delta W = 0,$$

so ist der Körper im Gleichgewicht (*notwendige und hinreichende Gleichgewichtsbedingung*).

Dabei bezeichnet

$\delta A_A^{(a)}$ die virtuelle Arbeit aller von *außen* angreifenden (*eingeprägten*) *flächenhaft verteilt* angreifenden Kräfte,

δA_V die virtuelle Arbeit *aller volumenhaft verteilt* angreifenden Kräfte,

δW die virtuelle *Formänderungsarbeit*.

Anwendungen dieses Satzes werden wir erst im Band IV erörtern. Wir können deshalb hier verzichten, näher darauf einzugehen.

9.5. Das Prinzip der virtuellen Arbeit in der Kinetik

Das *allgemeine Relativitätsprinzip der klassischen Mechanik* (Satz 4.12) erlaubt es uns, die *Kinetik* durch Übergang zu einem körperfesten Bezugssystem auf die *Statik* zurückzuführen (vgl. Satz 4.13). Die im Ausgangssystem vorhandenen Kräfte bilden mit den beim Übergang zu einem körperfesten Bezugssystem hinzukommenden *Trägheitskräften* für jedes Körperelement ein *Gleichgewichtssystem*:

$$d\mathbf{F} - \frac{D}{dt}(dm\,\mathbf{v}) = \mathbf{0}.$$

Die Heranziehung des *Prinzips der virtuellen Arbeit* und die Ausdehnung der Aussage auf den ganzen Körper führen auf

---

Satz 9.8: Prinzip der virtuellen Arbeit in der Kinetik

Für *jeden* Körper ist bei beliebigen *virtuellen Verschiebungen*

$$\int_V \left\{ d\mathbf{F} - \frac{D}{dt}(dm\,\mathbf{v}) \right\} \cdot \delta\mathbf{r} = \int_V \left\{ d\mathbf{F}^{(e)} - \frac{D}{dt}(dm\,\mathbf{v}) \right\} \cdot \delta\mathbf{r}$$

$$= \delta A_A^{(a)} + \delta A_V - \delta W - \int_V dm\,\dot{\mathbf{v}} \cdot \delta\mathbf{r} = 0,$$

wobei $\delta A_A^{(a)}$, δA_V, δW entsprechend Satz 9.7 definiert sind.

Für *starre Körper* ist $\delta W = 0$. *Satz 9.8* geht dann über in die ursprüngliche Aussage des *Prinzips von d'Alembert* (in der Fassung von *Lagrange*). Das ist die in Abschnitt 4.5 angekündigte Ableitung des *Prinzips von d'Alembert* aus dem *allgemeinen Relativitätsprinzip der klassischen Mechanik.*

Den Ausdruck $\int_V dm\,\dot{\mathbf{v}} \cdot \delta\mathbf{r}$ können wir noch allgemein umformen in

$$\int_V dm\,\dot{\mathbf{v}} \cdot \delta\mathbf{r} = \frac{D}{dt} \int_V dm\,\mathbf{v} \cdot \delta\mathbf{r} - \int_V dm\,\mathbf{v} \cdot \frac{D}{dt}(\delta\mathbf{r}).$$

Nun ist – unter Beachtung, daß die virtuellen Verschiebungen $\delta\mathbf{r}$ jeweils bei t = konst. erfolgen –

$$\begin{aligned} D(\delta\mathbf{r}) &= \delta\mathbf{r}(t + dt) - \delta(\mathbf{r}, t) \\ &= \delta\,\underbrace{\{\mathbf{r}(t + dt) - \mathbf{r}(t)\}}_{D\mathbf{r}}. \end{aligned}$$

Es gilt also

Satz 9.9: *Vertauschungsregel*

$$D(\delta\mathbf{r}) = \delta(D\mathbf{r}).$$

Anmerkung:

Es gibt Probleme, bei denen es sinnvoll sein kann, $\mathbf{r}$ und $D\mathbf{r}$ als unabhängig variierbar zu betrachten. Dann gilt die Vertauschungsregel nicht mehr *a priori*. Solche Überlegungen spielen bei Systemen mit *nichtholonomen Bindungen* eine Rolle, auf die wir in Kapitel 10 etwas näher eingehen, ohne allerdings dabei diesen hier angesprochenen Sachverhalt im einzelnen zu erörtern.

Unter Benutzung der *Vertauschungsregel* können wir schreiben

$$\int\limits_V dm\,\dot{\mathbf{v}}\cdot\delta\mathbf{r} = \frac{D}{dt}\int\limits_V dm\,\mathbf{v}\cdot\delta\mathbf{r} - \int\limits_V dm\,\mathbf{v}\cdot\delta\mathbf{v}$$

$$= \frac{D}{dt}\int\limits_V dm\,\mathbf{v}\cdot\delta\mathbf{r} - \delta\underbrace{\int\limits_V \frac{1}{2}\,dm\,v^2}_{dE},$$

d.h. es gilt

Satz 9.10: **Lagrangesche Zentralgleichung**

$$\int\limits_V dm\,\dot{\mathbf{v}}\cdot\delta\mathbf{r} = \frac{D}{dt}\int\limits_V dm\,\mathbf{v}\cdot\delta\mathbf{r} - \delta E.$$

Integrieren wir nun die in Satz 9.8 aufgestellte Beziehung über ein Zeitintervall von t_1 bis t_2 und legen wir gleichzeitig fest, daß am Anfang und Ende des Zeitintervalls die virtuellen Verschiebungen verschwinden sollen ($\delta\mathbf{r}(t_1) = \delta\mathbf{r}(t_2) = \mathbf{0}$), so folgt

$$0 = \int\limits_{t_1}^{t_2} \delta A^{(e)}\,dt - \int\limits_{t_1}^{t_2} \frac{D}{dt}\int\limits_V (dm\,\mathbf{v}\cdot\delta\mathbf{r})\,dt + \int\limits_{t_1}^{t_2} \delta E\,dt$$

$$= \int\limits_{t_1}^{t_2} \{\delta A^{(e)} + \delta E\}\,dt - \left[\int\limits_V dm\,\mathbf{v}\cdot\delta\mathbf{r}\right]_{t_1}^{t_2}.$$

Der zweite Ausdruck auf der rechten Seite verschwindet, da $\delta\mathbf{r}$ an den Grenzen des Integrationsbereiches voraussetzungsgemäß Null ist. Wir erhalten also

Satz 9.11: **Prinzip von Hamilton**

Ist die virtuelle Verschiebung eines Körpers zu den Zeitpunkten t_1 und t_2 gleich Null, so gilt

$$\int\limits_{t_1}^{t_2} \{\delta A^{(e)} + \delta E\}\,dt = 0.$$

Für konservative System folgt mit

$$\delta A^{(e)} = -\delta\Phi$$

$$\delta\int\limits_{t_1}^{t_2} \{E - \Phi\}\,dt = \delta\int\limits_{t_1}^{t_2} L\,dt = 0,$$

wobei

$L = E - \Phi$ die *Lagrange*sche *Funktion* (auch *kinetisches Potential* genannt)

ist.

Das *Prinzip von Hamilton* (1805–1865) sagt aus, daß für konservative Systeme das Zeitintegral über $A^{(e)} + E$ bzw. $L = E - \Phi$ für die realen Bahnen aller Körperpunkte einen *stationären Wert* (Maximum, Minimum oder Sattelwert) annimmt im Vergleich zu Bahnen, die man durch virtuelle Verschiebungen erreicht (mit der Bedingung $\delta \mathbf{r}(t_1) = \delta \mathbf{r}(t_2) = \mathbf{0}$).
Dieses Prinzip wird im übrigen auch als *Hamilton*sches *Prinzip der stationären Wirkung* bezeichnet, weil man die

Größenart Arbeit mal Zeit = $[ML^2 Z^{-1}] = [KLZ]$

eine *Wirkung* nennt.
Das *Prinzip von Hamilton* ist von großer theoretischer Bedeutung, da sich mit seiner Hilfe wichtige andere Beziehungen leicht ableiten lassen. Wir werden davon bei der nachfolgenden Betrachtung von Systemen starrer Körper in Kapitel 10 Gebrauch machen. Für unmittelbare Anwendungen eignet es sich im wesentlichen nur bei periodischen Bewegungen (Schwingungen).

Fragen:

1. Was sind virtuelle Verschiebungen eines Körperpunktes?
2. Wie lassen sich die virtuellen Verschiebungen eines starren Körpers beschreiben?
3. Was gilt für die virtuelle Arbeit eines an einem starren Körper angreifenden Gleichgewichtssystems von Kräften?
4. Auf welche Weise kann man aus dem Verschwinden der virtuellen Arbeit eines an einem starren Körper angreifenden Kräftesystems folgern, daß es sich um ein Gleichgewichtssystem handelt?
5. Was gilt für die virtuelle Arbeit von Reaktionen?
6. Wie kann man mit Hilfe des Prinzips der virtuellen Arbeit Reaktionen berechnen?
7. Wie kann man mit Hilfe des Prinzips der virtuellen Arbeit für konservative Systeme die Art einer Gleichgewichtslage ermitteln?
8. Warum muß man bei der Anwendung des Prinzips der virtuellen Arbeit in der Statik deformierbarer Körper auf die Körperelemente zurückgreifen und die inneren Spannungen in die virtuellen Arbeiten einbeziehen?
9. Welche Überlegung erlaubt es uns, das Prinzip der virtuellen Arbeit auf kinetische Probleme auszudehnen?
10. Was sagt das Prinzip von *Hamilton* aus? Auf welchen Voraussetzungen beruht es?

10. Elemente der analytischen Mechanik der Systeme starrer Körper

Wir können bei der Betrachtung von *Systemen starrer Körper* so vorgehen, daß wir die einzelnen Körper des Systems von allen Bindungen befreien (*Befreiungsprinzip*) und für jeden Körper die Bewegungsgleichungen unter der Einwirkung der gegebenen Kräfte und der unbekannten Reaktionen anschreiben. Zur Bestimmung oder Elimination der unbekannten Reaktionen können wir dann die kinematischen Bindungen heranziehen. Man nennt diese Vorgehensweise die *synthetische Methode*. Im Gegensatz dazu betrachtet die *analytische Methode* das System als Ganzes. Sie verdankt ihren Namen dem Hauptwerk von *Lagrange* (*Mechanique Analytique*, 1788). Wir wollen hier dieser Methode folgen.

10.1. Kinematik der Systeme starrer Körper

Wir gehen *zunächst* davon aus, daß alle *kinematischen Bindungen*, denen das System unterworfen ist, *holonom* (ganzgesetzlich) seien (vgl. Abschnitt 2.3.1). Dabei ist es vorerst gleichgültig, ob diese holonomen Bindungen *skleronom* (zeitunabhängig) oder *rheonom* (explizit abhängig von der Zeit) sind. Bei *holonomen Bindungen* können wir die Lage jedes einzelnen Körpers und damit auch die Konfiguration des ganzen Systems, das den *Freiheitsgrad* λ haben möge, zu *gegebener Zeit* t durch λ *Zahlenangaben* q_i $(i = 1, 2, \ldots, \lambda)$ eindeutig festlegen. Die *generalisierten Koordinaten* q_i können Längen, Winkel, Streckenverhältnisse usw. sein. Einige einfache Beispiele sind in Abb. 10.1 skizziert. Die Festlegung der generalisierten Koordinaten q_i kann in beliebiger Weise erfolgen. Wir haben nur zu fordern, daß die einzelnen q_i *unabhängig voneinander* sind und der Satz der generalisierten Koordinaten q_i *vollständig* ist, so daß mit den λ Zahlenangaben q_i (und der Zeit t) die Konfiguration des Systems *eindeutig* festzulegen ist. So können wir z. B. in dem ersten System von Abb. 10.1 q_2 auch durch

$$\bar{q}_2 = q_1 + q_2$$

ersetzen. Allgemein können wir für die q_i Transformationen von der Form

$$\bar{q}_k = \bar{q}_k\,(q_i; t)$$

durchführen, die nicht-linear sein können. Diese Freiheit erlaubt es uns, den Satz der q_i möglichst günstig im Hinblick auf die Problemstellung auszuwählen.

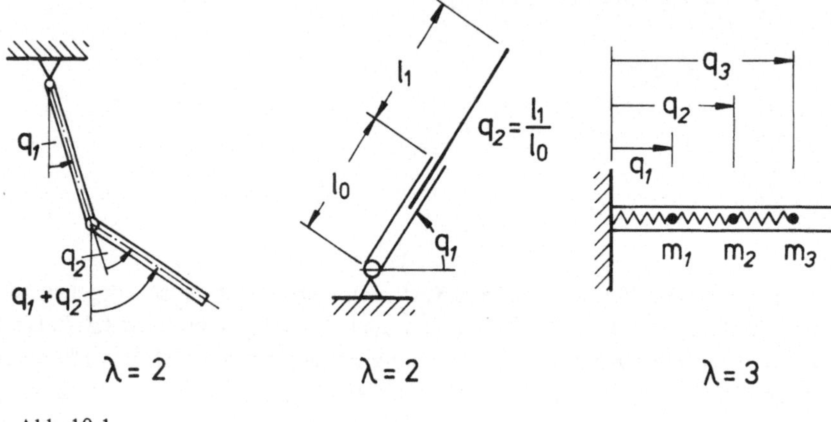

Abb. 10.1

Manchmal ist es vorteilhafter, zunächst eine Anzahl *überzähliger* (*abhängiger*) *Koordinaten* $q_i\,(i = \lambda + 1, \ldots, \lambda + r)$ einzuführen, etwa für jeden Körper eigene Lagekoordinaten. Dann müssen wir zusätzlich die zwischen den Koordinaten bestehenden *kinematischen Bindungen* angeben, die wir bei *holonomen Bindungen* allgemein in der Form

$$f_k\,(q_i;t) = 0 \quad \begin{matrix}(i = 1, 2, \ldots, \lambda + r)\\(k = 1, 2, \ldots, n \leqslant r)\end{matrix}$$

schreiben können. Die Zeit t tritt dabei in den Funktionen f_k nur explizit auf, wenn es sich um *rheonome* Bindungen handelt.

Nichtholonome Bindungen liegen vor, wenn die Bindungen nur in nicht integrierbarer *Differentialform* angebbar sind, z. B. in der Form

$$\left.\begin{matrix}\sum\limits_i a_{ik}\,\dot{q}_i = 0\\[2em] \text{bzw.}\\[2em] \sum\limits_i a_{ik}\,Dq_i = 0\end{matrix}\right\}\quad \begin{matrix}(i = 1, 2, \ldots, \lambda + r)\\(k = 1, 2, \ldots, m \leqslant r).\end{matrix}$$

Die a_{ik} können dabei Funktionen der q_i und von t sein. Natürlich sind auch allgemeinere Formen nichtholonomer Bindungen denkbar, doch spielen sie kaum eine praktische Rolle.

Ein Beispiel für *nichtholonome Bindungen* ist das in einer Ebene *rollende Rad* (Abb. 10.2). Als Lagekoordinaten können wir etwa zunächst einführen

a) die Koordinaten x, y des Berührungspunktes in der Ebene,

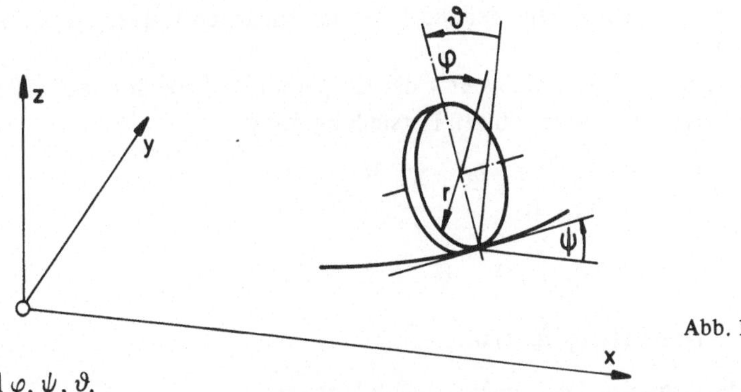

Abb. 10.2

b) die Winkel φ, ψ, ϑ,
dabei ist

- φ der Eigenrotationswinkel um die Radachse,
- ϑ der Neigungswinkel des *Rades* gegen die Vertikale,
- ψ der Winkel der *Bahntangente* im Berührungspunkt gegenüber der positiven x-Achse,

c) die Höhenlage z des Massen-Mittelpunktes.

Anmerkung:

Die Winkel ϑ, ψ sind nicht identisch mit den *Euler*schen Winkeln, stehen aber in einer eindeutigen Beziehung zu ihnen.

Die Koordinate z können wir mit Hilfe der *holonomen* (*skleronomen*) Bedingung

$$z = r \cos \vartheta$$

eliminieren. Zwischen den restlichen Koordinaten bestehen aber immer noch die beiden *nichtholonomen Rollbedingungen*

$$\dot{x} = r \dot{\varphi} \cos \psi$$
$$\dot{y} = r \dot{\varphi} \sin \psi .$$

Das Rad hat also *im Differentiellen* nur den *Freiheitsgrad* $\lambda = 3$, während es *global* den *Freiheitsgrad* 5 hat.

Wir kehren wieder zu *holonomen Bindungen* zurück und setzen zugleich voraus, daß wir alle überzähligen q_i eben mit Hilfe dieser holonomen Bindungen eliminiert haben. In diesem Falle können wir die Lage aller *Körperpunkte* in der Form

$$\mathbf{r} = \mathbf{r}(\xi_l; q_i; t) \qquad \begin{array}{l} l = 1, 2, 3 \\ i = 1, 2, \ldots, \lambda \end{array}$$

angeben. Die Zeit t tritt dabei nur explizit auf, wenn die kinematischen Bindungen *rheonom* (zeitveränderlich) sind. Das *Koordinatentripel* ξ_l dient der eindeutigen Festlegung des jeweils zu betrachtenden Körperpunktes. Wir können die ξ_l als *körperfeste Koordinaten* betrachten und sie z. B. mit den Zahlenwerten des Ortsvektors $\mathring{\mathbf{r}}$ identifizieren, der die Lage der einzelnen Körperpunkte zur Zeit t_0 beschreibt.

Für die *reale Geschwindigkeit* **v** der Körperpunkte bzw. ihre *realen Verschiebungen* **Dr** erhalten wir aus der obigen Darstellung von **r**:

$$\frac{D\mathbf{r}}{dt} = \sum_i \frac{\partial \mathbf{r}}{\partial q_i} \frac{Dq_i}{dt} + \frac{\partial \mathbf{r}}{\partial t} = \sum_i \frac{\partial \mathbf{r}}{\partial q_i} \dot{q}_i + \frac{\partial \mathbf{r}}{\partial t}$$

$$= \mathbf{v}(\xi_l; q_i, \dot{q}_i, t) \qquad (i = 1, 2, \ldots, \lambda)$$

bzw.

$$D\mathbf{r} = \mathbf{v}(\xi_l, q_i, \dot{q}_i, t)\, dt.$$

Für die *virtuellen Verschiebungen* gilt hingegen

$$\delta\mathbf{r} = \sum_i \frac{\partial \mathbf{r}}{\partial q_i} \delta q_i \qquad (i = 1, 2, \ldots, \lambda),$$

da die virtuellen Verschiebungen bei festgehaltener Zeit ausgeführt zu denken sind. Die *realen* Verschiebungen sind deshalb nur im Falle *skleronomer* Bindungen, für die $\frac{\partial \mathbf{r}}{\partial t} = \mathbf{0}$ wird, eine Untergruppe der *virtuellen* Verschiebungen (vgl. Abschnitt 9.1). Aus den Ausdrücken für die *realen* bzw. *virtuellen* Verschiebungen leiten wir im übrigen weiterhin ab, daß allgemein

$$\boxed{\frac{\partial \mathbf{r}}{\partial q_i} = \frac{\partial \dot{\mathbf{r}}}{\partial \dot{q}_i}}$$

gilt. Haben wir überzählige generalisierte Koordinaten q_i $(i = \lambda + 1, \ldots, \lambda + r)$ eingeführt, so brauchen wir bei unseren späteren Betrachtungen noch die *Differentialform der kinematischen Bindungen*, die teils als holonome, teils als nichtholonome Bindungen gegeben sein können. Bei *holonomen Bindungen* ergibt sich aus

$$f_k(q_i; t) = 0 \qquad \begin{matrix} (i = 1, 2, \ldots, \lambda + r) \\ (k = 1, 2, \ldots, n \leqslant r) \end{matrix}$$

für die *realen Differentiale* die Bedingung

$$Df_k = \sum_i \frac{\partial f_k}{\partial q_i} Dq_i + \frac{\partial f_k}{\partial t} dt = 0,$$

wobei das letzte Glied auf der rechten Seite wiederum nur bei *rheonomen* Bindungen auftritt. Für die *virtuellen Differentiale* gilt hingegen bei skleronomen *und* rheonomen Bindungen

$$\delta f_k = \sum_i \frac{\partial f_k}{\partial q_i} \delta q_i = 0 \left\{ \begin{matrix} (i = 1, 2, \ldots, \lambda + r) \\ (k = 1, 2, \ldots, n \leqslant r). \end{matrix} \right.$$

Bei *nichtholonomen* Bindungen, die ohnehin nur in Differentialform gegeben sind, folgt aus der – im Normalfall – für die *realen* Verschiebungen geltenden Bedingung

$$\sum_i a_{ik}\, Dq_i = 0 \qquad \begin{matrix} (i = 1, 2, \ldots, \lambda + r) \\ (k = 1, 2, \ldots, m \leqslant r) \end{matrix}$$

für *virtuelle* Verschiebungen die *analoge* Bedingung

$$\sum_i a_{ik}\, \delta q_i = 0. \qquad \begin{matrix} (i = 1,2, \ldots, \lambda + r) \\ (k = 1, 2, \ldots, m \leqslant r). \end{matrix}$$

Anmerken wollen wir noch, daß wir im allgemeinen die Zahlenwerte des Winkels $\boldsymbol{\varphi}$, mit dem wir die Änderung der Orientierung eines starren Körpers beschreiben können, *nicht* als *generalisierte Koordinaten* einführen können, weil diese Zahlenwerte im allgemeinen nicht als voneinander unabhängige Drehungen interpretiert werden können (vgl. Band I, Abschnitt 5.2). Eine Ausnahme bilden jedoch beispielsweise ebene Bewegungen, da bei ihnen die Rotationsachse ihre Orientierung im Raum stets beibehält.

10.2. Die Lagrangeschen Gleichungen

Wir gehen aus vom *Prinzip von Hamilton*

$$\boxed{\begin{gathered} \int_{t_1}^{t_2} \{\delta A^{(e)} + \delta E\}\, dt = 0 \\ \text{mit } \delta \mathbf{r}(t_1) = \delta \mathbf{r}(t_2) = \mathbf{0}. \end{gathered}}$$

Nun ist allgemein

$$\delta A^{(e)} = \int_V d\mathbf{F}^{(e)} \cdot \delta \mathbf{r}.$$

Bei *holonomen* Bindungen läßt sich das – nach Elimination aller überzähligen Koordinaten – überführen in

$$\delta A^{(e)} = \sum_i \int_V d\mathbf{F}^{(e)} \cdot \frac{\partial \mathbf{r}}{\partial q_i}\, \delta q_i.$$

Wir definieren nun

Definition 10.1: Es sind die Größen

$$\int_V d\mathbf{F}^{(e)} \cdot \frac{\partial \mathbf{r}}{\partial q_i} = Q_i(q_i, \dot{q}_i, t)$$

die den *generalisierten Koordinaten* q_i zugeordneten *generalisierten Kräfte*.

Dann können wir schreiben

$$\boxed{\delta A^{(e)} = \sum_i Q_i\, \delta q_i.}$$

Die generalisierten Kräfte Q_i können – wie angegeben – von den Koordinaten, ihren substantiellen Differentialquotienten nach der Zeit und von der Zeit selbst abhängen. Haben wir es mit konservativen Systemen zu tun, bei denen alle Kräfte von einem Potential abzuleiten sind, so gilt

---

Satz 10.1: In *konservativen Systemen* sind die *generalisierten Kräfte*

$$Q_i = -\frac{\partial \Phi}{\partial q_i},$$

und für die virtuelle Arbeit der eingeprägten Kräfte gilt

$$\delta A^{(e)} = -\sum_i \frac{\partial \Phi}{\partial q_i}\, \delta q_i.$$

Anmerkung:

Dies gilt auch dann, wenn das Potential zeitabhängig ist: $\Phi = \Phi(q_i, t)$.

Die kinetische Energie E kann unter unseren Voraussetzungen (holonome Bindungen, keine überzähligen generalisierten Koordinaten) nur von q_i, $\dot{q}_i$ und t abhängen:

$$E = E(q_i, \dot{q}_i, t) \quad (i = 1, 2, \ldots, \lambda).$$

Für ihre *virtuelle Änderung* gilt deshalb

$$\delta E = \sum_i \left\{ \frac{\partial E}{\partial q_i}\, \delta q_i + \frac{\partial E}{\partial \dot{q}_i}\, \delta \dot{q}_i \right\}.$$

Setzen wir das in das *Prinzip von Hamilton* ein, so folgt zunächst

$$\sum_i \int_{t_1}^{t_2} \left\{ \left[Q_i + \frac{\partial E}{\partial q_i} \right] \delta q_i + \frac{\partial E}{\partial \dot{q}_i} \delta \dot{q}_i \right\} dt = 0.$$

Die *partielle Integration* des letzten Terms des Integrals ergibt unter Berücksichtigung der Vertauschungsregel (Satz 9.9) und der Bedingungen $\delta q_i(t_1) = \delta q_i(t_2) = 0$

$$\sum_i \int_{t_1}^{t_2} \frac{\partial E}{\partial \dot{q}_i} \delta \dot{q}_i \, dt = \underbrace{\sum_i \left[\frac{\partial E}{\partial \dot{q}_i} \delta q_i \right]_{t_1}^{t_2}}_{0} - \sum_i \int_{t_1}^{t_2} \frac{D}{dt} \left(\frac{\partial E}{\partial \dot{q}_i} \right) \delta q_i \, dt.$$

Deshalb können wir das *Prinzip von Hamilton* auch in der Form

$$\boxed{\sum_i \int_{t_1}^{t_2} \left\{ Q_i + \frac{\partial E}{\partial q_i} - \frac{D}{dt} \left(\frac{\partial E}{\partial \dot{q}_i} \right) \right\} \delta q_i \, dt = 0}$$

schreiben. Da die *virtuellen Änderungen* δq_i (abgesehen von den Zeiten t_1 und t_2) beliebig sind, erhalten wir schließlich

---

Satz 10.2: *Lagrange*sche *Gleichungen* (*zweiter Art*)
Für Systeme mit *holonomen* Bindungen ohne überzählige generalisierte Koordinaten gilt

$$\frac{D}{dt} \left(\frac{\partial E}{\partial \dot{q}_i} \right) - \frac{\partial E}{\partial q_i} = Q_i \quad (i = 1, 2, \ldots, \lambda).$$

Für *konservative Systeme* können wir durch Einführung der *Lagrange*schen *Funktion*

$$\boxed{L = E - \Phi}$$

diese Gleichungen überführen in

Satz 10.3: Für *konservative Systeme* mit holonomen Bindungen ohne überzählige generalisierte Koordinaten lauten die *Lagrange*schen *Gleichungen* (*zweiter Art*):

$$\frac{D}{dt} \left(\frac{\partial L}{\partial \dot{q}_i} \right) - \frac{\partial L}{\partial q_i} = 0 \quad (i = 1, 2, \ldots, \lambda).$$

Wir können im übrigen die *Lagrange*schen Gleichungen auch unmittelbar aus dem *Prinzip der virtuellen Arbeit in der Kinetik* (Satz 9.8) ableiten. Die dazu erforderlichen Überlegungen und Umformungen führen dabei ebenfalls über die *Lagrangesche Zentralgleichung* (Satz 9.10), laufen insgesamt aber etwas umständlicher. Deshalb haben wir hier den Weg über das *Prinzip von Hamilton* vorgezogen.
Die Ausdrücke

$$\frac{\partial E}{\partial \dot{q}_i} \quad \text{bzw.} \quad \frac{\partial L}{\partial \dot{q}_i}$$

können wir als *generalisierte Bewegungsgrößen* betrachten. Dazu werden wir durch folgende Überlegungen geführt. Verfolgen wir z. B. die Translationsbewegung eines Körpers, so können wir als generalisierte Koordinaten q_i die Koordinaten x, y, z des Massen-Mittelpunktes einführen. Nun ist für diese Bewegung

$$E = \frac{1}{2} m (\dot{x}^2 + \dot{y}^2 + \dot{z}^2) = \sum_i \frac{1}{2} m (\dot{q}_i)^2 \qquad (i = 1, 2, 3).$$

Deshalb wird

$$\frac{\partial E}{\partial \dot{q}_i} = m\,\dot{q}_i = \left.\begin{matrix} m\dot{x} \\ m\dot{y} \\ m\dot{z} \end{matrix}\right\} \quad (i = 1, 2, 3).$$

Wir erhalten also gerade jeweils die zu den Bewegungen in x-, y-, z-Richtung gehörende Komponente der Bewegungsgröße. Diese Überlegungen lassen sich auf Rotationen starrer Körper ausdehnen und entsprechend auf Systeme verallgemeinern. Deshalb dürfen wir definieren:

Definition 10.2: Bei *Systemen starrer Körper* mit *holonomen Bindungen* und ohne überzählige generalisierte Koordinaten stellen die Ausdrücke

$$p_i = \frac{\partial E}{\partial \dot{q}_i}$$

bzw.

$$p_i = \frac{\partial L}{\partial \dot{q}_i} \quad \text{(bei konservativen Systemen)}$$

die zu der jeweiligen generalisierten Koordinate q_i gehörende *generalisierte Bewegungsgröße* dar.

Den Bewegungszustand eines Systems von starren Körpern können wir durch die Angabe der Zahlenwerte der verallgemeinerten Koordinaten q_i und der verallgemeinerten Bewegungsgrößen p_i (anstelle der $\dot{q}_i$) eindeutig beschreiben. Wir nennen das die Beschreibung des Bewegungszustandes eines Systems starrer Körper im *Phasenraum* und nennen q_i, p_i die *Koordinaten des Phasenraumes*.

Anmerkung:

Für Systeme mit *einem* Freiheitsgrad sind die Darstellungen durch die Angabe von q, $\dot{q}$ bzw. q, p unmittelbar ineinander überführbar, deshalb bezeichnen wir dort q, $\dot{q}$ ebenfalls als Koordinaten des Phasenraumes, der dort zu einer Phasen*ebene* degeneriert (vgl. Abschnitt 2.2.1).

Wir wenden uns nun in Erweiterung unserer bisherigen Betrachtungen wieder dem Fall zu, daß wir zur Beschreibung der Konfiguration des Systems *überzählige Koordinaten* herangezogen haben, also nicht alle Koordinaten unabhängig voneinander sind. Zwischen den q_i bestehen dann noch

$$\textit{holonome Bindungen}\ f_k(q_i; t) = 0 \qquad \begin{matrix}(i = 1, 2, \ldots, \lambda + r)\\(k = 1, 2, \ldots, n \leqslant r)\end{matrix}$$

bzw.

$$\textit{nichtholonome Bindungen}\ \sum_i a_{ik}\, \dot{q}_i = 0 \qquad \begin{matrix}(i = 1, 2, \ldots, \lambda + r)\\(k = 1, 2, \ldots, m \leqslant r)\end{matrix}$$

mit $n + m = r$.

Diese Bedingungen können wir – im Sinne der Variationsrechnung – als *Nebenbedingungen* für das vorliegende Variationsproblem betrachten. Dem Vorschlag von *Lagrange* folgend, bilden wir nun zunächst die *virtuellen Differentiale* dieser Bedingungen, nämlich

$$\delta f_k = \sum_i \frac{\partial f_k}{\partial q_i}\, \delta q_i = 0 \qquad \begin{matrix}(i = 1, 2, \ldots, \lambda + r)\\(k = 1, 2, \ldots, n \leqslant r)\end{matrix}$$

bzw.

$$\sum_i a_{ik}\, \delta q_i = 0 \qquad \begin{matrix}(i = 1, 2, \ldots, \lambda + r)\\(k = 1, 2, \ldots, m \leqslant r).\end{matrix}$$

Diese Ausdrücke multiplizieren wir mit – vorerst unbestimmten – Faktoren λ_k bzw. λ_k^*, die wir auch *Lagrangesche Multiplikatoren* oder *Lagrangesche Parameter* nennen. Die so multiplizierten Ausdrücke fügen wir in das nach dem *Prinzip der virtuellen Arbeit* zu variierende Integral ein und erhalten dann nach entsprechender Umformung auf dem Wege über das *Prinzip von Hamilton* das *Variationsproblem* (vgl. Satz 10.2)

$$\int_{t_1}^{t_2} \left\{ \sum_i \frac{D}{dt}\left(\frac{\partial E}{\partial \dot{q}_i}\right) - \frac{\partial E}{\partial q_i} - Q_i - \sum_{k=1}^{n} \lambda_k \frac{\partial f_k}{\partial q_i} - \sum_{k=1}^{m} \lambda_k^* a_{ik} \right\} \delta q_i\, dt = 0,$$

bei dem nun *alle* q_i als frei variierbar betrachtet werden können. Deshalb folgt aus diesem Variationsproblem

---

Satz 10.4: *Lagrangesche Gleichungen (erster Art)*

Enthält die Beschreibung der Konfiguration des Systems noch r überzählige Koordinaten q_i, zwischen denen

n holonome Bindungen $f_k = f_k(q_i; t) = 0$

und

m nichtholonome Bindungen $\sum_i a_{ik} \dot{q}_i = 0$

bestehen (mit n + m = r), so liefern die Gleichungen

$$\frac{D}{dt}\left(\frac{\partial E}{\partial \dot{q}_i}\right) - \frac{\partial E}{\partial q_i} = Q_i + \sum_{k=1}^{n} \lambda_k \frac{\partial f_k}{\partial q_i} + \sum_{k=1}^{m} \lambda_k^* a_{ik}$$

$$(i = 1, 2, \ldots, \lambda + r)$$

zusammen mit den obigen r (holonomen und nichtholonomen) Bedingungen insgesamt $\lambda + 2r$ Gleichungen, aus denen die $\lambda + r$ Größen q_i und die r Größen λ_k bzw. λ_k^* ermittelt werden können.

---

1. Anmerkung:

Die Ausdrücke

$$\sum_{k=1}^{n} \lambda_k \frac{\partial f_k}{\partial q_i} \quad \text{bzw.} \quad \sum_{k=1}^{m} \lambda_k^* a_{ik}$$

können wir auch als – zu der generalisierten Koordinate q_i gehörende – *generalisierte Reaktionen* bezeichnen.

2. Anmerkung:

Die *Lagrangeschen Gleichungen (erster Art)* sind ursprünglich nur für Systeme von *Massenpunkten* und *holonome Bindungen* aufgestellt worden. Satz 10.4 stellt also eine *Verallgemeinerung* dar.

Für konservative Systeme können wir Satz 10.4 durch Einführung der *Lagrangeschen Funktion* $L = E - \Phi$ wiederum noch etwas weiter zusammenfassen. Wir verzichten hier darauf, da es nichts wesentlich Neues bringt.

Die *Lagrangeschen Gleichungen* erweisen sich als besonders hilfreich bei der Aufstellung der Bewegungsgleichungen für Systeme mit endlichem Freiheitsgrad. Wir wollen das im folgenden an einigen Beispielen zeigen. Der Vorteil liegt vor allem darin, daß wir – neben den eingeprägten Kräften – zunächst nur *eine* skalare

Größe, nämlich den Ausdruck für die *kinetische Energie* $E(q_i, \dot{q}_i, t)$ zu ermitteln brauchen. Alles andere folgt dann daraus mit Hilfe einfacher Differentiationen. Ausgehend von den *Lagrangeschen Gleichungen* bzw. dem *Prinzip von Hamilton* läßt sich auch eine *allgemeine Integrationstheorie* der Bewegungsgleichungen aufbauen. Wir müssen es uns allerdings hier versagen, auch nur andeutungsweise auf diesen weiten Problemkreis einzugehen.

10.3. Beispiele für die Anwendung der *Lagrange*schen Gleichungen

1. Beispiel: Stab-Doppelpendel

Das in Abb. 10.3 skizzierte Stab-Doppelpendel besteht aus zwei gelenkig miteinander verbundenen Stäben mit homogener Massenverteilung, so daß für jeden Stab

$$\theta_i = \frac{1}{12} m_i l_i^3$$

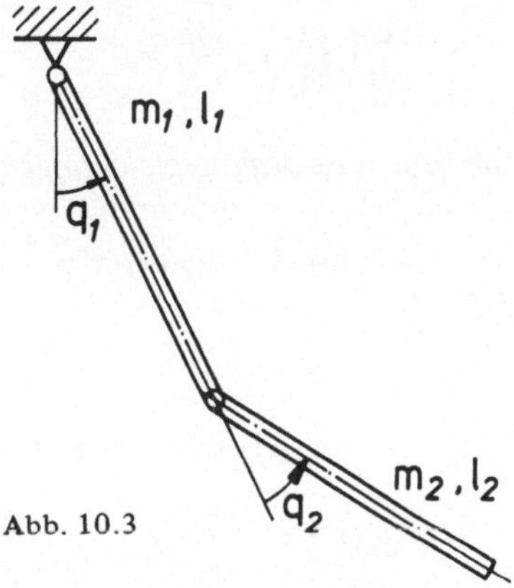

Abb. 10.3

gilt. Das System ist *konservativ* und enthält nur *holonome* Bindungen.
Die *kinetische Energie* des Systems bestimmen wir, indem wir für jeden der beiden Stäbe die Summe der kinetischen Energie aus Translation (mit der Geschwindigkeit v_i des Massen-Mittelpunktes M_i) und aus Rotation ermitteln. Das ergibt

$$E_1 = \frac{1}{2} m_1 \left(\frac{l}{2}\dot{q}_1\right)^2 + \frac{1}{2}\theta_1 (\dot{q}_1)^2 = \frac{1}{2}\frac{m_1 l_1^2}{3}(\dot{q}_1)^2$$

$$E_2 = \frac{1}{2} m_2 \left\{\left[l_1 \dot{q}_1 + \frac{1}{2} l_2 (\dot{q}_1 + \dot{q}_2)\cos q_2\right]^2 + \left[\frac{1}{2} l_2 (\dot{q}_1 + \dot{q}_2)\sin q_2\right]^2\right\}$$

$$+ \frac{1}{2}\theta_2 (\dot{q}_1 + \dot{q}_2)^2$$

$$= \frac{1}{2} m_2 \left\{(l_1 \dot{q}_1)^2 + l_1 l_2 (\dot{q}_1 + \dot{q}_2)\dot{q}_1 \cos q_2 + \frac{1}{3} l_2^2 (\dot{q}_1 + \dot{q}_2)^2\right\}$$

$$E = E_1 + E_2$$

Anmerkung:

Den Ausdruck für v_2^2 ermitteln wir zweckmäßig in der Weise, daß wir v_2 in eine Komponente in Richtung des Stabes *1* und in eine Komponente senkrecht dazu zerlegen.

Für die *potentielle Energie* dieses konservativen Systems gilt

$$\Phi_1 = m_1 g \frac{l_1}{2}(1 - \cos q_1)$$

$$\Phi_2 = m_2 g \left\{ l_1 [1 - \cos q_1] + \frac{l_2}{2}[1 - \cos(q_1 + q_2)] \right\}$$

$$\Phi = \Phi_1 + \Phi_2.$$

Bilden wir nun mit diesen Ausdrücken die *Lagrangesche Funktion* $L = E - \Phi$ und gehen wir damit in die *Lagrangeschen Gleichungen* (*zweiter Art*) für konservative Systeme (vgl. Satz 10.3), so folgen aus

$$\frac{D}{dt}\left(\frac{\partial L}{\partial \dot{q}_i}\right) - \frac{\partial L}{\partial q_i} = 0$$

die beiden *Bewegungsgleichungen*

$$\left[\frac{1}{3} m_1 l_1^2 + m_2 \left(l_1^2 + \frac{1}{3} l_2^2 + l_1 l_2 \cos q_2\right)\right] \ddot{q}_1 + m_2 \left[\frac{1}{2} l_1 l_2 \cos q_2 + \frac{1}{3} l_2^2\right] \ddot{q}_2$$
$$- \frac{1}{2} m_2 l_1 l_2 (2\dot{q}_1 + \dot{q}_2)\dot{q}_2 \sin q_2 + \left(\frac{1}{2} m_1 + m_2\right) g l_1 \sin q_1$$
$$+ \frac{1}{2} m_2 g l_2 \sin(q_1 + q_2) = 0 \tag{1}$$

$$m_2 \left[\frac{1}{3} l_2^2 + \frac{1}{2} l_1 l_2 \cos q_2\right] \ddot{q}_1 + \frac{1}{3} m_2 l_2^2 \ddot{q}_2 + \frac{1}{2} m_2 l_1 l_2 (\dot{q}_1)^2 \sin q_2$$
$$+ \frac{1}{2} m_2 g l_2 \sin(q_1 + q_2) = 0. \tag{2}$$

2. Beispiel:

Als einfaches Beispiel für eine rheonome (holonome) Bindung betrachten wir ein bereits in Abschnitt 4.6 behandeltes Problem, aber nunmehr mit den in diesem Kapitel entwickelten Methoden. Das um eine vertikale Achse mit der konstanten Winkelgeschwindigkeit sich drehende Rohr stellt für den darin axial beweglichen Massenpunkt eine *rheonome Bindung* dar (Abb. 10.4):

$$q_2 - \Omega t = 0 \quad \text{mit} \quad q_2 = \varphi.$$

Dem Massenpunkt verbleibt nur noch *ein* Freiheitsgrad. Als Koordinate dafür führen wir ein

$$r = q_1 = q.$$

Die *kinetische* Energie des Massenpunktes ist

$$E = \frac{1}{2} m \{(\Omega q)^2 + (\dot{q})^2\}.$$

Eine *generalisierte Kraft* Q tritt *nicht* auf. Als *Lagrangesche Gleichung* (*zweiter Art*) erhalten wir also

$$\frac{D}{dt}\left(\frac{\partial E}{\partial \dot{q}}\right) - \frac{\partial E}{\partial q} = m\ddot{q} - m\Omega^2 q = 0.$$

Das aber ist genau die *Bewegungsgleichung*, die wir in Abschnitt 4.6 auf anderen Wegen abgeleitet haben.

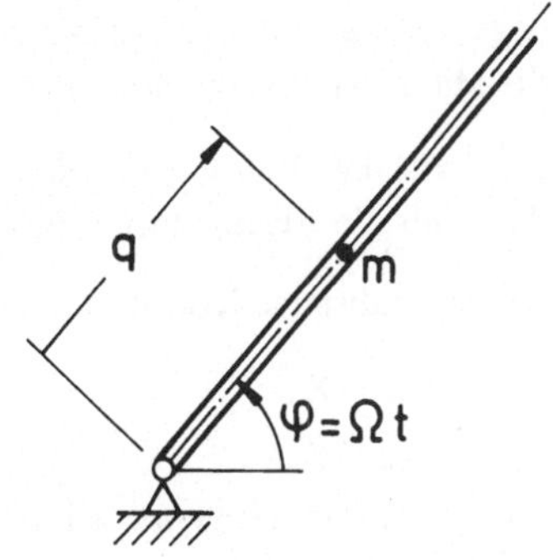

Abb. 10.4

Im Zusammenhang mit diesem Beispiel sei noch einmal darauf hingewiesen, daß die *virtuelle Arbeit* der von der rheonomen Bindung (rotierendes Rohr) herrührenden Reaktion verschwindet, während das für die *reale Arbeit* dieser Reaktion nicht gilt (vgl. hierzu die Anmerkungen zu diesem Beispiel in Abschnitt 4.6).

3. Beispiel: Schlepprad

Das in Abb. 10.5 skizzierte *Schleppad* sei so geführt, daß die Radachse und der Radrahmen stets horizontal bleiben. Die dafür erforderlichen Führungskräfte, d. h. die Reaktionen auf die entsprechenden kinematischen Bindungen, interessieren hier nicht, sie lassen sich im übrigen nachträglich leicht ermitteln.

Die auf den Lenker des Schlepprades einwirkende (eingeprägte) Kraft **F** sei gegeben. Der Massen-Mittelpunkt des Systems – bestehend aus Rad und Radrahmen –

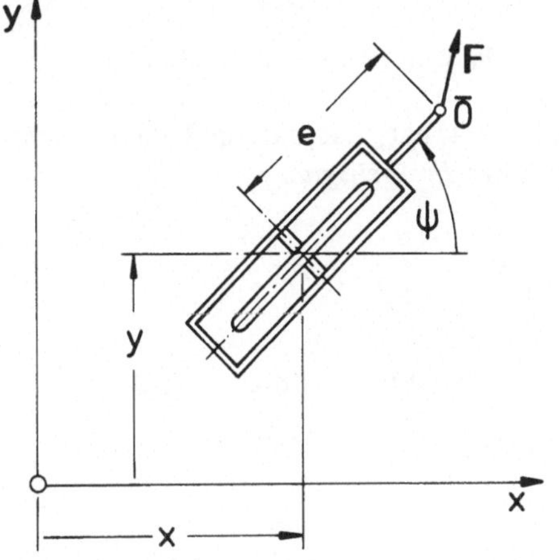

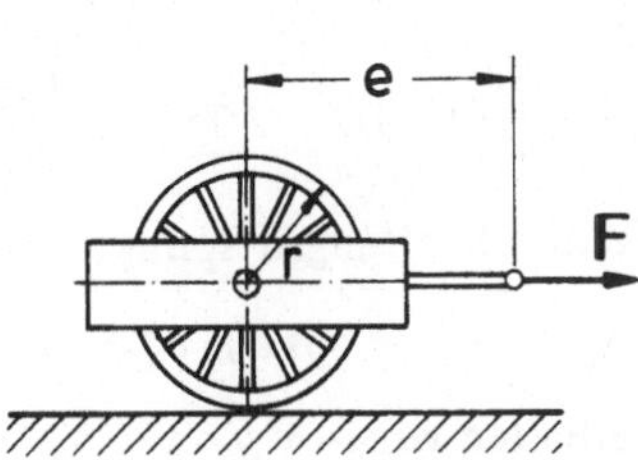

Abb. 10.5

liege zentral auf der Radachse. Die Masse des Systems (Rad plus Rahmen) sei m, die Massen-Trägheitsmomente seien

θ_1 für die Drehung von *Rad und Rahmen* um die vertikale Achse,
θ_3 für die Eigenrotation des *Rades*.

Als generalisierte Koordinaten führen wir ein.

$q_1 = x$

$q_2 = y$

$q_3 = \varphi$ (Eigenrotationswinkel)

$q_4 = \psi$ (Winkel zwischen x-Achse und Bahn-Tangente = Winkel für Drehung um vertikale Achse).

Zwischen den Koordinaten q_i bestehen die *nichtholonomen Rollbedingungen* (vgl. Abschnitt 10.1)

$$\sum_i a_{i1}\, \dot{q}_i = \dot{q}_1 - \cos q_4\, r\, \dot{q}_3 = 0 \qquad (1^*)$$

$$\sum_i a_{i2}\, \dot{q}_i = \dot{q}_2 - \sin q_4\, r\, \dot{q}_3 = 0. \qquad (2^*)$$

Wir können diese Beziehungen auch überführen in

$$\sqrt{(\dot{q}_1)^2 + (\dot{q}_2)^2} = r\, \dot{q}_3$$

$$\dot{q}_1 \sin q_4 - \dot{q}_2 \cos q_4 = 0$$

Anmerkung:

Die erste dieser beiden Gleichungen hat eine von der Normalform abweichende Struktur.

Das System, das global den Freiheitsgrad $\lambda = 4$ hat, hat aufgrund dieser nichtholonomen Bindungen im *Differentiellen* nur den *Freiheitsgrad* $\lambda = 2$.
Für die *kinetische Energie* des Systems gilt

$$E = \frac{1}{2} m\, [(\dot{q}_1)^2 + (\dot{q}_2)^2] + \frac{1}{2}\theta_3 (\dot{q}_3)^2 + \frac{1}{2}\theta_1 (\dot{q}_4)^2 .$$

Die Lage des Kraftangriffspunktes $\overline{0}$ können wir beschreiben durch

$$\mathbf{r}_{\overline{0}} = (q_1 + e \cos q_4)\, \mathbf{e}_x + (q_2 + e \sin q_4)\, \mathbf{e}_y .$$

Damit erhalten wir

$$\delta \mathbf{r}_{\overline{0}} = \sum_i \frac{\partial \mathbf{r}_{\overline{0}}}{\partial q_i}\, \delta q_i = [\delta q_1 - e \sin q_4\, \delta q_4]\, \mathbf{e}_x + [\delta q_2 + e \cos q_4\, \delta q_4]\, \mathbf{e}_y .$$

Für die *generalisierten Kräfte*

$$Q_i = \mathbf{F} \cdot \frac{\partial \mathbf{r}_{\bar{0}}}{\partial q_i}$$

folgt daraus

$$Q_1 = F_x$$
$$Q_2 = F_y$$
$$Q_3 = 0$$
$$Q_4 = -F_x\, e \sin q_4 + F_y\, e \cos q_4 .$$

Setzen wir diese Ausdrücke in die *Lagrangeschen Gleichungen* (*erster Art*)

$$\frac{D}{dt}\left(\frac{\partial E}{\partial \dot{q}_i}\right) - \frac{\partial E}{\partial q_i} = Q_i + \sum_{k=1}^{2} \lambda_k^* a_{ik}$$

(vgl. Satz 10.4) ein, so erhalten wir die folgenden vier Gleichungen

$$m\ddot{q}_1 = F_x + \lambda_1^* \qquad (1)$$
$$m\ddot{q}_2 = F_y + \lambda_2^* \qquad (2)$$
$$\theta_3 \ddot{q}_3 = -\lambda_1^* r \cos q_4 - \lambda_2^* r \sin q_4 \qquad (3)$$
$$\theta_1 \ddot{q}_4 = -F_x\, e \sin q_4 + F_y\, e \cos q_4 . \qquad (4)$$

Dazu kommen dann noch die Gleichungen (1*) und (2*). Damit stehen uns insgesamt sechs Gleichungen für die vier q_i und die zwei λ_k^* zur Verfügung.

Gleichung (4) können wir, da $\mathbf{F}(t)$ gegeben ist, gesondert integrieren und so $q_4(t)$ ermitteln.
Die *Lagrangeschen Multiplikatoren* λ_1^* und λ_2^* stellen die in x- bzw. y-Richtung am Fußpunkt der Rolle angreifenden Reaktionen dar. Wir können die Größen λ_k^* aus den Gleichungen eliminieren, indem wir (1) mit $r \cos q_4$, (2) mit $r \sin q_4$ multiplizieren und die multiplizierten Gleichungen dann zu (3) addieren. Das ergibt

$$\theta_3 \ddot{q}_3 + m r [\ddot{q}_1 \cos q_4 + \ddot{q}_2 \sin q_4] = r [F_x \cos q_4 + F_y \sin q_4].$$

Aus dieser Gleichung könnsen wir noch q_1 und q_2 eliminieren. Dazu differenzieren wir die Gleichungen (1*) und (2*) nach der Zeit und erhalten

$$\ddot{q}_1 = r [\ddot{q}_3 \cos q_4 - \dot{q}_3 \dot{q}_4 \sin q_4]$$
$$\ddot{q}_2 = r [\ddot{q}_3 \sin q_4 + \dot{q}_3 \dot{q}_4 \cos q_4].$$

Setzen wir das oben ein, so folgt nach kurzer Zwischenrechnung

$$[\theta_3 + m r^2]\, \ddot{q}_3 = r [F_x \cos q_4 + F_y \sin q_4].$$

Diese Gleichung ist, nachdem wir zuvor $q_4(t)$ durch Integration der Gleichung (4) ermittelt haben, nun ebenfalls unmittelbar zu integrieren. Mit bekannten $q_3(t)$

und q_4 (t) können dann auch die Gleichungen (1*) und (2*) integriert und aus (1) und (2) die Größen λ_1^* und λ_2^* ermittelt werden.

10.4. Einige ergänzende Bemerkungen

Wir kehren zu dem in Abschnitt 6.3 behandelten zweiten Beispiel zurück und wollen es noch einmal – jetzt aber unter dem Blickwinkel der analytischen Mechanik – betrachten. Das Windwerk (Abb. 10.6) hat den Freiheitsgrad $\lambda = 1$. Wir benötigen also nur *eine* generalisierte Koordinate q, um die momentane Konfiguration des Systems festzulegen.
Identifizieren wir q mit dem Drehwinkel φ_1 der Winden-Trommel, so erhalten wir:

kinetische Energie: $$E = \frac{1}{2}\left\{\theta_1 + \theta_2\left(\frac{r_1}{r_2}\right)^2 + m\,r_0^2\right\}(\dot{q})^2,$$

generalisierte Kraft: $$Q = M\,\frac{r_1}{r_2} - mg\,r_0.$$

Daraus folgt – nach *Lagrange* – als Bewegungsgleichung wie in Abschnitt 6.3

$$\left\{\theta_1 + \theta_2\left(\frac{r_1}{r_2}\right)^2 + m\,r_0^2\right\}\ddot{q}_1 = M\,\frac{r_1}{r_2} - mg\,r_0.$$

Identifizieren wir hingegen q mit der Koordinate h der zu hebenden Masse m, so folgt:

kinetische Energie: $$E = \frac{1}{2}\left\{m + \frac{1}{r_0^2}\left[\theta_1 + \theta_2\left(\frac{r_1}{r_2}\right)^2\right]\right\}(\dot{q})^2,$$

generalisierte Kraft: $$Q = -\,mg + \frac{1}{r_0}\,M\,\frac{r_1}{r_2}.$$

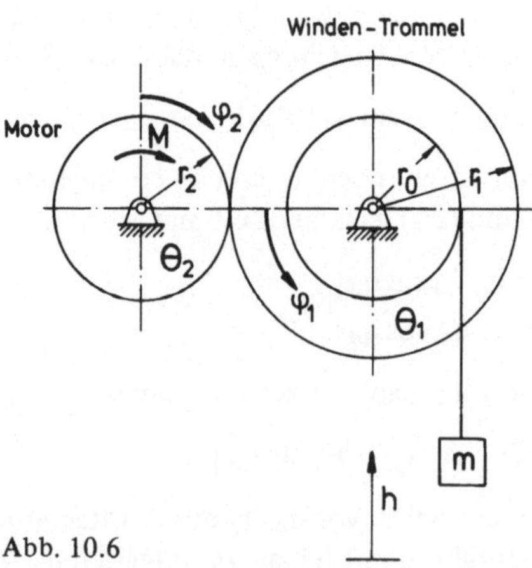

Abb. 10.6

Das führt auf die Bewegungsgleichung

$$\left\{ m + \frac{1}{r_0^2}\left[\theta_1 + \theta_2\left(\frac{r_1}{r_2}\right)^2\right]\right\}\ddot{q} = M\frac{r_1}{r_0 r_2} - mg.$$

Auf die dritte sich unmittelbar anbietende Möglichkeit, q mit dem Drehwinkel φ_2 des Antriebes zu identifizieren, sei nur kurz hingewiesen. Die vollständige Darstellung ersparen wir uns.

Wir entnehmen der Gegenüberstellung der verschiedenen Möglichkeiten, daß wir das vorliegende System mit dem Freiheitsgrad $\lambda = 1$ einmal reduzieren können

a) auf *eine* um eine feste Achse rotierende Trommel mit einem reduzierten Massen-Trägheitsmoment θ_{red} und einem reduzierten Antriebsmoment M_{red},
b) auf *eine* geradlinig bewegte reduzierte Masse m_{red} mit einer reduzierten Antriebskraft F_{red}.

Je nach Wahl der generalisierten Koordinate q erhalten wir also verschieden zu interpretierende *Ersatzsysteme*. Diesen Sachverhalt können wir uns auch praktisch zunutze machen, indem wir z. B. ein komplizierteres mechanisches System auf ein einfacheres zurückführen, das sich leichter experimentell untersuchen läßt.

Diese Überlegungen lassen sich sofort verallgemeinern. Die analytische Mechanik gibt uns mithin eine allgemeine Methode in die Hand, mit deren Hilfe wir ein gegebenes mechanisches System in ein Ersatzsystem überführen können, das die gleichen Eigenschaften hat, d. h. bei dem die entsprechenden generalisierten Koordinaten die gleiche Zeitabhängigkeit aufweisen.

Wir können darüber hinaus mit Hilfe der Methoden der analytischen Mechanik auch (theoretische oder reale) Ersatzsysteme konstruieren, die einen niedrigeren Freiheitsgrad λ haben als das Ausgangssystem, bei denen aber dennoch die verbleibenden (reduzierten) Koordinaten wenigstens angenähert die gleiche Zeitabhängigkeit wiederspiegeln wie die entsprechenden – als wesentlich angesehenen – Koordinaten des Ausgangssystems. Davon wird vielfach Gebrauch gemacht.

Fragen:

1. Was verstehen wir unter generalisierten Koordinaten?
2. Wie unterscheiden sich holonome und nichtholonome kinematische Bindungen?
3. Warum müssen wir, wenn nichtholonome Bindungen vorliegen, mehr generalisierte Koordinaten einführen als dem Freiheitsgrad im Differentiellen entspricht?
4. Wie ist die Verknüpfung zwischen einer generalisierten Koordinate und der ihr zugeordneten generalisierten Kraft? Was bedeutet diese Verknüpfung im Hinblick auf die von einer generalisierten Kraft bei einer virtuellen Verschiebung des Systems geleisteten virtuellen Arbeit?
5. Wie hängen die generalisierten Kräfte in einem konservativen System vom Potential der Kräfte ab?

6. Welche Aussage enthalten die *Lagrangeschen Gleichungen* (*zweiter Art*)?
7. Wie ist die *Lagrange*sche Funktion definiert? In welche Form lassen sich mit ihrer Hilfe die *Lagrangeschen Gleichungen* (*zweiter Art*) überführen?
8. Welche Überlegungen führen zu den *Lagrangeschen Gleichungen* (*erster Art*)?
9. Welche Ausdrücke bezeichnen wir als generalisierte Bewegungsgrößen?
10. Wie beschreiben wir den Bewegungszustand eines Systems im Phasenraum?

Ergänzende Literatur

Zu den allgemeinen Grundlagen:

[1] *A. Budo:* Theoretische Mechanik. Deutscher Verlag der Wissenschaften, Berlin, 6. Aufl. 1971

[2] *H. Goldstein:* Klassische Mechanik. Akademische Verlagsgesellschaft, Frankfurt am Main 1963

[3] *G. Hamel:* Theoretische Mechanik. Springer-Verlag, Berlin/Göttingen/Heidelberg 1967

Zur Himmelsmechanik:

[1] *H. Bucerius* und *M. Schneider:* Himmelsmechanik (2 Bände). Bibliographisches Institut, Mannheim 1966, 1967

[2] *K. Stumpff:* Himmelsmechanik (2 Bände). Deutscher Verlag der Wissenschaften, Berlin 1959, 1965

Zur Theorie des Kreisels:

[1] *R. Grammel:* Der Kreisel, seine Theorie und seine Anwendungen (2 Bände). Springer-Verlag, Berlin/Göttingen/Heidelberg 1950

[2] *F. Klein* und *A. Sommerfeld:* Über die Theorie des Kreisels (4 Bände). Verlag Teubner, Leipzig 1910–1922

[3] *K. Magnus:* Kreisel, Theorie und Anwendungen. Springer-Verlag, Berlin/Heidelberg/New York 1971

Zur Stabilität der Bewegung:

[1] *W. Hahn:* Stability of Motion. Springer-Verlag, Berlin/Heidelberg/New York 1967

[2] *H. Leipholz:* Stabilitätstheorie. Verlag B. G. Teubner, Stuttgart 1968

[3] *I. G. Malkin:* Theorie der Stabilität einer Bewegung. Akademie-Verlag, Berlin 1959

Zu den mathematischen Methoden:

[1] *R. Sauer* und *I. Szabo:* Mathematische Hilfsmittel des Ingenieurs (4 Bände). Springer-Verlag, Berlin/Heidelberg/New York 1967–1970

Namen- und Sachregister

Th. Lehmann

Elemente der Mechanik IV: Schwingungen, Variationsprinzipe

Inhalt

Th. Lehmann

Elemente der Mechanik I: Einführung

Inhalt

Th. Lehmann

Elemente der Mechanik II: Elastostatik

Inhalt